언더랜드

UNDERLAND

언더랜드
UNDERLAND

심원의 시간 여행

로버트 맥팔레인 지음 | 조은영 옮김

소소의책

머리카락 사이로 풀들이 자라는

저 아래는 어두운가요?

무無의 땅속은 어두운가요?[1]

헬렌 애덤, 「어둠 아래로」(1952년)

공동空洞이 지상으로 이동한다…….[2]

『지구물리학 발전사』(2016년)

| 차례 |

첫 번째 방

언더랜드Underland는 어느 늙은 물푸레나무의 갈라진 줄기로 들어간다.

늦여름 무더위 속 무거운 공기에 나른해진 벌들이 포아풀 위를 졸린 듯 돌아다닌다. 황금색 옥수수밭, 갓 베어낸 초록색 건초 더미, 그루만 남은 밭에 검은색 까마귀. 낮은 지대 어디선가 보이지 않는 불이 타오르고 연기가 기둥이 되어 올라간다. 아이가 쇠 양동이에 작은 돌멩이를 하나씩 떨어뜨린다. 탕, 탕, 탕.

샛길을 따라 들판을 지나고 동쪽으로 아홉 개의 둥근 무덤이 척추뼈처럼 솟아오른 언덕을 오른다. 말 세 마리가 파리떼에 둘러싸여 꼼짝않고 꼬리를 휘두르다 이따금 머리를 움찔댄다

석회암 돌담을 넘고 실개천을 따라가면 움푹 파여 덤불진 곳이 나온다. 여기에 오래된 물푸레나무 한 그루가 서 있다. 수관樹冠은 하늘을 향해 잎이 무성하고 긴 가지를 낮게 드리운다. 뿌리는 땅속 깊이 뻗었다.

하늘에 제비 한 마리가 크게 곡선을 그리더니 쏜살같이 사라진다. 다른 녀석은 공중을 휘젓고 다닌다. 백조가 날개를 퍼덕이며 남쪽을 향해 높이 날아간다. 위쪽 세계는 이렇게 아름답다.

물푸레나무 밑동이 사람 한 명이 들어갈 정도로 벌어져 있다. 텅 빈 나무의 심장으로 들어가면 암흑 속에 공간이 열린다. 벌어진 줄기 가장자리가 하도 만져서 번들거린다. 늙은 물푸레나무를 통해 언더랜드로 들어간 사람들의 흔적일 것이다.

물푸레나무 아래로 미로가 펼쳐진다.

뿌리 사이로 바위 통로가 땅속 깊이 가파르게 파고든다. 잿빛, 갈빛, 흑빛. 색이 사라진다. 차가운 공기가 밀려온다. 머리 위로는 단단한 암석, 완전한 물질이 버티고 있다. 이제 바깥세상은 좀처럼 생각나지 않는다.

통로를 따라간다. 미로나 다름없다. 좁은 길이 이리저리 틀어져 방향을 알 수 없다. 공간이 제멋대로 행동한다. 시간도 마찬가지다. 부풀고, 고이고, 흐르고, 몰아치고, 느리다.

굽이돌던 길이 좁아지는가 싶더니 갑자기 경이로운 공간이 나타난다. 동굴방이다. 소리가 울린다. 빈 동굴 벽에 신기한 일이 일어난다. 역사 속 언더랜드의 장면들이 이 벽에 모습을 드러내기 시작한다. 멀고 먼 역사가 메아리 속에 합쳐진다.

카르스트 벼랑 내부의 동굴에서 한 사람이 왼손을 벽에 대고 붉은 오커ochre(산화철 가루 - 옮긴이) 가루를 들이마신다. 엄지손가락을 펴고 나머지 손가락도 크게 벌린다. 바위에 올린 손바닥이 차갑다. 이제 손등에 대고 입안의 오커를 세차게 분다. 주변의 먼지가 폭발한다. 손을 들어 올리면 유령 같은 손자국만 남고 주위는 오커의 붉은색으로 물든다. 손을 옆으로 옮겨 다시 한 번 가루를 불면 손바닥 모양이 하나 더 생긴다. 앞으로 방해석이 그 위로 흘러내리면 손자국은 암석에 봉인된 채 3만 5,000년을 살아남을 것이다. 이 손자국은 무슨 뜻일까? 기쁨? 경고? 예술? 아니면 어둠 속의 삶?

6,000년 전 북유럽, 얕은 모래흙 속으로 출산 중에 아들과 함께 사망한 어느 젊은 여인의 주검이 조심스레 내려진다. 어미 옆에는 백조의 흰 날개를 깔고 아들의 죽은 몸을 올려놓는다. 이렇게 아들은 죽어서 두 개의 요람으로 들어간다. 백조의 날개깃, 그리고 어머니의 팔. 흙을 둥글게 쌓아올린 봉분이 이곳에 여인과 아이, 그리고 백조의 흰 날개가 묻혀 있다고 말한다.

로마 제국이 세워지기 약 300년 전 어느 지중해 섬에서 한 금속 세공사가 은화 디자인을 마쳤다. 은화의 한 면에는 위쪽으로 입구가 하나인 정사각형의 복잡한 미로가 새겨졌다. 미로 벽은 은화 테두리처럼 살짝 올라왔고, 잘 연마되어 광이 난다. 미로의 중심에는 황소의 머리와 사람의 다리를 가진 동물이 새겨졌다. 어둠 속에서 다음 희생자를 기다리는 미노타우로스다.

600년 후 이집트에서 한 젊은 여인이 초상화가 앞에 앉아 있다. 이 순간을 위해 여인은 가장 좋은 옷을 차려입었다. 여인은 짙은 눈썹과 검은색에 가까운 크고 진한 눈을 가졌다. 머리는 이마 뒤로 넘기고 황금빛 구슬이 박힌 금속 머리띠를 했다. 몸에는 황금색 스카프를 두르고 브로치를 달았다. 화가는 목재에 뜨거운 밀랍과 황금색 잎, 그리고 색소를 층층이 올려 작업한다. 그는 이 젊은 여인의 사후 이미지를 만드는 중이다. 그녀가 죽은 뒤 시체를 붕대로 감아 미라로 만들고 나면 이 이미지가 그녀의 진짜 얼굴을 대신할 것이다. 붕대 안의 몸은 썩어도 이 초상화는 늙지 않고 그대로 남아 있으리라. 여인의 사체는 망자들의 도시, 네크로폴리스에 안장된다. 네크로폴리스는 사막의 가라앉은 땅으로 들어가는 입구에 세워진다. 땅속에 파묻은 방에는 도굴을 막기 위해 사방을 석회암으로 두르고 위에는 규암 판을 덮는다. 근처에는 100만 마리가 넘는 따오기 미라의 납골당이 있다.

19세기 말, 아프리카 남부의 어느 고원 아래, 광부들이 좁은 갱도를 수 킬로미터씩 기어간다. 당시 지구에서 가장 깊이 파내려간 이곳에서 광부들은 땅속의 황금 암초로부터 광물을 캐어 실어날랐다. 이 작업을 위해 수천 명이 이주했는데, 그중 일부는 머지않아 낙석과 사고로 세상을 떠날 것이다. 그리고 더 많은 사람들이 이 끔찍한 지하의 어둠 속에서 돌가루를 들이마시고 규폐증에 걸려 한 해 한 해 서서히 죽어갈 것이다. 광산을 소유한 회사와, 그 회사를 움직이는 시장에서 사람의 몸은 한 번 쓰고 버리는 일회용 도구일 뿐이다. 망가지거나 닳으면 언제든 대체할 수 있는 작고 미숙한 도구. 광부들이 광물을 부수고 제련한다. 그러나 여기서 생산된 부는 먼 나라 주주들의 주머니 속으로 들어간다.

인도 분할 직후, 인도령 히말라야 산기슭의 어느 동굴. 한 젊은 여인이 하루에 열여섯 시간씩, 75일간 명상을 한다. 명상 중에는 가만히 앉아 만트라를 읊는 입을 빼고는 전혀 움직이지 않는다. 그녀는 주로 밤에 동굴 밖으로 나온다. 구름이 없는 밤이면 산봉우리 위로 하늘을 가로지르는 은하수가 보인다. 그녀는 신성한 강물을 두 손으로 떠 마시고 산딸기와 열매를 따 먹으며 지낸다. 만트라, 고독, 어둠이 새로운 감각을 불러와 눈앞에서 심오한 변화를 경험한다. 마침내 수련을 마칠 때면 하늘처럼 넓고 산맥처럼 영원하고 별빛처럼 형체가 없는 경지에 이를 것이다.

30년 전, 한 소년과 아버지는 곧 떠날 집의 마루를 망치로 비틀어 올렸다. 이들은 유리병으로 타임캡슐을 만들었다. 소년은 여기에 물건과 메시지를 넣었다. 주물로 만든 모형 폭격기, 빨간 잉크로 왼손의 윤곽을 그린 종이, 공책 한 장에 연필로 적은, 병을 발견할 사람에게 남기는 자기소개. *나이에 비해 키가 크고, 금발 머리에 피부가 하얀 편임. 가*

장 무서워하는 것, 핵전쟁. 그리고 멈춰버린 시계까지. 이 시계는 숫자판과 바늘이 야광이라 소년은 손을 오므려 시계 위에 올린 뒤 눈을 가까이 대고 숫자가 빛나는 걸 즐겨 보았다. 마지막으로 소년은 병 안에 쌀 한 주먹을 넣어 습기를 빨아들이게 하고 구릿빛 뚜껑을 꽉 닫은 다음 마루 밑에 잘 숨긴다. 그러고는 떼어냈던 마루판을 다시 올려 못으로 고정한다.

어느 사화산 깊숙이 고스트 댄스Ghost Dance라고 알려진 지각 단층 위로 터널망이 뚫렸다. 터널로 접근하는 갱도는 기울어진 지층을 따라 내려가다가 회랑으로 이루어진 보관 구역에서 수평을 이룬다. 이 터널망은 고준위 핵폐기물을 매장하기 위해 만들어졌다. 철, 그리고 다시 구리로 감싼 방사성 우라늄 펠릿은 고스트 댄스 단층 위에 묻힌 채 앞으로 수백만 년의 반감기를 보내며 에너지를 뿜어낼 것이다. 이곳에 폐기물을 묻은 사람들은 이제 먼 미래 세대에 어떻게 위험을 알릴지 고민해야 한다. 폐기물을 배출한 이들은 물론이고 인류 전체의 수명이 다할 때까지, 그리고 그 이후에도 위험은 계속될 것이다. 이곳을 어떻게 표시할 것인가? 이 버려진 장소에 찾아올 누군가에게 이 사르코파구스sarcophagus(시체를 보관하는 석관 - 옮긴이)에 보관된 것이 대단히 해롭고 쓸모없을 뿐 아니라 절대로 건드려서는 안 된다는 것을 어떻게 알릴 것인가?

어느 산중 동굴을 따라 4킬로미터를 들어간 완벽한 어둠 속에서 열두 명의 소년과 축구 코치가 휴대전화의 배터리를 아껴가며 진흙투성이 바위 위에 앉아 있다. 물이 범람하는 바람에 갇혀버린 이들은 매일 동굴의 수위를 확인하면서 누군가가 기적처럼 자신들을 구하러 오길 기다린다. 시간이 지나면서 산소가 줄어들고 이산화탄소가 동굴을 채운다. 산 위에 쌓인 장마 구름이 비를 더 뿌리겠다고 위협한다. 동굴 밖에는 6개국에서 온 수천 명의 구조대원이 모였다. 이들은 소년들의 생사조차 알지 못했다. 그러다 입구에서 3.2킬로미터 떨어진 동굴 벽에서 진흙이 묻은 손자국을 발견한다. 희망이 생겼다. 범람한 동굴 통로를 따라 잠수부들이 앞으로 나아간다. 산에 들어온 지 9일 만에 바위 옆을 흐르는 물에서 소리가 들린다. 물이 밝아진다. 물거품이 인다. 빛이 떠오른다. 한 남자가 수면 위로 올라온다. 남자의 헤드랜턴 불빛에 아이들과 코치의 눈이 부신다. 한 소년이 손을 들어 인사를 한다. 잠수부도 손을 들어 답한다. 잠수부가 물었다. "너희 모두 몇 명이니?" 한 아이가 대답했다. "열세 명이요." 잠수부가 말했다. "사람들이 너희를 구하러 오고 있어."

언더랜드에서의 이 모든 장면이 갈라진 물푸레나무 밑, 미로 끝에 자리잡은 이 신비한 석실 벽을 따라 펼쳐진다. 언더랜드에서는 소중한 것을 지키고, 유용한 것을 생산하고, 해로운 것을 처분하는 세 가지 과제가 문화와 시대를 아우르며 반복된다.

은신처(기억, 소중한 물건, 메시지, 연약한 생명).

생산지(정보, 부, 은유, 광물, 환영).

처리(폐기물, 트라우마, 독, 비밀).

아주 오래전부터 우리는 두렵기에 버리고 싶고, 사랑하기에 지키고 싶은 것들을 언더랜드로 가져갔다.

제1장

하강

우리는 발밑의 세상을 잘 알지 못한다. 구름 한 점 없는 밤하늘을 올려다보면 수천조 킬로미터나 떨어진 별에서 출발한 빛이 반짝이고, 소행성이 달 표면에 부딪혀 생긴 분화구를 손가락으로 가리킬 수도 있다. 하지만 고개를 숙여 아래를 보면 시선은 표토, 아스팔트, 발가락에서 멈춘다. 나는 불과 10미터 아래로 내려가 고대의 해저에서 처음 형성된 석회암 층리면의 빛나는 입구에 사로잡혔을 때만큼 인간의 영역에서 멀어졌다고 느낀 적이 없다.

언더랜드는 비밀을 잘 간직한다. 곰팡이가 땅속에서 이미 수억 년 동안이나 흙을 엮고 나무를 연결해 서로 소통하는 숲을 일궈냈지만, 생태학자들이 숲 바닥 아래에서 그 곰팡이 네트워크를 밝혀낸 것은 불과 20년 전의 일이다. 심지어 중국의 충칭에서 2013년에 처음 탐사된 어느 동굴은 자체적인 기상 시스템을 갖춘 것으로 드러났다. 그곳에서는 거대한 중앙홀에 엷은 안개가 겹겹이 쌓이고, 햇빛이 닿지 않는 거대한 구름상자 속에 차가운 안개가 떠다닌다. 나는 이탈리아 북부에서 지하 300미터 아래로 암석이 만든 거대한 원형 홀에 밧줄을 타고 내려간 적이 있다. 그곳은 매몰된 강이 흐르고 사방이 온통 검은색 모래언덕이었다. 그때 나는 빛이 없는 행성에서 바람이 불지 않는 사막을 힘겹게 걷는 심정으로 사구를 횡단했다.

　사람들이 아래로 내려가는 이유가 무엇일까? 하강은 일말의 상식과 정신의 물매를 거스르는 반직관적 행동이다. 굳이 아래로 내려가 언더랜드에 무언가를 두는 행위는 대개 그것을 쉽게 들키지 않고 지키려는 생각에서 비롯된 것이다. 반대로 무언가를 애써 언더랜드에서 되찾아오려면 쉽지 않은 노력이 필요하다. 접근하기가 힘들기 때문에 오랫동안 언더랜드는 쉽게 입 밖에 낼 수 없는 것이나 볼 수 없는 것, 상실, 슬픔, 모호한 속내, 그리고 일레인 스캐리Elaine Scarry가 말한 육체적 고통의 '땅속 깊이 묻어둔 진실'[1]을 상징하는 도구가 되었다.

　지하공간에 대한 오랜 혐오의 문화가 있다. 이것은 코맥 매카시Cormac McCarthy의 책에 나오는 '세상 속의 끔찍한 어둠'[2]과 연관되어 있다. 공포와 혐오는 이런 환경에 맞서는 평범한 반응이다. 지하공간은 또한 주로 먼지, 피할 수 없는 죽음, 가혹한 노동을 함축한다. 폐소공포증은 공포증 중에서도 대개 그 강도가 가장 높다. 서술이나 묘사를 통해 간접적으로 경험할 때조차 현기증 이상의 증상을 불러온다. 누가 지하에 감금되었다는 소리만 들어도 사람들은 한 발짝 물러나 불안한 표정으로 불빛을 찾아 두리번거린다. 마치 말만으로도 주위에 담이 쳐질 수 있다고 믿는 것처럼.

　나는 아직도 열 살 때 읽은 앨런 가너Alan Garner의 소설 『브리싱가멘의 이상한 돌 The Weirdstone of Brisingamen』 속 두 아이의 모험을 기억한다. 아이들은 영국의 체셔 지방, 앨더리 에지Alderley Edge의 사암 노두에 파놓은 갱도로 내려가 위험을 피한다. 하지만 에지의 심연에서 돌덩어리들이 몸을 조여와 꼼짝없이 갇히고 만다.

아이들은 바닥에 완전히 엎드렸다. 벽과 바닥과 지붕이 살갗처럼 꼭 들어맞았다. 머리를 한쪽으로 돌렸다. 다른 자세로는 천장이 머리를 짓누르고 모래가 입으로 들어와 숨을 쉴 수 없었기 때문이다. 다리도 구부리지 못하고 팔꿈치를 접어도 팔을 마음대로 움직이지 못해 앞으로 나아가려면 손가락으로 당기고 발가락으로 미는 수밖에 없었다. 그러다가 콜린의 발꿈치가 천장에 걸렸다. 위로도 아래로도 움직여지지 않았다. 아파서 비명을 지를 때까지 바위가 정강이를 파고들었지만, 여전히 꼼짝할 수 없었다.[3]

저 비좁은 갱도는 내 심장을 얼어붙게 했고 허파의 공기를 비웠다. 지금 다시 읽어도 나는 똑같은 기분이 든다. 그러나 아이들이 처한 상황은 강한 흡인력이 있었고 여전히 그러하다. 콜린은 꼼짝할 수 없었고 나는 책 읽기를 멈출 수가 없었다.

언더랜드에 대한 혐오는 언어에도 내재한다. 일상적인 비유에서 높이는 동경의 대상이지만, 깊이는 경멸의 대상이다. 상승하는 것이 가라앉거나 끌어내려지는 것보다 선호된다. '재앙catastrophe'이라는 단어의 문자적 의미는 '아래쪽으로 돌아감', '대변동', '아래로 향하는 폭력'이다. 깊이에 대한 편견은 관찰과 표현의 일반적인 관습에서도 나타난다. 저서 『수직사회Vertical』에서 스티븐 그레이엄Stephen Graham은 지리학과 지도학에 만연한 '평면적 전통'과 거기에서 유래한 '수평적 세계관'을 묘사한다. 그레이엄의 주장대로 우리는 습관화되어 '굳어진 평면적 관점'에서 벗어나기 어렵다. 그레이엄은 이러한 평면적 관점이 정치적 실패는 물론이고 인지적 실패라고 본다.[4] 왜냐하면 그로 인해 우리는 지상 세계를 부양하기 위해 지하 네트워크에서 이루어지는 추출, 개발, 폐기에 무관심해졌기 때문이다.

그렇다, 여러 이유로 우리는 아래에 있는 것을 멀리하는 경향이 있다. 그러나 이제 우리는 그 어느 때보다도 언더랜드를 이해할 필요가 있다. 조르주 페렉Georges Perec이 저서 『공간의 종Species of Spaces』에서 '스스로를 다그쳐 세상을 보다 평평하게 보라'고 명령했다면,[5] 나는 반대로 '더욱 깊게 보라'고 말하고 싶다. 언더랜드는 우리의 기억, 신화, 은유뿐 아니라 동시대적 존재의 물질적 바탕에도 필수적이다. 언더랜드는 우리가 매일 그것과 함께 사고하고, 그것에 의해 만들어지는 지형이다. 그런데도 우리는 삶에서 언더랜드의 존재를 의식하거나 머릿속 언더랜드의 불편한 형상을 받아들이고 싶어 하지 않는다. 이러한 '평면적 관점'은 점차 우리가 몸담은 심원의 세상, 그리고 앞으로 우리가 심원의 시간에 남길 유산과 어울리지 않게 될 것이다.

우리는 현재 인류세를 살고 있다. 거대하고 두렵기까지 한 범지구적인 변화의 시대다. 이 시대에 '위기'는 영원히 유예된 세상의 종말이 아니라 가장 취약한 이들이 가장 고통스럽게 겪어야 하는 지속적인 사건으로 존재한다. 시간이 심하게 망가져가고, 그건 장소도 마찬가지다. 묻혀 있어야 할 것들이 떠오르고 있다. 일단 바깥으로 나오면, 지상 세계를 침범한 그것들의 불결함 때문에 더는 외면하기 어려울 것이다.

북극에서는 영구동토층이 녹으면서 열린 지구의 '창'을 통해 고대의 메탄이 새고 있다. 얼어붙은 땅 아래에 묻혀 있었으나 침식과 온난화로 인해 노출된 순록 사체에서 탄저균 포자가 방출된다.[6] 동시베리아 숲의 한결 부드러워진 땅에서 한 분화구(바타가이카 분화구 - 옮긴이)가 내뱉은 하품이 수만 그루의 나무를 집어삼키고 20만 년이나 된 오래된 지층을 드러냈다. 현재 야쿠티아Yakutia(사하공화국) 사람들은 이곳을 '지하 세계로 가는 문'[7]이라고 부른다. 알프스와 히말라야의 빙하가 녹으면서 수십 년 동안 얼음이 에워쌌던 사체가 발견되었다. 최근 열파로 영국 전역에서 로마의 시계탑, 신석기시대의 인공 울타리 같은 고대 건축물의 흔적을 작물표식crop-marks(토질의 차이 등으로 작물의 성장 속도가 달라져 상공에서 보았을 때 지표 아래에 묻혀 있던 고고학 유적이 드러나는 현상 - 옮긴이) 형태로 상공에서 볼 수 있게 되었다. 잠겨 있던 대지의 과거가 바싹 마른 초목 위로 엑스선 사진처럼 떠오른다. 체코공화국을 지나는 엘베 강의 여름철 수위가 낮아지면서 헝거스톤Hunger Stones이 모습을 드러냈다. 헝거스톤은 수백 년 동안 지속된 가뭄을 기억하고 그 결과를 경고하고자 조각된 바위다. 그중 하나에는 '*Wenn du mich siebst, dann weine*(나를 보거든 울어라)'[8]이라고 새겨져 있다. 그린란드 북서부에서는 50년 전 만년설 아래에 봉인했던 냉전 시대의 미군 미사일 기지가 노출되기 시작했다. 이 기지에는 수십만 갤런의 유독성 화학물질이 폐기되었다. 고고학자 소라 페투르스도티르Þóra Pétursdóttir는 "지층 깊이 묻어버린 게 문제가 아니라 거기에서 버티며 우리보다 오래 살다가 언젠가 우리가 미처 예상치 못한 힘을 가지고 돌아온다는 게 문제다. …… '잠자는 거인'의 어두운 힘"[9]이 오랜 잠에서 깨어났다고 말한다.

'심원의 시간deep time'은 언더랜드의 연대기다.[10] 심원의 시간은 지구 역사가 현재에서 한없이 멀어지며 어지러울 정도로 확장된 공간이다. 심원의 시간은 시와 분, 연이 아닌 세epoch와 누대aeon라는, 인간의 시간을 하찮게 만드는 단위로 측정된다. 심원의 시간은 돌, 얼음, 종유석, 해저堆적물, 지질구조판의 이동으로 기록된다. 심원의 시간은 과거는 물론 미래로도 열린다. 지구는 약 50억 년 후에 태양이 연료를 소진하면 어둠에 휩싸일 것이다. 우리는 벼랑 끝에 발꿈치 혹은 발끝으로 서 있다.

심원의 시간이 불러온 위험한 위안이 있다. 윤리적 안일함이 손짓한다. 지질시대 관점에서 우리 호모 사피엔스 역시 눈 깜빡할 사이에 지구에서 사라질 거라면 지금 우리가 어떤 행동을 한들 무슨 상관인가? 사막이나 대양의 차원에서 보면 인간의 도덕성은 불합리하기 짝이 없고, 심지어 부적절하기까지 하다. 도덕의 가치와 의의를 떠들어봤자 아무 소용이 없다. 심원의 시간은 모든 생명이 궁극의 파멸 앞에서 똑같이 보잘것없다는 수평적 존재론flat ontology을 유도한다. 종의 멸종과 생태계의 파괴도 지구에서 주기적으로 반복되는 침식과 보수의 순환이라는 맥락에서 보면 전혀 문제될 게 없다.

우리는 이런 관성적 사고를 거부해야 한다. 반대로 근본적 관점으로서의 심원의 시간, 무관심이 아닌 행동을 재촉하는 심원의 시간을 촉구해야 한다. 심원의 시간을 바탕으로 한 사고는 문제투성이인 우리의 현재를 외면하는 핑계가 아니라 현재를 재구성하는 수단이 될 수 있다. 생성과 파괴가 끊임없이 반복되는 지구 역사의 오랜 이야기가 현재의 성급한 욕심과 분노를 거두어갈 것이다. 또한 심원의 시간을 인식함으로써 우리는 자신을 과거와 미래의 수백만 년을 잇는 선물, 상속, 유산이 뒤엉킨 네트워크의 일부로 보는 동시에 우리가 인류 이후의 시대와, 그 시대를 살아갈 존재에게 무엇을 남길지 생각하게 될 것이다.

심원의 시간 속에서 보면, 생명이 없는 것들조차 살아난다. 새로운 책임을 선언한다. 눈과 마음에 존재의 쾌활함이 들어온다. 세상은 다시 짜릿할 정도로 활기차다. 얼음이 숨을 쉬고 바위가 물결친다. 산맥이 썰물과 밀물이 되고 돌이 맥동한다. 우리는 쉬지 않고 움직이는 지구에 산다.

———⟨⟩———

가장 오래된 언더랜드 이야기에는 망자의 영역으로 사라진 사람이나 물건을 찾아 위험을 무릅쓰고 어둠 속을 내려가는 이들이 나온다. 기원전 2100년경에 수메르에서 쓰인 『길가메시 서사시Epic of Gilgamesh』 의 이문異文에는 길가메시의 하인 엔키두가 잃어버린 물건을 되찾기 위해 주인을 대신해 '하계'로 내려간 이야기가 있다. 엔키두는 우박이 '망치'처럼 내리치는 폭풍 속을 항해한다. '머리로 들이받는 거북'과 '사자'처럼 몰아치는 파도의 충격에 배가 좌초될 뻔하지만, 결국 엔키두는 하계에 도착하는 데 성공한다. 그러나 그곳에서 엔키두는 바로 투옥된다. 그러다 젊은 전사 우투가 지상으로 통하는 구멍을 뚫고 부드러운 바람을 높이 올려 엔키두를 밖으로 꺼내준 덕분에 하계에서 풀려난다. 땅 위의 햇살 아래서 엔키두와 길가메시는 얼싸안고 입을 맞추며 한참 동안 이야기를 나눈다. 엔키두는 잃어버린 물건을 찾아오진 못했지만, 사라진 사람들에 대한 귀중한 소식을 가져왔다. '세상에 존재하지 못하고 사산된 내 아이들을 보았소?' 하고 길가메시가 애절하게 묻자 엔키두는 '보았습니다'[11] 하고 대답했다.

이와 비슷한 이야기가 전 세계의 신화에서 반복적으로 나타난다. 고대 그리스·로마 문학은 그리스어로 카타바시스katabasis(언더랜드로의 하강)와 네쿠이아nekyia(유령이나 신, 또는 망자를 소환해 이승에서의 미래에 관해 묻는 의식)의 수많은 예를 기록한다. 그중에는 하계의 신 하데스로부터 사랑하는 에우리디케를 되찾아오려는 오르페우스, 유령이 된 아버지에게 조언을 구하고지 횡금가시의 보호 아래 무녀의 인도로 항해를 떠난 아이네이아스가 있다. 최근에 태국의 깊은 산속 외딴 동굴에서 유소년 축구팀을 구조한 이야기는 현대판 카타바시스였다. 이 뉴스가 세계의 관심을 끈 것은 부분적으로 이 이야기가 갖는 신화적인 힘 때문이다.

이들 이야기가 시사하는 바는 자기모순적이다. 이야기 속에서 어둠은 '보기' 위한 수단이고, 하강은 박탈이 아닌 드러내기 위한 움직임이다. 우리가 흔히 쓰는 'understand(이해하다)'라는 동사에는 무언가를 완벽하게 알려면 그것의 아래를 지나가봐야 한다는 오랜 의미가 담겨 있다. 한편 'discover(발견하다)'는 '구멍을 파서 드러내다', '내려가서 빛을 가져오다', '깊은 곳에서부터 가지고 올라오다'라는 뜻이다. 이러한 연상관계는 그 역사가 길다. 유럽에서 가장 오래된 것으로 알려진 동굴 작품은 약 6만 5,000년 전 스페인의 어느 동굴 벽에 그려진 사다리, 점, 그리고 핸드 스텐실이다. 이는 호모 사피엔스가 아프리카를 떠나 처음 유럽에 도착했다고 알려진 시기보다 2만 년 앞선다. 그렇다면 이 그림을 남긴 것은 네안데르탈인 예술가들이다. 이 작품의 연대를 측정한 고고학자는 해부학적 현생인류가 현재의 스페인 땅에 도달하기 한참 전에 이미 네안데르탈인이 '어둠 속을 여행했다'[12]라고 했다.

이 책 『언더랜드』는 어둠 속으로 떠나는 여행기이자 지식을 찾아 하강한 이야기다. 이 책의 이야기는 우주가 탄생한 순간에 형성된 암흑물질에서부터 언젠가 인류세에 닥칠지도 모를 핵 미래까지 이동한다. 멀고먼 이 두 지점 사이에서 심원의 시간 여행이 진행되는 동안 이야기들이 포개지는 지점은 끊임없이 움직이는 현재다. 각 장은 주제에 따라 지면 아래에서 형성된 울림, 패턴, 연결의 네트워크로 확장된다.

나는 15년 넘게 경관과 인간 마음의 관계에 대한 글을 써왔다. '왜 나는 젊어서 산에 끌려 산에 대한 열정으로 죽을 각오까지 했을까?'라는 개인적인 질문에 답을 찾고자 시작한 여정이 다섯 권의 책과 2,000여 쪽에 걸친 딥 맵deep map 프로젝트로 전개되었다. 나는 세계에서 가장 높은 봉우리의 얼음 덮인 정상에서 출발해 아래로 내려가는 궤도를 따라 아마도 종착점이 될 지하공간까지 탐험했다. 윌리엄 카를로스 윌리엄스William Carlos Williams는 자신의 시에서 '내리막이 손짓해 부른다 / 오르막이 그랬듯이'[13]라고 썼다. 윌리엄스가 의미한 바를 이해하려는 가운데 인생의 후반기에 접어들었다. 언더랜드에서 나는 절대 잊고 싶지 않은 것과 절대 목격하고 싶지 않은 것들을 보았다.『언더랜드』는 내가 쓴 책들 중에서 가장 덜 인간적인 책이 될 거라고 생각했지만 놀랍게도 가장 공동체적인 것이 되었다. 내가 앞서 쓴 글들을 관통하는 이미지가 걸음을 걸으며 땅에 디뎠다가 들어올린 발이었다면, 이 책의 중심에는 인사를 하고 연민을 드러내고 손자국을 남기기 위해 크게 벌린 손이 있다.

한동안 내 머릿속에서는 인간 세계의 완전한 역전으로서 '지평선을 사이에 두고 거꾸로 걸어 다니는 망자의 발이 똑바로 다니는 산 자의 발과 언제나 맞닿는'[14] 사미족Saami의 거울상 환영이 떠나지 않았다. 내게 산 자와 죽은 자가 발바닥을 마주 댄 모습은 어색하지 않다. 말트라비에소 동굴, 라스코 동굴, 술라웨시 동굴 벽에 남겨진 초기 손자국 사진을 보고 나는 이름 모를 제작자가 만든 손의 윤곽 위에 내 손을 올려놓는 상상을 했다. 차가운 바위를 누르는 따뜻한 손이 느껴지고, 내 손가락이 시간을 초월해 동굴 속에서 벌린 손가락과 만난다.

━━━━━●)○◦◌◦○(●━━━━━

이 여정을 시작하기 전에 나는 두 가지 물건을 받았고, 각각에는 요청이 따랐다. 그 요청을 받아들이는 것이 선물의 조건이었다.

첫 번째 물건은 백조 알 크기의 청동 장식함으로, 이중으로 주물을 한 것이라 손에 올려놓으면 묵직하다. 이 장식함에는 악이 들어 있다. 이 함을 만든 사람은 자신의 마음속 악마를 한 장의 종이에 적어 그 안에 넣었다. 증오, 공포, 상실, 그가 타인에게 가한 고통, 타인이 그에게 가한 고통. 모두 그의 마음속에 있는 가장 악하고 나쁜 것들이었다. 그는 장식함을 두 겹으로 만들고 청동으로 한 층 더 입혀 강도를 높였다.

청동으로 된 바깥층에는 주물 과정에서 생긴, 어느 행성의 표면 혹은 그 위의 날씨처럼 얽은 자국이 있다. 그는 장식함의 중심에 네 개의 쇠못을 박고 끝을 잘라낸 다음 줄질로 다듬었다. 이 장식함은 그 강도가 창조의 의례에 준하는 대단히 강력한 물건이다. 지난 2,500년간 언제든 만들어질 수 있었지만 최근에야 제작되었다.

나는 이 장식함을 내가 앞으로 찾아갈 언더랜드 중에서 가장 깊고 안전한, 이 함이 다시 돌아오지 못할 곳에 폐기한다는 조건으로 받았다.

두 번째 물건은 고래뼈를 잘라서 만든 올빼미다. 이것은 일종의 부적으로 마법의 힘이 들어 있다. 올빼미의 재료가 된 밍크고래는 스코틀랜드 헤브리디스 제도Hebrides 해안에 죽은 채로 밀려 올라왔다. 고래 갈비뼈 하나를 두께 1.3센티미터, 길이 15센티미터로 토막 낸 다음 매끄럽게 다듬고 네 번의 대담한 칼질로 — 두 번의 칼질로 눈을, 다른 두 번으로 날개를 — 올빼미 형상을 만들었다. 이 올빼미는 보기 드물게 아름다운 물건으로, 빙하시대의 단순한 제작 방식을 상징한다. 이것은 지난 2만 년간 언제든 만들어질 수 있었지만 최근에야 제작되었다.('https://bit.ly/2Cb9JAs'에서 올빼미 형상 참조 – 옮긴이)

나는 이 올빼미를 언더랜드에 있는 동안 늘 지니고 다니면서 내가 어둠 속을 보는 것을 돕게끔 할 것이다. 그게 선물의 조건이었으니까.[15]

제1부

어둠 속 언더랜드를 보다

제2장

———

동굴과 매장

아이의 뼈는 어둠 속에 돌출된 석회암 위에 놓여 있다. 햇빛은 아이를 1만 년 이상 보지 못했다. 그사이 주변 암석에서 방해석이 은색 광택제처럼 흘러내려 아이의 몸을 번데기로 만들었다.

1797년 1월의 어느 날, 청년 둘이 서머싯 주 멘딥힐스Mendip Hills에서 토끼를 잡고 있었다. 이들은 협곡의 비탈에서 토끼를 몰았다. 토끼가 뛰어가더니 돌무더기 속에 숨었다. 배를 곯은 두 남자는 토끼를 꼭 잡아야 했다. 바위를 들어내자 '놀랍게도 지하 통로가 나타났다'. 통로는 가파른 석회암 비탈로 이어졌고 그 끝에 마침내 '크고 높은 동굴이 열렸다. 동굴의 지붕과 벽에는 세상에서 가장 진기한 무늬와 조각이 새겨져 있었다'.

겨울 해가 뒤따라 들어와 동굴 안을 밝혔다. 이곳은 납골당이다. 왼쪽으로 동굴 바닥과 튀어나온 바위 위에 흐트러진 뼈와 온전한 뼈대가 '거의 돌이 되어 나뒹굴었다'.[1] 유해는 방해석 때문에 빛났고 어떤 뼈는 붉은 오커 가루로 뒤덮여 있었다. 동굴 천장에는 커다란 종유석 하나가 매달렸는데, 부딪히면 소리가 종처럼 동굴 안에 울려 퍼졌다. 종유석 하나가 아래로 바닥까지 자라 유해 한 구를 흡입하고 있었다.

이 유해에는 두개골과 허벅지 뼈, 그리고 아직 에나멜이 온전한 두 개의 치아가 남아 있었다.

　동굴에는 동물의 잔해도 있었다. 불곰의 이빨, 붉은사슴의 뿔로 만든 미늘 달린 창끝, 스라소니, 여우, 야생고양이, 늑대의 뼈. 그 밖에 봉헌된 물건들도 함께 매장되었다. 열여섯 개의 총알고둥 껍질에 구멍을 뚫어 만든 목걸이는 몸에 걸치면 나선이 바깥을 향한다. 일곱 점의 암모나이트 화석은 둥근 가장자리가 매끈하게 문질러졌다.

　나중에 밝혀지겠지만 유해는 1만 년이 넘은 것이고 성인은 물론 어린아이와 유아의 것도 있다. 모두 만성 영양실조의 흔적이 보인다. 성인의 키는 150센티미터에 불과하다. 아이들의 어금니는 제대로 먹지 못해 거의 닳지 않았다. 이후에 아벨린스홀Aveline's Hole이라고 불릴 이 의문의 장소는 과거 중석기시대에 약 1세기 동안 묘지로 사용되었음이 확인되었다. 당시에는 해수면이 훨씬 낮았고 오늘날의 브리스틀 만과 북해의 상당 부분이 존재하지 않았다. 사람들은 북쪽으로 육지를 걸어 멘딥힐스에서 웨일스까지, 또는 동쪽으로 도거랜드에서 프랑스와 네덜란드까지 걸어갈 수 있었다.

　아벨린에서 발견된 증거는 이동하는 수렵채집인 무리가 2~3세대에 걸쳐 멘딥 지역을 본거지로 삼고 이 석실을 묘지로 사용했음을 암시한다. 이들은 짧은 수명, 고된 삶, 식량과 에너지 부족에 시달리면서도 애써 죽은 자의 몸을 산비탈까지 운반해 석실에 안치하고 의미 있는 물건이나 동물의 뼈를 함께 묻었다. 그리고 누군가가 죽을 때마다 묘지의 문을 열고 또다시 봉했다.

　이 굶주린 유랑자들은 시간이 지나도 망자가 다시 돌아올 수 있는 안전한 장소를 원했다. 이후 4,000년 동안 영국에서는 이와 비슷한 묘지가 세워진 적이 없다.

우리는 종종 산 자보다 죽은 자에게 더 애정을 쏟는다. 우리의 애정이 가장 필요한 것은 산 자임에도.

━━━◦◦◦◦━━━

션Sean이 말했다. "멘딥힐스는 광산 지역이에요. 동굴 지대이기도 하고요. 그러나 무엇보다 이곳은 매장 지역입니다. 수백 개의 청동기시대 고분이 경관을 따라 펼쳐집니다. 일부는 기념물이나 헨지henge(거대한 목조·석조물을 원형으로 세워놓은 선사시대의 유적 – 옮긴이)와 합쳐져 대규모 제사 유적이 되었어요. 스키너라는 골동품 전문가가 한 고분에서 벌이 갇힌 호박 구슬을 발견했는데, 다리의 털까지 보존되어 있었다는군요."

초가을의 늦은 오후, 때아닌 더위. 공기가 햇빛에 아른거리고 자동차 문은 손이 데일 정도로 뜨겁다. 그러나 네틀브릿지 밸리Nettlebridge Valley 한쪽의 조용한 그늘 아래에 자리잡은 션과 제인 보로데일Jane Borodale의 집은 식품 창고처럼 시원하다. 현관에는 보드게임이 대충 쌓여 있고 현관 옆 화분에는 민트, 백리향, 로즈메리가 무성하다. 현관 계단에는 커다란 암모나이트가 박혀 있는데, 수십 년의 발걸음에 닳고 닳아 광택이 났다. 정원에는 높이 솟은 나무 토템 기둥 밖으로 길게 뻗은 날개에 사람의 허물 두 구가 걸려 있었다.

션이 그 허물을 가리키며 말했다. "동굴 탐험복이에요. 정확히 말하면 화학물질 안전복이죠. 동유럽에서 구해왔어요. 우리에게 꼭 필요한 겁니다. 곧 알게 될 거예요."

션, 제인, 그리고 두 아들은 동화 속에나 나올 법한 이 오두막에서 몇 년째 살고 있다. 예전 주인은 베일veil을 통해 망자와 소통할 수 있다고 믿는 사람으로, 이곳에서 강령회를 열었다고 한다. 집의 서쪽에는 주름진 들판이 비탈 위로 떠오르다가 산등성이의 물푸레나무 숲으로 사라진다. 개천이 가파른 비탈을 세차게 흐르며 지나간다.

나는 어둠 속에서 보는 법을 배우려고 멘딥힐스에 왔다. 션은 땅 위, 땅 밑 할 것 없이 멘딥힐스를 속속들이 알고 있다. 그는 양봉가이자 동굴 탐험가, 도보 여행가, 그리고 주목받는 시인이다. 션은 곱슬곱슬한 검은 머리에 성격이 온화하다. 그는 여러 해 동안 멘딥힐스의 언더랜드를 주제로 여러 편의 시와 글을 써왔다. 이곳의 납 광산, 제철소, 석회암 채석장, 매장지, 냉전 시대의 벙커, 그리고 기반암을 수 킬로미터에 걸쳐 벌집처럼 연결하는 긴 천연 동굴과 터널에 대해. 션은 단테 알리기에리와 베르길리우스, 페르세포네와 데메테르, 에우리디케와 오르페우스, 그리고 꿀벌치기 아리스타이오스 등 주인공이 저승으로 내려간 위대한 신화 속 이야기와 앞이 보이지 않는 어둠 속 환영의 힘에 압도되었다. 언더랜드를 노래한 션의 시는 세상에 나왔으나 이 세상의 것이 아닌 것처럼 느껴진다. 그의 시에서는 심원의 시간이 말을 걸고 땅이 동요하고 돌이 이야기한다. 시인의 배려로 망자까지도 잠시 되살아난다.

멘딥힐스는 영국의 브리스틀 남쪽과 배스의 서쪽에 솟아 있는 구릉지다. 맑은 날에 멘딥힐스의 남쪽 끝에서 보면 물을 품은 서머싯 레벨스Somerset Levels의 평지를 가로질러 글래스턴베리 토르Glastonbury Tor 언덕이 보인다. 멘딥힐스는 동서로 거의 50킬로미터를 뻗어 있고 브리스틀 만의 바다를 향해 좁아진다. 이 지역의 지질은 복잡하지만 대개 석회암 산맥으로 이루어졌다. 아서 코난 도일Arthur Conan Doyle의 표현에 따르면 석회암 지대는 '속이 빈 땅. 거대한 망치로 내리치면 북처럼 울리든, 아니면 함몰되어 거대한 지하 바다를 드러낼지도 모르겠다'.[2]

석회암에 관한 첫 번째 사실은 물에 녹는다는 점이다. 빗물이 공기 중의 이산화탄소를 흡수해 약한 탄산이 되면 오랜 시간에 걸쳐 암반에 무늬를 새기고 침식한다. 이 세공으로 석회암 지대의 바위 표면에 구멍과 숨어 있는 균열, 석실의 미로가 깊어진다. 하천이 그 안에 내재된 에너지로 돌의 모양을 만들고, 땅속에서 솟구친 온천이 바위의 형체를 다듬는다. 석회암 경관에는 은밀한 장소가 많다. 허파의 내부에 예상치 못한 공간이 잔뜩 숨어 있는 것과 같다. 이 거대한 언더랜드로 들어가게 해주는 입구가 있는데, 하천이 바닥으로 사라져 들어가는 구멍과 싱크홀이 그것이다. 아일랜드 서부의 위대한 작가이자 지도 제작자인 팀 로빈슨Tim Robinson은 석회암의 속임수를 누구보다 잘 알고 있다. 40년 넘게 석회암 지도를 그려온 그는 '나는 공간을 한 치도 믿지 않는다'라는 결론을 내렸다.[3]

션이 말했다. "정원을 보여드리죠."

오두막의 땅은 계곡의 큰 물줄기 아래로 내려간다. 우리는 계곡 가장자리에서 멈추었다. 물이 너무 맑아 있는 줄도 모르겠다. 작은 송어가 물살을 거슬러 지느러미를 세차게 움직인다.

션이 말했다. "석화된 하천이에요. 탄산칼슘이 너무나 많이 녹아 있어서 나뭇가지나 나뭇잎이 걸리기만 하면 영락없이 돌처럼 하얀 껍질을 입지요."

흑녹색의 실잠자리가 흐르는 물 위에서 춤을 춘다. 등에가 피를 찾아 돌아나닌다.

"이것 좀 보시죠." 션이 위를 가리키며 말했다. 늙은 오리나무의 제일 아래 가지가 줄기와 만나는 지점에 둥근 금속 날의 한쪽 끝이 튀어나왔다. 날의 나머지 부분은 나무껍질에 들어가 자취를 감추었다.

"낫이에요. 몇십 년 전에 누군가가 여기에 걸어놓고 잊어버린 모양이에요. 손잡이가 썩는 동안 주위로 나무가 자라면서 날을 삼켜버렸어요."

텃밭에는 가시자두 울타리 그늘 밑에 붉은 오커색 벌집 두 채가 있다. 기울어진 착륙판이 어두운 벌집 입구로 이어진다. 착륙판에 내려앉은 벌들이 벌통 안으로 기어 들어갔다가 다시 윙윙 소리를 내며 밖으로 나왔다.

보이는 곳마다 매장과 발굴의 흔적이 있다. 오소리 굴, 두더지 집, 꿀벌 터널, 나무가 삼킨 낫, 벌통, 광산 갱도의 입구. 심지어 백운석 경사 안쪽으로 쑥 들어간 션의 집조차 절반은 동굴이다.

션이 말했다. "지하를 탐험하기 전에는 멘딥힐스를 제대로 알지 못했습니다. 이곳에 있는 거의 모든 것이 어떤 식으로든 지하 세계와 연관되어 있어요. 채석, 채굴, 동굴 탐험, 청동기시대의 납 채굴, 그리고 로마인들의 석탄 채굴까지 말이죠. 석회암 채석장은 규모가 커서 대형 트럭들이 오르내릴 수 있도록 가운데에 좁은 입구로 향하는 나선형 경사로가 있습니다. 마치 단테의 『신곡』「지옥」편에 나오는 인페르노(지옥)로의 하강이 산업현장에서 재현되는 것 같죠. 현무암 채석장은 도로를 포장하는 경골재를 공급합니다."

잠자리가 바스락거리며 지나간다.

"그리고 매장지가 있어요. 청동기시대 봉분이 대부분이지만 신석기시대의 장방형 고분도 있습니다. 물론 아벨린스홀의 중석기시대 석실도 포함되지요. 중세와 근대 초기의 묘지, 그리고 오늘날에도 계속해서 영역을 넓혀가는 공동묘지까지, 1만 년 넘게 장례 풍경이 이어졌습니다. 따라서 이곳은 우리가 오랫동안 (광물을) 추출하고 캐내온 곳일 뿐만 아니라 (망자를) 믿고 맡겨온 곳이기도 합니다."

로버트 포그 해리슨Robert Pogue Harrison은 매장 관행에 관한 연구서인 『망자의 지배The Dominion of the Dead』에서 라틴어로 *humanitas*라는 말은 '땅에 묻는다'는 뜻의 *humando*에서 처음 왔으며, *humando*는 '땅' 또는 '토양'이라는 뜻의 *humus*에서 왔다는 잠바티스타 비코Giambattista Vico의 제안을 대담하게 수용하여 '인간이 된다는 것은 무엇보다 죽은 사람을 땅에 묻는다는 뜻이다'[4]라고 주장했다.

인간은 확실히 땅 위에 짓고 세우는 종일 뿐 아니라 땅 밑에 묻는 종이기도 하다. 우리 선조들도 매장하는 자들이었다. 남아프리카 석회암 지대의 라이징스타 동굴에서 여섯 명의 여성이 이끄는 고대고고학 팀이 과거에 알려지지 않은 초기 인간의 친척, 이제는 호모 날레디*Homo naledi*라고 명명된 종의 것으로 보이는 화석화된 뼛조각을 발견했다. 이 어둠의 물건을 땅속 깊이 마련한 두 개의 석실에 두었다는 것은 놀랍게도 이미 30만 년 전에 호모 날레디가 죽은 자를 의도적으로 땅에 묻었다는 뜻이다.[5]

매장된 인간의 몸은 땅속에서 흙의 요소로 변하고 먼지가 되어 먼지로 돌아간다. 인간은 땅에 묻히고 나서야 겸손을 찾고 비로소 겸허해진다. 산 자에게 살 곳이 필요한 것처럼 이 땅 어딘가 특별한 장소에 망자를 묻고 그곳을 기억하려는 것은 추억의 본질이다. 묘실, 묘비, 재를 뿌린 산비탈, 돌무덤. 이곳은 산 자가 돌아오고 떠난 이가 안식을 취하는 곳이다. 사랑했던 이의 몸이 어디에 있는지 알지 못하는 자의 슬픔은 특별히 부식성이 강해 쉬이 치료되지 않는다.

우리가 사람의 몸과, 그가 남긴 것들을 땅에 묻는 이유 중 하나는 그곳이 안전한 보관의 수단이기 때문이다. 매장은 기억과 물질을 보존하려는 열망에서 비롯된다. 언더랜드에서는 시간이 다르게 행동한다. 이곳에서는 시간이 느리게 가거나 제자리에 머물러 있다. 토머스 브라운Thomas Browne은 토장과 역사에 관한 깊은 고찰을 담은 『호장론Urne-Buriall』(1658년)에서 1650년대에 영국 월싱엄Walsingham 인근 들판의 모래땅에서 발견한 '1미터 미만의 깊이에 서로 멀리 떨어지지 않게 파묻은 40~50개의 납골단지'를 묘사했다. 항아리마다 최대 1킬로그램에 달하는 사람의 뼈와 재는 물론이고 '작은 상자들, 솜씨 좋은 빗, 놋쇠로 된 작은 도구들, 황동 집게, 그리고 오팔' 등 제물이 들어 있었다. 브라운은 묻혀 있던 이 항아리의 어두운 내부를 '온실conservatory'이라고 불렀다. 온실은 그가 이승 세계를 타락시킨 '공기 중의 날카로운 원자'라고 부른 것들로부터 차단된 보존의 공간이다. 그는 이 항아리들을 '지구의 저 아래에' 안전하게 보관된 밝은 기억의 방으로 묘사했다.[6]

특히 석회암은 오랫동안 매장지로 사용된 지질학적 장소였다. 그건 세계적으로 석회암이 아주 흔하기 때문이고, 또 쉽게 부식되는 성질로 인해 시신을 안치하기에 적합한 천연 지하실을 많이 생성했으며, 석회암 자체도 지질학적 측면에서 묘지나 다름없기 때문이다. 석회암은 죽어서 고대의 바닷속 해저에 가라앉은 바다나리, 콕콜리투스, 암모나이트, 벨렘나이트, 유공충 등 해양생물 사체가 조 단위로 압착되어 형성되었다. 이들 생물은 탄산칼슘으로 외골격과 껍데기를 짓고, 물속의 광물 성분을 대사하여 복잡한 건축물을 만들었다. 이렇게 보면 석회암은 광물이 동물이 되고, 다시 동물이 바위가 되고, 마침내 심원의 시간 안에서 바위가 생물의 몸을 만드는 데 필요한 탄산칼슘을 제공함으로써 다시금 주기가 시작되는 역동적인 땅의 순환 과정 중 한 단계라고 할 수 있다.

석회암을 창조한 삶과 죽음의 춤이 이 바위를 의심할 여지 없이 가장 생기 있고, 또 가장 기이한 암석으로 만들었다. 때로 인간은 석회암에 망자를 매장하면서 이 맥동과 더불어 석회암이 있게 한 많은 종의 생성 과정을 되풀이한다.

지금으로부터 약 2만 7,000년 전, 오늘날의 오스트리아령 다뉴브 강이 내려다보이는 석회암 언덕 중턱에 탄생 중에 죽은 두 아기의 시신이 새로 파낸 둥근 구멍 안에 나란히 놓였다. 시신은 겉을 동물 가죽으로 감싸고 주위에 상아로 만든 노란 구슬과 석간주를 섞어서 채워놓았다. 으스러질 듯한 대지의 포옹으로부터 아기를 보호하기 위해 털매머드의 견갑골을 엄니 조각 위에 기대어 뼈의 장막을 치고 은신처를 지었다.

약 1만 2,000년 전에는 오늘날의 이스라엘 북부 힐라존 강Hilazon River 상류의 석회동굴에 40대 여성의 무덤이 마련되었다. 동굴 바닥에 타원형의 구멍을 파고 안쪽을 석회암 판으로 덧대었다. 여성의 시신은 타원형의 북쪽을 등지도록 구부려놓았다. 희미한 불빛 아래서 갈색과 크림색 털에 윤기가 흐르는 바위담비 두 마리가 각각 상반신과 하반신에 걸쳐졌다. 어깨 위에는 멧돼지의 앞발을 놓았고 시신의 두 발 사이에는 사람의 발을 두었다. 거북 86마리의 검게 변한 등딱지를 시신 위 여기저기에 올려놓았다. 오록스 꼬리가 그녀의 척추 맨 아래에 놓이고 황금독수리의 날개가 그녀 위에 펼쳐졌다. 여인은 경이로운 키메라가 되어 많은 존재를 아우르는 존재가 되었다. 마침내 커다란 석회암 판을 구멍 위로 끌어와 여러 생물이 합체된 그녀의 방을 닫는다.[7]

5,500년 전으로 거슬러 올라가 영국 스토니 리틀턴의 서머싯 마을 근처에 있는 돌출된 석회암 바위 위에 석실분이 지어졌다. 이 고분은 오늘날까지 이 지역 경관에 남아 있다. 언덕의 완만한 비탈에 낮은 지붕을 올리고 잔디를 심었다. 어서 들어오라고 손짓하는 듯한 입구는 양

쪽에 수직 석판을 세우고 위에 커다란 인방돌을 얹어서 만들었다. 서쪽 문설주에는 직경이 30센티미터에 이르는 암모나이트 자국이 선명하게 찍혀 있다.('https://bit.ly/2W2SHLV' 참조 – 옮긴이)

토끼를 몰던 청년들이 발견한 그 석실에 최초로 수렵채집인 시신이 안장된 이후 사람들은 1만 년 동안 멘딥힐스의 석회암 언덕에 세상을 떠난 이들을 묻었다. 멘딥힐스에는 기원전 2500~기원전 750년에 만들어진 청동기시대의 원형 무덤이 약 400개 있는데, 대부분 여러 개가 모여 있고 도굴이나 쟁기질로 파헤쳐지지 않는 한 각각의 무덤에 시신 한 구가 부장품과 함께 매장되어 있었다. 시신은 전형적으로 무덤 아래에 돌로 덧댄 궤짝이나 테두리를 두른 납골단지에 안치되었다. 부장품에는 도자기 컵, 미늘이 달린 수석 화살촉, 청동검, 호박 머리핀, 흑옥과 셰일로 만든 구슬이 있다. 무덤에 이 물건들을 함께 넣었다는 사실은, 매장이 내세로 떠나는 여행이며 내세에서도 이승에서 사용하던 물건이 필요할 거라는, 여러 문화에 널리 퍼진 믿음을 나타낸다.

션과 나는 다시 오두막으로 걸어 올라와 문턱에 박힌 암모나이트를 밟고, 벽이 흰 부엌에 들어섰다. 정원의 더위를 피해 시원한 집으로 돌아오니 한결 나았다. 제인이 반갑게 미소 지었다.

제인이 말했다. "좋은 때 오신 거예요. 여름철에 이곳은 환상적이죠. 하지만 계곡에서 부는 북풍이 곧장 지붕을 통과하는 나머지 계절에는 따뜻하게 지낼 수가 없답니다. 여긴 해도 빨리 떨어져요. 한겨울에는 오후가 되자마자 깊고 차가운 그늘이 지죠."

그날 오후 우리는 차를 마시며 이야기를 나누었다. 탁자 위에는 파랗고 흰 러시아풍 도자기 접시가 있었다. 접시에는 터널에서 나와 겨울 들판을 향해 달리는 증기기관차가 그려져 있었다. 농부 두 명이 등에 나뭇단을 지고 선로 옆을 걷는다. 기차 뒤로 수탉의 깃털 같은 증기가 황혼의 푸른 하늘 위로 올라가다 터널 입구로 구부러져 들어간다.

제인과 션의 아들 루이스Louis와 올랜도Orlando는 방 한구석에 있는 컴퓨터로 마인크래프트 게임을 하고 있었다. 나는 아이들에게 다가갔다. 아이들은 귀한 광물을 찾아 곡괭이로 암반을 내리치며 열심히 채굴했다.

루이스가 말했다. "레드스톤은 쓸모가 없어요. 우린 흑요석이 필요하거든요."

올랜도가 말했다. "엔더드래곤Ender Dragon(마인크래프트 게임의 가장 강한 괴물 - 옮긴이)이랑 대결하고 싶어요!"

루이스가 말했다. "네더Nether(마인크래프트 게임에 나오는 지하 세계 - 옮긴이)로 가는 출입구를 만드는 중이에요!"

"동굴로 갑시다." 션이 말했다.

호박색처럼 짙은 저녁 햇살이 땅의 동편으로 쏟아진다. 션과 나는 계단을 내려와 노란 금방망이가 지천인 들판을 지나 쓰러진 원뿔처럼 풀이 가라앉은 곳으로 향했다. 폭이 가장 넓은 곳이 20미터쯤 된다. 말들 주위로 파리떼가 둥글게 모여 있다.

싱크홀의 경사진 옆면에는 분홍바늘꽃이 만발했다. 밑에는 딱총나무가 우거졌다. 우리가 다가가자 숲비둘기 두 마리가 요란하게 덤불을 떠났다. 구덩이의 가장 낮은 지점이 멘딥힐스의 언더랜드로 들어가는 입구다.

작은 통나무집이 석회동굴의 어두운 입구를 지키고 있다. 동굴에 들어가는 게 처음이 아닌데도 마치 목에 돌이라도 걸린 것처럼 침을 삼키기가 힘들었다. 두피에 벌이 몰려들었다. 션은 침착하게 아래로 내려갔다.

입구는 어딘지 모르게 불편했다. 몸을 아래로 어색하게 구부린 채 자물쇠를 채운 듯한 구덩이의 밀폐된 원기둥 공간으로 뛰어내렸다. 랜턴을 켤 때까지 동공이 어둠 속 수직 통로만큼이나 커졌다. 앞장선 션이 가다 멈추다 엎드리다 마침내 구덩이 바닥에서 그림자 속 작은 틈으로 머리를 들이밀었다. 나는 션의 다리가 천천히 사라지는 것을 보았다. 발까지 완전히 사라진 다음 나도 뒤따라갔다. 나는 축축한 자갈 속으로 얼굴을 들이밀고 몸부림을 치면서 움직였다. 바위가 손이 되어 처음엔 머리를 누르고 등을 누르고 몸 전체를 눌렀다. 그렇게 잠시 붙잡혔다 빠져나오니 그곳은 폭포가 수천 년을 흐르며 좁은 통로의 틈을 갈라 만들어낸 길이 약 4미터짜리 좁은 골짜기의 꼭대기였다. 우리는 골짜기 아래로 내려갔다. 발을 끌며 내가 먼저 젖은 바위를 내려갔고, 내 뒤로 션이 내려오는 것을 보았다. 거기에서부터 갈라진 바위틈을 꺾어져 들어간 끝에 마침내 눈앞이 극적으로 열렸다.

굉장한 지하공간이었다. 우리는 지붕과 벽을 따라 랜턴을 비추고 크기를 가늠했다. 아까 맨 처음에 겨우 빠져나온 출입구는 방대한 시간에 걸친 물의 작용으로 파인 협곡이었다. 협곡의 옆면은 회색 석회암이 커다란 곡선을 이루고 방해석의 번갯불 같은 줄무늬가 그 위를 가로질렀다.

우리는 더 아래로 이동했다. 지붕에서 급류 바닥으로 떨어진 자동차 크기의 바위들을 기어올랐다. 경사가 급하다. 천장이 별처럼 반짝였다. 수포처럼 부풀어오른 종유석들이 랜턴의 불빛을 모아 응축한 것이다. 갑자기 협곡의 양쪽에서 돌멩이가 우르르 쏟아졌다. 바위와 암석이 파도처럼 부서져 내리는가 싶더니 어찌된 일인지 중간에 멈춘 채 머리 위에 외팔보처럼 매달려 있다. 다시 보니 돌이 모두 방해석에 의해 서로 들러붙은 것이었다. 시간이 속임수를 쓰기 시작했다. 수천 년간 잠잠했던 움직임이 경고 없이 다시 시작될 것 같았다. 매달린 돌이 물결 치는 사이를 지날 때 신경이 곤두섰다. 몸에서 경련이 일어났다.

땅 위에선 말이 파리를 쫓고 금방망이는 애벌레로 들끓고 태양은 저물어간다. 퇴근길 사람들이 차창을 내린 채 라디오를 켜고 집으로 향한다.

그 아래에서 션과 나는 두 개의 돌로 된 아치를 더 지나갔다. 이제 협곡 바닥은 더 매끄럽다. 앞쪽 어디선가 큰 바위가 떨어질지도 모른다는 생각에 불안했다. 몸이 물처럼 휩쓸려 비탈을 따라 보이지 않는 가장자리 너머로 흘러내릴 것 같았다. 소리가 달라졌다. 메아리가 커진다. 우리는 위험을 느끼고 아슬아슬하게 멈추었다. 발끝에서 협곡의 바닥이 절벽을 타고 먼 아래로 떨어졌다.

"션, 여긴 마치 명계 같군요." 내가 말했다.

"몇 분만 앉았다 갈까요." 션이 말했다.

우리는 바위에 앉아 헤드랜턴을 껐다. 처음엔 꺼진 불빛의 잔영 속에서 고사리와 나뭇잎 무늬가 유령처럼 망막에 맺혔다. 그러다 어둠이 제대로 자리를 잡았다. 손을 들어 코앞까지 가져갔지만, 손바닥에 느껴지는 숨소리와 온기가 아니면 있는 줄도 몰랐을 것이다. 션과 나 사이를 가로막은 무거운 검은 장막이 이내 돌담처럼 굳어져 우리는 한 공간에서도 서로 다른 언더랜드 안에 있는 것 같았다.

사람들은 돌을 고정된 상태를 고집하는 비활성 물질로 생각한다.

그러나 이곳 갈라진 땅속에서 돌은 그저 잠시 흐름을 멈춘 액체일 뿐이다. 심원의 시간 속에서 돌은 지층으로 접히고 용암으로 망울지고 판으로 떠다니고 조약돌이 되어 이동한다. 억겁의 시간 동안 바위는 흡수하고 변형하여 해저에서 산꼭대기까지 떠오른다. 여기 아래에서도 생명과 비생명의 경계는 모호하다. 나는 아벨린스홀에서 *거의 돌처럼 변해 아무렇게나 널브러진 채* 방해석으로 뒤덮여 빛나던 뼈를 떠올렸다. …… 슬며시 주머니 속에 손을 넣어 고래뼈로 만든 올빼미를 만져보았다. 올빼미 등의 돌기와 날개의 곡선을 느끼며 해변으로 쓸려온 고래의 갈비뼈에서 이 새가 날아오르는 광경을 상상했다. 우리 자신도 일부는 광물이다. 치아는 암초, 뼈는 돌이다. 땅에서만이 아니라 신체에서도 지질작용이 일어난다. 우리가 서서 걸어 다니고 척추와 두개골을 만들 수 있게 된 것은 광화작용, 즉 칼슘을 뼈로 바꾸는 능력 덕분이다.

선이 다시 랜턴을 켰다. 불빛이 환하게 깜빡인다. 발끝에는 다시 절벽이 있다. 절벽을 타고 물이 흘러내린다. 동굴 속에서 헤매다 혹시라도 폭포 밑에서 올라오게 되는 경우를 대비해 절벽 아래로 내려가는 밧줄을 설치하기로 했다. 선이 밧줄로 고리를 만들고 적당한 바위 하나를 찾아 둘렀다. 나중에 무게가 실릴 때 밧줄이 바위 위로 끌려 올라와 빠지지 않도록 바위틈에 돌을 끼운 다음 손바닥 아래 뼈로 몇 번 내리쳐서 박았다. 나는 나머지 밧줄을 감아 양끝을 묶고 시험 삼아 두 번 휘두른 다음 하나, 둘, *셋!* 하고 절벽 너머로 힘껏 던졌다.

헤드랜턴 불빛 속에 밧줄이 꿈틀대는 뱀처럼 떨어지더니 바닥의 바위를 세게 때리며 채찍 소리를 냈다.

선이 말했다. "이제 아래로 내려가는 길만 찾으면 되겠네요. 지도를 보니까 왼쪽 어디엔가 샛길이 있는 것 같긴 한데, 한번 찾아볼까요."

우리는 협곡의 가장자리에서 물러나 상상 속 급류를 타고 상류로 이동해 다시 협곡의 복부로 올라왔다. 랜턴을 비춰 협곡의 왼편을 조사하니 측면으로 길이 세 갈래였다. 우리는 하나씩 시도했다.

처음 길은 꼬불꼬불 돌아가다 폭포가 내려다보이는 넓은 창에서 더 아래로 내려가지 못하고 돌아왔다. 다음은 갈라진 틈새를 비집고 들어갔다가 막다른 길을 만나 다시 빠져나왔다. 세 번째는 동굴 중심에서 한참을 들어가는 바람에 모퉁이를 돌 때마다 입으로 *첫 번째 왼쪽, 첫 번째 오른쪽, 두 번째 오른쪽*이라고 중얼거리며 순서를 외우고, 돌아올 때는 순서의 반대로 되짚어와야 했다.

이제 한 가지 가능성만 남았다. 동굴방 지붕 가까이에 작은 입구가 보이는데, 거기까지 가려면 폭포처럼 흘러내린 축축한 유석을 따라 크게 지그재그를 그리며 올라가는 수밖에 없었다. 유석 자체도 협곡 바닥의 제법 높은 곳에서 시작했다. 우리는 유석의 가장자리를 따라 머릿속에서 지그재그를 생각하며 기어올랐다. 겁이 났다. 밧줄을 매다는 방법도 있지만 빌레이어(등반할 때 로프를 고정하는 장치 - 옮긴이)를 설치할 지점이 없어 한 번만 미끄러져도 둘이 함께 떨어질 것이다.

유석층은 대단히 복잡한 구조물이다. 유석flowstone은 광물을 포함한 지하수가 석회동굴의 경사를 따라 흐르다 침전되면서 생긴 방해석을 부르는 이름이다. 하얀 촛농이 흘러내리며 굳어진 모양을 떠올리면 된다. 다만 유석은 촛불처럼 잠시 타오르다 멈추는 게 아니라 아주 오랜 시간에 걸쳐 천천히 쌓인다. 그 때문에 유석에는 코끼리 가죽이나 구겨진 스타킹처럼 정교한 주름이 접힌다. 유석은 보기엔 무척 아름답지만, 손으로 잡기가 영 만만치 않다.

동굴 탐험을 하다가 목숨을 잃는 경우가 흔하지는 않지만, 다리가 부러진 사람을 깊은 협곡에서 데리고 올라오는 것 역시 보통 힘든 일이 아닐 것이다. 8미터 높이의 유석층을 오르다 추락하면 용케 목숨을 건지더라도 두 다리가 온전치 못하게 되는 건 당연하다. 어쨌든 제대로 가고 있긴 한 것 같다. 션의 헤드랜턴이 위쪽에서 누군가가 횡단한 흔적을 발견했다. 그 사람의 부츠가 방해석이 마치 민트케이크라도 되는 양 금을 그어놓았다.

유석층을 오르기 시작하자 긴장이 되어 속이 좋지 못하다. 마치 젖은 돌을 꼬아 만든 밧줄을 타고 경사를 오르듯 한 발 한 발 두드려보고 디뎠다. 몸을 숙이고 튀어나온 유석에 손가락을 대고 균형을 잡으며 천천히, 천천히, 천천히 한 걸음씩 간다. …… 마침내 션이 끝나고 나도 끝나고 우리는 안도하는 마음에 웃으며 천장 아래의 입구에 들어섰다. 우리 앞에 새로운 미로가 열렸다.

거기서부터 우리는 중력이 이끄는 대로 내려가면서 갈림길에서는 언제나 아래쪽으로 가는 길을 선택해 미로를 통과했다. 마침내 소리가 울리는 걸 듣고 넓은 공간에 도착했음을 알았다. 우리는 폭포의 바닥에 도착했다. 아까 위에서 던진 밧줄이 먼저 내려와 있었다.

하지만 밧줄이 꼼짝하지 않는다. 바위 뒤에 끼어 똑바로 내려오지 않는 바람에 원하는 대로 움직여주질 않았다. 묶고 오르고 풀기를 반복하는 수밖에 없다. 그래도 추락할 경우 몸을 잡아주긴 할 테니 없는 것보다는 낫다. 내가 먼저 올라갔다. 젖은 바위라 몇 번의 까다로운 순간이 있었다. 밧줄을 던져놓길 잘했다. 션이 나를 따라 올라왔고 우리는 폭포 위에서 함께 쉬며 돌아갈 힘을 비축했다. 춥다. 어둠과 습기와 돌 때문에 뼛속까지 차갑다.

협곡 위로, 다시 골짜기 위로, 마침내 바위틈을 비집고 밖으로 나왔다. 초록 잎 냄새가 난다. 딱총나무가 우거진 구덩이 위로 올라와 들판으로, 말과 날�쌘 제비, 석탄기에서 빠져나와 인류세로.

땅 위에는 해가 진다. 지는 햇살에 동공이 닫힌다. 또다시 색이 바뀐다. 파랑은 온전한 파랑이 되고, 초록도 제 색을 되찾아 선명해진다. 색에 취하고 바람의 거친 소음에 취하고 제비의 날랜 비행을 빛내는 마지막 햇살에 취하고 거대한 하늘과 뭉게구름에 취한다.

우리는 주황색 안전복을 입은 채로 여전히 눈을 껌뻑거리며 길을 걸었다. 가족이 탄 듯한 랜드로버 한 대가 지나갔다. 뒷좌석에 앉은 아이들이 하늘에서 뚝 떨어진 것 같은, 그러나 실은 땅속 깊은 곳에서 기어나온 외계인 둘을 보려고 목을 빼고 고개를 돌린다.

영국의 동굴 탐험 역사에서 가장 악명 높은 이야기는 닐 모스Neil Moss라는 옥스퍼드 대학 철학과 학생의 이야기다. 60년이 지난 지금도 피크 디스트릭트 사람들은 이 사고를 입에 올리고 싶어 하지 않는다.

1959년 3월 22일 일요일 아침, 모스는 8인 탐험 여행의 일원으로 더비셔 주 캐슬턴 근처의 피크 동굴Peak Cavern을 탐사하기 위해 출발했다. 동굴 입구에서 800미터 정도는 19세기 초 이후로 개방되어 관광객과 지역 주민이 드나들었고, 특히 '그레이트 체임버Great Chamber' 높이 자리잡은 천연 석회암 구간인 '오케스트라'에서 울려 퍼지는 합창 연주도 들을 수 있었다. 그러나 800미터가 넘어가면 지형이 험해진다. 동굴의 천장이 낮아지면서 기어서나 들어갈 수 있는 축축한 공간만 남는데, '머키 덕스Mucky Ducks'라고 부르는 이곳은 더구나 비가 많이 오면 물에 잠긴다. 머키 덕스 다음에는 '피커링스 패시지Pickering's Passage'라는 길고 낮은 단층이 나오는데, 그곳을 지나면 통로는 직각으로 굽어지고 한 사람이 겨우 들어갈 너비의 구멍에 이른다. 그 구멍을 지나면 허벅지 깊이의 호수가 나오고, 그 건너편에 작은 동굴방이 있다. 그리고 그 방의 바닥에서 입구 너비가 약 60센티미터인 수직굴로 내려갈 수 있다. 모스의 팀은 바로 이 균열 지점에서 화이트 피크White Peak 아래의 미로 같은 통로가 더 이어지길 바라며 탐사를 시도한 것이다.

키가 크고 호리한 청년인 모스가 앞장섰다. 일렉트론 동굴 사다리를 풀어 수직굴 아래로 내렸고 모스가 그걸 타고 내려갔다. 굴의 통로는 수직에 가깝게 5미터쯤 이어지다가 완만하게 구부러지고, 급하게 꺾어진 후 다시 수직이 되었다. 모스가 이 모퉁이를 성공적으로 통과한 뒤, 다음 구역으로 내려갔지만 통로는 바위에 막혀 있었다. 막다른 길이었다.

발아래로 바위가 조금씩 움직이긴 했지만 더 아래로 내려갈 가능성은 없어 보였으므로 모스는 되돌아 위로 올라가기 시작했다. 하지만 꺾어진 지점 바로 밑에서 그만 사다리를 헛디뎌 아래로 미끄러졌고 그 자리에서 움직일 수 없게 되었다.

무릎을 구부려 사다리에 올라설 수조차 없는데다 사다리도 진흙 투성이라 너무 미끄러웠다. 통로 옆면으로 팔이 몸 가까이 고정된 상태에서 모스는 잡을 곳을 찾아 미끄러운 석회암을 더듬었지만 아무 소용이 없었다. 게다가 아마도 통로 바닥의 바위가 움직이는 바람에 사다리가 끌려가 이동했는데, 그러면서 위로 올라가는 길을 더 가로막았다. 통로는 모스를 빠르게 가두었고, 움직일 때마다 그를 가둔 덫이 조금씩 더 조여왔다.

모스는 12미터 위쪽의 친구들을 향해 외쳤다. "아무래도 갇힌 것 같아. 꼼짝도 못하겠어."

친구들은 모스에게 줄을 내려 끌어올리면 될 거라고 생각했다. 하지만 그들에게는 등반용 밧줄이 아닌 강도가 약한 줄밖에 없었다. 모스가 위에서 내려온 줄을 겨우 몸에 둘러 고정시켰지만 막상 끌어올리자

줄이 끊어졌다. 다시 내려온 줄을 묶었지만 이번에도 끊어졌다. 사다리를 끌어올리면 모스의 몸이 더 조여질까봐 그렇게 할 수도 없었다.

모스는 극심한 공포에 빠졌다. 조금만 움직여도 몸이 통로 안으로 미끄러져 들어갔다. 설상가상으로 숨이 막혀왔다. 숨을 쉴 때마다 수직굴 속의 제한된 산소가 고갈되고 이산화탄소가 늘어났다. 이산화탄소는 산소보다 무거우므로 밑에서부터 굴을 채우기 시작했다. 공기는 모스가 있는 수직굴에서 시작해 위쪽의 방까지 점점 더 나빠졌다.

이즈음 사고 소식이 지상으로 전해지면서 역사상 최대 규모의 구조 작업이 시작되었다. BBC 라디오를 통해 뉴스가 보도되고 영국 공군, 국영석탄공사, 해군은 물론이고 민간 동굴 탐험가들이 사고 현장으로 모여들었다. 모스의 아버지 에릭도 캐슬턴으로 한달음에 달려갔지만 동굴 안까지 들어갈 수 없었으므로 두려움에 떨며 동굴 근처에서 기다렸다. 모스가 갇힌 수직굴은 입구에서 약 300미터 아래였고, 모든 구조 장비와 인력이 수직굴 위까지 힘겹게 이동했다. 무거운 산소통은 머키 덕스에서 더 나아가지 못해 씨름했고 바위 통로를 따라 머리와 손으로 조금씩 밀어서 움직여야 했다. 조명에 필요한 전력을 공급하기 위해 두 젊은이가 12볼트짜리 자동차 배터리를 운반했다. 굴속에 쌓인 이산화탄소를 흡수하기 위해 소다석회를 들여오고 수백 미터짜리 전화선을 끌어와 동굴과 바깥을 연결했다. 튼튼한 밧줄을 들고 수직굴로 내려간 지원자 셋이 의식을 잃고 끌어올려졌다. 네 번째 지원자가 가까스로 모스의 가슴 주위로 밧줄을 묶었지만 밧줄을 잡아당기는 것은 이미 고문이나 다름없는 호흡을 더욱 고통스럽게 할 뿐이었다. 이 무렵 모스는 자신의 호흡에 질식해 의식을 잃었다.

모스의 곤경을 들은 사람들 중에 맨체스터 출신의 18세 타이피스트 준 베일리June Bailey가 있었다. 노련한 동굴 탐험가이자 체형이 호리한 베일리는 구조를 돕기 위해 캐슬턴으로 갔다. 그리고 어렵게 수직굴에 도착해 구조를 시작했다. 베일리는 바위틈에서 모스의 어깨를 빼내 끌어올릴 수 있게, 필요하다면 쇄골이나 팔을 부러뜨리라는 지시를 받았다. 영국 공군 군의관이 허리까지 차오른 진흙 속에서 수동 펌프로 수직굴 아래에 산소를 공급하는 동안 베일리는 모스에게 닿으려고 애썼지만, 그녀 역시 숨 막히는 공기에 도로 올라올 수밖에 없었다.

3월 24일 화요일 아침, 모스에게 공식적인 사망 선고가 내려졌다. 소식을 들은 모스의 아버지 에릭은 아들의 시신을 거두기 위해 다른 사람들이 위험해지는 것을 원치 않았으므로 시신을 수직굴 속에 남겨달라고 부탁했다.

다만 에릭은 특별한 매장을 원했다. 검시관에게 모스의 목숨을 앗아간 땅속의 암벽 틈에 시신을 봉인해달라고 부탁했다. 그리고 인근에 있는 작업장에서 가져온 시멘트 가루를 동굴 안으로 운반하여 허벅지 깊이의 호수에서 물과 섞은 뒤 굴속에 부어 모스를 그곳에 영원히 안치했다. 피크 동굴의 이 구역은 '모스의 방Moss Chamber'으로 불린다.[8]

———◆———

션과 내가 오두막으로 돌아올 무렵, 밖은 완전히 어두워졌다. 우리는 안전복을 호스로 씻어낸 다음, 정원의 시원한 공기를 쐬며 토템 기둥의 날개에 하나씩 걸었다. 나는 내내 휘파람으로 비틀스의 「러버 소울Rubber Soul」을 불었다.

션은 아벨린스홀의 반대편에 있는 버링턴 콤Burrington Combe의 우거진 산비탈에 올라갔다가 동굴 입구로 보이는 구멍을 발견한 이야기를 들려주었다. 그 구멍은 머리를 집어넣을 수 있지만 몸이 통과할 정도는 아니었다.

션이 말했다. "거기에 대고 소리를 질러보았죠. 그랬더니 동굴이 다른 음으로 답하더라고요."

나는 션의 집 다락방에서 잤다. 다락방은 집의 세로로 길게 이어졌다. 울퉁불퉁한 느릅나무 들보가 머리 높이에서 지붕을 받치고, 그 안에서 나무좀들이 내가 볼 수 없는 터널을 파놓았다. 박공마다 참나무로 틀을 짠 작은 창문이 달렸는데 그리로 시원한 밤공기가 들어왔다. 다락방 바닥에는 책이 높이 쌓여 있었다. 회반죽으로 하얗게 칠한 벽 위로 지붕의 경사가 너무 심해 책장을 놓을 수 없었던 모양이다. 나는 자기 전에 해리슨의 『망자의 지배』를 읽었다. 책 앞부분의 몇 줄을 베껴본다.

1,000년 만에 처음으로 사람들 대부분이 (죽은 뒤 땅에 묻힌다는 전제하에) 자신이 어디에 매장될지 모르는 세상이 되었다. 조상들과 나란히 묻힐 가능성은 점차 희박해진다. 이것은 역사적·사회적으로 놀라운 사실이다. 한 인간의 사후 거주지가 불확실하다는 것은 몇 세대 전만 해도 대부분이 상상할 수조차 없는 일이었다.[9]

주변 숲속에서 올빼미 울음소리가 방 안으로 흘러들었다. 그날 밤 나는 몸 위로 천천히 움직이는 방해석 바니시에 흡수되어 제자리에 고성뇌는 꿈을 꾸었다.

정원에서 들려오는 시끄러운 소리에 잠이 깼다. 여명. 창문으로 루이스가 정원에서 뛰어다니는 소리가 들렸다. 밖을 내다보니 아이가 잠옷을 입은 채로 닭장 앞에 서 있었다.

"엄마, 아침식사로 달걀 몇 개 필요해?!"

조간신문에 지질학자들이 지구의 맨틀에 묻혀 있는 바닷물을 발

견했다는 기사가 실렸다. 세상의 모든 바다, 강, 호수, 얼음을 다 합친 것
보다 네 배나 많은 물이 링우다이트ringwoodite라는 광물 속에 갇혀 있을
지도 모른다고 한다.

———◦◦—◦——

이어지는 며칠 동안 션과 나는 멘딥힐스의 이곳저곳을 돌아다녔
다. 션은 나에게 언더사이트undersight, 그러니까 언더랜드의 감춰진 입구
와 가려진 크기를 보는 법을 가르쳐주었다. 폭염이 계속되었다. 열기가
쌓이기만 하고 수그러들 줄 모른다. 땅은 비를 갈망하지만 우리는 그
렇지 않았다. 비가 오면 동굴 속에 물이 차서 들어가기 위험하기 때문
이다.

머리 위로 고사리가 자라고 오래된 소나무 조림지가 원시림처럼
변해버린 어느 우거진 땅에서 우리는 사슴의 발자취를 쫓아 작은 절벽
으로 갔다. 절벽 아래에서 동굴 입구가 우리에게 어서 오라고 손짓한
다. 고사리가 입구의 위치를 표시하고 나무딸기가 그 주위를 둘렀다.
아이비가 절벽을 기어오른다. 붉은제독나비는 양지바른 곳에서 기분
좋게 햇볕을 쬐며 천천히 날개를 접었다 펼친다. 우리는 절벽 아래로
기어 내려가 위험한 공간으로 들어갔다. 기울어진 비탈이 평평한 동굴
방으로 이어진다. 커다란 바윗덩어리가 단층의 갈라진 지붕 아래 매달
려 있다. 우리는 동굴방으로 내려가 웅크리고 앉았다.

이곳은 센 기운으로 수천 년 동안 인간을 끌어들였다. 이곳에서 종
교적 매장 의식이 거행되었다. 사람들은 인간과 동물의 사체를 갈라진
땅속에 던지거나 안장했다. 아마 신석기시대였을 것이다. 청동기시대
의 유물도 발견되었다. 16세기인지 17세기에는 동굴 근처의 돌에 붉게

색칠한 형상을 표시해놓았다. 아마 보호의 인장이자 악령을 피하고자 새긴 일종의 액막이 비문일 것이다. 악령이 단층 아래 이 언더랜드 공간으로 들어오는 것을 막으려고 새겨놓았을까? 아니면 언더랜드에서 밖으로 나가지 못하게 막으려는 것이었을까?

또 다른 날 션과 나는 멘딥힐스 고원에서도 고도가 가장 높은 그러피 그라운드gruffy ground를 걸었다. '그러피'는 '거칠다', '울퉁불퉁하다'라는 뜻이다. 그러피 그라운드는 2,000년 전에 이곳에서 납을 채굴하던 시대의 유물이 만든 경관이다. 로마의 소규모 채굴 작업으로 곳곳에 수백 개의 광물 찌꺼기 더미가 쌓였고, 18세기에 그것을 다시 가열해 남아 있는 납을 녹여냈다. 이 두 차례의 작업으로 유해한 슬래그(광재. 광석을 제련하고 남은 찌꺼기 - 옮긴이)가 작은 언덕이 되어 땅이 울룩불룩해졌고, 그 위로 풀이 무성히 자랐다. 초식동물들이 오염을 감지하고 이곳의 풀을 뜯지 않았기 때문이다.

우리는 이 무성하고 유독한 작은 골짜기를 걸어 전망을 볼 수 있는 지점까지 갔다. 가볍게 안개가 끼었다. 션이 랜드마크들을 짚어냈다. 브리스틀 만 남서쪽에 솟아오른 다트무어Dartmoor, 해안가에 자리잡은 힌클리포인트Hinkley Point 원자력발전소, 그리고 우리 아래에 펼쳐진 서머싯 레벨스의 평지. 서머싯 레벨스에서는 기원전 3807년(놀랄 만한 정확도를 자랑하는 나이테연대측정법으로 밝혀낸 연도)에 신석기인들이 참나무를 판자로 잘라 쪼개어 엮은 다음 가로목으로 받치고 습지 위에 판자 길을 놓아 고지대와 고지대를 연결했다.

우리 위로 연이 날고, 연보다 높이 말똥가리 한 마리가 날아다닌다. 통신 탑이 우리 몸을 거쳐 전파를 송신한다. 서머싯 레벨스 아래로 버드나무들이 서 있는 곳에서 불길이 타오르고 조용한 공기 속에 연기가 기둥이 되어 솟아오른다. 태양이 우리를 비춘다. 나는 눈을 감았다.

빨간색과 황금색 덩굴손이 보인다.

션이 말했다. "땅 위는 너무 덥군요. 시원한 곳으로 갑시다."

우리는 그렇게 했다. 그리고 그곳에서 나는 살면서 등골이 가장 서늘해진 경험을 했다.

션과 나는 들판을 지나 딱총나무와 오래된 물푸레나무 그늘 밑에 이끼가 부드러운 금빛 녹색으로 바위를 두껍게 뒤덮은 곳으로 갔다. 우리는 가시금작화와 고사리를 헤치고 개울 바닥을 따라서 걸었다. 재잘대던 회색머리지빠귀가 바스락거리며 서쪽으로 날아오른다. 북동풍을 타고 불어오는 후끈한 열기 속에 제비가 초원을 훑으며 날벌레를 찾는다. 우묵하게 파인 땅 위에 서서 우리는 태양을 향해, 그물 같은 잎 사이로 떨어지는 빛을 향해, 그 위를 표류하는 말똥가리를 향해 마지막 목인사를 한 다음 돌처럼 차가운 토양 속으로, 흐르는 개울에 닳고 닳아 생긴 구멍 안으로, 지구의 식도로, 나선형의 암모나이트와 총알 모양의 벨렘나이트가 엉성하지만 경이롭게 박힌 윤기 나는 암석 바이스(물체를 고정하는 기구 - 옮긴이)의 검은 입속으로, 그리고 고생길로 들어섰다.

션이 앞장서서 약 2미터 길이의 굴로 들어갔고 그의 뒤를 따라 나도 어둠 속으로 들어갔다. 션이 무릎을 꿇었다. 여기엔 두 사람이 웅크리고 있을 공간뿐이다. 앞에는 러클ruckle로 들어가는 어깨너비의 입구가 있다.

"땅이 무너지면서 생긴 공간이에요." 션이 감탄하며 조용히 말했다.

러클은 일종의 바위 무더기로, 큰 바위들이 얼기설기 기대어 동굴을 만들었다. 바위가 길을 막고 있지만 잘하면 바위틈으로 이동할 수 있다. 다만 러클은 섬세하고 예측할 수 없는 구조물이라 건드리지 않으면 그 상태로 수만 년도 넘게 가지만, 땅이 한번 진동하면 바위를 흔들어 순식간에 새롭게 배열한다. 또 섣불리 손을 댔다가는 바위 전체가 움직이면서 손발이 끼거나 안에 갇힐 위험이 있다.

나는 좁은 공간에 몸을 움츠린 채 심장이 두근대며 경고하는 소리를 들었다. 팔을 뻗어 첫 번째 바위의 검은 돌에 손을 얹었다. 팔을 타고 냉기가 전류처럼 흘러 들어오는 바람에 덜컥 겁이 났다.

하지만 러클의 돌은 너무 아름다웠다. 헤드랜턴 불빛에 얼음처럼 반짝이는 짙은 석회암이다. 게다가 바위틈 너머의 공간은 공기조차 빛나 보였으므로 도저히 들어가보지 않을 수 없었다.

미로 속에서 방향을 찾을 실마리가 있다. 첫 번째 바위에 흰색 나일론 끈이 매달려 있었다. 앞서 이곳에 들어온 동굴 탐험가들이 남긴 '아리아드네의 실타래'다. 미노타우로스의 은신처 속 어둡고 복잡한 통로에 들어갔다가 안전하게 돌아올 수 있도록 아리아드네가 테세우스에게 실을 풀면서 가라고 건네준 실뭉치다.

"먼저 가시죠." 비좁은 입구에서 최대한 허리를 굽히고 줄을 향해 손을 흔들며 션이 내게 속삭였다.

"아니, 전 괜찮습니다. 먼저 가시죠." 나도 고개를 숙이며 속삭였다.

결국 션이 앞장섰다. 그가 폭이 50센티미터 남짓한 구멍으로 조심스럽게 머리를 집어넣었다. 그의 발이 사라지고 나도 뒤따라갔다.

위로 안으로 아래로 흰색 실을 따라 러클 속 회전 구간마다 검은 입속으로 미끄러져 들어간다. 공간에 맞춰 사지를 구부린다. 차가운 돌에 대고 몸을 웅크린 채 되도록 바위를 밀지 않으려고 애쓴다. 몸이 *기화해* 바위에 닿지 않고 유유히 흘러갈 수 있다면 얼마나 좋을까 싶지만, 실상 내 몸뚱이는 뼈와 피가 가득 찬 투박한 주머니인지라 팔꿈치와 무릎을 지렛대 삼아 앞으로 나아가고, 발로 밀고 손가락으로 잡아당기고, 매번 돌에 닿을 때마다 움찔하고, 혹여 러클의 함정을 작동시키지나 않을까 작은 동작 하나하나 신경을 곤두세워야 했다. 마침내 빠져나온 션이 안도의 한숨을 내쉴 때까지, 그리고 나도 일어설 수 있을 만큼 큰 공간에 합류할 때까지. 다행히 머리 위 지붕은 아직 그대로다.

"지옥이 따로 없군요." 내가 거칠게 숨을 내쉬며 말했다.

"그러네요." 션이 맞장구쳤다.

러클에서 빠져나오니 왼쪽에는 어깨너비의 검은 동그라미 속으로 들어가는 통로가 있었다. 석회암보다는 대리석에 가까운 두 개의 지층이 약 3미터 높이로 서로를 향해 비스듬히 기울어져 그림자 속으로 들어갔다. 시선이 고정되고 목이 멨다.

이것은 바위가 해저에 퇴적물로 깔리면서 형성된 층리면bedding plane이다. 수백만 년 후에 지층이 이동하면서 층리면의 양쪽을 비틀어 떼어놓았고, 물이 그 사이로 흐르면서 열심히 틈을 갈고 닦았다. 우리가 들어갈 이곳은 심원의 시공간, 심원의 시간이 맞물리는 바이스로 가는 길이다.

우리는 두려움을 안고 층리면에 들어섰다. 각도가 낮은 돌에 등을 기대고 어둠을 향해 미끄러져 들어갔다. 머리 위에는 층리면의 윗면이 바깥쪽으로 기울어져 있었다. 이곳은 무너질 위험이 없지만 굉장히 답답했다. 우리는 마침내 층리면이 토사로 막힌 웅덩이로 좁아질 때까지 몸을 맡겼다. 그것은 물이 흐르는 통로의 끝이 아닌, 우리의 고집스럽고 줄어들지 못하는 몸을 받아줄 최후의 공간이었다.

그 소실점에서 우리는 둘 다 말을 하지 않았다. 언어는 이미 오래전에 으스러졌다. 어차피 각자 영혼을 추슬러 넣을 구조물을 세우느라 바빴다. 암석과 시간의 무게가 이전에 경험하지 못한 압력으로 사방에서 짓눌러 우리 몸을 순식간에 돌로 바꿀 기세였다. 매혹적이지만 무시무시한 장소, 오래 견딜 수 있는 곳이 아니다.

러클 입구로 돌아가야 한다. 그러려면 이 층리면을 다시 지나가야 한다는 것도 안다. 그 너머에는 아리아드네의 실타래, 흰색 실의 끝이 기다린다. 이 실 없이는 바위가 만든 미로를 되돌아가지 못할 것이다. 그건 내려가는 길에 50개의 잰말놀이(발음하기 힘든 단어를 연속해서 말하는 놀이 – 옮긴이)를 외우고, 올라오는 길에 그걸 거꾸로 읊으라는 것과 같다.

내가 먼저 누워서 실타래를 따라갔다. 러클의 협소한 공간이 차례로, 순서대로 다음 방을 열어주었다. 마지막 바위틈을 통과해 수직굴 입구까지 올라왔을 때, 발밑에서 검은 돌이 철컥하고 턱을 다무는 소리가 들린 것 같았다. 구멍을 빠져나왔다. 따스한 공기가 주위를 감싼다. 폭풍처럼 쏟아지는 빛줄기를 맞고 온몸의 뼈가 다시 자란다. 고사리가 내 몸 안팎으로 초록 잎을 펼친다. 피부에 이끼가 자라고 눈에 이파리가 쏟아진다. 선과 나는 앉아서 크게 웃었다. 저 잠깐의 경험으로 우리는 빛을 알려면 그보다 먼저 깊은 어둠 속에 묻혀봐야 한다는 걸 배웠기 때문이다.

우리는 구멍에서 나와 딱총나무와 물푸레나무에서 벗어났다. 진한 햇빛이 좋았다. 소금기 많은 바닷물에 몸을 띄우듯 햇살에 등을 대고 눕고 싶었다. 층리면에서 빠져나온 후 시야가 크게 확대되었다. 지평선의 굴곡진 윤곽이 풀로 뒤덮인 두 개의 둥근 반구를 그렸다.

션이 그것을 가리키며 말했다. "프리디 나인 고분 Priddy Nine Barrows 이에요."

멘딥힐스에서는 건초를 만드는 시기라 잘린 풀의 잘 익은 냄새가 공기 중에 진동했다. 건초를 잘라내고 더미로 쌓아올려 검은 덮개를 씌워놓은 곳에서는 이미 금빛 그루터기 사이로 초록색 싹이 올라왔다. 션과 나는 러클 동굴에서 고분을 향해 좌우로 바닥에서 산울타리 끝까지 높이가 4미터가 넘는 홀로웨이(양옆보다 높이가 현저히 낮게 파인 길. 고대에 만들어진 것으로 추정된다 - 옮긴이)를 따라 언덕을 걸었다.

오색방울새가 매력을 펄럭이고, 높은 새소리가 화려하게 울려 퍼진다. 나는 이 평범한 땅이 지닌 너그러운 색채와 공간에 새삼 감동했다. 이곳 멘딥힐스에서 나는 지상 세계와 지하 세계의 경계가 얼마나 엷은지, 그럼에도 어느 쪽으로든 얼마나 통과하기 어려운지를 보았다.

홀로웨이는 돌담 틈으로 빠져나와 따뜻한 서풍이 부는 초원으로 이어진다. 고분은 경사를 따라 일렬로 늘어서 있다. 션과 나는 서로의 침묵을 벗 삼아 초원을 가로질렀다. 첫 번째 고분에 도착했다. 길게 자란 풀 위에 눕는다. 언덕에 등을 대고 뜨거운 햇빛을 피부로 느낀다.

메도스위트, 수레국화, 스카비오스. 전율이 느껴질 만큼 모든 것이 낯설다. 풀잎에 앉은 날벌레조차 호랑이만큼 이국적이다. 1,000개의 육각형이 만든 루비색 눈, 질 좋은 금줄로 세공한 날개. 움직이지 않고 누워 있었더니 베짱이 한 마리가 바로 옆에 내려앉았다. 날개 위로 끌어 올린 뒷다리가 떨리는 모습을 관찰한다. 마찰음이 흘러나온다. 나는 매장지로 이렇게 높은 지대를 고른 고분 제작자를 생각한다. 그는 궤짝을 만들고, 납골단지의 주형을 뜨고, 시체를 화장하고, 고분을 짓는다.

총 아홉 개의 고분 중 여덟 개가 1815년에 존 스키너 목사Reverend John Skinner에 의해 1주일 만에 발굴되었다. 골동품 전문가이자 도굴꾼의 관심이 서둘러 발굴을 재촉했을 것이다. 각각의 고분에는 적어도 한 구의 화장된 유해가 있었는데, 그중 하나에 멘딥힐스에서 다시 볼 수 없는 부유층의 매장물이 있었다. 임신을 한 적이 있는 여인이 호박과 파양스 도자기로 만든 구슬, 구리로 제작된 송곳, 정성 들여 지은 드레스와 함께 묻혔다. 프리디 나인 고분을 약탈하고 24년 후에 스키너는 자기 얼굴에 총을 쏘았다. 그러나 친구 덕분에 자살을 감추는 데 성공했고 결국 스키너의 시신은 카머튼Camerton에 있는 서머싯 교구의 성스러운 땅에 묻히게 되었다(자살은 대죄이므로 교회 묘지에 묻힐 수 없다 – 옮긴이). *우리는 종종 산 자보다 죽은 자에게 더 애정을 쏟는다. 우리의 애정이 가장 필요한 것은 산 자임에도.*

션이 이야기 하나를 들려주었다. 멘딥힐스의 숲에서 청동기시대 고분을 발굴한 현대 고고학자들이 납골단지 안에 모셔진 여성의 유해를 발견했다. 20세기 초, 그곳에 나무를 심는 작업 도중에 고분이 파헤쳐졌지만 용케도 납골단지는 살아남았다. 학자들은 단지를 파내고 그 안에 들어 있는 여성의 유해를 연구했다. 연구를 끝낸 후 그들은 하얀 나방이 나무의 그림자 주위를 돌아다니는 어느 저녁에 복제한 단지 안에 여성의 유해를 넣고 다시 묻었다. 일행 중 한 명이 무덤 옆에서 축복의 말을 한다. 수천 년을 뛰어넘어 재매장의 예식을 치르며 망자에게 경의를 표하고, 그리고 아마도 용서를 구하는 말을 전했을 것이다.

션과 나는 따뜻한 바람 속에서 일어나 마지막 고분에 도착할 때까지 아홉 개의 고분을 차례로 걸었다. 그리고 다시 첫 번째 고분으로 돌아가 아까의 비탈에 누워 대화와 침묵을 나누었다. 우리 밑에는 땅과 그 땅이 품은 궤짝이 있다. 그리고 그 밑에는 석회암과 석회암이 품은 협곡이 있다.

우리는 고분의 풀밭에 한참 동안 누워 있었다. 그곳을 떠나며 뒤돌아보니 우리가 이 매장지의 풀밭에 새긴 자국이 언젠가 이곳에 다시 돌아올 윤곽이 되어 남아 있었다.

제3장

———

암흑물질

지하 900미터, 2억 5,000만 년 전 대륙붕 위의 북해가 증발하면서 남긴 반투명한 은색 암염층에 자리잡은 연구실에서 한 젊은 물리학자가 우주 공간을 들여다본다.

그는 커다란 은색 정육면체 구조물 옆 컴퓨터 화면을 보면서 앉아 있다. 이 정육면체의 이름은 드리프트DRIFT, 숨을 포착하는 기계다. 젊은 물리학자는 지구에서 몇 광년 떨어진 백조자리에서부터 우주를 가로질러 날아온 입자의 희미한 숨결을 붙잡으려 한다.

그는 우주의 심장에 들어앉은, 보이지 않는 존재의 증거를 찾고 있다. 지금까지 그것을 조사하거나 드러내려는 거의 모든 시도가 허사로 끝났을 만큼 이 존재는 불가사의하다. 빛과의 상호작용 일체를 기부하고, 심지어 존재 여부조차 확실치 않은 이것에 붙은 이름은 '암흑물질dark matter'이다. 젊은 물리학자가 암흑물질을 연구할 수 있는 장소는 지하 900미터 아래에 암염, 석고, 백운석, 이암, 미사암, 사암, 점토와 표토층으로 차단된 이곳 언더랜드뿐이다.[1]

별을 보기 위해 태양으로부터 멀리 떨어져 땅속 깊이 내려와야만 하는 것이 이 연구의 모순이다. 하지만 어둠 속에서만 보이는 것도 있는 법이다.

━━━◈━━━

1930년대 초반에 프리츠 츠비키Fritz Zwicky라는 스위스의 천문학자가 캘리포니아 공과대학에서 천체망원경으로 은하단을 연구하면서 의미심장한 이상 징후를 발견했다. 은하단은 중력에 의해 서로 속박된 은하의 집단을 말한다. 츠비키는 은하단 전체의 무게를 재기 위해 은하단 내에서 개별 은하의 공전속도를 측정했는데, 놀랍게도 은하가 예상보다 빨리, 특히 은하단의 바깥쪽으로 갈수록 빠른 속도로 회전하는 것을 발견했다. 이 속도라면 개별 은하가 서로를 옭아매는 중력의 힘이 깨지면서 진작에 은하단이 흩어졌어야 한다.

츠비키에게 이 현상을 설명할 수 있는 것은 한 가지밖에 없었다. 또 다른 중력원, 그것도 관측된 공전속도 아래에서 은하단을 붙잡아둘 정도로 강력한 것이 존재해야 한다. 그러나 은하 전체를 하나로 묶을 만큼 거대한 중력장을 공급할 만한 것이 무엇이란 말인가? 그리고 왜 이 '잃어버린 질량'을 볼 수 없는 것인가? 츠비키는 결국 자신의 질문에 답을 찾지 못했지만, 이 질문으로 오늘날까지도 계속되는 추적을 시작했다. 츠비키의 '잃어버린 질량'은 이제 '암흑물질'로 알려졌고, 암흑물질의 존재를 증명하고 속성을 밝혀내는 것은 현대물리학의 성배 사냥이 되었다.

그런데 어떻게 어둠 속에서 어둠을 추적할 수 있을까? 질량이 있고, 따라서 중력을 발휘하지만 빛을 발산하지도 반사하지도 차단하지도 않는 물질을 어떻게 찾아낼 수 있을까? 츠비키 이후로 암흑물질의 존재를 증명하는 증거는 대개 추론에 의해 수집되었다. 물질 자체를 찾는 것이 아니라 그 물질이 발광체, 즉 관찰할 수 있는 물체에 미친다고 추정되는 영향을 탐지하는 것이다. 그림자를 드리우지 않는 물질을 지각하려면 그것의 존재가 아니라 그것이 행동한 결과를 찾아야 한다.

예를 들어 이제는 나선은하의 모든 천체가 중력의 중심까지의 거리와 상관없이 비슷한 속도로 회전하는 까닭이 암흑물질 때문이라고 밝혀졌다. 또한 암흑물질이 은하 주변을 지날 때 빛을 굴절시켜 이른바 '중력 렌즈' 효과를 일으킨다는 사실도 알려졌다. 아인슈타인이 일반상대성이론에서 보였듯이 질량은 공간을 휘게 하고 빛은 은하와 같은 거대한 실체를 지날 때처럼 휜 공간의 곡선을 따라간다. 그러나 츠비키의 은하가 지나치게 빨리 회전했던 것처럼, 눈에 보이는 은하의 요소 때문이라고만 하기엔 빛 또한 지나치게 크게 굴절한다. 그러므로 이번에도 보이는 것보다 훨씬 많은 질량이 존재한다고 추론할 수 있다. 이처럼 눈에 보이는 은하를 둘러싸지만 감지할 수 없고 공간을 휘게 하고 빛을 굴절시키는 거대한 존재를 천체물리학자들은 '암흑물질 헤일로dark-matter halo'라고 불렀다.

이와 같은 관찰 결과로 알게 된 것은 총 우주 질량의 불과 5퍼센트만 우리가 손으로 만지고 눈으로 볼 수 있는 물질로 이루어졌다는 사실이다. 이 물질이 돌, 물, 뼈, 금속과 뇌를 만들고, 동시에 목성의 암모니아 폭풍과 토성의 돌무더기 고리를 형성한다. 천문학자들은 이것을 '중입자물질'이라고 부른다. 물리학자들이 '중입자(바리온)'라고 부르는 양성자와 중성자가 압도적인 비율로 이 물질의 질량을 차지하기 때문이다. 한편 전체 우주 질량의 약 68퍼센트는 '암흑에너지'로 이루어졌다고 추정된다. 암흑에너지는 현재도 진행 중인 우주의 팽창을 가속하는 불가사의한 힘이다. 남은 우주 질량의 잃어버린 27퍼센트가 암흑물질로 구성된다. 암흑물질은 중입자물질과의 상호작용을 거의 전적으로 거부하는 입자다.

암흑물질은 우주 안에 있는 모든 것의 기본이다. 암흑물질은 모든 구조물을 단단히 묶는다. 암흑물질이 없다면 초은하단, 은하, 행성, 인간, 벼룩, 간균은 존재하지 않을 것이다. 켄트 메이어스Kent Meyers는 암흑물질의 존재를 증명하고 해독함으로써 '그 안에서는 빛조차 다른 모습이고 어둠 또한 그러한 새로운 질서, 새로운 우주를 폭로하게 될 것이다'[2]라고 썼다.

암흑물질 물리학자들은 측정할 수 있는 것과 상상해야만 하는 것의 경계에서 일한다. 그들은 암흑물질이 우리가 지각할 수 있는 세계에 남긴 흔적을 쫓는다. 그들의 일은 어렵고 철학적이며, 인내와 일종의 신앙이 필요하다. 시인이자 암흑물질 물리학자인 레베카 엘슨Rebecca Elson은 이렇게 비유했다. '온통 반딧불뿐인 곳에서 반딧불이를 보고 / 그곳에 초원이 있음을 알게 되는 것처럼.'[3]

현재 암흑물질의 구성 요소로 가장 가능성이 높은 입자는 윔프WIMP, 즉 약하게 상호 작용하는 무거운 입자weakly interacting massive particle이다. 우리가 윔프에 대해 아는 건 이 입자가 무겁다는 것(양성자의 최대 1,000배 이상 무겁다), 그리고 잃어버린 질량을 설명할 만큼 많은 양이 우주 탄생 불과 몇 초 만에 창조되었다는 것이다.

윔프는 '유령 입자'라는 별명을 가진 중성미자와 마찬가지로 중입자물질 세계에 관심이 없다. 매초 1조 개의 윔프가 우리의 간, 두개골, 창자를 가로지른다. 중성미자는 지구의 지각, 맨틀, 고체인 철-니켈 핵을 통과하면서 단 하나의 원자도 건드리지 않는다. 이들 아원자입자의 눈에 우리는 유령이고 우리가 사는 세계는 기껏해야 아주 얇은 그물조직으로 이루어진 그림자일 뿐이다. 이렇게 규정하기 힘든 입자를 어떻게 하면 중입자와 서로 작용하게 할지, 또 이렇게 날쌘 물고기를 잡을 그물을 어떻게 짤지가 물리학자들이 직면한 커다란 도전이다. 한 가지 방법이 지하로 가는 것이다. 웜프나 중성미자가 잠깐이나마 중입자물질과 상호 작용했다는 증거를 탐지하기 위해 전 세계에 지하 연구소가 세워졌다. 땅속 깊이 가라앉은 실험실에서 진행 중인 실험들은 온갖 형태의 유령 사냥이다. 주위를 둘러싼 암석이 물리학자의 귀에 '소음'으로 들리는 것을 차단해주기 때문에 이들은 애써 깊은 지하로 들어간다.

여기에서 소음이란 공기 중에서 일상의 입자들이 움직이는 소리, 평범한 원자 세계가 돌아가는 소리다. 예를 들어 방사선은 귀청이 떨어질 정도로 큰 소음을 낸다. 우주선 뮤온도 소음이다. 가뜩이나 듣기 힘든 희미한 소리를 드럼 연주를 배경으로 들을 수는 없다. 우주 탄생의 숨소리를 들으려면 우주에서 가장 조용한 땅 밑으로 내려와야 한다.

일본의 버려진 한 광산 속 지하 800미터 지점의 2억 5,000만 년 된 편마암 방에 초순수ultra-pure water 5만 톤이 들어 있는 스테인리스강 탱크가 있다. 광전증폭관 1만 3,000개가 겹눈이 되어 이 물을 관찰한다. 이들이 찾는 것은 아주 미세한 청색 섬광이다. 이 섬광은 체렌코프 복사인데, 전자가 물속에서 광속보다 빠르게 움직일 때 발생한다. '때때로' 원자가 중성미자에 부딪히면, 그 충격이 광속을 초과하는 속도로 전자를 산란하고, 그러면서 전자 역시 그 속도에 도달한다. 이렇게 산란한 전자를 '소멸의 산물annihilation products'이라고 부른다. 이 전자가 물속에서 산란할 때 주위에 아주 잠깐 발광성 푸른 원뿔을 만들어낸다. 여기에서 광전증폭관의 겹눈은 세 번이나 자리를 옮긴 이 '유령 입자'의 증거를 기다린다. 즉 중성미자 자체도 아니고, 중성미자가 부딪힌 원자도 아니고, 그것이 산란시킨 전자도 아닌, 유령과 부딪힌 원자가 남긴 푸른 아우라이자 소멸의 잔광이 그 증거다. 땅속에 묻힌 이 편마암 방을 '관측소observatory'라고 부른다. 비록 지하 깊은 곳에 있지만 그 안에서 과학자들이 수정 구슬로 별들을 관측하기 때문이다. 우리은하의 초신성을 감시하는 것도 이 관측소의 임무 중 하나다.

미국 사우스다코타 주의 노천 폐금광 깊숙한 곳에 초냉각된 제논(크세논)이 높이 1.8미터의 진공 용기 안에 들어 있다. 그리고 용접된 강철 탱크 속 27만 리터의 탈이온수가 그것을 둘러싸고 있다. 여기에서 광전증폭관은 윔프의 충돌로 야기되는 단일 광자와 단일 전자의 변위를 감시한다. 제논은 비활성기체로 원자의 크기가 크다. 제논이 아주 차가울 때는 밀도가 매우 높아져서 원자끼리 뭉치는데, 이것이 외부에서 들어오는 입자에 더 큰 단면을 제공하므로 윔프의 충돌 가능성을 최대로 높인다. 한때 값나가는 귀한 금속을 찾아 파헤쳤던 땅에서 이제는 상상을 초월할 정도로 풍부하지만 사용할 수 없는 물질을 찾는 작업이 진행된다.

그리고 영국 요크셔 해안의 작은 마을인 불비Boulby 근처에 1973년부터 운영된 탄산칼륨(칼리) 및 암염 광산의 작업장 한참 아래에 있는 소금 동굴에서 드리프트directional recoil identification from tracks, DRIFT라는 약자로 불리는 암흑물질 탐지 실험이 수행 중이다.

닐 로울리Neil Rowley가 책상 위에 언더랜드 지도를 펼치고 종이가 말리지 않도록 돌조각 네 개를 하나씩 모퉁이에 올려놓으며 이름을 댄다. 실바이트(칼리암염), 할라이트(암염), 폴리할라이트, 보러사이트(방붕석). 그는 지도를 가운데에서 가장자리까지 손으로 쓸어낸다. 닐은 광산 안전 전문가다. 과거에는 탄광에서 일했지만, 지금은 탄산칼륨 광산의 안전을 책임진다. 그는 영국 시인 위스턴 휴 오든Wystan Hugh Auden을 좋아한

다. 그는 지도를 좋아한다. 그는 채굴을 좋아한다.

닐의 지도에는 불비 지하 광산 내부의 도로와 대피실이 표시되어 있다. 언뜻 보면 시맥(곤충 날개의 갈라진 정맥 - 옮긴이)이 복잡하게 얽힌 잠자리 날개 같다. 나는 지도를 보며 천천히 암호를 풀어갔다.

영국의 북서쪽 해안선은 북서쪽에서 남동쪽으로 지도를 가로지르는 희미한 회색 선으로 표시된다. 이 지도는 지상과 상관없이 지하에서의 방향을 보여준다. 지도상의 불비 위치에는 기반암으로 곧장 들어가는 수직 갱도를 나타내는 두 개의 동그라미를 그려놓았다. 여기에서 지하의 수평 갱도로 접근하며, 이 지점을 중심으로 갱도가 북동쪽과 남서쪽으로 뻗어가면서 잠자리 날개를 그린다. 갱도는 남서쪽으로 노스요크셔 깊숙이 무어 황야와 계곡 아래에서 펼쳐지고, 북동쪽으로는 북해 아래로 뻗어가 선박 항로를 넘어서 대양으로 이어진다.('https://bit.ly/2W5YDnu' 참조 - 옮긴이)

이 갱도와 도로의 지하 망 전체를 '드리프트drift(연층갱도)'라고 부른다. 바다와 육지 아래로 부드러운 할라이트(소금)와 실바이트(탄산칼륨)층을 총 1,000킬로미터 길이로 파낸 기존 드리프트가 있고 그 끝이 채굴장으로 이어진다. 채굴장에서 사람과 기계가 쉬지 않고 탄산칼륨을 긁어내어 호퍼(광물을 저장하거나 아래로 내려보내는 데 사용하는 V자형 장치 - 옮긴이)로 보내면, 페름기 바다에 묻혀 있던 수 톤의 잔류물이 전 세계의 경작지로 여행을 시작한다. 그리고 지구에 1년에 두 번 찾아오는 봄이면 작물의 성장에 필수적인 칼륨이 성장주기에 맞춰 비료로 쓰일 것이다.

멘딥힐스 지하의 땅이 물이 만든 미로를 품었다면, 불비 지하의 땅은 인간이 만든 미로를 품는다. 리프트rift(땅속으로 갈라진 틈, 협곡 - 옮긴이)에서 드리프트drift로 옮겨갔을 뿐이다.

닐의 지도에서 빨간 선은 소금을 채굴하는 드리프트를, 검은 선은 탄산칼륨을 채굴하는 드리프트를 표시한다. 노란 정사각형은 대피실이다. 대피실은 붕괴 혹은 화재 시 대피하는 장소로, 갱도의 양쪽을 파서 만들었고 폴리폼 외벽으로 열을 차단한다.

　지도 양쪽으로 바다와 황야 멀리 잠자리 날개의 끝은 얇은 초록색 선으로 표시되는데, 채굴장 앞쪽으로 아직 채굴하지 않은 매장층의 광석 매장 여부와 무결성을 시험하기 위해 광산지질학자가 뚫어놓은 측면 시추공이다. 여기에서 얻은 정보로 미래의 채굴 방향, 즉 잠자리가 날개를 펼칠 방향이 결정된다.

　닐이 손가락으로 잠자리 날개의 한쪽 끝에서 다른 쪽 끝까지 가로지르며 말했다. "이 갱도는 전체적으로 비스듬히 기울어집니다. 매장층이 경사졌기 때문에 드리프트도 비탈지지요. 갱도는 탄산칼륨을 따라가는데, 탄산칼륨층이 기울어졌기 때문이죠."

　내륙의 탄산칼륨 매장층이 더 깊어서 황야 아래로 가장 안쪽의 깊이가 1,400미터에 이른다. 바다 쪽으로는 선박 항로를 넘어서 갱도 끝의 가장 높은 지점이 깊이 약 800미터까지 올라간다. 온도는 깊이에 비례한다. 지하 800미터의 온도는 섭씨 35도이고, 지하 1,400미터의 온도는 섭씨 45도이다. 양쪽 모두 지열이 높고 공기 중 수분량이 적어 몸에서 땀이 나오자마자 증발하고 탈수가 빨리 일어난다. 광부들은 깜깜한 한낮에 사하라 사막에서 일하는 셈이다.

　닐이 말했다. "모든 사람이 근무시간에 4리터의 냉수가 든 아이스박스를 가지고 다녀요. 그리고 따로 수분 보충 시간을 갖습니다. 수시로 물을 마셔야 안전하니까요."

　"자, 이제 승강기를 타고 지하로 내려가 암흑물질을 찾아봅시다. 그런 다음 바다 밑 채굴장으로 가는 장거리 드라이브를 할 예정이니 기대하시고."

청력 보호구를 쓰고 방진 마스크를 벨트에 건다. 출입의 증거로 주머니에 숫자가 적힌 구리색 삼각형 배지를 넣는다. *잃어버리면 안 됩니다. 잃어버리면 밖으로 못 나갑니다.* 승강기의 노란색 문이 캉 하고 닫히더니 아래로 하강하기 시작했다. 승강기는 크게 흔들리지 않고 내려가지만 여전히 속은 울렁거린다. 환기실의 꿍음이 희미해지고 승강기가 속도를 올린다. 승강기가 반쯤 내려갔을 때 올라오는 승강기와 만나면서 철창이 크게 흔들리고 큰 소리가 났다. 서로 반대 방향으로 달리는 열차 두 대가 마주칠 때처럼 쉬익 하는 소리와 함께 승강기 사이로 공기가 간신히 지나간다. 천천히, 천천히, 쿵, 정지. 딸깍하고 승강기 문이 열렸다. 고함소리가 들린다. "귀마개 벗고, 점등! 귀마개 벗고, 점등!"

공중에서 돌가루가 소용돌이친다. 지욱한 먼지에서 맛이 난다. 짜다. 드리프트의 검은 입이 우리를 바다 밑 페름기로 데려간다.

벽의 기밀식 출입구가 열리며 실험실이 나왔다.

젊은 물리학자가 컴퓨터 앞에 앉아 백조자리의 신호를 지켜본다. 그의 이름은 크리스토퍼, 흰 실험복이 왠지 너무 커 보인다. 크리스토퍼는 차분하면서도 말에 군더더기가 없다. 그리고 사람을 대하는 태도가 겸손하고 우아하며 상냥하다. 이런 태도는 하루 종일 우주의 탄생으로 거슬러 가는 억겁의 시간을 사색하는 생활에서 오는 게 아닐까 싶다.

실험실 벽을 따라 4.5미터 간격으로 검정색-노란색 경고 테이프가 겨우 허벅지 높이까지 올라온 비상 출구의 윤곽을 표시한다. 각각의 테이프 테두리 위로 손잡이가 긴 도끼가 두 개의 고리에 걸려 있다.

소금은 감마선이 매우 낮다. 소금은 훌륭한 단열재다. 소금은 방사화학적으로 순수하다. 따라서 소금은 약하게 상호 작용하는 무거운 입자를 연구하는 사람이 자신을 에워싸기에 더할 나위 없이 좋은 물질이다. 그러나 소금은 가소성이 매우 크다. 소금은 시간이 지나면서 흐른다. 그리고 아래로 처진다. 위로 900미터 높이의 기반암을 두고 할라이트층을 파내어 방을 만들면, 그 방은 시간이 지나면서 서서히 뒤틀린다. 천장이 내려앉고 옆면은 불룩해진다. 중력이 공간을 되찾으려고 한다. 불비 실험실에서 연구하는 과학자들은 자신이 안전수명이 제한된 임시 구역에서 일한다는 사실을 잘 알고 있다. 심원의 시간을 연구할 시간이 촉박하다.

"저것들은 할라이트층이 갑자기 주저앉을 경우를 대비한 비상구예요." 크리스토퍼가 안전 수칙을 설명하는 항공기 승무원처럼 경고 테이프로 표시된 비상 출구를 가리키며 말했다. "여기, 여기…… 그리고 여기. 실험실이 무너지기 시작하면 도끼로 저 벽을 부수고 들어가 소금층을 빠져나와 안전한 곳으로 가야 합니다."

그가 잠시 말을 멈추고 미소를 지었다. "이론상으로는 그렇단 말이에요."

현재 이 실험실에서는 여러 지하 실험이 진행되고 있다. 우선 방사성폐기물의 장기 매립을 위한 기술 연구의 하나로 암석 표본을 분석한다. 또 '뮤온 단층촬영'이라는 기술을 연구한다. 이 기술에는 우주 광선cosmic ray이 대기권에 충돌하면서 발생한, 투과성이 고도로 높은 하전입자인 뮤온이 이용된다. 암석을 투과하는 능력 때문에 뮤온을 이용하면 화산의 내부나 피라미드의 텅 빈 심장 같은 땅속 구조를 파악할 수 있다. 뮤온은 돌을 투시하는 방법을 제공한다. 모두 주목할 만한 실험들이다. 그러나 그중에 으뜸은 드리프트DRIFT다.

크리스토퍼는 실험실 한쪽에 자리잡은 큰 물체로 나를 안내하더니 마치 관객에게 속임수를 드러내는 마술사처럼 손을 흔들며 말했다. "이게 제 지하 수정 구슬입니다. 시간투영검출기Time Projection Chamber라고도 부르지요."

거창한 이름과 달리 시간투영검출기의 외형은 실망스럽기 짝이 없었다. 누가 봐도 테이프로 검은색 쓰레기봉투를 덕지덕지 붙여놓은 커다란 금속 상자에 불과했기 때문이다.

"쓰레기봉투가 이 수정 구슬의 주요 외장재인 건 알겠습니다만." 내가 말했다.

크리스토퍼가 대답했다. "비꼬시는군요. 하지만 이 테이프와 쓰레기봉투는 생각하시는 것보다 훨씬 더 과학 발전에 중요합니다."

크리스토퍼는 실험에 대해 설명했다. "암흑물질의 규모는 실로 어마어마합니다. 말로 표현하기 힘들 정도로 크죠. 그래서 비록 암흑물질 입자가 우리 눈에 보이지는 않아도 질량이 있기 때문에 적어도 가끔은 우리 눈에 보이는 입자와 충돌합니다. 그리고 그 충돌은 핵산란을 일으키지요. 드리프트 실험의 첫 번째 목적은 이 충돌을 감지하고 산란이 일어나는 순간 핵을 따라가는 겁니다."

그는 잠시 이야기를 멈추었다. 나는 기다렸다. 지금 이 순간에도 수조 개의 중성미자가 우리 몸, 지구의 기반암, 맨틀, 액체 외핵, 고체 내핵을 통과한다.

"예를 들어 빨간 공은 눈에 보이지만 흰 공은 보이지 않는 당구 경기를 관람한다고 상상해볼까요. 갑자기 빨간 공, 그러니까 전자가 당구대를 가로질러 움직입니다. 이 빨간 공의 이동 경로를 표시하면, 보이지는 않지만 빨간 공을 때려서 움직이게 한 흰 공, 즉 윔프의 경로를 되짚을 수 있습니다. 그리고 그것으로부터 흰 공의 방향, 질량, 속성에 대해 많은 것을 유추할 수 있죠. 저희는 바로 이런 방식으로 암흑물질 헤일로의 흔적을 찾으려는 겁니다. 충분한 시간 동안 충분한 정확도로 말이지요."

드리프트 장치의 중심에는 부피 1세제곱미터인 강철 진공 용기가 있다. 여기에는 1밀리미터 간격의 고도로 충전된 초박형 전선의 그물망이 교차한다. 만약 웜프가 검출기 내부에서 평범한 물질의 원자핵과 충돌하면 이온화 트랙이 발생하는데, 전선의 그물망이 그것을 강화하고 기록한다. 트랙은 3차원으로 재구성되어 충돌한 입자의 유형과 기원에 관한 정보를 제공한다. 드리프트 장치의 전선은 저압 기체 안에, 저압 기체는 전도성 체임버 안에, 전도성 체임버는 강철 중성자 차폐 안에, 그리고 마지막으로 장치 전체가 고대 바다가 증발하면서 남긴 할라이트층 안에 고정된다.

나는 앞으로 몇 년간 중국식 상자처럼 여러 겹으로 격납하는 방식이 고대 이집트의 매장 관행인 카노푸스의 항아리에서부터 원자로의 쓰고 남은 우라늄 펠릿 포장까지 언더랜드에서 이루어지는 보관 절차의 특징임을 배우게 될 것이다. 매의 머리를 한 카노푸스의 항아리에는 망자의 중요한 장기를 넣고, 이 항아리는 색칠한 나무 궤짝에, 궤짝은 무덤 속에, 그리고 무덤은 피라미드 안에 보관된다. 우라늄 펠릿은 지르코늄 환봉 속에, 지르코늄 환봉은 구리 실린더 안에, 구리 실린더는 철 실린더 안에, 철 실린더는 벤토나이트 점토 고리 속에, 고리는 편마암, 화강암, 암염 속에 수백 미터 가라앉은 깊은 땅속 저장시설의 기반암에 가둔다.

크리스토퍼가 나를 책상으로 안내했다. 컴퓨터 속 화면보호기 이미지는 캐나다 로키 산맥 루이스 호의 청록색 물이다. 그가 시간투영검출기에서 받은 데이터 도표를 보여주었다. 도표에는 선명한 색깔로 여러 선이 그려져 있고, 가늘고 검은 선이 각도를 이루며 가로질렀다.

크리스토퍼가 새끼손가락으로 검은 선을 따라가며 말했다. "이 대각선은 알파입자의 경로예요. 우리를 귀찮게 하는 통통한 신사인데, 제일 먼저 시끌벅적하게 달려옵니다. 하지만 이 소음은 식별해봤자 우리가 찾는 신호가 *아니라는* 걸 알게 해주는 것 외에는 흥미로운 게 없어요."

"정작 우리가 듣고 싶은 건, 저 떠들썩한 신사 뒤에서 들리는 조용한 속삭임입니다. 사실 속삭임은커녕 들릴락말락한 숨소리에 가깝죠. 여기 소금층 아래가 이 숨소리를 들을 수 있는 유일한 장소예요. 이 숨소리는 약하게 상호 작용하는 무거운 입자가 지나가는 소리입니다. 그리고 그 소리는 미세한 흔적을 남기죠. 우리는 웜프의 충돌이 두 개의 채널에서 각각 깜빡거리는 작은 신호에 더 가깝다고 생각합니다."

크리스토퍼는 손끝으로 하나는 노란색 선, 다른 하나는 분홍색 선에 있는 두 지점을 짚었다. 그는 잠시 이야기를 멈추었다. 컴퓨터 화면 보호기는 야자수가 자라고 라피스라줄리(청금석)색 바다에 둘러싸인 백사장 해변의 지나치게 채도가 높은 이미지를 보여준다. 백조자리에서 불어오는 웜프의 바람이 우리 몸을 지나간다.

"익숙해지기만 하면 이 데이터는 정말 아름답죠." 나는 동의하며 고개를 끄덕였다.

크리스토퍼가 말했다. "바로 지금 당신은 가장 세밀한 눈금을 통해 한 치의 오차도 없이 절대적으로 작은 우주를 들여다보고 있습니다. 저 색깔 선들은 우리의 확대경인 셈이에요."

그러더니 갑자기 머릿속에 시구가 떠올랐다가 흔적만 남기고 간 것처럼 말했다. "모든 것은 섬광을 일으킵니다." 그는 잠시 말을 멈추었다.

내가 물었다. "왜 암흑물질을 찾으려는 겁니까?"

크리스토퍼가 주저 없이 대답했다. "지식의 발전을 위해서지요. 그리고 생명에 의미를 부여하고 싶어서요. 탐구하지 않으면 아무것도 하지 않는 거나 마찬가지입니다. 그저 기다릴 뿐이에요."

그는 다시 말을 멈추었다. 나는 기다렸다. 컴퓨터 화면보호기가 엘 캐피탄 정상에 이른 눈이 내린 가을의 요세미티 국립공원으로 바뀌었다. 크리스토퍼는 아무 말도 하지 않았다.

내가 그에게 물었다. "암흑물질 탐구를 종교나 신앙 행위로도 볼 수 있을까요?"

크리스토퍼는 내가 좀 더 자세히 질문해주길 기다렸다. 그는 전에도 비슷한 질문을 받은 적이 있었지만 대답하기 전에 내 말을 더 듣고 싶은 눈치였다. 화면보호기는 나미비아의 소수스블레이Sossusvlei 사막에 있는 모래언덕으로 바뀐다.

나는 불비 서쪽의 리보 수도원Rievaulx Abbey을 떠올렸다. 시토회 수도사들이 비옥한 강가의 골짜기에 미사를 드리려고 세운 곳이다. 그들은 철광석으로 높이 솟은 부벽과 바람이 잘 통하는 아치형 천장을 지었다. 이 수도원은 웬만한 간청에는 모습을 잘 드러내지 않는 존재에게 기도를 바치기 위해 결성된 세계적인 조직망 중 하나다.

수도원 뒤쪽의 산비탈에는 '슬립 리프트slip rift'로 알려진 지형이 땅속 깊은 곳에서 따뜻한 공기를 내뿜으며 천천히 열리고 닫히는데, 추운 날에는 마치 땅이 살아 있기라도 한 듯 산비탈이 숨을 쉬는 것처럼 보인다. 시토회 사람들이 그 계곡에 도착하기 수천 년 전에 이미 신석기인과 청동기인이 슬립 리프트의 어둠 속에서 제물을 바치는 종교적인 예식을 치렀을 것이다. 땅의 틈바구니에 신체 부위를 매장하는 것, 이는 차원이 다른 소멸의 산물이다.

나는 미국 사우스다코타의 블랙힐스Black Hills에 있는 윈드 동굴Wind Cave도 떠올렸다. 윈드 동굴은 라코타 수족Lakota Sioux 사람들에게 바쳐진 동굴로, 폐금광 깊숙이 자리잡은 미국 암흑물질 실험실 가까이에 있다. 땅속에서 200킬로미터가 넘는 길이로 뻗어 있는 이 동굴의 입구에서는 모자가 날아갈 정도의 힘으로 공기가 밀려 나가거나 빨려 들어온다. 라코타족의 창조신화에서는 인간이 윈드 동굴에서 지상 세계로 나와 처음으로 세상을 보고는 그 색과 공간에 놀라워했다고 말한다.

나는 크리스토퍼에게 말했다. "저는 암흑물질 탐구가 추정이라는 정교하고 섬세한 체계를 만들어내고, 또한 스스로 드러내길 거부하는 어떤 보이지 않는 보편적 실체의 탐구에 바친 예배 장소 ─ 실험실이라고도 하죠 ─ 의 네트워크를 형성해왔다고 생각합니다. 그래서 우리가 소위 과학이라고 부르는 것보다는 종교에 더 가깝다고 보는 거죠."

크리스토퍼가 말했다. "저는 아주 독실한 기독교인으로 자랐습니다. 하지만 물리학을 알게 되면서 신앙을 잃었습니다. 이젠 믿음을 되찾았지만 예전과는 아주 다른 형태의 믿음입니다. 다른 과학자들과 비교했을 때 우리 암흑물질 연구자들에게는 우리가 찾고자 하고, 또 안다고 믿는 것의 증거가 부족한 게 사실입니다. 신에 대해서요? 글쎄요, 신성이 있다면 그건 과학 탐구나 인간의 갈망과는 완전한 별개가 아닐까요?"

크리스토퍼는 이야기를 다시 멈추었다. 그는 과거에 이런 생각의 흐름을 따라가본 적이 있기 때문에 내 질문에 답하기가 어렵지 않았지만 단어 하나하나를 조심스럽게 골랐다.

"제가 믿고 싶은 신성은 인간이 증거로 인정하는 것을 통해 자신을 드러내지는 않을 겁니다." 그는 데이터를 가리켰다. "신이 있다면 찾을 수 없어야 합니다. 만약 제가 신의 증거를 찾는다면, 신은 그것보다

똑똑해야 한다는 이유로 저는 그 신을 믿지 않을 겁니다."

내가 크리스토퍼에게 물었다. "그렇다면 그로 인해 당신이 세상을 느끼는 방식이 달라집니까? 매초 100조 개의 중성미자가 당신의 몸을 통과하고, 그와 비슷한 셀 수도 없이 많은 입자가 우리 뇌와 심장을 관통한다는 사실을 알고 있다고 해서 그것이 당신이 물질을 대하는 방식이나 사물의 중요성을 판단하는 방식을 바꿉니까? 앞으로 발을 내디딜 때마다 유령이나 윔프처럼 이 세계를 뚫고 떨어지는 대신 매번 그것을 딛고 앞으로 나아간다는 게 놀랍지 않습니까?"

크리스토퍼는 고개를 끄덕였다. 그는 생각에 잠겼다. 화면보호기는 중국 구이린Guilin 시의 석회암 탑으로 바뀐다. 해질녘 황혼이 인스타그램 같은 이미지 공유 사이트에서 인기 있는 흔한 방식으로 역광을 비춘다.

크리스토퍼가 말했다. "화창한 주말에 집 근처 절벽 꼭대기에서 아내와 산책을 할 때면 우리의 몸과 우리가 발을 딛고 걷는 절벽이 사실은 모두 성긴 그물이라는 생각이 듭니다. 그리고 맞아요. 그건 마치 갑자기 물 위나 공중을 걷게 되는 것과 마찬가지인 기적이에요. 그걸 모른다면 어떨지 가끔 궁금해져요."

그는 잠시 말을 멈추었다. 암염 동굴의 한계를 넘고, 심지어 우리가 알고 있는 우주의 한계 이상을 생각하는 게 분명하다.

"하지만 뭐니 뭐니 해도 사랑하는 사람과 손을 잡을 수 있다는 게 가장 경이로운 일이죠."

───◆◆◆◆◆───

닐은 젊었을 때 파리-다카르 자동차 경주에 나가고 싶었다고 했다. 이제 그는 총길이가 1,000킬로미터나 되는 지하 사막의 미로에서 문도 없이 골격만 남은 포드 트랜짓 밴을 운전한다. 은퇴가 몇 주밖에 안 남았지만, 닐에게 나이 따위는 문제되지 않는다.

경사로를 어찌나 빨리 달리는지 지날 때마다 차가 들썩인다. 우리 뒤로 갱도에 먼지가 자욱하다. 그는 코너를 돌 때면 속도를 줄이는 대신 경적을 울린다. *빠아아아앙!* 닐은 광산의 안전에 열정을 쏟아붓는 남자다. 그는 재미를 찾는 데도 열정이 대단하다. 나는 닐이 참 마음에 든다.

나는 왼손으로 천장의 손잡이를 꽉 붙잡고, 오른손은 계기판에 대고 몸을 버텨야 했다. 이가 서로 부딪히지 않게 입을 꼭 다물었다.

닐이 말했다. "실험실과 채굴장 사이의 메인 갱도에는 교대 시간 외에는 사람이 거의 없어요. 누가 온다면 멀리서 불빛이 보일 겁니다."

암염층에서 깎아내기 시작한 도로가 경사로를 타고 탄산칼륨층까지 이어진다. 도로 양면이 얼음처럼 불빛에 희미하게 반짝거린다. 우리는 순수한 소금 속을 달리고 있다. 갱도는 높이 3.8미터, 너비 8미터로 표준규격이다. 갱도의 천장이 내려앉는 걸 늦추려고 일정한 간격으로 사람 키만 한 볼트로 보강한다.

"탄산칼륨이 더 잘 쪼개집니다. 더 쉽게 금이 가죠. 그래서 웬만하면 탄산칼륨층에는 도로를 내지 않는 게 좋습니다. 할라이트(암염)는 부스러지기보다 처지는 편이라 훨씬 안전해요."

쿵! 빠아아아앙!

"이 메인 도로가 내려앉을 때까지 2년 정도 남았습니다. 갱도는 목재를 쌓아 받칩니다. 받침목으로는 나무가 강철보다 낫습니다. 나무는 부러지는 대신 찌그러지니까 훨씬 안전하죠. 이렇게 잘 대비해놓아도 채굴이 끝나기 전에 갱도가 무너질 때가 있습니다. 다 그런 거 아니겠소?"

닐은 말할 때 한 손을 자동차 운전대 위에 올리고 내게 몸을 완전히 돌린 채 앞을 보지 않고 운전하는 당황스러운 버릇이 있다. 가끔은 자동차 표면에 둥근 호를 그리며 버프 연마라도 하듯 손바닥으로 운전대를 돌린다. 왁스 칠해, 왁스 닦아.(영화「베스트 키드 The Karate kid」에 나오는 대사 — 옮긴이) 닐이 말했다. "여기는 공기 중에 떠다니는 석탄가루에 불이 붙지 않을까 노심초사해야 하는 탄광과는 달라요. 이곳에서는 소금 가루가 마른 소화기 분말처럼 작용하기 때문에 훨씬 안전합니다."

"저 아래에서 마지막으로 사망사고가 일어난 게 2000년입니다. 채굴장에서 저속 폭발이 일어나 500톤짜리 바위가 새로 채굴된 도로로 무너져 내리면서 기계를 밀어버리는 바람에 사람이 깔려 죽었죠. 그 이후로 최근 10년 동안에는 여기서 아무도 죽지 않았어요."

하지만 몇 달 후, 존 앤더슨 John Anderson 이라는 유명한 광부가 가스 폭발로 사망한다.

우리는 경사로를 따라 탄산칼륨층으로 올라갔다. 소용돌이치는 먼지 속에서 닐이 차를 멈추더니 밖으로 뛰어나가 갱도 벽에서 두툼한 탄산칼륨 조각을 깨어 내게 건넸다. 고깃덩어리 같은 선홍빛에 은색 운모로 얼룩진 돌조각이다. 마치 손 위에 떠 있는 것처럼 가볍다.

"한번 핥아봐요." 닐이 말했다. 혀에서 거품이 일었다. 금속과 피의 맛이 났다. 끝까지 다 먹고 싶었다.

천장의 갈라진 틈에서 터널의 벽을 타고 물줄기가 흘러내렸다. 닐이 위를 가리키며 말했다. "방금 해안선을 넘었어요. 우리는 지금 바다 밑에 있답니다!"

닐이 말했다. "할라이트와 실바이트는 둘 다 물에 녹습니다. 그래서 바다 밑에서 채굴할 때 문제가 생기죠. 채굴을 진행하려면 계속해서 물을 퍼내야 합니다. 1분에 3,800리터씩 퍼내면 전기요금만 1년에 300만 파운드(약 44억 원 - 옮긴이)씩 나와요. 과거에 러시아와 캐나다에서는 물이 차오르는 바람에 탄산칼륨 광산을 잃은 적이 있습니다. 얼마 전에 큰 홍수가 났는데, 1분에 1만 3,000리터씩 8주 동안 물을 퍼냈습니다. 여기 잃는 줄만 알았어요. 그러다 저절로 막히면서 속도가 느려졌죠. 이유는 잘 모릅니다. 하지만 다시는 물이 새지 않을 거라곤 보장 못해요."

"아주 안심되는 말씀이군요."

우리는 차로 돌아갔다. "이 일이 직업으로 어떤 것 같습니까?" 그는 딱히 나에게 묻는 것 같지 않았다. "자, 난 이렇게 하면서 돈을 법니다!" 닐이 가속페달을 끝까지 밟자 몸이 좌석 뒤로 휘청했다. 그는 갱도 아래로 죽 내달렸다.

길을 찾는 닐의 능력은 대단히 인상적이었다. 지도도 표지판도 없지만, 그는 수십 개의 갈림길을 지나며 단 한 번도 주저하지 않았다.

내가 물었다. "저, 외람된 말씀이지만 혹시 선생님께서 여기서 갑자기 돌아가시면, 그러니까 만약에 그렇다고 가정하면, 전 여기에서 어떻게 나가면 될까요?"

닐이 소리쳤다. "잘 모르겠거든 바퀴 자국을 따라가요! 그리고 혹시 내가 죽거든 바람이 불어오는 쪽으로 움직여요. 그럼 나가게 될 테니." 그는 다시 위를 가리켰다. "이제 선박 항로를 넘었어요. 밑에서 우리가 이렇게 질주하는 줄도 모르고 위에서 배를 조종하는 선장들을 상상해봐요!"

우리는 20분쯤 더 달려 채굴장에 도착했다. 닐은 터널 벽에 두 대의 다른 운송 차량 뒤로 마치 교외의 거리인 양 바퀴를 똑바로 주차했다.

먼지 때문에 공기가 뿌옇다. 앞에서 갱도가 두 개로 갈라진다. 불빛이 깜빡거리고 그림자가 움직인다. 갱도 벽에는 나선과 빗살무늬가 새겨져 있다. 덫에 걸린 가엾은 동물이 벗어나려고 몸부림치며 긁어댄 것 같기도 하고, 어느 부족의 종교적인 암각화 같기도 하다.

닐이 말했다. "채굴 구역 887, 광물층 한계 지점, 시험 탐침 결과 이 지점에서 광물층이 끝나는 것으로 확인되었습니다. 따라서 여기까지만 채굴하고 북서쪽으로는 더 진행하지 않을 겁니다. 대신 해저 드리프트의 동쪽과 남동쪽 끝으로 갑니다."

광부 두 팀이 탁자에 둘러앉아 식사를 한다. 암흑 속에서 이들이 입은 형광 재킷의 번쩍거리는 줄무늬만 보인다. 영화「트론Tron」에서의 한 장면 같다. 사람들이 고개를 들어 목인사를 하더니 식사를 계속한다. 탁자의 흰색 PVC 상판에는 볼펜과 마커로 그린 수십 개의 음경이 있다.

두 개의 갱도가 하나는 왼쪽 아래로, 다른 하나는 오른쪽 아래로 갈라진다. 소음이 커지고 먼지가 늘어난다. 할로겐 광선이 숨 막히는 공기를 가른다. 쇠가 광물에 닿을 때마다 비명이 들린다.

코모도왕도마뱀처럼 배가 낮고 이빨이 날카로운 거대한 흑색-적색의 기계가 암벽을 파먹는다. 이 도마뱀은 개의 목줄 같은 검고 두꺼운 고무 케이블로 조종된다. 도마뱀의 똥구멍에서 탄산칼륨이 가늘고 길게 밀려나와 컨베이어벨트 위에 오르면 도관을 타고 호퍼에 실린 다음 전 세계의 경작지로 여행을 시작한다.('https://bit.ly/2ZDOXBp' 참조 - 옮긴이)

도마뱀 기계가 광석을 먹고, 컨베이어벨트는 광물을 호퍼로 실어 나르고, 그걸 보는 나는 채굴 작업의 생동감에 감동한다. 도마뱀이 열심히 암벽을 할퀴면 터널이 만들어진다. 흰개미집, 개미집, 토끼 사육장, 두더지 굴 내부의 단면이 생각났다. 복잡하게 교차하는 수백 킬로미터의 연충갱도로 이루어진 닐의 광산 지도는 자원을 찾아 열심히 땅을 파내려간 또 다른 동물의 복잡한 지하 설계도일 뿐이다.

광산과 실험실은 각각의 활동이 어둠 속에서 서로 묘하게 되울리며 흥미로운 파트너가 되었다. 돈이 될 만한 광물층을 감지하길 바라며 탐침을 보내는 지질학자들. 반면에 사라진 우주의 일부인 암흑물질, 내다팔 수도 없는 그 물질을 감지하길 바라며 찾기 어렵지만 값어치 없는 지식, 순수한 지식, 지식의 *실바이트*가 도착하길 고대하는 물리학자들.

채굴장 소음 속에서 닐이 내게 몸을 기울여 귀에 손을 대고 소리쳤다. "저 채굴기요? 한 대에 320만 파운드(약 47억 원 - 옮긴이)짜립니다. 불꽃이 일어나지 않게 엔진을 개조했어요. 저걸 승강기 구역까지 가지고 내려와 조립한 다음, 뒤에 발전기를 달고 채굴장으로 몰고 왔습니다. 이곳까지 약 11킬로미터를 이동하는 데 꼬박 사흘이 걸렸다오."

쉴 새 없이 작업하다 보니 기계의 수명이 오래갈 수 없다. 닐이 말했다. "기계가 수명을 다해도 다시 지상으로 올려 보내지 않습니다. 비용 대비 효율적이지 않거든요. 갱도에서 광석의 자리를 차지할 텐데 그건 돈이 너무 많이 듭니다. 그래서 기계를 채굴이 끝난 암염 터널로 끌고 가 거기에 버립니다. 갱도가 자연적으로 폐쇄될 때 할라이트가 기계 주위로 흘러내릴 겁니다."

이 사이버 도마뱀 주위로 반투명한 할라이트가 녹아내리면서 이른바 화석화가 진행되면 기계는 소금이라는 수의를 입고 유물이 된다. 소름 돋는 광경이다.

나는 에밀 졸라Emile Zola가 19세기 프랑스의 대형 탄광에서 석탄을 운반하던 조랑말에 대해 쓴 글이 기억난다. 이 말들은 망아지일 때 내려와 다시는 햇빛을 보지 못했다. 한평생 탄광에서 자라고 먹고 일하다 죽었고, 제대로 발육하지도 못한 몸은 탄광이 무너질 때 함께 묻히길 기다리며 갱도에 남겨졌다.

뉴멕시코 사막 아래에 할라이트층을 파내어 만든 방사성폐기물격리시범시설Waste Isolation Pilot Plant, WIPP이 세워졌다. 이 시설은 핵무기 연구와 생산과정에서 발생한 초우라늄 방사성폐기물의 장기 처리용으로 설계되었다. 사막의 지면에서 600미터 아래에 핵폐기물이 가득 찬 수천 개의 실버강 드럼통의 매장지가 만들어진 것이다. 폐기물은 수천 년 동안 방사능을 띠기 때문에 열이 발생한다. 이 열은 할라이트의 가소성을 증가시킨다. 각 저장실이 채워지면 따뜻해진 할라이트가 통 주위를 서서히 감싸며 다가올 심원의 시간 동안 그것을 안전하게 지켜낼 것이다.

나는 옆 터널로 들어가 거기에 누워 앞으로 5년, 또는 1만 년에 걸쳐 할라이트가 서서히 나를 봉인하게 두고 싶은 충동에 잠시 사로잡혔다. 반투명한 고치 속에서 인류세가 끝나길 기다리며.

━━◆◆◆━━

1999년, 멕시코시티에서 열린 충적세(완신세 또는 홀로세. 약 1만 1,700년 전에 시작되어 현재 우리가 공식적으로 거주하고 있는 지질시대) 학회에서 노벨상 수상 자인 대기화학자 파울 크뤼천Paul Crutzen은 불현듯 충적세가 잘못 지정되었다는 생각을 하게 되었다. 훗날 그는 이렇게 회상했다. "갑자기 뭔가 잘못되었다는 생각이 들었습니다. 세계는 너무 많이 변했어요. 그래서 제가 말했습니다. '아니요, 우리는 명실상부한 인류세를 살고 있습니다.' 인류세라는 말은 그 자리에서 즉흥적으로 나왔습니다만, 그대로 굳어진 것 같군요."[4]

이듬해 크뤼천과 1980년대 이후 비공식적으로 이 용어를 사용해 온 미국의 규조류 전문가 유진 스토머Eugene Stoermer는 '인류야말로 앞으로 다가올 수천, 또는 수백만 년 동안 가장 우세한 지질학적 힘이 될 거라는 이유'[5]를 들어 인류세를 새로운 지질시대로 지정하자고 제안하는 논문을 공동으로 발표했다. 홍적세가 얼음의 활동으로 정의되고 충적세가 생명의 번영을 허락한 기후의 상대적인 안정기로 정의된 것처럼 인류세는 전반적인 지구의 모양새를 바꿔놓은 *인류*의 작용으로 정의할 수 있다.[6]

학계는 크뤼천과 스토머의 제안을 진지하게 받아들여 층위학자들의 엄격한 판단을 요청했다. 2009년에 인류세 제4기층서소위원회 실무 그룹이 조직되었다. 이 그룹은 두 개의 권고안을 전달하는 책임을 맡았다. 첫째, 인류세를 공식적인 지질시대로 지정할 것인가. 둘째, 그렇다면 '층위학적으로'[7] 인류세의 범위를 어떻게 결정할 것인가. 예를 들어 인류세의 시작을 언제로 볼 것인가. 인류세의 시작점으로 호미닌이 최초로 불을 사용한 180만 년 전, 농경이 시작된 8,000년 전, 산업혁명, 그리고 핵 시대가 시작되면서 자원 추출, 인구 증가, 탄소 방출, 멸종과 외래종 침입이 크게 증가하고 금속, 콘크리트, 플라스틱 생산과 폐기가 붐을 이룬 20세기 중반의 이른바 '위대한 가속'의 시기가 후보로 꼽혔다.

과연 인간이라는 종은 이 땅의 지층에 어떤 흔적을 남길 것인가? 우리는 석탄을 약탈하기 위해 산의 정상부를 통째로 날려버렸다. 수십만 톤의 플라스틱 쓰레기가 파도와 춤을 추며 서서히 해저퇴적물로 자리잡고 있다. 핵무기 실험으로 인공 방사성 핵종이 전 세계에 퍼졌다. 단일경작을 위해 열대우림을 불태우면서 방출된 스모그 먹구름이 주변 국가에 정착했다. 세계적으로 질소가 풍부한 합성비료를 사용하고 화석연료를 연소하면서 빙하 코어(빙하에 구멍을 뚫어 캐낸 원통형 빙하 얼음 — 옮긴이)와 퇴적물에 질소량이 급증하는 현상은 인류세의 주요 화학 휘장이 될 것이다. 인간이 여섯 번째 대멸종을 가속화하면서 전 세계적으로 생물다양성 수준이 추락한 반면, 소수의 가축 종은 개체수가 급증하면서 미래의 지질시대에 양, 소, 돼지의 화석 기록이 발견될 것임이 확실해졌다. 우리는 세상을 만드는 거대한 제작자가 되었고, 우리가 남길 유산은 다가오는 지질시대에도 읽을 수 있게 될 것이다.

인류세의 유물로 원자력 시대의 낙진, 도시의 망가진 기반 시설, 집약적으로 사육된 수백만 마리의 유제류 등뼈, 매년 수십억 개씩 생산된 플라스틱병이 쌓여서 생긴 희미한 지층(이 플라스틱 지층은 다국적 제품 디자인 기록보관소를 참고하면 정확한 연도를 파악할 수 있다)이 남을 것이다. 필립 라킨Philip Larkin은 '우리에게서 살아남을 것은 사랑이다'라는 유명한 말을 했지만, 그는 틀렸다. 우리에게서 살아남을 것은 플라스틱, 돼지 뼈, 그리고 우라늄 235 붕괴 사슬의 최종 산물이자 안정적인 동위원소인 납 207이다.

인류세라는 개념을 경계해야 하는 이유는 여러 가지다. 이 발상은 대단히 불균등하게 분배된 고통의 책임을 일반화한다. 인류세를 논할 때 '우리'라는 표현은 심각한 불평등을 덮어버리고 지역마다 다른 환경 파괴의 결과를 보편화한다. 이 시대를 '인간의 시대'로 정의하는 것 역시 제 머리에 왕관을 씌우는 신화 창조의 행위이자 현재의 위기를 생산한 테크노크라시의 나르시시즘을 반영하는 것으로 보인다.

그러나 그 모든 결함에도 불구하고 인류세는 인간이 한 종으로서 자신을 지각하는 방식에 강한 충격과 도전을 준다. 또한 이 행성에서 장기적으로 이루어지는 과정에 대해 우리가 통제할 수 있는 수준의 한계와 우리의 활동이 가져오는 결과의 규모를 모두 드러낸다. 인간과 비인간 사이에서는 물론이고, 인간과 앞으로 나타날 인간 이후의 존재 사이에 복잡하게 존재하는 취약성과 과오의 일부를 까발린다. 무엇보다 인류세라는 관점은 심원의 시간의 미래를 생각하고, 우리가 남기고 가는 것들의 무게를 재게 한다. 지금 우리가 만드는 풍경이 언젠가는 지층 속으로 가라앉아 언더랜드가 될 것이기 때문이다. 앞으로 닥칠 사물의 역사는 어떨까? 우리 미래의 화석은 어떤 형태일까? 인간은 세상을 빚어내는 능력을 크게 키웠으므로 자신이 빚어낸 것들의 오랜 사후 세계에 더 큰 책임이 있다. 인류세라는 말은 면역학자 조너스 솔크Jonas Salk가 말한 기억하기 쉬운 질문을 던진다. '우리는 좋은 조상인가?'[8]

과거가 아닌 미래의 심원의 시간을 생각하기는 쉽지 않다. 당장 한 번 시도해보기 바란다. 우선 1년 뒤의 미래를 생각해보라. 이제 10년, 다시 100년. 시간이 멀어질수록 상상은 흔들리고 모호해진다. 1,000년을 생각해보자. 머릿속에 뿌연 안개가 내려앉는다. 100년만 넘어가도 개인의 삶이나 사회의 가장 기초적인 시나리오를 짜는 것조차 어렵다. 아직 태어나지도 않은 세계 시민을 향한 동정심을 확장하기가 어려운 건 말할 것도 없다. 한 종으로서 인간은 훌륭한 역사가이지만 형편없는 미래학자임을 증명해왔다. 우리는 과거로 가는 심원의 시간을 표시하기 위한 약자는 만들었지만 — BP(Before Present, 현재 이전. 현재의 기준은 1950년 1월 1일), MYA(Million Years Ago, 100만 년 전) — 미래의 심원의 시간을 표시할 약어는 없다. 누구도 AP로 '현재 이후After Present'를, MYA로 '100만 년 후Million Years Ahead'를 말하지 않는다.

그러나 인류세는 현재의 순간을 미래의 눈으로 회상하게 만든다. '현재의 고생물학'[9] 안에서 우리는 퇴적층이 되고 지층이 되고 유령이 된다. 인류세는 앞으로 수백만 년 뒤, 우리 종이 멸망하고도 한참 지난 인류 이후의 한 지질학자를 상상하게 한다. 이 지질학자는 언더랜드를 연구해 *인류시대*를 밝혀낸다. 우리 인류를 기록하고 분석하고 판단할 이 가상의 인물은 19세기에 유행한 종말이라는 주제를 사로잡은 '최후의 인간'과 토머스 매콜리Thomas Macaulay의 '뉴질랜드 사람' — 자연에 전복된 런던의 템스 강 둑에 앉아 파멸을 곱씹던 — 의 현대판이다.

혼돈의 채굴 현장으로 내려와 나는 우리가 미래의 지질학자를 위해 제작한 퍼즐을 생각해보았다. 나는 수백만 년 후에 이 지질학자가 도마뱀처럼 생긴 불비의 채굴기 화석을 어떻게 해석할지 궁금하다. 인류세에 제조되어 2억 5,000만 년 된 해저층에 묻혀 있는 이 기계가 유기체가 아닌 기계라는 걸 어떻게 알까? 1,000킬로미터의 미로가 앞으로 할라이트와 실바이트층에 남길 드리프트의 희미한 흔적은 또 어떤가?

지질학자들과 고생물학자들은 '생흔화석trace fossil'이라는 용어를 쓴다. 생흔화석은 생명 그 자체가 아닌 생명의 흔적이 암석에 기록된 표식을 말한다. 공룡 발자국은 대표적인 생흔화석이다. '파라무드라paramoudra'라고 부르는 도넛 모양의 수수께끼 같은 수석flint은 굴을 파고 살았던 어느 벌레의 생흔화석으로 여겨진다. 이 벌레는 백악기 바다 밑에서 직립 상태로 호흡기관을 토사 바로 위에 내놓고 살았다. 수직굴, 깔때기 모양의 환기구, 파이프 관, 배를 대고 미끄러지듯 움직인 흔적, 발자국 등이 모두 생흔화석이다. 흔적만 남기고 사라진 것들에 대한 돌의 기억이다. 생흔화석은 사라진 몸이 남긴 공간의 버팀목이다. 거기에서 부재는 표지판 역할을 한다.[10]

우리 모두 알게 모르게 생흔화석을 갖고 있다. 망자와 사라진 이들이 남긴 표식이 그것이다. 편지 봉투에 쓴 손글씨. 수많은 발걸음에 닳고 마모된 나무 계단. 떠나간 누군가의 익숙한 몸짓에 대한 기억도 너무 자주 떠올라 허공과 마음에 모두 새겨진 생흔화석이다. 상실이 남긴 모든 것이 흔적이다. 때로는 텅 빈 공간이 존재 자체보다 가슴에 더 쉽게 간직되기 때문에.

───◆◇◆───

채굴 현장에서 돌아오는 길은 무모한 자동차 경주 같았다. 닐은 밴을 더 거칠게 몰았다. 경사로를 더 빠르게 부딪치며 – 쿵 – 입안에 먼지가 가득하고 속이 뒤집어질 것 같은 순간이 지나자마자 차가 할라이트 바닥으로 쾅 하고 내려앉았다. 모퉁이가 보이면 닐은 경적을 눌러댔다. *빠아아아앙!* 또다시 경적에 망치질을 한다. 정적. 망치질. 정적.

닐이 말했다. "내가 너무 거칠게 달렸나."

내가 말했다. "처음부터 그러셨어요."

"분명히 밖으로 나가고 있으니까 걱정 말아요. 도로의 우선권은 우리한테 있지, 적어도 이론상으로는. 그럼 속도를 좀 줄여볼까."

하지만 속도를 줄인다는 건 말뿐이다.

"옆에서 달려오는 전조등에 주의해요. 그리고 혹시 내가 기절이라도 하거들랑 운전대를 잡고 남서쪽으로 달려요!"

우리는 옆 갱도의 망가진 운송 차량 두 대를 지나갔다. 알 수 없는 충격에 보닛이 찌그러진 채로 할라이트에 흡수되길 기다리고 있었다.

우리는 갱도를 수 킬로미터 달려 마침내 수직 갱도의 노란 철창 승강기로 돌아왔다.

위로 올라가는 중간에 또 한 번 위에서 내려오는 승강기와 마주쳤다. 부드러운 바람 소리와 함께 공기가 간신히 비집고 나온다. 지상에 가까워지자 승강기가 덜컹하면서 속도를 늦춘다. 샤워, 집, 가족, 밥, 한 잔 술을 생각하며 밖으로 나갈 채비를 마친 사람들. 잠겼던 문이 철커 넉하고 열린다. 강철로 된 출입문으로 들어오는 정사각형의 빛. 바다 냄새, 태양 냄새. 기밀식 출입구로 나가는 사람의 수를 일일이 센다. 광부 먼저. 방진 마스크를 다시 벽에 걸어놓는다. 확인. 접수창으로 구리색 삼각 조각을 밀어 넣는다. 확인. 이상 없음.

출입구 밖으로 나오니 밖은 타는 듯이 환한 대낮이다. 푸르게 피어오르는 하늘, 자동차 앞유리에 비치는 태양, 철조망, 아스팔트, 풀잎. 내 주위 어디에도 보이지 않지만 어디에나 존재하는 암흑물질. 눈부신 빛 위로 올라오니 마치 무지의 세계에 발을 들인 것 같다.

나는 불비 광산에서 나와 서쪽으로 황야 지대를 몇 시간 동안 달려 집으로 갔다. 히스꽃이 만발하고 꽃가루가 공중에서 반짝거린다. 보이는 어디에나 광산의 흔적이 있다. 점판암, 납, 철, 구리, 철광석, 은, 석탄, 형석을 찾아 인간이 이 북쪽 경관에 수천 년에 걸쳐 뚫어놓은 흔적이다. 같은 지형에 인간이 수천 년에 걸쳐 죽은 자들을 묻어놓은 매장의 흔적도 있다. 중세 교회 묘지, 신석기시대에서 청동기시대, 철기시대로 이어지는 봉분들.

나는 해가 질 무렵에 노스페나인North Pennines 산맥의 굴곡진 계곡에 도착했다. 동쪽에서 불어온 아침 산들바람이 어느새 제법 거세졌다. 나는 룩호프Rookhope 마을에 차를 세우고 마을 위 황야를 1.5킬로미터 정도 걸었다.

늦은 볕이 아직 강하지만 지대가 높아 바람은 차가웠다. 습지대 풀의 솜꼬리가 가스맨틀(가스등의 점화구에 씌우는 그물 모양의 통 - 옮긴이)처럼 빛나며 바람에 부딪혀 소리를 낸다. 서쪽으로 황야 위에 황조롱이 네 마리가 불어오는 바람에도 우아하게 자세를 유지하며 들쑥날쑥한 열을 지어 낮게 날아간다. 나는 흘러넘치는 빛과 드넓은 공간을 한껏 즐겼다. 가장 높은 바위에 올라가 손을 뻗고 동쪽을 바라보며 바람을 향해 몸을 기울였다. 그리고 바람의 손이 가슴을 밀어내는 기분을 느끼며 한 마리 날아가는 황조롱이가 되었다.

광산에서 나온 이후 시간이 다르게 느껴진다. 더 깊어지고, 더 주름진다. 자연에 대한 생각도 달라졌다. 더 혼란스럽고, 더 뒤엉켜버렸다. 내가 서 있는 곳에서 동쪽 어딘가 황야의 1,400미터 아래, 그리고 바다의 800미터 아래에서 아직 채 심지도 않은 작물을 키울 에너지를 수확하기 위해 사람들이 바다의 소금 유령을 뚫고 갱도를 파낸다. 시간투영검출기는 138억 년 전 우주의 탄생에 대해 말해줄지도 모르는 백조자리의 신호를 기다린다. 드리프트의 미로가 서서히 닫히고 도마뱀 기계와 포드 트랜짓이 소금 무덤에 묻힌다. 윔프와 중성미자의 입자 바람이 지나간다. 윔프와 중성미자에게 이 세상은 그저 안개나 비단일 뿐이다.

1,300년 전, 베다 베네라빌리스Beda Venerabilis는 저서 『시간의 추산 The Reckoning of Time』에서 과거 지구의 여섯 번째 시대와 앞으로 올 일곱 번째 시대를 계산한 뒤 이렇게 썼다. '별들은 밤이면 익숙한 시계를 따라 땅속의 길을 가로지른다.'[11] 나는 19세기에 페나인Pennine 계곡의 언더랜드에서 은, 마그네슘, 납, 아연의 금속 광석이 들어 있는 광물층을 따라 땅을 파던 광부들을 떠올렸다. 방연석이 흘러내린 단층의 옆면은 거울처럼 환하게 빛난다. 같은 광맥에 형석(자외선 아래에서 푸르게 빛나는 수정)이 경이롭게 만발했다. 때로 광부들은 지오드(정동석)를 깎아 방을 만들고 수정과 금속으로 벽을 쌓고 지붕을 올렸다. 램프의 불꽃이 석영, 선석, 백운석, 형석, 황철석, 방연석에 비쳐 그들은 마치 지각 아래에 매장된 별들의 방에 침입한 기분을 느꼈다.[12]

보름달이 뜨기 시작한다. 하늘이 검붉게 어두워지고 달은 갈색과 은색으로 가라앉고 계곡은 갑자기 행성 밖에 있다.

첫 번째 별이 보이고 다음 별이 시야에서 깜빡인다. 나는 바위에서 내려와 능선을 걸었다. 그때 1미터쯤 떨어진 곳에서 종다리 한 마리가 튀어나와 깜짝 놀랐다. 나는 냉기가 종다리의 온기를 거두어가기 전에 종다리가 날아간 빈 공간에 손을 뻗었다. 종다리는 하늘로 높이 오르고,

폭포처럼 쏟아지는 종다리의 노랫소리가 그 순간에 또렷하게 들린다.

▬▬▶◀▬▬

높은 황야와 낮은 해안 평원을 달리는 장거리 야간 운전. 전조등이 모퉁이에서 헤더꽃을 휩쓸고 언덕 위로 하늘을 비춘다. 산기슭에 있는 집에 도착한 건 자정이 넘은 시간. 하늘에는 별이 뿌려져 있다.

막내아들 월이 자는 방에 살며시 들어갔다. 얇은 커튼으로 쏟아지는 달빛이 방바닥에 내 그림자를 드리운다.

월에게 간다. 월이 너무 조용하다. 갑자기 서늘한 공포가 밀려오고 심장이 두근댄다. 나는 손을 월의 입으로 가져가 숨결을 느낀다. 어둠 속에서 생명의 증거를 찾으려는 몸짓이다.

아무것도 느껴지지 않는다. 월이 숨을 쉬지 않는다. 숨을 쉬지 않는다. 그러다 내쉬는 숨이 내 피부에 희미하고 따스하게 닿는다. 나는 월의 뺨에 손가락을 잠깐 대고 존재를 느껴본다.

거기에 있니, 사랑하는 아들아?

숨을 쉬렴.

다시 숨을 쉰다.

심장이 다시 느려진다. 별빛이 월의 얼굴을 따라 은빛으로 빛난다. 모든 것은 섬광을 일으킨다.

제4장

언더스토리

사람이 살면서 운이 좋으면 일생에 한두 번쯤 사고의 근간을 흔드는 발상과 마주친다.

　10여 년 전, 맨 처음 그가 내게 '우드 와이드 웹Wood Wide Web'에 대해 말했을 때 나는 울컥했지만 애써 참았다. 내가 아끼던 그 친구는 너무 젊은 나이에 너무 빨리 죽어가고 있었다. 나는 그를 마지막으로 보러 갔다. 그는 통증과 약에 지쳐 있었다. 우리는 함께 이야기를 나누었다. 친구는 평생 산사람으로 살았다. 나무들이 그의 삶과 생각 속에서 자랐다. 그의 할아버지는 성이 우드Wood였는데, 손수 지은 목조건물에 살면서 몇 년 동안 직접 수천 그루의 나무를 심었다. 그는 자신의 혈관에 수액樹液이 흐른다고까지 말하는 사람이었디.

　그날 나는 친구 앞에서 로버트 프로스트Robert Frost의 시 「자작나무Birches」를 소리 내어 읽었다. 「자작나무」는 우리 둘에게 중요한 시였다. 이 시에서 눈처럼 하얀 자작나무 줄기를 타고 올라가는 행위는 죽음에 대한 채비이자 삶의 선언이다. 친구는 나무들의 상호 관계를 연구한 새로운 논문을 읽었다며 내게 얘기해주었다. 병이 들거나 스트레스를 받은 나무가 어떻게 땅속에서 뿌리로 연결된 지하 시스템을 통해 영양분을 나눠 받고 병을 치료하는지에 관한 연구였다. 그는 죽음이 임박한 처지에서도 이 치유 현상에 대해 조금도 시기하지 않고 담담하게 말했다. 이것만 봐도 내 친구가 얼마나 너그러운 영혼을 지녔는지 알 수 있다.

그때 그는 말할 기운조차 없어서 이 지하 세계의 공유가 어떤 식으로 이루어지는지, 또 나무가 어떻게 땅속에서 눈에 보이지 않게 다른 나무에 닿을 수 있는지 자세히 설명하지 못했다. 그러나 나는 나무들을 하나의 숲속 공동체로 엮는 신비한 땅속 그물망 이미지를 잊을 수 없다. 이후 이 놀라운 생각을 다른 곳에서도 접하게 되었고, 조각난 지식이 하나로 연결되면서 모든 게 정리되기 시작했다.

1990년대 초에 브리티시컬럼비아 주의 북서부 온대림에서 하층식생을 연구하던 수잔 시마드Suzanne Simard라는 젊은 산림생태학자가 흥미로운 상관관계를 관찰했다. 한 조림지에서 백자작나무 묘목을 솎아낸 후 백자작나무와 함께 자라던 더글러스전나무(미송) 묘목이 시들해지면서 결국 죽는 현상이 나타났다.

산림학자들은 조림지에서 어린 자작나무(잡초)를 제거해 어린 전나무(작물)에 필요한 귀한 토양 자원을 빼앗지 못하게 하는 게 당연하다고 오랫동안 생각해왔다. 그러나 시마드는 이 단순한 경쟁 모델에 의문을 품었다. 자작나무가 제거되면 덩달아 전나무의 상태가 나빠졌기 때문에 시마드는 자작나무가 전나무의 성장을 방해하는 것이 아니라 오히려 어떤 식으로든 도움이 되었다는 가설에 더 마음이 쏠렸다. 실제로 두 종 간에 어떤 원조가 이루어졌다면, 그것의 속성은 무엇이며 어떻게 나무가 공간을 뛰어넘어 다른 나무에 도움의 손길을 보낼 수 있었을까?

시마드는 퍼즐을 풀어보기로 했다. 나무와 나무를 연결하는 구조의 토대를 세우는 것이 첫 번째 과제였다. 시마드와 동료 연구자들은 숲 바닥을 벗겨내고 현미경과 유전자 기술을 사용해 생물학자들에게는 까다롭기로 악명 높은 토양의 '블랙박스'를 들여다보았다. 이들이 하층식생의 아래에서 발견한 것은 곰팡이(균류)가 토양에 퍼뜨린 '균사', 즉 대단히 가늘고 옅은 실이었다. 이 곰팡이실은 서로 얽히고설켜 놀라울 정도로 복잡하고 광범위한 그물망을 형성했다. 시마드가 조사한 숲은 토양 1세제곱미터마다 수십 킬로미터에 이르는 균사가 서로 연결되어 있었다.

수백 년 동안 곰팡이는 식물에 질병과 기능 장애를 일으키는 해로운 기생충 정도로 취급되었다. 그러나 시마드는 연구를 진행하면서 점차 일부 곰팡이는 식물과 미묘한 상리공생(양쪽 모두 이익을 얻는 공생관계 – 옮긴이)관계를 유지할 수 있다고 생각하게 되었다. '균근성mycorrhizal' 곰팡이의 균사는 토양에 침투할 뿐 아니라 식물의 뿌리 세포와 얽혀 분자 차원에서 물질 전달이 일어날 수 있는 접점을 만든다. 그리고 이렇게 균사와 얽힌 풀이나 나무의 뿌리는 복잡한 지하 시스템에 접속해 서로 연결된다.

시마드는 숲 바닥 아래에 이른바 '지하 소셜 네트워크', 즉 '균근성 곰팡이의 커뮤니티'[1]가 실제로 존재한다는 걸 확인했다. 또한 균사는 백자작나무와 백자작나무를, 더글러스전나무와 더글러스전나무를 연결할 뿐 아니라 백자작나무와 더글러스전나무를, 그리고 그 밖에도 수많은 식물종 사이에 비계층적 네트워크를 형성한다는 걸 발견했다.

이렇게 시마드는 묘목과 묘목을 잇는 구조의 토대를 세웠지만 균사는 상리공생의 도구만 제공할 뿐, 균사의 존재만으로는 자작나무 묘목을 솎아낸 이후 더글러스전나무 묘목의 상태가 불안정해진 이유와

이 협력 시스템을 통해 실제로 무엇이 이동하는지는 구체적으로 설명하지 못했다. 그래서 시마드 연구팀은 보이지 않는 땅 밑 그물망을 따라 움직이는 생화학적 물질을 추적하기 위한 실험을 고안했다. 연구팀은 전나무에 방사성 탄소 동위원소를 주입한 다음, 질량분석기와 섬광계수기를 사용해 나무에서 나무로 이동하는 탄소 동위원소의 흐름을 추적했다.

추적 결과는 놀라웠다. 주입된 탄소 동위원소는 원래의 나무에만 머물지 않고 나무의 관다발을 타고 뿌리로 내려가 뿌리 끝에 얽힌 곰팡이의 균사로 전해진 다음, 균사의 그물망을 따라 다른 나무의 뿌리 끝까지 이동해 관다발로 들어갔다. 그 과정에서 곰팡이는 균사를 따라 이동하는 광합성 산물의 일부를 빼돌려 대사에 사용했는데, 이것이 곰팡이가 이 공생관계에서 얻는 수익이었다.

이 결과는 나무가 균근 네트워크를 이용해 서로 자원을 주고받는다는 증거가 되었다. 또한 동위원소 추적으로 이 공생관계가 상상 이상으로 복잡하다는 것을 알게 되었다. 넓이 30제곱미터의 조사 지역에 있는 모든 나무가 이른바 곰팡이 시스템에 접속해 있었고, 심지어 나이가 가장 많은 어떤 나무는 무려 47그루의 다른 나무와 연결되어 있었다. 이 실험 결과로 전나무와 자작나무 관계의 퍼즐도 풀렸다. 더글러스전나무는 백자작나무로부터 자기가 주는 것 이상으로 많은 광합성 탄소를 받고 있었다. 그래서 백자작나무가 제거되면 전나무 묘목의 영양 섭취가 좋아질 거라는 예상과 달리 오히려 섭취량이 감소했고, 그래서 전나무는 시들해지다가 죽은 것이다.

시마드는 연구 결과를 요약하면서 균류와 나무가 '서로 다른 두 개체를 단조해 하나로 합침으로써 숲을 창조했다'[2]라고 대담하게 주장했다. 그녀는 나무를 자원을 두고 서로 경쟁하는 개별 주체가 아니라 오히려 숲을 하나의 '협동 체제'로 여겨야 한다고 제안했다. 그 안에서 나무는 서로 '이야기를 나누고', 시마드가 '숲의 지혜'라고 말한 공동의 지능을 생산해냈다. 심지어 어떤 늙은 나무는 '어머니' 역할을 맡아, 자기가 '식구'로 받아들인 작은 나무를 '양육'하기까지 했다.[3] 시마드의 연구를 통해 산림 생태를 보는 전체적인 시각이 냉혹한 자유 시장에서 자원이 재분배되는 일종의 사회주의 공동체로 바뀌었다.

시마드는 이 주제로 1997년에 〈네이처〉에 첫 논문을 발표했고, 여기에서 나무와 곰팡이가 상리 공생하는 지하 네트워크가 '우드 와이드 웹'[4]이라는 별칭을 얻게 되었다. 시마드의 네이처 논문은 생태학의 신기원을 이루었고 그 영향력으로 전 연구 분야가 후속 연구를 시작했다. 그리고 그 이후로 지하 생태학이 활발하게 연구되었다. 새로운 탐지 및 지도화 기술 덕분에 풀과 나무로 구성된 '소셜 네트워크'의 세부 사항이 속속들이 밝혀졌다. 시마드는 '숲 네트워크의 아름다운 구조와 정교하게 적응한 언어를 드러내기 위해 과학자들이 우드 와이드 웹의 지도를 작성하고, 추적하고, 감시하고, 어르고 있다'[5]라고 말했다.

숲 언어와 지도의 신세대 제작자들 중에 멀린 셸드레이크Merlin Sheldrake라는 젊은 식물학자가 있다. 멀린, 그게 진짜 그의 이름이다.

멀린과 나는 어느 너도밤나무 안에 나란히 섰다. 여러 차례 밑동을 쳐내고 맹아를 키워 만든 이 나무는 내가 지금까지 안에 들어가본 나무들 중에서는 말할 것도 없고, 지금까지 본 나무들 중에서도 가장 큰 축에 속했다. 한쪽 끝에서 다른 쪽 끝까지 둥치의 길이가 10미터는 족히 넘고 아마도 수령이 400~500년은 되었을 것이다.

"밑동을 잘라내지 않은 지 적어도 50년은 되는 것 같군요." 내가 멀린에게 말했다.

맹아는 나무의 밑동을 빙 둘러 꼿꼿한 줄기로 자라 중앙에 두 사람이 들어갈 수 있을 정도로 큰 공간을 남겼다. 우리는 회색 나무껍질 창살 사이로 에핑 포레스트Epping Forest를 바라보며 한참 동안 그 안에서 이 늙은 나무를 즐겼다.

이 너도밤나무는 아래의 가지 두 개가 서로 들러붙어 나무껍질이 연결되고 관다발이 합쳐졌다. 오랜 세월을 살아온 나무는 천천히 움직이는 유체처럼 행동한다. 불비 광산의 어둠 속 할라이트처럼, 멘딥힐스 지하에서 보았던 방해석처럼, 표토와 암반 위를 스스로 이동하는 빙하처럼 살아 있는 나무도 시간 속을 흐르는 것 같다.

"이런 걸 '플리칭pleaching(엮음)'이라고 부르던데요." 내가 합체된 나뭇가지를 두드리며 말했다. "예술가 데이비드 내시David Nash가 노스웨일스 숲속의 어느 빈터에 여러 그루의 물푸레나무를 원형으로 심은 다음, 가지를 구부리고 엮어서 나무들이 서로의 옆이 아닌 서로를 향해 자라게 해 큰 가지와 작은 가지가 함께 어우러져 춤추는 '물푸레나무 돔Ash Dome'을 만든 것처럼요." ('https://bit.ly/32dGkAi' 참조 – 옮긴이)

멀린이 말했다. "그걸 식물학자들이 전문용어로 '진한 키스' 또는 정식으로는 '나무의 진한 키스'라고 부르죠." 그는 씨익 웃더니 다시 말했다. "그건 아니고요, 진짜 전문용어는 '접합inosculation'입니다. 라틴어로 osculare가 '입맞춤하다'라는 뜻이에요. 그러니까 접합의 의미는 '입맞춤하게 하다'라는 뜻이지요. 접합은 같은 종끼리는 물론이고 다른 수종의 나무 사이에서도 일어날 수 있습니다."

나는 '접합'이라는 말은 알고 있었지만 그것의 어원은 몰랐다. 딱딱한 전문용어가 열정의 온기를 얻어 이 나무의 '입맞춤'이 진짜처럼 느껴진다. 한 나무의 끝이 어디고 다른 나무의 시작이 어딘지 알 수 없다. 나는 오비디우스 판 '필레몬과 바우키스' 신화를 떠올렸다. 이 신화에서는 어느 사이좋은 노부부가 참나무와 보리수로 변한 뒤 가지가 얽혀 서로를 지탱하며 자양물을 나누고, 뿌리를 통해 땅에서 서로를 위한 힘을 끌어와 애정 어린 키스로 그 힘을 나눈다.

멀린이 말했다. "땅 밑에서 뿌리도 이런 식으로 합체합니다. 땅 밑은 공간이 협소하고 뿌리가 서로 교차하는 빈도가 더 높기 때문에 나뭇가지보다 융합이 더 많이 일어나죠. 물론 균류 네트워크에서는 비할 수 없이 많은 접합이 일어나고, 흔히 전혀 다른 종끼리도 합체합니다." 멀린은 손가락으로 두 나뭇가지가 접합된 부분을 훑었다.

"서로 다른 두 균사에서 시작한 곰팡이가 갑자기 하나가 되고 유전자와 핵을 포함한 물질이 둘 사이를 흐르기 시작합니다. 균류에서 종의 개념, 심지어 유기체의 정의를 다루기 어려운 이유가 바로 여기에 있습니다. 균류에도 성性이라는 게 있긴 하지만, 균류는 아직 우리가 이해하지 못한 대단히 난잡하고 예측할 수 없는 방식을 통해 수직이 아닌 수평으로 유전물질을 전달하기 때문이에요."(일반적으로 유전물질은 생식을 통해 자손에게 수직으로 전달되지만, 수평적 유전자 이동은 생식을 거치지 않고 개체에서 개체로 유전물질이 이동한다 – 옮긴이)

균류학의 가장 오래된 농담처럼, 멀린 셸드레이크는 같이 있으면 재밌는 사람이다. 멀린이 나를 위해 마법으로 에핑 포레스트의 언더랜드를 열어준 시간 동안, 나는 몇 년간 그 누구에게 했던 것보다 많은 질문을 했다. 멀린이 나에게 이 평범한 근교의 숲에서 보여준 것들은 지금까지도 계속해서 내 세계관을 재형성하고 있다.

1987년 10월 15일, 멀린이 태어난 날의 밤은 허리케인급 강풍이 시속 300킬로미터로 불어와 수송선을 뒤집고 유람선을 해안으로 몰고 오고, 1,500만 그루의 나무를 쓰러뜨린 대폭풍Great Storm이 지나간 3일 뒤였다. 영국 남부와 프랑스 북부의 숲이 갈기갈기 찢겨나가고, 쓰러진 나무의 뿌리와 함께 숲 바닥이 하늘을 향해 기울었다. 멀린이 태어난 다음 날은 다우지수가 기록적으로 하락하면서 전 세계적으로 수조 파운드가 날아가고 금융시장이 붕괴한 블랙 프라이데이였다.

그렇다, 멀린 셸드레이크의 탄생은 상서롭지 못한 징조였다. 그리스 신화였다면 틀림없이 파괴와 파멸의 힘이 될 운명을 가졌을 것이다. 멀린은 마법사의 이름을 받았고 마법 같은 사람으로 자랐다.('멀린'은 아서왕 이야기에 나오는 유명한 마법사의 이름이다 - 옮긴이) 멀린은 키가 크고 호리호리하며 자세가 매우 바르다. 짙고 촘촘한 곱슬머리에 홍채 주위로 흰자위가 완전히 동그라미를 그리는 강렬한 눈을 지녔다. 그리고 따뜻한 함박 미소를 짓는다. 또한 그는 케임브리지 대학에서 식물학 박사학위를 받은 뛰어난 과학자다. 학문의 경계에 얽매이지 않고 호기심이 많은 걸 보면 골동품 수집가의 느낌이 들기도 하고, 영웅시대에 활동한 식물 사냥꾼의 면모가 보이기도 한다. 멀린은 전설적인 히말라야푸른양귀비 *Meconopsis betonicifolia*의 수집가였던 토머스 브라운 경Sir Thomas Browne과 식물학자이자 탐험가인 프랭크 킹던 워드Frank Kingdon Ward의 교차점에 있었다.

어릴 때부터 카리스마 넘치는 거대 동물을 마다하고 지의류(녹조류 및 남세균과 균류의 공생체 - 옮긴이)나 이끼, 곰팡이처럼 생물 중에서도 과소평가되고 가려진 것들에 더 끌린 것도 멀린다웠다. 그는 일찌감치 아마추어 청소년 과학자로 그것들을 연구했다. 그는 묘비와 화강암 바위에 낀 지의류의 종류를 셌고, 균류의 지하 건축물을 이해하려고 애썼다. 멀린은 지상에 올라온 버섯이 방대한 언더랜드 조직을 암시하기 위해 잠시 모습을 드러낸 자실체에 불과하다는 걸 알았다.

한번은 멀린이 내게 이렇게 말했다. "제 어린 시절의 슈퍼히어로로는 마블 영화의 주인공들이 아니었어요. 지의류와 곰팡이였지요. 곰팡이와 지의류는 인간이 나눠놓은 성별의 범주를 무시합니다. 공동체와 협력의 개념을 바꾸고, 진화의 가계를 설명하기 위해 세운 유전 모델을 뒤엎고, 우리의 시간관념을 해체합니다. 지의류는 무시무시한 산성 물질을 분비해 바위를 먼지로 만들어버립니다. 곰팡이는 흙을 녹이는 대단히 강력한 효소를 몸 밖으로 흘려보냅니다. 곰팡이와 지의류는 세계에서, 그리고 가장 오래된 것들 중에서도 제일 큰 유기체입니다. 이들은 세상을 만들고 세상을 파괴해요. 이보다 멋진 슈퍼히어로가 또 있을까요?"

⊰⊱

어느 날 아침, 멀린과 나는 지대가 높은 숲속의 빈터에서 출발해 태양을 우리 오른쪽에 두고 대략 북쪽을 향해 에핑 포레스트로 걸어갔다.

에핑 포레스트는 런던의 동북쪽으로 뻗어 있는 숲으로, 자연림과는 거리가 멀다. 12세기에 헨리 2세가 처음 이곳을 왕실 사냥터로 지정했고, 밀렵한 자는 투옥 또는 신체를 절단하는 형벌에 처했다. 현재는 시디오브런던 법인이 이 숲을 관리하고, 신체가 아닌 금전적 처벌이긴 하지만 숲속에서의 행동을 규제하는 50개 이상의 조례가 적용된다. 이 숲은 런던의 외곽순환도로인 M25 경계 안에 들어간다. 작은 도로가 숲을 가로지르고 숲의 너비는 4킬로미터를 넘지 않는다. 크기가 작은 편이지만 갈라지는 길이 많아서 에핑 포레스트에서는 길을 잃기 쉽다. 1,000년 동안 런던과 주변 지역 사람들이 피신, 섹스, 탈출, 그린우드의 마법을 위해 이 숲을 찾았다.

길이 울리는 소리, 저공비행으로 낙엽 더미를 휘젓는 호박벌 소리, 하늘을 맴도는 말똥가리의 고양이 울음소리. 숲에는 오래전에 밑동을 친 나무가 아직 잘리지 않은 채로 남아 히드라의 머리처럼 사방으로 가지를 뻗었다. 쓰러진 통나무에는 이끼가 두껍게 자라고, 나뭇결을 따라 젖은 틈새에 작은 주황색 곰팡이가 싹을 틔운다. 나무가 성글게 자라 빛이 쏟아지는 곳에서 초록색 어린 너도밤나무 싹 수백 개가 낙엽을 뚫고 올라온다. 모두 2.5센티미터를 넘지 못한다. 다마사슴 다섯 마리가 호랑가시나무 사이로 모습을 드러낸다. 사슴이 하층식생 사이를 움직일 때 옆구리의 얼룩무늬 위로 나뭇잎을 통과한 빛이 얼룩진다.

하층식생, 영어로 언더스토리understorey는 숲 지붕과 숲 바닥 사이에 사는 생물을 부르는 산림학·산림생태학 용어다. 곰팡이, 이끼, 지의류, 관목, 묘목들이 이 중간층에서 경쟁하고 번식한다. 그러나 은유적으로 '언더스토리'는 서로 뒤엉켜 나무와 숲에 문화적으로 다양한 생명을 부여하는 언어, 역사, 사상, 그리고 그들이 얽히고설켜 날로 풍성해지는 이야기들을 모두 포괄한다.

"제가 가장 흥미를 갖는 것은 언더스토리understorey의 언더스토리 understory입니다." 멀린이 너도밤나무, 서어나무, 밤나무를 가리키며 말했다. "이 모든 교목과 관목은 우리가 보지 못한 것은 물론이고 제대로 파악조차 하지 못한 방식으로 서로 연결되어 있어요."

케임브리지 대학에서 자연과학을 공부하면서 멀린은 우드 와이드 웹에 관한 획기적인 연구를 접했다. 또한 그는 에드워드 I. 뉴먼Edward I. Newman이 1988년에 발표한 고전 논문「식물을 연결하는 균근 고리의 기능과 그 생태학적 의의」를 읽었다. 이 논문에서 뉴먼은 식물의 각 개체가 생리적으로 서로 분리된 독립적인 존재라는 가정을 반박하고 식물을 연결하는 '균사체 네트워크'의 존재를 제안했다. 뉴먼은 '이 현상이 넓게 확산되면 생태계의 기능에 막대한 영향을 미칠 것이다"[6]라고 썼다.

실제로 뉴먼이 말한 '영향'은 대단했고 그것이 멀린을 사로잡았다. 멀린은 오래전부터 곰팡이들의 외계 왕국을 사랑했다. 그는 곰팡이가 바위를 돌 부스러기로 만들 수 있고, 지상과 지하에서 모두 민첩하게 이동하며 수평적으로 번식할 수 있고, 대사적인 측면에서도 독특한 산성 물질을 분비해 몸 밖에서 먹이를 소화할 수 있다는 걸 알았다. 멀린은 곰팡이의 독이 인간의 목숨을 빼앗고, 곰팡이에서 유래한 향정신성 화학물질이 환각 상태를 유도한다는 것도 알았다. 그러나 무엇보다도 시마드와 뉴먼의 연구는 곰팡이를 매개로 식물이 서로 소통할 수 있다는 것을 보여주었다.

멀린은 학부 때 전설적인 식물학자인 올리버 래컴Oliver Rackham에게 배웠다. 래컴의 연구는 영국 경관의 문화적·식물학적 역사에 대한 우리의 이해를 근본적으로 바꿔놓았다. 래컴과 일하면서 멀린은 전통적인 진화론이 가장 힘을 발휘하지 못하는 영역에서 가장 지적인 매력을 느꼈는데, 그에게는 상리공생이 바로 그것이었다. 상리공생은 공생의 일종으로 생물체 사이에서 장기적으로 서로 기대고 이익을 주는 관계를 말한다.

멀린이 말했다. "상리공생이 매력적인 이유는, 진화론의 관점에서 이 관계는 굉장히 불안정하고 결국 기생 관계로 빠르게 붕괴될 수밖에 없다고 예측되었기 때문이에요. 하지만 자연 세계에는 아주 오래된 상리공생관계의 사례들이 있고 그 관계가 신기할 정도로 오랫동안 안정적으로 유지되어왔다는 게 밝혀졌어요. 예를 들어 유카와 유카나방이 그렇고, 하와이짧은꼬리오징어와 이 오징어가 빛을 발산하게 돕는 발광세균이 그렇죠."

내가 대답했다. "빛을 내는 하와이짧은꼬리오징어와 세균의 오래된 상리공생이라."

멀린이 말했다. "네, 하지만 상리공생의 궁극적인 형태는 식물과 균근성 곰팡이 사이에 존재합니다."

—————◆—————

'균근mycorrhiza'이라는 용어는 그리스어로 '곰팡이'와 '뿌리'에서 유래했다. 균근이라는 단어는 그 자체로도 협업 또는 얽혀 있다는 뜻이 있고, 언어도 생물처럼 뿌리와 균사를 가진 시스템을 통해 의미를 공유하고 교환한다는 사실을 상기시킨다.

균근성 곰팡이와 식물은 약 4억 5,000만 년 전부터 아주 오래된 관계를 유지해왔고, 대부분이 상리공생이었다. 곰팡이와 나무의 관계에서, 곰팡이는 자기에게 없는 엽록소를 이용해 나무가 포도당의 형태로 광합성한 탄소를 얻고, 반대로 나무는 자기에게 없는 효소를 가지고 곰팡이가 토양에서 얻어낸 인이나 질소 같은 영양분을 얻었다.

그러나 우드 와이드 웹의 잠재력은 식물과 곰팡이 사이의 단순한 상품 교환의 수준을 능가한다. 균류 네트워크를 통해 식물은 서로 자원을 분배한다. 숲속에서 나무들은 당, 질소, 인을 서로 공유한다. 예를 들어 죽어가는 나무는 자신이 가진 자원을 처분해 네트워크에 양도함으로써 공동체의 이익에 이바지한다. 반대로 투병 중인 나무는 이웃으로부터 잉여 자원을 지원받을 수도 있다.

더욱더 놀라운 것은 식물이 이 네트워크를 이용해 서로에게 면역 신호를 보낸다는 사실이다. 진딧물의 공격을 받은 식물은 네트워크를 통해 주변 식물에게 이 사실을 알리고 진딧물이 오기 전에 방어를 강화하라고 경고한다. 과거에는 식물이 확산성 호르몬을 통해 지상에서 비슷한 방식으로 의사소통한다고 알려졌다. 그러나 공기로 전달되는 경고장은 목적지가 명확하지 않다. 반면에 곰팡이 네트워크로 이동하는 화합물은 주고받는 이가 확실하다. 숲 네트워크에 대한 이해가 깊어지면서 우리는 다음과 같은 심오한 질문을 던지게 되었다. 종의 시작과 끝은 어디인가. 숲을 초유기체로 보아야 할 것인가. 식물 사이에서, 그리고 실제로 인간 사이에서 '교환', '나눔', 심지어 '우정'의 의미는 무엇인가.

인류학자 애나 칭Anna Tsing은 숲의 지하 세계를 '분주한 사회적 공간'에 비유했다. 이곳에서는 수백만의 생물체가 상호 작용한 결과, '땅 밑에 종을 초월한 세계를 형성한다'.[7] 칭은 「포용의 예술, 또는 버섯을 사랑하는 법Arts of Inclusion, or How to Love a Mushroom」이라는 에세이에서 이렇게 썼다. '다음에 숲을 걸을 때는 아래를 보아라. 당신의 발밑에 도시가 있다.'[8]

<hr />

멀린과 나는 두 시간 정도 걸어 에핑의 큰 너도밤나무 두목림에 도착했다. 두목작업pollarding은 나무의 윗가지를 잘라주어 가지가 주밀하게 자라게 하는 가지치기 방법인데, 두목작업으로 나무가 더 오래, 사실상 거의 영원히 수명을 연장할 수 있다. 여기 이 숲에서는 길게 굽이치는 나무줄기들이 태양을 갈망한다. 나뭇잎 사이로 해저의 초록색 조명이 쏟아진다. 마치 켈프 숲에서 헤엄치는 기분이다.

우리는 잠시 가던 길을 멈추고 숲 바닥에 누워 한동안 아무 말도 하지 않고 미풍에 부드럽게 가지를 흔들어대는 나무와, 15미터 위에서 나뭇잎을 장식하는 햇살을 바라보았다. 두목작업 이후 가지가 자라 숲 지붕을 덮은 곳에서 나는 나무와 나무 사이에 잎이 겹치지 않은 가느다란 공백을 따라 수관에 테두리가 쳐진다는 걸 알았다. 이것은 '수관기피 crown shyness'로 알려진 아름다운 현상이다. 숲속의 나무들은 서로의 공간을 존중해 이웃하는 나무끼리 수관의 가장 바깥쪽 잎 사이에 좁은 간격을 두고 서로의 영역을 침범하지 않는다.('https://bit.ly/31SJbyr' 참조 – 옮긴이)

인간 중심적인 관점에서 다른 생물을 함부로 의인화하지 않도록 신중해야 한다고 배웠음에도 나무들 사이에 누워 있다 보니 나무들의 관계를 애정, 관대함, 심지어 사랑으로 생각하지 않을 수 없었다. 상대를 존중해 수줍게 거리를 두는 것이며, 서로 얽혀 진한 키스를 나누는 나뭇가지, 겉으로는 거리를 둔 것처럼 보이는 나무들이 사실은 땅속에서 보이지 않게 이어진 것까지. 나는 루이 디 베르니이르Louis de Bernières가 노년까지 참고 견뎌온 한 관계를 돌아보며 쓴 글이 생각났다. '우리의 뿌리는 땅속에서 서로를 향해 자라고 있었다. 가지에서 아름다운 꽃이 모두 떨어졌을 때 비로소 우리는 둘이 아닌 한 그루의 나무였음을 알게 되었다.'⁹ 감사하게도 누군가를 오래 사랑하며 살아온 사람으로서 나는 서로를 향해 서서히 자란다는 것과 땅속에서 서로 얽혀 있다는 것이 무슨 뜻인지 안다. 굳이 입 밖에 내지 않아도 알 수 있는 것들, 때로는 문제가 될 수도 있는 침묵으로 기울어지는 무언의 소통, 행복과 고통의 나눔. 진정한 사랑이란 시간이 지나도 썩지 않고 서서히 뿌리를 내리는 것이라고 생각한다. 지금 내가 누워 있는 땅 밑에서 합체할 상대를 찾아 흙 속을 헤매고 있을 균사를 생각한다. 이들이 하는 일 역시 내게는 사랑이 하는 일로 보인다.¹⁰

멀린은 일어나 뭔가를 찾으려는 듯이 두목림 한가운데로 걸어갔다. 그리고 허리를 숙여 손으로 낙엽과 너도밤나무 열매를 헤쳐 커피잔

받침 크기로 흙을 치웠다. 나도 일어나 따라갔다. 멀린은 흙을 조금 집어 손가락 사이로 문질렀다. 흙이 부스러지지 않고 손가락에 발라지듯 묻었다. 썩은 잎으로 만들어진 짙고 풍부한 부엽토다.

그가 말했다. "이게 균류 네트워크를 연구할 때의 문제점이죠. 토양은 인간의 실험을 심하게 거부해요. 안을 들여다보기도 힘들고, 균사 자체도 너무 가늘어서 육안으로 볼 수 없어요. 우드 와이드 웹의 존재를 밝히고 그것이 하는 일을 알아내는 데 그렇게 오래 걸린 가장 큰 이유가 바로 여기에 있어요."

우리를 둘러싼 나무에서 수액의 강이 흐른다. 당장이라도 자작나무나 너도밤나무 수피에 청진기를 대면 수액이 나무줄기를 통과하면서 부글거리는 소리가 들릴 것이다.

멀린이 말했다. "땅속에 리조트론(뿌리 관찰 장치 - 옮긴이)을 삽입하면 식물의 뿌리가 성장하는 걸 관찰할 수 있지만, 곰팡이는 너무 가늘어서 보이지 않아요. 레이저 스캐닝도 균류 네트워크를 관찰하기에는 역부족입니다."

나는 언더랜드가 얼마나 일상적인 형태의 '보기'에 저항하는지, 그리고 이 시대가 자랑하는 고도의 해상력과 초정밀 조사 방식에도 불구하고 여전히 얼마나 많은 것을 감추고 있는지 새삼 깨달았다. 불과 몇 센티미터 깊이의 토양이 그 안에 놀라운 비밀을 간직하고 엄청난 내용물을 보관한다. 전 세계 생물량의 8분의 1이 땅 밑에 사는 세균으로 구성되었고, 그중에서 4분의 1은 곰팡이에서 기원했다.

멀린이 말했다. "네트워크가 존재한다는 건 알겠는데, 추적하기가 너무 힘들어요. 그래서 우리는 미로의 단서를 찾아야 합니다. 미로를 따라가는 영리한 방법을 말이죠."

나는 멀린의 옆에 무릎을 꿇고 앉았다. 이 코딱지만 한 땅에도 수십 마리의 곤충이 보이는데, 대부분이 이름을 모르는 것들이다. 반짝이는 거미, 잎사귀 위에서 싸우는 붉은 청동풍뎅이들, 쥐며느리는 공처럼 몸을 웅크리고 초록색 실벌레는 부엽토에서 온몸을 비틀고 있다.

"살아 있는 것들로 *바글바글하군요.*" 내가 멀린에게 말했다.

멀린이 말했다. "그건 눈에 보이는 생명체일 뿐입니다. 여기에 있는 이 반쯤 썩은 잎사귀, 그리고 썩어가는 통나무와 잔가지 속으로 균사가 자라겠죠. 그다음에는 균근성 곰팡이가 거품처럼 불어나 서로 꼬이고 융합되어 한 그루의 호랑가시나무를 호랑가시나무와, 너도밤나무와, 그리고 저기 있는 다른 어떤 나무의 새싹과 연결하는 네트워크의 핫스팟으로 성장할 겁니다. 한 층 한 층, 한 겹 한 겹, 몇 층인지 세다가 머리가 터질 때까지!"

멀린의 이야기를 들으며 나는 내 주위의 세상이 돌이킬 수 없이 달라진 듯한 섬뜩한 느낌을 받았다. 발, 무릎, 피부 아래로 땅이 떨린다. *너의 마음이 조금만 더 푸르렀더라도, 우리는 너를 의미 안에서 익사시켰을 것이다.*[11] (리처드 파워스Richard Powers의 책 『오버스토리Overstory』 중 한 구절 – 옮긴이) 나는 땅을 내려다보면서 토양에 최면을 걸고 감춰진 내부구조를 투시해보았다. 가늘게 뻗은 뿌리 사이에 매달린 수백만 개의 곰팡이 실타래가 풍성한 통신망으로 인간의 도시 아래 늘어진 케이블과 광섬유 못지않게 복잡한 거미줄을 친다. 곰팡이 왕국을 묘사한 잊을 수 없는 구절이 있었는데, 그게 뭐였더라? 맞다, 잿빛 왕국. 그것은 곰팡이의 완벽한 타성他性을 말한다. 시간, 공간, 종에 대한 우리의 일상적인 틀 앞에 내미는 도전이다.

멀린이 말했다. "당신이 네트워크를 보면, 다음에는 그것이 당신을 보기 시작할 겁니다."

미국 오리건 주, 블루마운틴의 하드우드 숲 언더랜드에는 꿀버섯 *Armillaria ostoyae*이 자란다. 꿀버섯의 규모는 폭이 가장 넓은 지점이 4킬로미터이고 전체 면적이 약 10제곱킬로미터에 이른다. 이 꿀버섯과 비교하면 대왕고래는 인간 앞에 선 개미와 같다. 꿀버섯은 정말 신기한 생물이다. 우리가 아는 한 세계에서 가장 크고, 또 가장 나이 많은 생물이다. 미국 산림청 과학자들이 가장 근접하게 추측한 이 꿀버섯의 나이가 무려 1,900살에서 8,650살이다. 꿀버섯은 하얀 반점이 있는 기둥에 생선 아가미처럼 주름진 황갈색 갓을 가진 버섯의 모습으로 지상에 자신을 드러낸다. 하지만 실질적으로 이 균류가 자라는 땅속에서는 검은색 신발 끈을 닮은 균사 다발로 움직인다. 이 다발은 균사 가닥을 뻗어 그들이 죽일지도 모르는 새로운 숙주나, 융합할 수 있는 다른 균사체를 찾아 확장한다.

생물의 모든 분류체계가 흔들리게 마련이지만, 특히 균류는 우리가 가진 많은 기본적인 범주를 무너뜨린다. 균류는 전체와 개체, 유기체의 정의, 가계와 유전에 관한 일반적인 상식의 허를 찌른다. 균류는 시간을 가지고 논다. 그들이 어디에서 시작해 어디에서 끝나는지, 언제 태어나고 언제 죽는지 쉽게 알 수 없다. 균류에게는 우리가 사는 빛과 공기의 세계야말로 언더랜드다. 그들은 여기저기에서 시시때때로 올라온다.

균류는 버섯구름이 올라온 히로시마의 핵폭탄 투하 지점에 제일 먼저 돌아온 유기체 중 하나였다. 히로시마에 핵폭탄이 터진 이후 버섯구름 이미지가 새로운 국제적 불안의 자실체로 언론과 문화에 등장했다. 체르노빌 참사 이후 그곳에서 일하던 과학자들은 방사능 수치가 정상적인 환경보다 500배나 높았던 원자로의 망가진 콘크리트를 장식한 검은 곰팡이의 미세한 균사를 발견하고 놀랐다. 심지어 과학자들은 이 곰팡이가 높은 수치의 이온화 방사선 때문에 더 활발하게 번식한다는 사실을 알고 경악했다. 이 곰팡이는 다른 생물에게 치명적으로 작용하는 조건을 유리하게 이용해 생물량을 늘렸다.[12] 미국의 생태학자들은 기후변화에 따른 스트레스에 나무가 어떻게 반응하는지 연구하기 위해 미래의 숲 복원력의 핵심 지표로 토양 균류의 존재 여부에 초점을 맞추기 시작했다. 최근 연구 결과에 따르면 균류 네트워크가 잘 발달한 숲일수록 변화하는 인류세의 환경에 더 빨리 적응할 수 있었다.[13]

'이끼 보기를 배우는 것은 사실 보기보다 듣기에 더 가깝다'[14]라고 민속식물학자인 로빈 월 킴머러Robin Wall Kimmerer가 썼다. '이끼는 평범한 지각의 한계를 뛰어넘게 만든다.'[15] 균류를 보는 법은 훨씬 더 배우기 어려운 것 같다. 균류를 보려면 아직 우리가 개발하지 못한 감각과 기술이 필요하다. 그럼에도 균류와 함께, 또는 균류가 되어 생각하려는 노력만으로도 우리의 이해력을 넘어서는 삶의 방식에 가까워질 수 있다.

확실히 자연에 대한 전통적인 '서구식' 사고로는 세상을 형성하는 균류의 방식이 부적절해 보일 수밖에 없다. 지금까지 역사를 진보와 발전의 과정으로 서술하는 방식에 의문이 제기되면서 역사의 개념 자체가 바뀌었다. 역사는 더 이상 앞으로 날아가는 화살, 또는 자기 교차 나선으로 형성된다고 생각되지 않는다. 그보다는 사방으로 갈라지고 또 합쳐지는 일종의 그물망 조직으로 보는 게 나을 것이다. 자연 역시 점차 균류의 관점에서 보았을 때 더 잘 이해되고 있다. 우리를 구원할 반짝이는 눈 봉우리나 쏟아지는 강물로서가 아니라, 또 우리가 한 발 떨어져서 지켜보며 비난하거나 감탄할 디오라마(3차원 실물 또는 축소 모형 - 옮긴이)로서가 아니라 우리 자신도 그 일부가 되어 복잡하게 얽혀 있는 집

합체로서의 자연으로 말이다. 우리는 또한 호모 사피엔스 역시 하나의 거주자에 불과한 수백 종의 서식처로서 우리 자신의 몸을 이해하게 될 것이다. 우리의 장腸을 세균의 정글로, 우리의 피부를 균류가 만발한 들판으로 말이다.

그렇다, 마냥 편안하고 즐겁게만 받아들일 순 없겠지만 우리는 여전히 많은 사람들이 자신의 역사라고 믿는 앞으로 나아가는 역사보다 훨씬 더 복잡한 시간의 척도에 발을 들여놓은 다수 종의 복합체로서의 자신과 마주하기 시작했다. 린 마굴리스Lynn Margulis를 비롯한 급진적인 생물학자들의 연구에 따르면, 인간은 하나의 독립적인 개체가 아니라 마굴리스가 '홀로바이온트holobiont(통생명체)'[16]라고 부른 존재다. 홀로바이온트란 서로 협력하며 살아가는 복합적인 유기체이자, 철학자 글렌 알브레히트Glenn Albrecht의 말을 빌리자면 '삶의 과제를 함께 조정하고 공동의 삶을 공유하는 세균, 바이러스, 균류로 구성된'[17] 생태학적 단위다.

토착민들의 전통적인 애니미즘 관점에서 보면 이런 생각은 새롭지 않다. 과학이 멀린에게, 그리고 멀린이 내게 보여준 곰팡이 숲은 숲에 사는 이들이 이미 수천 년 동안 알고 지낸 문화를 증명하는 물적 증거에 불과하다. 토착민 사회 안에서 정글과 숲은 처음부터 사람들이 의식하고, 연합하고, 대화하는 존재로 인식되었다. 『그린우드 나무 아래에서Under the Greenwood Tree』에서 토머스 하디Thomas Hardy는 '숲에 사는 사람에게는 모든 나무가 저만의 성질과 특유의 목소리를 갖고 있다'[18]라고 썼다. 인류학자 리처드 넬슨Richard Nelson은 알래스카 숲속에 사는 코유콘족 사람들이 어떻게 '눈으로 지켜보는 숲'에서 살아가는지를 묘사했다. '자연 속에 있는 사람은, 그 자연이 아무리 거칠고 동떨어졌다고 해도…… 절대 혼자가 아니다. 주위를 둘러싼 것들이 그를 알고, 그를 감지하고, 그와 같은 사람이 된다. 그들은 느낀다.'[19] 이처럼 활기찬 환경에서 외로움은 홀로 독방에 격리된다.

멀린과 함께한 숲에서 나는 킴머러, 하디, 넬슨을 떠올렸고 토착민 사회가 자명하게 여겨온 것을 대단한 발견이랍시고 내놓은 현대 과학에 갑자기 화가 났다. 나는 어슐러 르 귄Ursula Le Guin의 대단히 정치적인 소설을 기억한다. 소설의 배경은 숲이 펼쳐진 행성이고 숲 지대에 사는 애스시 사람들은 나무를 통해 원격으로 신호를 보내고 메시지를 전달한다. 식민지 개척자들이 이 행성을 착취하려고 쳐들어올 때까지 마음의 세계는 나무 공동체와 융화되었고, 그들에게 '세상을 가리키는 말은 숲',[20] 즉 세상이 곧 숲이었다.('세상을 가리키는 말은 숲the word for world is forest'이 이 소설의 제목이다 - 옮긴이)

⸺ ⟫◦❀◦⟪ ⸻

네 시간째 걷고 있다. 에핑은 숲이 늘 걸어오는 장난을 치고 있다. 방향감각 상실, 메아리, 반복의 거부. 나는 아까 걸었던 길을 되돌아가고 있다고 생각했지만, 가다 보면 처음 보는 들판, 낯선 숲과 덤불이 나왔다. 숲을 걸으며 작년 가을에 곰팡이들이 퍼뜨려놓은 눈에 보이지 않는 포자를 걷어차고 들이마셨다. 우리는 북쪽에서 한참을 헤매다 결국 숲을 벗어나 M25를 만났다. 철조망 울타리를 넘어 사유지로 보이는 들판에서 잠시 쉬었다. 딱히 길을 잃지는 않았지만, 숲이 다시 넓어지는 곳으로 가고 싶었다.

나는 휴대전화의 GPS를 켜고 하이브리드 맵을 실행했다. 주로 중국에서 채굴되는 희귀한 희토류 금속과 광물을 포함한 63가지의 화학 원소가 전화기 안에서 상호 작용한다. 파란 란타늄 점이 우리가 있는 위치에서 깜빡거린다. 나는 손가락을 오므렸다 벌려가며 화면을 적당한 크기로 맞추었다. 지도를 보니 이 숲은 남서쪽의 녹음이 짙다. 그럼 그쪽으로 가자. 멀린과 나는 번잡한 도로를 건너 자동차 소리가 들리지 않을 때까지 나무 사이로 숲속 깊이 들어갔다.

우리는 숲의 마른 지역, 오래된 소나무와 너도밤나무가 자라고 그 밑에 호랑가시나무가 무성한 둔덕에서 간식을 먹었다. 나는 멀린에게 불비 광산의 암흑물질 실험실, 할라이트 갱도, 채굴장의 광부들, 앞으로 탐침을 보내고 뒤로 물러서 어둠 속을 탐사하는 지질학자들에 대해 이야기했다.

멀린이 말했다. "곰팡이들이 일하는 방식과 아주 비슷하네요. 언제나 자원이 가장 풍부하고 이로운 지역을 탐사하고, 이익을 감지한 곳으로 밀고 나가죠. 균사를 넓게 퍼뜨리면서 괜찮은 매장층을 발견하면 불모지에서는 죽어버리고 새로 찾은 노다지에 전력을 기울입니다." 멀린은 내 공책을 가져가 전형적인 균사의 구조를 그렸다. 중심과 시작을 알 수 없고 그저 싹과 분지된 가지만 있을 뿐이다.

박사과정 2년차에 멀린은 현장 연구를 위해 파나마 운하의 인공호인 가툰 호Gatun Lake에 떠 있는 바로 콜로라도 섬Barro Colorado Island 안의 정글에 갔다.

그가 말했다. "저는 실험실을 떠나 정글로 갈 마음의 준비가 되어 있었어요. 분자생물학 실험실에서는 우리가 그 작은 세계를 거의 완전히 통제합니다. 커다란 꼭두각시 장인이 되어 원하는 노래에 맞춰 인형이 춤추게 하죠. 그러나 바깥에서는 우리가 인형의 세계 *안에* 들어와 있기 때문에 주종 관계가 완전히 뒤바뀝니다."

이 섬에서 멀린은 다른 현장생물학자들과 합류했다. 그들 모두 정글의 노래에 맞춰 춤추고 있었다. 멀린은 에그버트 길레스 리 주니어

Egbert Giles Leigh Jr라는 진화생물학자의 감독하에 움직였다. 반백의 이 학자는 섬의 본부에서 생활했고 책으로 가득 찬 서재에서 새로 오는 사람들을 맞았다. 거기에서 그는 축음기로 베토벤을 듣고, 얼음을 타지 않은 위스키를 마셨다. 이 자비로운 커츠Kurtz(조셉 콘래드Joseph Conrad의 1899년 소설 『어둠의 심연Heart of Darkness』에 나오는 주인공의 이름이다. 상아 무역업자로서 아프리카의 깊은 밀림 속으로 들어가 뛰어난 카리스마로 인근 부족들 사이에서 신격화된 존재로 살아간다 - 옮긴이)는 섬의 기록보관소이자 감독관이었다.

섬에서 진행 중인 어떤 실험들은 실패할 위험이 컸다. 멀린이 '술 취한 원숭이 가설'이라고 부른 연구를 하는 젊은 미국 과학자가 있었는데, 그녀의 계획은 발효된 열매를 실컷 먹은 원숭이의 소변을 받아 알코올 수치를 검사하는 것이었다. 문제는 원숭이들이 주로 높은 나무에서 소변을 본다는 점이었다. 그래서 이 과학자는 떨어지는 액체를 받을 수 있도록 입구가 넓은 깔때기를 만들었다.

내가 물었다. "그러니까 술 취한 원숭이한테 나무 꼭대기에서 깔때기에 오줌을 싸게 했단 말이에요?"

"네, 그 사람 어지간히 고생했죠. 솔직히 그런 종류의 연구를 할 만한 사람 같지도 않았는데 말이에요."

또한 '호박벌 사나이'라는 별명을 가진 사람이 있었는데, 그는 호박벌을 잡아다가 배에 접착식 라디오 추적기를 부착하여 호박벌의 먹이와 꽃가루받이 이동 패턴을 지도로 나타냈다.

멀린이 말했다. "그런데 그 추적기가 자꾸 떨어지는 거예요. 벌의 배에 털이 있는데다 공기가 너무 습했거든요. 그래서 그는 추적기가 잘 붙어 있게 하려고 아예 배의 털을 밀었답니다."

'번개 사나이'도 있었다. 그는 번개가 지하 생태계에 미치는 영향을 연구했다. 그래서 폭풍이 올 때 먹구름을 향해 구리선이 연결된 석궁을 쏘아 특정 장소에 번개가 치도록 유도했다.

"거기에선 카니발이 벌어지는 것 같았겠네요." 내가 말했다.

멀린이 말했다. "그곳에선 실험을 철저하게 설계하지 않으면 정글이 순식간에 망쳐버리고 말아요."

섬에서의 두 번째 해에 멀린은 '균류종속영양mycoheterotrophs'식물에 관심을 갖게 되었다. 균류종속영양식물이란 엽록소가 부족해 광합성을 못하고 탄소 공급을 전적으로 균류 네트워크에 의존하는 식물이다. 어떤 식물은 흰색이고, 어떤 것은 연보라 또는 보랏빛이 돈다.

멀린이 설명했다. "이 작은 유령들은 균류 네트워크에 접속해서는 아무런 값도 치르지 않고 필요한 일체를 끌어다 씁니다. 이들은 일반적인 공생의 규칙을 따르지 않지만, 그렇다고 기생체라고 증명할 수도 없어요. 그러니까 우드 와이드 웹의 해커라고 보면 되겠네요."

멀린은 균류종속영양식물 중에서도 보이리아Voyria속 식물을 연구했다. 보이리아는 '유령 식물'이라고도 알려진 용담과 식물로, 연보라색 별처럼 바로 콜로라도 섬의 정글 바닥에 총총히 박혀 있었다. 멀린은 현지인의 도움을 받아 여러 지역에서 토양을 조사했다. 그는 엽록소가 있는 녹색식물과 보이리아 식물에서 채취한 수백 개의 뿌리 시료에서 DNA를 추출하고 염기서열을 분석했다. 그 결과를 가지고 그는 어떤 곰팡이종이 어떤 식물과 연결되었는지를 확인했고, 전례 없이 상세한 정글 소셜 네트워크의 지도를 만들었다.

멀린이 말했다. "보이리아의 중요성은 우연히 알게 되었어요. 하루는 다른 것을 찾아 헤매는 중에 우리가 인의 투입량을 늘린 곳에서 보이리아가 거의 다 사라졌다는 걸 알게 되었거든요. 거기에서 발견이 시작된 거죠. 과학은 이런 것들로 가득 차 있어요. 뜻밖의 우연, 실수와 삽질 말이에요. 현장과 실험실을 가리지 않죠. 완전히 지쳐서 나가떨어지기도 하고, 돌아버리기 일보 직전이 될 때도 있어요. 과학이라고 해서 우리가 원하는 지식만 *딱딱* 맞춰서 제공한다면 그게 더 이상한 거죠."

청딱따구리가 멀리서 딱딱거린다.

멀린이 말했다. "제 계획은 이래요. 논문을 낼 때마다 그 논문의 어둠의 쌍둥이, 그러니까 거울에 비친 비하인드 스토리를 동시에 쓰는 겁니다. 가설-증거-증명의 3단계가 쿨하고 깔끔하게 이어진 것처럼 보이는 논문의 데이터가 *실제로* 어떻게 얻어졌는지에 관한 뒷이야기 말이지요. 과학을 존재하게 한 우연, 면도한 호박벌, 오줌 싸는 원숭이, 술 취한 대화 등 과학자들의 허튼짓에 대해 쓰고 싶어요. 이것들이야말로 모든 과학 지식의 기초가 되는 헛짓거리 네트워크입니다. 하지만 아무도 이런 얘기는 하지 않아요."

———————◆———————

그날 늦게 우리는 숲속의 호수에 도착했다. 진흙 둔덕이 얕은 물가로 기울어진다.

물고기가 그림자를 마신다. 쇠물닭들이 말다툼을 한다. 호수 바닥에서 공기 방울이 트림을 한다. 멀린과 나는 저물어가는 해를 보면서 온기를 즐겼다.

개를 산책시키는 사람 둘이 반색하며 다가왔다. "방문객 센터가 어딘지 아세요? 길을 잃었거든요."

"아니요, 저희도 길을 잃긴 마찬가지예요." 내가 웃으며 말했다.

우리는 정보를 나누었고 그들은 그곳을 떠났다.

나는 호숫가에서 햇빛을 받으며 조용히 앉아 인간이 우드 와이드 웹에 의미를 부여하는 방식을 생각해보았다. 멀린이 내게 말해준 '사회주의자'와 '자유 시장'이라는 두 모델 모두 지극히 인간적인 정치적 개념을, 인간을 초월하는 자연과학에 주입한 것이다. '자유 시장' 모델에 따르면 내부적으로 연결된 숲은 경쟁 시스템으로 이해되고 그 안에서 모든 독립체는 비용편익의 틀 안에서 자기 이익을 추구하는 방향으로 행동하며 '제재와 보상' 시스템을 통해 서로를 규제한다. 반대로 '사회주의자' 모델에서는 나무들이 서로를 돌보는 역할을 하여 균류 네트워크를 통해 자원을 나누고 부유한 자가 가난한 자를 보살핀다.

나는 멀린에게 이것에 관해, 즉 표현의 정치학이 균근 연구에 특별히 압박을 가하지는 않는지 물어보았다. 내가 보기에 위태로운 것은 자연의 관계relations of nature가 아니라 관계의 성격nature of relations이었다.

"정확히 맞는 말씀입니다. 제 분야에서는 담론의 선택이 연구의 방향을 강제적으로 형성합니다. 예를 들어 '제재와 보상'이라는 말은 단순한 장식이 아니라 균근 연구에서 실제로 중요한 개념이죠. 은유가 학문을 움직입니다. 저는 「공동 거래 조건하에서 공유되는 불공정한 상품」이라는 연구논문도 읽는 걸요."

"꼭 아인 랜드 연구소(미국의 작가이자 철학자인 아인 랜드Ayn Rand가 주창한 객관주의Objectivism를 연구하고 교육하는 비영리재단 – 옮긴이)에서 의뢰한 것처럼 들리네요." 내가 말했다.

멀린이 말했다. "정말 그래요. 끔찍하죠. 저는 정치적으로 사회주의 버전보다 생물학적 자유 시장이란 말이 훨씬 더 싫습니다. 왜 유한책임 회사의 출현과 함께 인간이 기껏해야 18세기부터 살아온 경제적 삶의 방식대로 곰팡이와 식물이 행동한다고 기대해야 합니까? 그건 정말 말도 안 돼요. 그게 제가 보이리아를 좋아하는 이유입니다. 보이리아는 우리가 식물의 삶을 볼 때 비용편익이라는 기준에서 벗어나야 한다고 요구하기 때문이죠."

"하지만 저는 균류를 함께 나누고 서로 보살피는 존재로 보는 사회주의자의 꿈에 대해서도 회의적입니다. 식구를 챙기는 '어머니 나무', 그리고 죽기 전에 이웃에게 자신의 유산을 아낌없이 나누어주는 '아픈 나무'처럼 나무를 일종의 보모로, 모든 나무를 서로에 대한 보호자로 보는 장밋빛 시각 말입니다."

멀린은 호수를 떠나며 말했다. "두 이야기에 모두 질렸어요. 숲은 우리가 꿈꾸는 것보다 언제나 훨씬 복잡해요. 나무는 산소만 만드는 게 아니라 의미도 만들어요. 숲속을 걷는 건 여러 시간대를 가로지르는 미스터리 연극에서 배역 하나를 맡는 것과 같습니다."

내가 말했다. "그렇다면 어쩌면 숲의 언더랜드를 이해하는 데 필요한 것은 완전히 새로운 언어일지도 모르겠네요. 인간의 사용가치로 자동 변환되지 않는 언어 말입니다. 우리가 현재 사용하는 언어의 문법은 생물성animacy을 방해하죠. 습관과 반사작용에 의한 은유는 인간 밖의 세계를 경시하고 인간화합니다. 아마 곰팡이에 대해서도 완전히 새로운 언어로 말해야 할 겁니다. 그러니까…… 포자로 말해야 해요."

"맞아요." 멀린이 손바닥으로 주먹을 치며 격하게 호응하는 바람에 깜짝 놀랐다. 그가 말했다. "우리가 해야 할 일이 *바로* 그겁니다. 바로 *당신의* 일이지요. 그것이 작가와 예술가, 시인, 그리고 나머지 모두가 나서야 할 일입니다."

————◆❧◆————

대평원 지역의 아메리카 원주민 언어인 포타와토미어Potawatomi에는 푸포위puhpowee라는 말이 있는데, '버섯을 밤새 땅 위로 올라오게 하는 힘' 정도로 번역할 수 있다. 로빈 월 킴머러는 '서구 과학에는 이런 신비를 표현하는 용어와 단어가 없다'[21]고 말했다.

킴머러 자신은 시티즌 포타와토미 네이션의 회원이다. 킴머러는 '유창한 식물학자의 언어'를 '식물의 언어'와 조심스럽게 구분한다. 여기서 식물의 언어란 인간이 식물을 이야기할 때 사용하는 언어와 차별되는, 식물이 주체가 되어 말하는 언어를 말한다. 킴머러는 식물학적 어휘의 정확성이 우리에게 선물과도 같은 '보기seeing를 빛낸다'[22]는 사실을 무시하지 않지만, 정교하게 다듬어진 겉모습 뒤에 빠져 있는 무언가를 포함하는 객관적이고 거리를 두는 어휘가 필요하다고 생각한다. 여기서 빠진 무엇이란 인간의 세상 밖에 존재하는 생명을 인정하는 자세이며, 어휘뿐 아니라 문법과 구문의 차원에서 언어에 깊이 새겨진 무심함을 말한다.

그와 대조적으로 포타와토미어는 거의 모든 단어가 그것이 지칭하는 사물의 생물성 또는 비생물성을 선언한다. 이 언어는 다름otherness 안에서 생명을 인정하고 '생명'의 범주를 서구식 사고에 익숙한 범위 이상으로 확장한다. 포타와토미어 안에서는 사람과 동물, 나무는 물론이고 산맥, 바위, 바람, 불도 살아 있다. 이야기와 노래, 리듬에도 모두 생명이 있다. 그렇다, 이것들은 *살아 있다*. 포타와토미어는 동사가 많은 언어다. 영어에는 동사가 전체 어휘 중 30퍼센트 정도이지만, 포타와도미이는 단어 중 70퍼센트가 동사다. 예를 들어 위퀘가마아 Wiikwegamaa라는 단어는 '만灣이 된다'는 뜻이다. 킴머러는 다음과 같이 설명했다.

만bay은 해안 사이에 갇히고 단어에 둘러싸여 물이 죽었을 때에만 명사가 된다. 그러나 동사는…… 물을 속박에서 풀어주고 살아 있게 한다. '만이 된다'는 것은 이 순간 살아 있는 물이 삼나무 뿌리와 어린 비오리 무리와 대화를 하며 해안 사이에 피신해 있기로 스스로 결정했다는 경이로움을 담고 있다.

킴머러처럼 나는 '소나무와 동고비와 버섯을 통해…… 사방에서 끓어오르며 맥동하는 생명'을 가진 세상의 생물성을 인지하고 발전시키는 언어를 희망한다.[23] 킴머러처럼 나는 이런 속성을 가진 평범한 매개체 이상의 존재와 감각을 정중하고 유연하게 확장하는 담론을 즐긴다. 킴머러처럼 나는 이제 우리에게 '생물성의 문법'[24]이 필요하다고 믿는다. 생물성을 비정상적인 것으로 여기는 현대의 경향은 시인인 제레미 프린Jeremy Prynne이 '포유류의 언어'[25]라고 부른 것을 통해 드러난다. 여기에서 포유류의 언어란 인간이 문법 깊숙이 의도, 동인, 근육의 힘을 암호화하여 사용하는 언어를 말한다.

진정한 언더랜드의 언어는 단일 언어의 뿌리가 아니라 문법과 구문의 토양이고 여기에서는 말의 습관, 따라서 생각의 습관이 오랜 시간에 걸쳐 정착하고 상호 작용한다. 문법과 구문은 언어와, 그 언어를 사용하는 사람들의 행위에 막대한 영향력을 행사한다. 그것은 우리가 서로, 그리고 살아 있는 세계와 연관되는 방식을 결정한다. 단어는 세상을 만든다. 언어는 인류세의 위대한 지질학적 힘이다.

인류세에서의 삶과 죽음의 경험을 나타내는 가장 기초적인 어휘 제작을 목표로 한 프로젝트가 최근 전 세계에서 시작되었다. 인류가 지금 어떤 일을 하고 있는지 알리겠다는 이 어설픈 시도는 추악한 시대에 대한 또 다른 추악한 용어를 생산해냈다. '지오트라우마틱스geotraumatics',[26] '전 지구적 불쾌감planetary dysphoria',[27] '죄책감의 절정apex-guilt'.[28] 이런 단어들은 명목론이 쓸데없이 과하게 발현된 결과로 보인다. 가망 없이 과민한 지적과 이름 짓기. 이것들은 두 가지 방식으로 목구멍에 들러붙는다. 말하기 어렵고, 삼키기 어렵다.

하지만 최근에 만들어진 신조어 중에 마음에 와닿은 하나가 있다. '종의 외로움species loneliness'.[29] 우리가 지구로부터 이 지구를 함께 나누어 쓰고 있는 다른 생명을 빼앗으며 스스로 빠져드는 지독한 외로움을 나타내는 말이다. 우드 와이드 웹에서 찾아낸 의미 중에 인간 세계에 적용할 수 있는 게 있다면, 그건 우리가 위태롭고 해결되지 않는 세기를 향해 나아갈 때 우리를 구할 수 있는 것은 협업이라는 사실이다. 상리공생, 공생, 인간을 초월하여 공동체로 확장되는 집단 의사 결정의 포괄적인 작업 말이다.

당신이 네트워크를 보면, 다음에는 그것이 당신을 보기 시작할 겁니다⋯⋯.

균근성 곰팡이를 언급하면서 알브레히트는 인류세를 공생세 Symbiocene라고 다시 이름 붙여야 한다고 제안했다. 공생세는 '살아 있는 시스템, 이를테면 우드 와이드 웹에서 발견된 것처럼 함께 살면서 서로 북돋아주는 생명 번식의 형태와 과정을 따르는 인간 지성'[30]에 의한 사회조직으로 특징되는 시대를 말한다.

세상을 가리키는 말은 숲이다.

───◆───

그날 저녁 밀린과 나는 도로에서 멀리 떨어진 깊은 숲속의 철기시대 토루와 오래된 너도밤나무 두목림 근처, '우정의 오르막'이라는 별칭으로 불리는 고지의 비탈에서 하룻밤을 묵었다. 우리는 에핑 포레스트의 규정을 어기고 흙을 파서 얕은 화덕을 만든 다음, 마른 잎을 부싯깃으로, 잔가지를 불쏘시개로 하여 작은 불을 피웠다. 시티오브런던 법인 앞에 반성하는 말을 읊조리면서.

멀린이 죽은 자작나무 줄기를 끌어와 앉더니 배낭을 열어 짙은 이끼색의 액체가 든 병을 꺼냈다. 그가 병을 흔들었다.

"코카 진액이에요. 집에서 만들었어요. 숲에서 보낸 하루를 마무리하기에 이보다 완벽한 피로회복제는 없죠."

그는 가방에서 다른 병을 꺼냈다.

"이건 홈 메이드 벌꿀주."

그는 다시 가방에 손을 넣어 세 번째 병을 꺼냈다.

"집에서 만든 애플사이다." 그가 말했다.

갈색 유리병에 '중력'이라고 써 붙인 라벨이 있다.

"케임브리지 대학에 있는 뉴턴의 사과나무에서 바람에 떨어진 사과로 만들었어요. 거기는 접근하기가 만만치 않아요. 그 나무 말이에요. 경비가 꽤나 삼엄하죠. 어둠을 틈타서 몰래 가져와야 해요. 맨 처음 만든 병을 가져올 수 있었으면 좋았을 텐데요. 그건 다운 하우스에 있는 다윈 과수원에서 서리한 사과로 만들었거든요. 그 병의 라벨이 뭔지는 짐작하시겠죠?"

"진화!"

"빙고!"

나무 그림자 아래로 사람들이 혼자서, 또는 짝지어 모습을 나타내기 시작했다. 내 친구, 멀린의 친구, 친구의 친구, 소셜 네트워크를 통해 문자로, 전화로 초대받은 친구들이 GPS로 위치를 확인하고 찾아왔다. 한 사람은 하모니카를, 둘은 기타를 들고 왔다. 멀린의 형은 뼈 두 세트와 작은 손북 세트를 가지고 왔다.

나방이 불꽃을 에워싸고 춤을 춘다. 머리 위로 인공위성 불빛이 깜빡거린다. 수줍은 수관 사이로 비행기의 붉은 착륙등이 보인다. 사방에서 다가오는 숲의 기운이 강해진다.

멀린이 달인 코카 물을 마시고 나니 금세 정신이 든다. 모닥불이 사람들 사이에서 이야기를 끌어내고 흥을 돋우는 마법을 건다. 사람들이 속내를 나누고, 새로운 관계를 맺고, 기존의 관계를 확인하는 가운데 불이 만든 숲 공간에서 임시 공동체가 된다. 나는 사람들에게 고래뼈 올빼미와 청동함을 보여주면서 거기에 얽힌 사연과 내가 맡은 임무를 설명했다. 멀린과 나는 언더스토리에서 보낸 하루에 대해 말했다. 멀린은 애나 칭처럼 토양을 하나의 도시로 말한다. 셀 수 없이 많은 종과 물질이 바쁘게 움직이는 발밑의 도시.

별명이 '핸드 올빼미'인 한 청년이 두 손을 오므려 블루그래스(미국 남부의 컨트리 음악 - 옮긴이)를 연주한다. 「나인 파운드 해머」, 「세븐 드렁큰 나이트」, 「브라운 트라우트 블루스」. 사람들이 한 소절씩 주고받으며 함께 노래한다. 멀린은 새로운 노래가 나올 때마다 뼈로 박자를 맞춘다. 밤은 우리를 차갑게, 불은 우리를 따뜻하게 만든다.

드럼, 노래, 이야기. 나무들은 움직이고, 말하고, 내가 들을 수 없는 의미를 만드느라 바쁘다. 곰팡이는 쓰러진 자작나무에서, 흙 속에서 몸부림친다.

나는 통나무에 등을 기대고 앉아 발을 불 쪽으로 뻗었다. 내 옆에는 타라가 앉았다. 타라는 키가 크고 말투가 온화한 그리스인이다. 타라는 가수다. 그녀는 지중해의 작은 섬에서 자랐고 역사의 조류를 타고 섬까지 밀려온 러시아 망명자에게서 노래와 발성을 배웠다. 타라가 그 섬의 난민 문제를 이야기했다. 난민 지원 네트워크, 그리고 난민으로 인해 삶의 방식에 위협을 느낀 섬사람들의 저항에 대해서.

타라가 말했다. "누군가가 눈앞에서 물에 빠져 허우적대거나 바다로 휩쓸려가는 것을 본다면, 최선을 다해 돕는 것 말고는 할 수 있는 게 없어요. 그건 엄밀히 말해서 친절이 아니에요. 선택할 수 있는 문제가 아니기 때문이죠."

나중에 타라는 그녀의 섬에 전해 내려오는 구슬픈 노래를 불렀다. 마음이 아려왔다. 모닥불이 잉걸불만 남기며 죽어간다.

너무 피곤한 나머지 불이 다 꺼질 때까지 기다릴 수 없었다. 눈을 붙일 만한 곳을 찾아 숲속을 헤맸다. 뒤를 돌아보니 뿌연 주황색 불빛과 나무줄기들을 에워싼 그림자뿐이었다. 불빛은 서서히 약해져 숲속의 어둠에서 완전히 길을 잃었다.

나는 선사시대 토루 위에서 너도밤나무 두목림을 발견했다. 나무 밑에 아이들이 나뭇가지로 작은 은신처를 짓고 낮은 가지에 기대어 내가 들어가 누울 수 있을 만한 크기의 나무 텐트를 만들어놓았다. 거절할 수 없는 초대였다. 나는 그 안에 들어가 누웠다. 텐트의 널조각 사이로 나뭇가지와 별, 인공위성을 바라보았다. 갑자기 나는 서로 관계를 맺는 방식이 마치 두꺼운 거즈를 통해 보는 것처럼 흐릿하지만 강하게 인지되는 어떤 존재에 둘러싸인 기분이 들었다. 이런 느낌은 위로와 동시에 외로움이 되었다.

올빼미가 운다. 개가 짖는다. 빈터의 불씨가 꺼지고 노랫소리가 침묵한다. 숲 지붕이 이불처럼 펼쳐지고 밤이 미풍을 속삭인다. 꼭 들어야 할 이야기가 있어…… 잠을 청하면서 내 마음은 나뭇잎에서 가지로, 가지에서 줄기로, 줄기에서 뿌리로, 그리고 뿌리에서 균사로 내려간다.

줄기가 갈라진 오래된 물푸레나무 미로 아래로 아까와 다른 길을 따라간다.

물에 침식되어 벌어진 틈이 땅속 깊이 들어가고, 거기에서 새로 갈라진 길이 마치 펼쳐진 옷감의 주름처럼 굴곡진다. 안쪽으로 들어갈수록 마주 보는 벽이 서로를 향해 기울고 천장이 내려앉더니 더는 들어가지 못할 것처럼 보이는 순간 갑자기 두 번째 동굴방이 열린다.

소리가 벽을 타고 울리고, 그 메아리를 가로질러 빛이 어른거린다. 빛이 닿는 곳에 언더랜드의 또 다른 장면들로 살아난 돌이 나타난다. 이 장면들은 원래 시공간을 가로질러 흩어져 있었지만, 신비한 메아리의 부름으로 한자리에 모였다. 이것들은 숨고, 피하고, 찾아내는 순간의 장면이다.

1,000년 전, 한 화가가 황제를 위한 메놀로기온menologion(동방교회 전례서 - 옮긴이)에 들어갈 그림을 작업하고 있다. 그는 사막을 배경으로 솟아오른 산을 그렸다. 하늘은 황금 잎으로 반짝인다. 암반은 청회색이다. 산비탈에는 사이프러스 두 그루와 상록참나무 한 그루가 서 있다. 화가는 산의 한쪽을 거침없이 잘라냈다. 잘려나간 산속이 훤히 들여다보인

다. 산 내부의 그림자 속에 일곱 남자가 잠들어 있다. 바위가 그들을 에워싸고 보호한다. 일곱 남자는 회색, 빨간색, 파란색, 황갈색, 보라색의 헐렁한 예복을 입었다. 이들은 서로 가까이 누워 있다. 어떤 이는 맨발이고 어떤 이는 신발을 신었다. 이들 중 하나가 다른 이의 이마에 손을 얹은 애정 어린 모습에 형제애가 깃들어 있다. 이들은 에페수스의 잠자는 7인의 은자다. 아라비아어로는 *aṣḥāb al kahf*, 즉 '동굴의 사람들'이라고 부른다. 이들은 안전하게 밖으로 나올 수 있을 때까지 바위의 어둠 속에서 기다린다. 이들의 이야기는 기독교와 이슬람교에서 거듭되고, 코란과 로마의 순교록에도 나온다. 에페수스에서 종교적 박해를 피해 도망친 젊은이들이 산속 깊은 곳으로 인도하는 동굴에 들어간다. 도망치느라 지친 그들은 동굴 속에 누워 잠이 든다. 그들은 300년 동안 잠들어 있다가 모든 위협이 사라질 무렵 밖으로 나올 것이다.

오래된 점판암 위에 차가운 진눈깨비가 내린다. 회색빛 공기, 회색빛 돌. 산사나무 덤불이 땅을 할퀸다. 한 그루 호랑가시나무에 열매가 빨갛게 익어간다. 해발 600미터에서 채석장의 겨울이 산속에 파고든다. 이곳의 작업은 혹독하고 죽을 만큼 힘들다. 채석공들은 폭발과 낙석으로 목숨을 잃었고, 절단공들은 폐병으로 죽었다. 노동자들은 주말이면 흰 돌로 표시한 길을 따라 집에서 이곳까지 걸어온다. 이들은 외풍이 심한 막사에서 두 사람이 한 침대에 누워 몸을 웅크리고 잔다. 이 형편없는 특권조차 채석장 업주에게 돈을 지불해야 누릴 수 있다. 밤이면 가끔씩 함께 성가를 부른다. 이곳에서 권력과 고통의 비대칭은 거의 200년 동안 지속되었다. 그러나 이제 이 채석장에서는 이상한 광경이 벌어진다. 정부 관계자들이 찾아와 산속으로 파인 다섯 개의 동굴을 매입하여 벙커식 보물의 방으로 탈바꿈시켰다. 동굴 안에는 작은 벽돌집을 지어놓았고, 내부는 공기 순환과 온도조절시설이 갖춰졌다. 오래된 채석장 도로 위쪽으로 수백 개의 넓적하고 얇은 소포들을 실은 대형 화물차들이 당도했다. 모두 그림이다. 클로드 로랭Claude Lorrain의 「다윗이 있는 아둘람 굴 풍경Landscape with David at the Cave of Adullam」, 세바스티아노 델 피옴보Sebastiano del Piombo의 「라자로의 부활Raising of Lazarus」, 안토니 반 다이크Anthony van Dyck의 「찰스 1세의 기마상」, 그 외에 윌리엄 호가스William Hogarth, 존 컨스터블John Constable, 조지프 말로드 윌리엄 터너Joseph Mallord William Turner, 클로드 모네Claude Monet의 작품이 런던 국립미술관에서부터 무장 경호를 받으며 이곳 외딴 웨일스 지방의 산속으로 운반되었다. 이들은 4억 년 된 점판암을 뚫고 90미터 아래에 설치된 벽돌 방에서 루프트바페(제2차 세계대전 당시의 독일 공군 – 옮긴이)의 폭격에도 안전하게 보관될 것이다.

핵 공포로 세계의 공기에 금이 간다. 쿠바 미사일 위기가 불과 몇 주 전이다(1962년). 한 남성이 요크셔의 니더데일(니더Nidder–'nether'의 변형. 'nidder' 또는 'nether'는 '낮추다' 또는 '아래로 누르다'라는 뜻이다) 근처 석회암 협곡에 들어가는 순간 카메라 플래시가 터지고 군중이 환호한다. 이 협곡은 아직 다 탐사되지 않은 복잡한 동굴계로 이어진다. 이 남성은 장기적인 시야 차단과 어둠에의 노출이 신체와 정신에 미치는 영향을 연구한다. 또한 그는 영국인들에게 '핵전쟁이 일어나 동굴로 대피하는 상황이 오면, 몸을 따뜻하게 감싸고 충분한 음식을 들고 내려가면 된다'[1]는 것을 보여주고 싶어 한다. 그는 안전하게 밖으로 나갈 수 있을 때까지 언더랜드에서 지상의 방사능이 사라지길 기다릴 수 있을 거라고 믿는다. 남자는 종유석 옆에 텐트를 친다. 그는 처음에 언더랜드에서 100일을 보내려고 계획했지만 밤낮의 구분이 없는 곳에서 생활하다 보니 오로지 필요에 의해 몸을 움직이고 잠깐씩 몰아서 잠을 자는 바람에 신체의 24시간 생체리듬이 깨지고 시간 감각이 둔해졌다. 결국 이 남자는 땅속에서 105일 만에 나왔다. 아직 세상은 핵폭탄의 화염에 불타지 않았다.

포탄의 파편에 맞아 찢어진 흰색 비닐로 만든 텐트 안에서 사람들이 모래땅 깊이 굴을 판다. 수직으로 약 5미터 아래로 파내려간 다음 거기에서부터 한 사람이 겨우 설 수 있는 높이의 땅굴을 옆으로 300미터 정도 파나간다. 그리고 거기에서 다시 지상으로 올라오는 수직굴을 판다. 그 수직굴의 입구도 텐트로 가렸다. 두 수직굴 사이에는 국경이 있다. 이 불법 땅굴은 국경을 넘는 물자에 대한 징벌적 봉쇄를 피하려는 수단이다. 이와 비슷한 땅굴 수백 개가 국경 아래의 언더랜드를 벌집처럼 쑤셔놓았고 그리로 음식, 옷, 장비, 사람, 가축, 무기 등이 밀반입된다. 이미 여러 차례 그랬듯이 전쟁이 시작되면, 땅속에 있는 것들을 파괴하기 위해 전투기가 이 땅굴에 1톤짜리 폭탄을 투하할 것이다. 그러나 땅굴은 상대적으로 적은 비용으로 팔 수 있고, 수리하기가 쉽고 수익성이 크다. 무엇보다도 이 땅굴은 국경 뒤에 봉쇄된 지역민들의 생명줄이다. 그래서 사람들은 매년 갱도 함몰과 폭탄 공격으로 목숨을 잃으면서도 굴을 팔 수밖에 없다.

아일랜드 서부의 코네마라Connemara에서 어느 여름날, 한 여성이 늘 하던 대로 번들거리는 자갈을 밟고 자연스럽게 만의 물로 들어간다. 그녀는 예술가다. 그녀가 추구하는 것은 사람의 마음속에 가라앉은 어둠의 깊이와 신화적이고 물리적인 풍경이 강하게 수렴되는 지점이다. 그녀는 물속에서 언제나 편안함을 느끼기에 매일 바다로 나가 수영을 했다. 해안에서 곧장 500미터 이상 나아갈 때도 있고, 아니면 만의 북쪽에 있는 해안 동굴에 들어가기도 했다. 또 언제부턴가는 손에 정어리를 들고 숨을 참은 채 만의 바닥에 잠수하기 시작했다. 그녀는 정어리를 미끼로 바위의 은신처에서 붕장어를 끌어내는 법을 배웠다. 이 강인한 생명체는 그녀 자신만큼 긴 것들도 있는데, 그녀가 주는 정어리를 먹으려고 바위틈에서 뱀처럼 나왔다. 어떤 놈들은 심지어 그녀가 쓰다듬도록 내버려두었다. 불가사의한 존재를 그것의 영역에서 마주하는 것이 그녀에겐 의미 있는 예술 행위가 되었다. 밑에 머무는 존재와 맞서기, 공포와 친구 되기. 그녀는 그녀와 같은 해안가에 살면서 열정적으로 철학했던 루트비히 비트겐슈타인Ludwig Wittgenstein의 말을 기억한다. '나의 사고는 오로지 어둠 속에서 뚜렷해진다. 나는 이곳에서야 비로소 유럽에서 마지막으로 남은 어둠의 물을 찾았다……'[2]

북극의 어느 섬 높은 곳에 콘크리트로 쐐기를 박아 산비탈을 향해 경사진 출입구를 고정시킨다. 출입구의 지붕은 딴 세상 것 같은 초록색을 발산한다. 프리즘들이 설치되어 극지의 밤하늘에 어른거리는 북극광을 반사한다. 세상이 화염에 휩싸여 하루아침에 종말을 고한다는 예언은 사라진 지 오래다. 이제 종말의 예언은 전 세계에서 서서히 진행 중인 붕괴의 형태로 실현된다. 최후의 시간은 지금 여기에서 우리를 죄어오고 있으므로 더는 미룰 수 없다. 육중한 출입문은 해수면보다 높고 비탈진 곳에 파형 강판으로 만든 관을 통해 산속으로 이어진다. 이것은 최후의 날을 대비해 지구에서 가장 영원에 가깝게 살아남도록 만들어진 금고다. 섬의 석회암을 파내어 만든 이 서리 덮인 종말의 금고에는 사람이 아니라 종자를 보관한다. 엄청나게 많은 생명이 이곳에 휴면 상태로 차갑게 누워 있다. 9,000만 개의 씨앗, 86만 가지의 농작물이 이곳에 보관되었고, 쌀만 해도 12만 가지의 품종이 있다. 호박, 알팔파, 수수, 비둘기콩, 조 등은 물론이고 1만 년 이상 된 레반트 밀과 듀럼밀의 일부 최초 품종도 있다. 스발바르 국제종자저장고가 세워진 산에는 나무가 없고 지의류와 이끼가 얇게 덮여 있을 뿐이다. 저장고 벽에는 서리꽃이 만발한다. 종자들은 이곳에서 때를 기다린다.

3,000만 년 전 화산이 뿜어낸 재가 언덕으로 굳어진 아나톨리아 고

원Anatolian plateau에 한 남자가 집을 부수고 다시 짓는다. 그는 응회암 암반 위에 붉게 서 있던 담을 허문다. 그리고 담 뒤에서 방을 발견한다. 방은 통로로 연결되고 그 통로는 지하 도시로 이어진다. 도시는 수직으로 90미터에 걸쳐 총 18개 층으로 이루어졌고, 최대 2만 명에게 피난처를 제공할 수 있다. 음식과 물, 와인을 저장하는 방, 그리고 침실, 공동실, 조리실, 무덤이 있다. 침입자가 들어오면 돌문을 굴려 구역을 격리한다. 수십 개의 수직 환기 통로로 공기가 순환하고, 측면에 있는 수천 개의 관을 따라 공기가 각 방으로 분산된다. 도시의 중심에는 지하의 강이 흐른다.

남자는 자신이 전설을 발견했다고 생각한다. 발굴된 이 도시에 '깊은 우물'이라는 뜻의 데린쿠유Derinkuyu라는 이름이 붙었다. 데린쿠유는 기원전 4세기에 발굴되기 시작한 것으로 생각되며, 박해받는 소수 민족들에게 1,000년 이상 숨을 곳을 제공했다. 이 도시의 중심에서 멀리 떨어진 어느 방에서 시작된 8킬로미터의 통로를 따라가면 구조가 비슷한 다른 지하 도시가 나온다. 그것은 심지어 규모가 더 크다. 남자는 보이지 않는 도시, 아니 도시의 조직망에 들어섰다. *경관의 지표 아래로 아직 발견되지 않고 잊힌 채 잠들어 있는 정착촌이 100개가 넘는다.*

제2부

감춰진 언더랜드를 찾아서

제5장

보이지 않는 도시

종이를 모두 늘어놓자 열여섯 장의 코팅된 풀스캡 판(약 1제곱미터) 한 장짜리 지도가 되었다. 나는 다른 사람에게 넘기지 않는다는 조건으로 이 지도를 받았다. 온갖 희한한 지도를 봐왔지만 이런 지도는 처음이다. 우선 지상 도시의 도면이 세밀하지만 흐린 은회색 선으로 그려져 있다. 이 선만 보면 유령 같은 건축물들의 윤곽을 통해 지상 도시를 대강 파악할 수 있을 것이다. 아파트 단지와 대사관, 공원과 정원, 대로와 거리, 교회, 철로와 기차역의 희미한 종적이 복잡하고 실체가 없는 모습으로 지도 위를 맴돈다.

검은색, 파란색, 주황색, 빨간색으로 표시된 지도의 진짜 대상은 보이지 않는 도시다. 수 세기 동안 지상 도시의 지하를 한 구역씩 깎아서 만든 땅 밑 세상. 이 보이지 않는 도시는 땅 위의 형제와 전혀 다른 도시 계획법을 따른다. 전체가 터널로 이루어진 거리는 대부분 들쑥날쑥하거나 구불거린다. 길은 막다른 골목으로 이어지기 일쑤고, 심지어 일부는 채찍처럼 구부러져 제자리로 돌아온다. 삼거리, 사거리로 갈라지는 교차로는 물론이고 이어붙인 지도를 남서에서 북동으로 종단하는 고속도로도 있다. 거리의 격자 모양이 알 수 없이 깨져 있기도 하고, 터널 여러 개가 자전거 바큇살처럼 만나는 허브도 있다. 어떤 터널은 윤곽이 불규칙한 큰 홀로 이어지는데, 여기에서 수십 개의 작은 방이 연결된다.

보이지 않는 도시는 층이 여러 개이고, 각 층은 계단이나 우물로 연결된다. 층이 교차하는 지점은 지도에 주황색 동그라미(사다리가 있는 우물), 파란색 동그라미(벽만 있는 우물), 짙은 파란색 점선으로 된 동그라미(계단)로 표시된다. 아래로 내려갈수록 짙게 음영 처리되기 때문에 매직아이처럼 눈의 초점을 조절하면 도시의 각 층을 구분해서 볼 수 있다.

지도 속 장소명은 진부하고 전형적인 것에서부터 초현실적인 것, 심지어 군수산업에 이르기까지 다양한 문화를 아우른다. 큐브의 방, 밀폐기호자의 복도, 사이코 부티크, 망자의 사거리, 외계인 진료소, 유령의 방, 메두사, 글레이저리, 몽수히 미로, 버뮤다 삼각지, 작은 잎들의 쉼터, 불곰 수도원, 산중 벙커, 광물학자의 캐비닛, 광산 학교, 오이스터 룸, 오사 아리다, 납골당 계단, 룸 Z 등등.

지도에는 필기체로 참고 사항이 적혀 있다. '낮음', '상당히 낮음', '매우 낮음', '비좁음', '침수됨', '통행 불가능', '폐쇄됨'. 더 자세히 써놓은 부분도 있다. '습하고 불안정한 지역(때로 침수됨)', '아름다운 갤러리, 아치형, 마야 아치식'. '샤티에르chatière', 즉 고양이 출입구 표시는 터널과 터널, 터널과 동굴방 사이로 벽을 통해 측면 이동이 가능한 지점을 뜻한다. '하늘로 가는 구멍', '위험한 저층으로 출입하는 지상의 작은 구멍'이라는 표기는 지상 세계와 보이지 않는 도시의 층과 층이 만나는 지점을 말한다. 지도 곳곳에 해골 표시나 간단한 위험 표시도 있다. '함몰 지역', '바닥 없는 우물 : 위험함', '천장이 붕괴됨'.

여기저기 이집트 카르투슈 모양의 말 상자에 각 장소에 대한 설명이 쓰여 있다. 지도의 각 장마다 여백에 주황색 화살표가 북쪽을 표시하는 파란색 나침반이 있고, 구역 이름이 적혀 있다. 글꼴은 내가 모르는 세련된 셰리프체. 전반적인 미적 감각은 차분하고 현대적이며, 지도로 만들기 대단히 어려운 지역을 매우 훌륭하게 압축해냈다. 나는 익명의 제작자가 만든 이 작품에 감탄했다. 지도의 겉표지에는 '지하 세계 백과사전'의 링크가 있다. 저작권은 '넥서스 – 시스템 구성원 또는 독립 집단 사이의 결합 – 라는 단체에 있다.('https://bit.ly/2NZongz' 지도 참조 – 옮긴이)

보이지 않는 도시에서 보낸 시간에 대해 어디서부터 말해야 할까? 우선 내 평생 햇빛을 가장 오래 보지 못한 시간이었다. 그곳에 들어가던 날 밤, 아니 사실은 낮이었던 그날 우리는 그룹 픽시스의 노래 「디그 포 파이어Dig for Fire」를 들었다. 터널 벽에 기대놓은 휴대전화에서 흘러나온 노래가 석회암을 타고 터널 전체에 울린 다음, 몸으로 되돌아와 기운을 북돋아주고 즐겁게 했다. 밖으로 나온 날 저녁에는 용자리 유성우가 쏟아지면서 검은 하늘을 은색 선으로 긁어놓았다.

보이지 않는 도시로 들어가던 날, 도시로 들어가는 입구의 북쪽 저지대에는 구름이 모여들어 높이 성을 쌓았다. 평평한 들판, 네모 뽀족한 교회 탑, 사시나무의 실루엣, 농장의 붉은 지붕, 저지대, 평지. 내가 본 마지막 태양은 서쪽에서 비구름 아래로 타올랐고, 정체를 알 수 없는 거대한 원뿔형 구조물에 일부가 가렸다. 동쪽에는 구름이 낮고 평평하게 깔려 있었다. 멀리 있는 마을에선 잿빛 비가 내리고 토루 뒤로 태양이 저물었다.

우리는 해가 어스름해질 무렵 '*Interdit d'entrer*(진입 금지)'라고 쓰여 있는 문을 열고 들어가 개구멍으로 철조망 울타리를 통과한 다음,

어렵게 토벽을 기어 내려와 기찻길을 따라 아치형 터널을 향해 걸었다. 깎아낸 둑에는 아카시아와 야생 클레마티스가 뒤엉켜 자랐다. 양쪽으로 아파트 건물이 있는데, 어찌나 높은지 철로 쪽으로 기울어 쓰러질 것 같았다. 터널 안에서는 선로 사이를 걸었다. 선로에 비친 희미한 빛이 연기 자욱한 비행기 복도의 유도등처럼 길을 보여주었다.

앞쪽에서 소리가 나더니 긴 금발에 얼굴이 도자기처럼 창백하고 하얀 드레스를 입은 젊은 여성이 그림자 속에서 나타났다. 그녀는 선로를 따라 우리 쪽으로 걸어오고 있었는데 우리를 보고도 놀라거나 걸음을 멈추지 않았다. 우리는 선로 양쪽으로 물러나 길을 비켜주었고, 그녀는 마치 유령처럼 조용히 우리를 지나쳐 아까 우리가 들어온 터널 아치 쪽으로 걸어갔다.

우리는 저벅저벅 계속 터널을 걸었다. 어둠 속에 반딧불이 무리가 나타났다. 깜깜한 터널 안에서 주황빛이 부드럽게 깜박거렸다. 반딧불이는 앞으로도 뒤로도 움직이지 않고 제자리에서 터널의 벽돌에 불빛만 스치며 빛났다. 가까이 가서야 우리는 그것이 반딧불이가 아니라 악마라는 걸 알게 되었다. 그 불빛은 터널 한쪽에서 서성대는 사람들의 이마에 달린 카바이드램프의 불꽃이었다.

머리에 악마의 뿔을 단 무리와 50미터쯤 떨어졌을까. 한 여성이 터널 바닥에 앉아 몸을 옆으로 돌리고 마치 점프하기 직전의 다이빙 선수처럼 팔을 머리 위로 올리고 손바닥을 맞대더니 보이지 않는 도시로 모습을 감추었다.

1927년부터 1940년까지 – 1940년은 그가 프랑스에서 탈출해 스

페인으로 도망치다가 포르부Portbou라는 피레네 산맥의 국경 마을 호텔방에서 스스로 생을 마감한 해이다 - 발터 벤야민Walter Benjamin은 역사상 최고로 손꼽히는 도시 이야기를 편찬했다. 독일어로 파사젠베르크Passagen Werk, 영어 제목 '아케이드 프로젝트The Arcades Project'는 프랑스 파리의 지형, 역사, 인간성에 대한 단편적이고 미완성된 고찰로 벤야민이 사망할 당시 이미 1,000페이지가 넘었다.(이 책의 한글판이 『아케이드 프로젝트 1』과 『아케이드 프로젝트 2』로 나와 있다 - 옮긴이) 이 책은 벤야민 자신이 *Konvolute*(영어로 'convolute',[1] 즉 '감다', '꼬다', '감싸다'라는 뜻이다)라고 부른 수십 가지 참고문헌에서 메모, 인용문, 격언, 이야기, 묘사 등을 모아 10여 년에 걸쳐 그린 별자리이자 은하다.

　벤야민은 파리의 역사를 선형으로 기술하는 대신 일종의 만화경을 만들려고 했다. 이 만화경의 크리스틸은 새로운 독자가 읽을 때마다, 심지어 같은 독자라도 읽을 때마다 새로운 패턴을 그린다. 그의 책 - 미완성 상태에서의 규모만 보더라도 책이라고 부를 수 있을지조차 모르겠지만 - 은 역사를 이해하는 거대하고 헛된 신기루 같은 시도였으며, 도시의 과거를 물질적 존재만이 아닌 형이상학적 아우라를 소유하는 집단적 꿈[2]과 구조로 해석했다.

　『아케이드 프로젝트』 곳곳에서 파리의 과거 장면들이 되살아난다. 벤야민은 에세이 「역사철학 테제Theses on the Philosophy of History」의 서문에서 '이름 있는 사람보다 익명의 존재들이 기억하는 바를 기리기가 더 어렵다……. 이 역사의 건설을 이름 없는 사람들의 기억에 바친다'[3]고 말했다. '아래로부터의 역사'로 알려진 이 초기 실험에서 벤야민의 파리는 '이름 없는 존재'들을 기념한다. 그곳에는 귀족, 정치가, 예술가는 물론이고 채석공, 매춘부, 죄수, 군인, 자영업자들이 산다. 벤야민은 폐기물과 찌꺼기들을 수집해 지배자가 아닌 도시의 대접받지 못한 대중들의 이야기를 간직하는 기록보관서로서 이 책을 만들었다.

벤야민 자신은 포르부 부근에 묘비도 없이 묻혔다. 사망 원인은 모르핀 과다 복용. 사망 날짜는 1940년 9월 25일. 벤야민은 음독하기 전날, 프랑스에서 걸어서 산맥을 넘었다. 그와 함께 탈출한 동료들이 이미 한계에 이른 그를 위해 10분마다 쉬어가며 국경의 마지막 능선까지 오르도록 도운 끝에 스페인 땅과 푸른 신기루처럼 아른거리는 지중해를 내려다볼 수 있었다. 그러나 다음 날 벤야민은 스페인을 경유할 수 없고, 대신 이튿날 프랑스 정부에 넘겨질 거라는 말을 들었다. 그것은 곧 나치에 항복하는 것이고 유대인인 그에게는 죽음을 의미했다. 그날 밤 벤야민은 그런 상황을 예견하고 마르세유에서 가져온 모르핀 알약으로 스스로 목숨을 끊었다.

포르부에서는 단순하지만 의미 있는 기념물로 벤야민을 추모한다. 이 기념물은 긴 통로 형식으로, 길고 녹슨 강철 터널이 마을 공동묘지 입구의 작은 광장에서 해안의 바위까지 비탈길을 내려간다. 방문객들은 하데스나 아베르누스에 들어가는 기분으로 그늘이 드리워진 터널의 입속에 발을 들인다. 그러나 계단 끝에는 어둠이 아닌 빛이 기다린다. 유리창이 터널을 막고 있어 끝까지 내려가지는 못하지만, 대신 창 너머로 조수가 드나들 때마다 물살이 새롭게 소용돌이치는 해협을 보여준다.('https://bit.ly/2DxeyEQ', 'https://bit.ly/2ATDXYs' 참조 - 옮긴이)

벤야민이 자살 당시 미완성으로 남긴 이 작품은 꾸준히 스스로 재창조되고 있다. 『아케이드 프로젝트』로 들어가는 접속 지점은 수천 개이고, 그중 어디로 들어가도 경로가 반복되지 않는 미로에 발을 들이게 된다. 이 책이 묘사한 도시처럼 책 자체도 다양한 수준의 다양한 경로를 제공한다. 이 책을 읽으면 그 안에 교묘하게 숨어 있는 샤티에르, 그 은밀한 통로를 통해 시간을 가로지르며 육신과 뼈가 사라진 기분을 느끼게 될 것이다.

벤야민의 상상력은 파리 밑에 존재했던 동굴, 지하실, 우물, 감옥, 그리고 토끼 사육장처럼 뚜껑이 덮인 '아케이드' 등 폐쇄된 공간과 지하공간에 강하게 이끌렸다. 모두 합쳐져 이 침몰한 공간들은 벤야민이 부른 '지하 도시', '지상 세계'의 쌍둥이 그림자,[4] 그리고 의식이 꿈을 꾸는 공간을 구성한다. 벤야민은 '우리의 깨어 있는 존재는 어떤 숨겨진 지점에서 지하 세계로 이어지는 땅이다'라며 다음과 같이 인상적인 글을 썼다.

꿈이 생기는 영역. 우리는 눈에 띄지 않는 이곳을 아무것도 의심하지 않고 온종일 지나다니지만, 잠이 들자마자 열심히 왔던 길을 되짚어가다 이두운 복도에서 길을 잃는다.[5]

이 숨겨진 지형에 대한 벤야민의 강박적인 추적은 역사의 기록뿐 아니라 지리학적 노력이기도 했는데, 만약 책이 완성되었다면 과거 유럽의 '지하 세계로 들어가는 열쇠'[6]를 제공했을 것이다. 벤야민은 아케이드 프로젝트를 추진하면서 선구자이자 영감의 원천으로 그리스의 지리학자 파우사니아스Pausanias를 선택했는데, 파우사니아스는 몇 년 동안 걸어 다니며 그리스 경관 중에서도 샘, 균열, 협곡 등 구멍이 많은 장소들을 지도화했고, 그곳을 지상과 지하 영역이 맞물리는 시스템으로 특징지었다. 벤야민은 도시에도 그러한 출입구가 있다는 사실에 몹시 흥분했다. 그는 지하 세계로 가는 문턱을 넘을 때 '자신이 떠나가는 세상에 어떤 표식을 남겨두어야 할'[7] 필요성, '지면에서 깊은 곳으로 내려가는 승강구',[8] 그리고 '문턱을 지키고'[9] '다른 세계로의 이동을 보호하고 표시하는'[10] 페나테스penates(로마 신화에 나오는 저장고의 신 - 옮긴이)에 대해 썼다.

『아케이드 프로젝트』에서 가장 깊은 지하에 있는 것이 콘벌루트 Convolute C인데, 여기서 벤야민은 파리의 카타콤과 채석장 공동空洞(채석으로 인해 생성된 동굴 또는 지하공간 - 옮긴이)에 관해 이야기한다. 벤야민이 '번개가 치고, 휘파람이 울려 퍼지는 어둠'으로 가득 찬 파리의 보이지 않는 도시의 비전을 제안한 것이 바로 콘벌루트 C에서이다. 그는 여기에서 내가 20대 초반에 처음 읽은 뒤 아직까지 잊히지 않는 구절을 썼다.

> 파리는 동굴 위에 지어졌다…… 이 거대한 터널과 도로의 위대한 기술 체계는 중세 초기 이후로 사람들이 수없이 되풀이해서 들어가고 횡단했던 고대의 금고, 석회암 채석장, 작은 동굴, 카타콤을 연결한다.[11]

기차 터널 아래에서 우리는 반딧불이 악마들을 만났다. 그들은 둘러서서 담배를 피우며 이야기를 나누었다. 모두 머리에 카바이드램프를 썼다. 허리에 찬 카바이드 통에 연결된 관이 머리에 묶은 램프 버너까지 이어진다. 버너에서는 온도는 낮지만 밝은 주황색 불꽃 두 개가 뿔처럼 솟구친다. 이들은 프랑스어와 영어로 중얼거리며 악마의 고갯짓으로 인사한다.

터널의 오르막이 시작되는 지점에 선로 아래쪽으로 딱 한 사람이 들어갈 정도의 우둘투둘한 구멍이 있다. 그리고 오른쪽으로 몇 미터 떨어진 곳에 비슷하게 생겼지만 최근에 콘크리트를 부어 막아놓은 듯한 구멍의 흔적이 보인다.

나는 카타콤에 두 명의 친구와 함께 왔다. 이 책에서는 이 둘을 리나와 제이라고 부르겠다. 제이는 도시 내에서 열심히 탐험 영역을 넓히는 동굴 탐험가다. 그는 농담을 잘하고 쉽게 동요하지 않고 강인하다. 리더인 리나는 카타콤에 여러 번 왔다. 리나는 카타콤에 열정이 있고, 특히 카타콤을 찍은 사진과 기록의 보관을 통해 빠르게 변하는 이곳의 특징을 보존하고 문서화하는 일에 열심이다. 그녀는 빨간색 립스틱을 바르고 밝은색 베레모를 썼다. 그리고 터널 속에서 거추장스럽지 않게 갈색 곱슬머리를 뒤로 넘겨 묶었다. 보이지 않는 도시가 그녀에게 새로운 인격을 부여한 것 같다. 이 아래에서 리나는 일을 결정할 땐 침착하고 쿨하고, 자신의 지식을 나눌 때, 그리고 이곳을 공유할 때는 따뜻하고 너그럽다. 리나에 대한 믿음이 없었다면 나는 그녀가 '네트워크'라고 부르는 이곳에 들어오지 못했을 것이다. 리나와 함께 오게 되어 운이 좋다고 생각한다.

"카타플릭스가 저 입구를 막아버렸어요." 리나가 콘크리트로 막아놓은 구멍을 가리키며 말했다. "그래서 카타필들이 불을 지펴 바위를 부드럽게 만든 다음, 곡괭이로 파서 이 새 입구를 뚫었죠. 지금으로서는 여기가 카타콤으로 들어가는 가장 안전한 진입로일 거예요. 하지만 나올 때는 맨홀로 나올 생각이에요."

리나가 웃으면서 터널 뒤쪽을 가리키며 말했다. "다음주까지 해는 구경도 못할 테니 다들 마지막으로 인사나 하시죠. 그럼 갑니다."

리나는 울퉁불퉁한 구멍 속으로 먼저 발을 넣고 머리 위로 팔을 들어올리더니 금세 사라졌다. 제이도 따라갔다. 나는 '자신이 떠나가는 세상에 어떤 표식을 남기고자' 도시 아래로 들어가는 통로에 표시하는 벤야민의 모습을 떠올렸다. 그러고서 멀리 터널의 아치 뒤로 비치는 빛을 슬쩍 돌아본 뒤 미로로 내려갔다.

일드프랑스의 상당 부분이 루테티아 석회암Lutetian limestone 위에 있는데, 이 지역이 약 500만 년 동안 잔잔한 만과 석호였던 에오세 기간에 주로 생성되었다. 그곳에서 엄청난 수의 해양생물이 번성하다 죽었고, 실트(모래와 찰흙 중간 굵기의 흙 - 옮긴이) 형태로 해저에 가라앉았다가 결국 압축되어 돌이 되었다. 루테티아 석회암은 따뜻한 회색부터 캐러멜색까지 색조가 다양할 뿐 아니라 내구성이 좋고 단면이 깨끗하게 잘리기 때문에 건축자재로 널리 쓰인다.

모든 도시는 기존의 경관에 다른 경관에서 빼낸 것을 덧붙여 만들어진다. 파리의 많은 부분이 언더랜드에서 한 덩어리씩 잘라낸 암반을 가지고 올라와 지어졌다. 지하에서의 석회암 채석은 12세기 말에 본격적으로 시작되었는데, 파리의 석회암은 현지뿐 아니라 프랑스 전역에서 수요가 많았다. 루테티아 석회암은 노트르담 대성당과 루브르 박물관의 건축자재로 쓰였고, 이 지역의 주요 수출품으로 센 강의 바지선에 실려 강을 타고 팔려나갔다.

600년이 넘는 채석 활동의 잔재는 지상 세계의 남쪽 아래에 네거티브 영상으로 존재한다. 320킬로미터가 넘는 복도, 방, 지하공간이 크게 세 부분으로 구성되어 아홉 개 아롱디스망arrondissement(파리의 행정구역을 뜻하는 말 - 옮긴이) 아래에 퍼져 있다. 이 네트워크가 '채석장 공동'이라는 뜻의 비드 드 카리에르vides de carrières, 즉 카타콩브catacomb(카타콤)다.

채석 기술은 시간이 지나도 놀라울 정도로 변하지 않았다. 석회층 아래로 18미터 정도 수직 갱도를 뚫고 거기에서부터 옆으로 터널을 깎아 석회암을 채굴한다. 채굴량이 많은 구역은 바위 일부를 기둥 형태로 남겨 천장을 받친다. 갱도의 표준규격은 높이 1.8미터, 너비 0.9미터이며 돌을 잔뜩 담은 손수레를 밀고 지나다니기에 충분하다. 아버지가 아들에게 채석 기술을 전하며 채석공의 왕조가 이어지고 수 세기에 걸쳐 미로가 확장되었다. 채석공의 사망률은 상대적으로 낮은 편인데 갱도가 무너지는 일이 별로 없었기 때문이다. 그러나 매일 돌가루에 노출되고 무거운 것을 실어날라야 하는 고된 노동으로 폐와 몸이 망가졌다.

채석 활동은 수백 년 동안 제대로 규제되지 않았고 대개는 마땅한 지도도 없었다. 그러다가 광범위한 지하 채석 활동의 결과가 지반 침하의 형태로 18세기 중반부터 지상 도시에 실질적인 영향을 주기 시작했다. 사람들은 땅이 내려앉아 생긴 구멍을 악마의 짓이라 하여 폰티스fontis라 불렀다. 채석으로 인해 생성된 공동이 지표에 노출되면서 지하 도시가 지상의 쌍둥이를 잠식했다. 1774년에 대규모의 싱크홀이 순식간에 도로, 집, 말, 수레, 사람들을 집어삼켰다. 그중에서 가장 큰 싱크홀이 생긴 곳은 뤼 당페르Rue d'Enfer, 즉 '지옥의 거리'였다. 소규모의 함몰이 여러 차례 뒤를 이었고, 규모를 알 수 없는 보이지 않는 위험 때문에 도시에 공포가 확산되었다.

루이 16세는 즉위 직후 '파리와 인근 지역의 지하 채석장'을 파악하기 위한 조사 기관을 만들고 건축가 샤를르 악셀 기요모Charles-Axel Guillaumot를 첫 번째 감찰관으로 삼아 공공안전을 목적으로 채석장을 규제하는 임무를 맡겼다. 기존의 채석장 공동을 강화하고 이후의 채석 활동을 규제하기 위해 최초로 채석장 공동 네트워크 지도화에 착수한 사람이 기요모였다. 지도화의 일환으로 지하 도시 계획이 세워졌는데, 이 계획에 따르면 지하의 방과 터널을 해당 구역 바로 위에 있는 거리의 이름과 연관 지어 명명했고, 그럼으로써 지면을 대칭선으로 삼은 거울 도시를 창조했다. 『레 미제라블』에서 빅토르 위고Victor Hugo는 '파리의 아래에는 또 다른 파리가 있다. 그곳은 나름의 거리, 교차로, 광장, 막다른 길, 동맥, 순환계를 갖추었다'[12]라고 썼다.

1780년대 중반에 채석장 공동을 보관 용도로 활용하자는 발상을 실행하고 감독한 사람도 기요모였다. 시급하게 보관해야 하는 것은 파리의 죽은 자들이었다. 파리의 가장 오래된 매장지는 로마 시대에 지정된, 당시의 남쪽 변두리 지역이다. 그런데 파리가 확장하면서 시체 대부분을 이 지역 안의 공동묘지, 특히 레 알의 중앙 시장 근처에 있는 성 이노센트 공동묘지에 묻었는데 수백 년이 지나면서 죽은 자들의 시신이 넘쳐나고 성 이노센트 묘지는 시체 수백만 구의 안식처가 되었다. 공간을 최대한 활용하기 위해 오래된 유골을 땅에서 파내어 뼈를 분류한 다음, 샤르니에charniers라고 부르는 묘지 속 길쭉한 방에 채워 넣었다. 묘지의 중심 구역에는 여기저기서 실어온 흙을 높이 쌓아 약 1.8미터 높이의 돔을 만들었는데, 여기에도 썩어가는 시체가 넘쳐나게 되었다.

죽은 파리지앵들이 산 파리지앵들을 압박했다. 1780년에는 성 이노센트 묘지에 인접한 지하실 벽이 그 뒤에 있는 거대한 무덤의 무게를 이기지 못해 무너지면서 뼈와 흙이 주거지역으로 쏟아져 내렸다. 당장 해결책을 강구해야 했다. 그리고 마침내 엄청난 공간을 자랑하는 채석장 터널이 합당한 해결책으로 떠올랐다.

그리하여 파리 역사상 가장 놀라운 이야기가 시작되었다.[13] 1786년에 도시의 공동묘지, 그리고 시체를 묻은 지하실과 무덤을 비우고 600만 구 이상의 유해를 당시 몽루즈 평원Montrouge Plain에 있었던 통브 이수아르Tombe-Issoire 채석장, 곧 레 카타콩브Les Catacombes라고 불리게 될 곳으로 옮기는 작업이 착수되었다. 이 과정을 위해 땅을 파고, 청소하고, 뼈를 쌓아올리고, 운반하고, 옮기고, 감독하는 사람들로 이루어진 엄숙한 장례 생산 라인이 만들어졌다. 몇 년에 걸쳐 매일 밤 땅에서 파낸 시신의 뼈를 싣고 무거운 검은 천을 덮은 장례 마차가 앞에는 횃불을 든 마부,

뒤에는 망자를 위한 미사를 집전할 신부와 함께 묘지에서 출발하여 거리를 지나 따가닥따가닥 통브 이수아르까지 이동했다. 땅 밑에서는 인부들이 망자의 유해를 분류한 다음, 차곡차곡 쌓아 최대한 효율적으로 터널을 채웠다. 이들은 뼈를 채우는 과정에 예술적 감각을 발휘하여 밀집대형으로 쌓아올린 대퇴골 중간중간에 눈구멍을 모두 바깥으로 줄을 세운 두개골을 깔아 층을 분리하기도 했다.('https://bit.ly/38JRcXY' 참조 - 옮긴이)

한 세기 후에 사진작가 펠릭스 나다르Felix Nadar가 이 지하 납골당에서 저광 사진 기법을 개척했다. 가장 잘 알려진 사진 중에 한 노동자가 뼈가 잔뜩 실린 마차를 끌고 가는 모습이 있다. 이 이미지는 사람들의 마음을 뒤흔들었다. 마차의 바퀴는 나무로 만들었고, 옆은 대충 잘라낸 널빤지를 댔다. 남자의 얼굴은 플래시 불빛에 하얗게 타버려 거의 보이지 않는다. 그는 챙이 넓은 가죽 모자를 쓰고 헐렁한 흰색 긴 셔츠를 걸쳤는데, 바지와 마찬가지로 천조각을 이어서 만들었다. 남자는 발밑에 깔린 갈비뼈와 정강이뼈를 짓밟고 있고, 마차의 뼈 더미에서는 허연 두개골 하나가 그의 어깨 너머로 터널을 바라본다. 이후에 나다르는 열기구를 타고 공중에서 파리의 사진을 찍어 고공 사진의 선구자가 되었는데, 아래 깊은 곳의 어둠 속에서뿐 아니라 움직이는 기구를 타고 위의 높은 곳에서 도시 이미지를 찍은 최초의 인물로 기록되었다.('https://bit.ly/2WaaSPH' 위에서 다섯 번째 사진 참조 - 옮긴이)

유골을 카타콤에 처리하는 일은 19세기에도 계속되었지만, 매장된 석회암을 거의 다 파냈기 때문에 채석 활동은 줄어들었다. 1820년대부터는 채석장 공동이 버섯을 재배하는 새로운 용도로 사용되었다. 축축하고 어두운 지하는 버섯을 키우기에 안성맞춤이었다. 버섯은 일렬로 늘어놓은 말똥 거름에서 싹을 틔웠다. 적응력이 뛰어난 채석공들은 버섯 재배로 업종을 바꾸었고, 파리 지하 원예학회가 설립되었다. 초대 학회장은 광산의 전 감찰관이었다. 절정기에는 파리의 지하에서 버섯을 키우는 농부가 2,000명에 이르렀다. 제2차 세계대전 때에는 프랑스 레지스탕스들이 나치가 파리를 점령한 이후 지하터널로 퇴각하여 몇 달을 보냈고, 공습 기간에는 민간인들도 그곳으로 피신했다. 여섯 번째 아롱디스망 아래의 미로에 방공 벙커를 지은 프랑스 비시 정부와 독일 베어마흐트(나치 독일의 군대 - 옮긴이)의 장교들도 마찬가지였다.

전쟁이 끝난 후 카타콤을 숭배하는 문화가 확산되었다. 점점 많은 사람들이 은폐, 범죄, 쾌락을 목적으로 카타콤 아래로 빨려 들어갔고, 카타콤 동굴망 이용자를 '카타필cataphile', 즉 '아래를 사랑하는 사람들'이라고 부르게 되었다. 1955년 이후 관광 목적으로 개방한 납골당을 제외하고 카타콤 동굴망에 접근하는 것은 불법이 되었다. 카타콤의 치안을 유지하기 위한 조치가 본격적으로 시작되었다. 동굴망 지리를 교육받은 전문 경찰이 배치되었는데, 이들에게는 곧바로 '카타플릭스', '카타캅'이라는 별명이 붙었다. 카타플릭스들은 지하의 주요 루트마다 차단벽을 설치하고 터널, 게이트, 맨홀 등 동굴망으로 들어가는 입구를 용접하여 막았다. 그러나 카타필들은 계속해서 동굴망으로 진입했다. 미로가 파리 하위문화의 성장 공간을 제공했다. 이곳은 무정부주의자이자 이론가인 하킴 베이Hakim Bey가 '일시적 자율 구역'[14]이라고 부른 장소가 되었고 여전히 그렇다. 이 장소는 사람들이 다른 정체성으로 빠져들고, 새로운 방식으로 존재하고 관계하며, 위에서는 제한된 유동적이고 야생적인 방식으로 행동하는 곳이다.

인터넷 시대가 되면서 카타콤 숭배가 더욱 붐을 이루었다. 카타필들은 채팅방과 웹 사이트를 통해 동굴망 정보를 공유하고 조직할 수 있게 되었다. 이들은 온라인상에서 '스틱스'(저승에 있는 강 - 옮긴이), '카론'(망자를 저승으로 데려가는 뱃사공 - 옮긴이)과 같은 지하의 가명을 사용했다. 그리고 이러한 활동의 은밀한 속성을 숭배하기도 했다. 비공식적이지만 카타필 유니폼까지 있었다. 허벅지까지 오는 고무장화, 작은 방수 배낭, 후드티와 헤드랜턴이 그것이다. 열성 카타필들은 벨트에 맨홀 뚜껑 열쇠를 가지고 다녔다. 수십 명의 카타필이 마치 송어잡이 어부의 회합이라도 여는 듯, 강과는 거리가 먼 도심 한복판에서 짙은 녹색 장화를 신고 활보하거나 모여 있는 모습을 특정 거리와 카페, 피자집에서 심심찮게 볼 수 있었고 지금도 그렇다. 카타필 공동체 문화가 출현했는데, 이들은 자체적인 명예 규율을 지켰다. 규율은 간단명료하다. 카타콤의 과거를 존중한다. 가지고 들어간 것은 들고 나온다. 타인과 정보, 자원을 공유한다. 카타콤 내에서는 사고팔기를 금지한다. 유일하게 허용되는 거래 방식은 물물교환 또는 선물이다. 도움이 필요한 경우 언제든지 도와준다. 카타콤 안에서는 신중하게 창작하고 절대 파괴하지 않는다.

순전히 파티를 벌이려고 지하로 내려가는 카타필들이 있는가 하면, 이 공간의 층간 역사에 매료된 이들도 있었다. 비공식적인 카타콤 대학이 설립되어[15] 네트워크의 복원과 보존, 지도화에 힘썼고 카타콤의 역사와 이야기를 공식적인 기록으로 남기고 보관하는 데 헌신했다. 한때는 카타콤 내에 팝업 극장을 개설하고 카타플릭스에 의해 폐쇄될 때까지 몇 주에 걸쳐 베르토프의 「카메라를 든 사나이Man with a Movie Camera」, 데이비드 린치의 「이레이저 헤드Eraserhead」와 같은 테마 영화를 상영했다. 카타필들은 계속해서 새로운 방을 파내고 터널 곳곳에 새로운 명판을 붙였다. 카타콤 팔림프세스트palimpsest(양피지의 원래 기록된 문자를 씻어내고 새로 덮어 기록한 사본 - 옮긴이) 작업 그룹이 조직되어 대형 그라피티 벽화, 조각품, 돌에 묻힌 칼, 수천 개의 타일로 만든 모자이크 작품 등으로 카타콤에 새로운 층을 추가했다.

오늘날 카타콤에서 가장 큰 반향을 일으키는 상징물은 「르 파스 뮈 라유Le Passe-Muraille」, 즉 '벽을 뚫고 지나가는 사나이'라는 조각품인데 마르셀 아이메Marcel Aymé의 동명 단편소설에서 제목을 따왔다. 이 소설 은 단단한 벽을 뚫고 통과하는 능력을 갖추게 되었지만 결국 마지막에 벽 밖으로 나오려는 순간 능력이 사라지면서 벽에 갇혀버린 한 남자의 이야기다. 이 조각품은 자유와 속박이 공존하는 순간의 남성을 보여준 다. 그의 얼굴과 몸통, 다리 하나는 벽에서 나왔지만 등과 손, 나머지 다 리 하나는 여전히 벽 속에 있다. 그는 세계와 세계 사이에 갇혀 있다. 공 기 중으로 나올지, 도로 돌 속으로 들어갈지 어정쩡한 상태로.

나는 곧게 뻗은 터널로 떨어졌다. 터널의 천장은 튼튼한 아치형이 다. 석회암 벽은 반파시스트 슬로건, 눈이 튀어나온 좀비 해골, 자동차 번호판, 이름 등 온갖 낙서로 가득했다.

리나가 말했다. "안쪽으로 들어가면 벽화 수준도 높아져요. 살 드 라 플라주Salle de la Plage에 가면 호쿠사이(가츠시카 호쿠사이. 일본 에도시대의 목판 화가 - 옮긴이)의 「파도」(서양의 예술가들에게 큰 영향을 준 목판화 「가나가와 해변의 높은 파 도 아래」를 말한다 - 옮긴이)가 나올 정도니까. 얼른 움직이자고요. 몇 킬로미 터나 가야 하는데 입구에서 시간을 보내는 건 좋지 않아요. 게다가 방 그라Bangra에서 시간이 지체될 테니 서두릅시다."

"방그라?"

"곧 보게 될 거예요. 몇 시간 안에 오늘밤에 잘 곳을 찾아야 해요. 내일은 북쪽으로 하루 종일 이동합니다. 가는 길에 아마 몇 가지 장애 물이 있을 거예요."

여행의 긴장으로 지쳐 있던 나는 잠을 잔다는 소리에 기분이 좋아졌다가 장애물이라는 말에 이내 속이 거북해졌다. 산에서의 나는 앞을 내다보고 위험 요소를 파악해 계획을 세우는 데 능숙한 사람이었다. 하지만 이 아래에서 나는 리나의 손바닥 안에 있었다. 내 천리안은 눈앞의 터널 모퉁이조차 돌지 못했다.

리나가 앞장을 서고 제이가 뒤를 따르고 나는 맨 뒤에서 쫓아갔다. 리나는 몸을 바쁘게 움직여 마른 터널을 빠른 속도로 걸어갔다. "카타콤을 깊숙이 제대로 보려면 빨리 움직여야 해요." 그녀가 어깨 뒤로 소리쳤다. 터널 바닥이 진흙투성이가 되더니 어느 틈에 검은 물에 잠겼다.

"방그라에 오신 걸 환영합니다." 리나가 소리쳤다. "카타콤에서 방그라는 일종의 기밀실, 아니 수밀실 역할을 해요. 사람들이 보통 여기까지 왔다가 되돌아가니까요."

리나가 흙탕물 속을 헤치며 들어가고 우리가 뒤를 따라갔다. 물이 빠르게 허리까지 차올랐다. 헤드랜턴 불빛이 물 위에서 까딱거린다.

"발로 터널의 가장자리를 잘 더듬어봐요. 아마 올라설 수 있는 턱이 있을 거예요." 그녀의 말이 맞았다. 덕분에 몸이 좀 더 물 밖으로 나왔지만 대신 머리가 천장에 닿아 걸을 때마다 목을 구부정하게 숙여야 했다.

우리는 터널이 수직으로 꺾여나간 침수된 교차로를 철벅거리며 지나갔다. 나는 좌우를 살펴보았다. 터널이 암흑 속으로 사라진다. 시스템의 규모가 감이 왔다.

물의 수위가 점점 낮아지더니 물기가 사라지고 다시 단단한 땅을 밟았다. 리나가 속도를 올렸다. 그녀는 교차로에서도 머뭇거리지 않고 왼쪽이든 오른쪽이든 바로 방향을 꺾었다. 리나의 놀라운 방향감각을 보면서 불비의 해저 미로에서 경적을 누르며 거침없이 달리던 닐이 생각났다.

리나가 걸음을 멈추고 벽의 표시를 확인하더니 옆쪽의 좁은 터널로 꺾어져 들어갔다. 이때는 우리가 이미 몇 시간을 걸은 뒤였다.

그녀가 말했다. "자, 여기. 오늘은 여기에서 잘 거예요. 여기는 살 데 위트르Salle des Huîtres, 그러니까 오이스터 룸이라고 부르죠. 채석공들이 여기에다 굴껍질을 버리곤 했거든요. 그들에게는 굴이 간편한 영양식이었어요. 게다가 완벽한 천연 포장 덕분에 주머니 안에서도 오래갔거든요."

터널의 약 20미터 아래로 오른쪽에 대충 벽을 사각형으로 잘라 만든 구멍이 있는데, 땅에서 1.2미터 높이에서 시작되고 너비가 45센티미터 정도였다.

"자, 여기가 당신의 첫 번째 샤티에르입니다!" 리나가 말했다. "샤티에르는 프랑스어로 고양이가 드나드는 문이라는 뜻이에요. 그보다 덜 점잖은 걸 뜻하기도 하고. 저기로 들어가려면 약간의 기술이 필요해요. 제가 직접 시범을 보여드리죠."

리나는 우선 구멍 안으로 배낭을 넣었다. 그런 다음 상반신을 최대한 샤티에르 가까이 기울인 다음, 터널의 반대쪽 벽을 향해 뒷걸음치다가 발이 벽에 닿자 뒤를 보지 않고 그대로 벽을 타고 몸이 수평이 될 때까지 위로 걸어 올라가면서 몸을 버텨냈다. 머리와 어깨는 샤티에르에 있고 발은 반대편 벽에 대고 있었다. 그런 다음 수영선수가 턴을 하듯 무릎을 구부렸다가 벽을 차면서 그 힘으로 몸을 끌어올려 샤티에르 안으로 들어갔다. 나는 그녀의 발이 사라지는 걸 보았다. 감동적이었다.

나는 고개를 숙이며 제이에게 말했다. "먼저 가시죠." 그는 리나의 기술을 완벽하게 흉내냈다.

내 차례에 대해서는 그저 훨씬 덜 우아하고 상당히 고통스러웠다는 사실까지만 말하겠다.

샤티에르에서 몸을 끌어내보니 제일 높은 곳이 1.5미터 정도밖에 안 되는, 천장이 낮은 방이었다. 돌에는 끌질을 한 자국이 있었다. 메인 홀에는 돌로 된 탁자가 있는데, 하얀색의 양초 밀랍이 두껍게 앉았다. 탁자 중앙에 분홍색 풍선껌의 색깔로 30센티미터 정도 되는 음경 모양의 플라스틱 물담뱃대가 있고 그 주위에 굴껍질들이 놓여 있었다. 바닥에는 회색 가루가 떨어져 있는데, 카바이드램프에서 사용하고 남은 찌꺼기였다. 홀에서 나오면 옆방으로 열린 문이 있고 거기에서 또 다른 방으로 이어졌다. 우리는 방들을 돌아보았다. 중앙의 돌기둥 주위로 10여 개가 배열되어 있었다.

리나가 말했다. "아마 밤늦게 사람들이 와서 파티를 할 거예요. 제대로 자고 싶으면 되도록 멀리 떨어져서 자리를 잡는 게 좋아요."

그래서 우리는 멀리 있는 방을 찾아 야영을 했다. 천장이 낮아서 기껏해야 1.2~1.5미터밖에 안 되었다. 우리는 무릎을 꿇고 손으로 기어다녔다. 풀썩거리며 피어오르는 돌가루를 눈으로 보고 혀로 맛보았다. 지상 도시는 아주 멀리 있는 것 같았다.

방 입구에 깨끗하게 잘린 석벽이 있는데, 그 위에 까만 잉크와 페인트로 글씨가 쓰여 있었다. 채석공들의 이름, 방과 터널을 완공한 날짜, 잘라낸 돌의 길이 등을 기록한 것이다. 연도는 다른 줄에 쓰어 있는데, 1700년대 후반부터 1800년대 초반까지 이어졌다. 사람들은 이 기록에 대한 자부심이 있었고, 그래서 그것을 보존하려고 애를 썼다.

리나가 말했다. "이 방이 만들어진 방식을 존중하는 게 여기 지하 세계의 핵심이죠. 이 공동체는 스스로 감시하고 있어요. 만약 이 공간과 역사를 존중하지 않는 사람이 있다면 금세 소문이 돌아서 살기 힘들어질 거예요."

홀의 큰 벽 틈새에 턱이 늘어진 원숭이 세 마리가 쭈그리고 앉아 있었다. 돌덩어리를 깎아 만든 조각품이다. 원숭이의 눈은 구멍이 뚫렸다. 앞을 보지 못하는 원숭이들이 무표정하게 우리를 본다. 가운데에 있는 대장 원숭이의 오른쪽 안구에서 거미 한 마리가 기어나왔다.

방의 다른 벽에는 동물과 사람의 얼굴을 포함한 현대판 그라피티가 훌륭한 솜씨로 장식되어 있었다. 리나는 티라이트 여섯 개에 불을 밝히고 원숭이 눈에 하나씩 넣었다. 촛불이 동굴의 그라피티 작품 위로 흔들거리며 타올랐다. 적갈색과 검은색 소용돌이가 돌 속에서 특유의 몸짓으로 움직였다. 그라피티 화가들은 라스코의 선사시대 동굴 예술가들처럼 바위의 모양과 질감을 살려 이미지를 그려냈다. 돌의 굴곡이 둥근 배를 대신하고, 안에 박힌 조개껍질은 얼굴의 눈과 코가 되었다.

나는 다시 방의 뒤쪽으로 기어 들어가 낮은 동굴 공간을 찾았다. 겨우 60~90센티미터 높이에 한 사람이 들어갈 정도의 너비였다. 그곳에서 눈을 붙이려고 자리를 잡았는데, 몸을 에워싼 느낌이 이상하게 편안했다. *바위 속에서 내 키에 맞춘 듯한 관을 찾았다. 나는 거기에 누워서 잤다. 아늑했다……*[16] 고래뼈 올빼미와 청동함을 꺼내 발치에 두었다. 이곳이 청동함을 둘 장소가 아니라는 건 일찌감치 알았지만, 적어도 올빼미와 함께 있어서 좋았다. 18미터의 단단한 암반이 내 위에 버티고 있다. 나는 그날 아침에 지나온 탁 트인 프랑스 북부의 풍경과, 정체를 알 수 없는 토루 뒤로 저물던 해를 생각했다.

우리는 이 어색한 잠자리를 함께하는 데서 오는 묘한 친밀감을 느끼며 촛불 속에서 잠시 이야기를 나누었다. 어느새 저항할 수 없는 힘으로 피로가 몰려오고 침묵이 입을 덮었다. 나는 아무리 올라가도 제자리로 돌아오는 계단, 뫼비우스의 띠처럼 가도 가도 끝이 없는 터널, 움직이는 방, 눈에 불꽃이 이는 원숭이 신들이 등장하는 에셔Maurits Cornelis

Escher(평면에 무한히 확장되는 초현실적인 느낌의 3차원 공간을 표현한 네덜란드의 판화가 - 옮긴이)의 꿈속을 표류했다.

━━━━◆◆◇◆◆━━━━

보통 우리는 도시를 가로로 펼쳐진 수평 공간으로 생각하지만 당연히 도시는 수직 공간이기도 하다. 도시는 건물, 엘리베이터, 통제된 영공을 통해 위로 확장되고 터널, 에스컬레이터, 지하실, 묘지, 우물, 매몰된 케이블과 채굴 작업을 통해 아래로도 뻗는다. 산 하나의 범위가 정상이나 기슭에서 끝나지 않고 산 위의 기상 상태나 솟아오른 기반암의 조산운동으로 확장되는 것처럼, 도시 역시 기반이나 가장 높은 건물의 첨탑에서 끝나지 않는다.

그렇다, 이탈로 칼비노Italo Calvino가 위대한 소설 『보이지 않는 도시들Le città invisibili』에서 보여준 것처럼 도시마다 그것의 보이지 않는 도시가 존재한다. 칼비노의 이야기는 이야기 속에 이야기가 교묘하게 삽입되어 소설 자체가 여러 버전을 갖고 있다. 가장 기억에 남는 부분에서 작중화자는 유사피아Eusapia라는 불가능한 도시를 묘사한다. 그곳에서 살아 있는 도시의 거주자들은 '도시의 지하 복사본'이자 '죽은 자의 유사피아'를 동반하는데, 그곳은 오로지 복면을 쓴 형제들로 구성된 종교단체를 통해서만 접근할 수 있다. 그러나 대칭을 이룬 두 도시가 갈수록 유사해져서 '이 쌍둥이 도시 중 누가 살아 있고 누가 죽은 건지 알 방법이 없게 되었다'.[17]

칼비노가 이 이야기를 쓰기 한참 전에, 채석공이자 전직 군인인 프랑수아 데퀴르François Décure 또는 보세주르Beauséjour라고도 불린 사람이 파리 카타콤의 어느 구역에서 스페인 포트 마혼Port-Mahon의 미노칸Minorcan 마을을 정교한 미니어처 모형으로 조각했다. 이 작품은 소름이 돋을 정도로 정밀해서, 상상을 통해 탄생한 이 건물들은 축소된 크기에도 불구하고 웅장함이 고스란히 느껴졌다. 그는 마을의 앞벽과 정문을 조각했는데, 입구는 안쪽으로 들어간 다섯 개의 돌 안에 자리잡았다. 데퀴르는 커다란 기둥을 세운 건물을 조각했다. 파라오의 이집트를 연상케 하는 신고전주의 양식의 이 건물은 높은 암벽 위에 지어졌고, 입구에서부터 아치형 통로가 지그재그를 그리며 아래로 이어져 돌 속에 보이지 않게 묻힌 것이 있음을 암시했다. 데퀴르는 자신의 조각 작품을 더 많은 사람들에게 선보이기 위해 진입 계단을 파내는 도중에 통로가 함몰되면서 사망했다.('https://bit.ly/3gNEb2n' 참조 – 옮긴이)

도시는 오랫동안 수직 형태를 띠었다. 크리스토퍼 렌Christopher Wren 경이 1666년에 일어난 런던 대화재 후 올드 세인트 폴 대성당의 기초를 파내면서 백악으로 주위를 두른 앵글로색슨 시기의 무덤들을 발견했는데, 무덤 아래에 상아와 나무로 된 수의 핀이 들어 있는 색슨 시대 이전의 관이 있었다. 땅을 더 파보니 그 밑에는 로마의 질그릇 조각과 화장한 납골단지가 있었다. 단지의 색깔은 실링왁스처럼 붉고 그레이하운드와 수사슴 장식이 새겨졌다. 또 로마의 유물 밑에는 한때 그곳이 바다에 잠겼음을 알려주는 총알고둥과 그 밖의 조개껍질이 나왔다. 지리학자 웨인 챔블리스Wayne Chambliss는 이탈리아 나폴리의 산 로렌초 마조레 성당 밑에 '온전한 상태로 완벽하게 반복된 과거 도시의 지층이 있다. 수 세기 전에 지어진 거리, 주택단지, 가게 앞 공간 등이 땅 밑에서 발굴되었다'[18]라고 썼다.

오늘날 우리가 사는 도시의 수직성은 규모가 빠르게 증가하고 있다. 20세기 중반 이후로 이 행성에서 도시의 수와 크기가 급증하고, 또 새로운 기술이 개발되면서 도시의 높이와 깊이는 놀라운 수준으로 확장되었다. 피에르 벨랑거Pierre Bélanger는 '도시 생활을 지원하는 인프라' 가 이제는 '바다 밑 1만 미터에서 해발 3만 5,000킬로미터의 범위'[19]에 이른다고 추정했다. 스티븐 그레이엄 또한 하늘 위와 땅 아래로 연장된 도시 공간에 대해 기록했다.

> 대도시 아래의 복잡한 지하공간은…… 도시가 하늘로 뻗어 올라간 높이만큼이나 땅속에서도 인프라로 뒤얽힌 3차원 미로를 형성한다. …… 따라서 대도시는 점차 지상, 지하를 가리지 않고 다층적 부피를 가진 공간으로 조직되고 있다.[20]

이렇게 빽빽하게 들어찬 현대의 도시경관은 수직의 용어로 읽을 수밖에 없는 새로운 불평등의 지리학으로 이어진다. 대체로 부富는 위로 상승하고 가난은 아래로 가라앉는다. 건물 50층에 자리잡은 인피니티 풀(물과 하늘이 이어지는 것처럼 설계된 수영장 - 옮긴이)이나 옥상의 펜트하우스 스위트룸이 상징하듯이, 특권은 높이를 이용해 거리의 지저분한 것들로부터 멀어지고 싶어 한다. 그리고 보안이나 프라이버시가 필요할 때에만 땅속으로 파고드는 경향이 있다(예를 들어 블랙워터 같은 미국의 보안 회사가 땅속 깊이 묻어두고 관리하는 문서, 또는 런던의 메이페어 같은 저층의 고급 주택단지에서 땅속으로 파내려간 지하실처럼).

그와 반대로 가난은 사람들을 아래로 끌어내리고 낮은 곳에 모이게 한다. 1895년에 출간된 웰스Herbert George Wells의 소설 『타임머신』은 지하의 몰록족과 지상의 엘로이족을 통해 부와 권력의 수직화를 예견한다. 오늘날 라스베이거스의 지하 우수관雨水管 네트워크에는 노숙자와 중독자를 포함해 도시에서 떨어져나간 하위 인구 집단이 살고 있다. 번쩍거리는 이 사막 도시에 비가 내리고 갑작스럽게 불어난 물이 우수관을 채우면 이 사람들의 생계는 물론 때로 목숨까지 쓸려나간다. 인도의 도시에서 하수구와 정화조는 보통 수천 명의 일용직 근로자가 청소하는데, 이들은 밧줄을 타고 내려가 손과 양동이로 사람의 배설물, 쓰레기, 응고된 지방 등을 퍼낸다. 하수관에 접근하기 위해 맨 처음 맨홀 뚜껑을 열었을 때 노동자들은 구멍에서 나오는 파리와 바퀴벌레를 보고 기뻐했다. 하수관 내부의 유독가스가 치명적인 수준이 아니라는 뜻이기 때문이다. 이 사람들의 기대수명은 전국 평균보다 10년 정도 낮다. 10년 단위로 수백 명이 질식 또는 물에 빠져 세상을 떠나지만 이들의 죽음은 대개 기록되지도 보상되지도 않는다.

가난과 무력함은 파리 지하터널의 역사적인 특징이기도 하다. 발터 벤야민은 『아케이드 프로젝트』에서 이런 공간의 잘 알려지지 않은 역사를 되찾으려고 애썼다. 예를 들어 벤야민은 1848년 6월 봉기 이후에 포로로 잡혀간 사람들이 어떻게 채석장 터널과 카타콤 내에서 끌려다니면서 눈에 띄지 않고 요새에서 요새로 동굴망을 따라 이동했는지를 기록했다. 카타콤 미로는 이제 우리가 '어둠의 장소'라고 부르는 곳, 즉 공공의 눈과 마음에서 벗어나 정치범들의 특별 송환이 이루어지는 일종의 치외법권이 되었다.

나는 벤야민이 이 죄수들의 지하 경험을 상세히 기록하면서 동정심을 드러낸 것을 보았다. '이 지하 복도의 추위가 너무 심해서 많은 죄수들이 얼지 않으려고 계속해서 뛰어다니거나 팔을 움직여야 했다.' '그리고 누구도 감히 얼음장 같은 돌바닥에 누우려 하지 않았다.' 벤야민은 반란 선동자에 대해서도 언급했다. 또한 죄수들 사이의 연대와 우정의 순간도 보존했다. '죄수들은 파리의 모든 거리에 이름을 붙이고 서로 만날 때마다 주소를 교환했다.'[21] 18세기에 센 강을 오가는 갤리선에서 노 젓는 노예가 되어 사슬에 묶일 차례를 기다리던 죄수들은 유폐

된 감옥의 암흑 속에서 서로 소통하며 함께 노래를 불렀다.

------◆◆◆◆◆------

우리는 다음 날 늦게까지 잤다. 그리고 원숭이 신들이 새까맣게 탄 눈으로 우리를 쳐다보는 가운데 아침으로 초콜릿을 먹었다.

리나가 말했다. "이제 출발합시다. 오늘 저녁에는 훨씬 북쪽에 있는 살 뒤 드라포Salle du Drapeau로 가서 친구들을 만날 거예요. 다행히 거기까지 도착할 수 있다면 말이죠. 천장의 안정성 문제도 있고 저번에 다녀온 이후로 붕괴되었을 가능성도 염두에 두어야 해요. 그 전에 잠깐 들르고 싶은 곳도 있고."

우리는 다시 샤티에르를 통해 빙에서 빠져나왔다. 이번에는 통로에서 발 디딜 곳을 찾아 몸을 아래로 구부리고 발부터 먼저 나왔다. 그러고 나서 리나의 빠른 걸음을 쫓아 마른 터널에서는 속도를 내고 젖은 터널에서는 물길을 헤치고 신중하게 우물 갱도를 지나 북북서 방향으로 이동했다. 나는 지도를 보지 않고 길을 찾는 리나의 능력에 다시 한번 놀랐다. 몸에 3차원 카타콤 미로가 장착되어 있든지, 아니면 머리에 지하 GPS가 깔린 게 틀림없다.

오전 늦게 우리는 돌계단을 따라 미로의 아래층으로 내려가 지도에 '해골 우물'이라고 쓰여 있는 지점으로 갔다.

"여긴 정말 쉬운 구석이 하나도 없는 곳이에요." 리나가 말했다.

리나가 주 통로로 이어지는 낮은 터널을 가리켰다. 높이가 60센티미터 정도 되는 수평 갱도다. 리나가 말했다. "저기를 통과해야 해요. 롭, 당신이 먼저 가요. 아마 등을 대고 누워야 통과할 수 있을 거예요."

나는 몸을 뒤로 젖히고 손바닥을 위로 한 상태에서 팔을 아래로 뻗은 다음 손가락으로 수평 갱도의 가장자리를 찾아 당겨서 안으로 들어 갔다. 그리고 위를 올려다본 순간 몸이 완전히 굳어버렸다.

내가 들어온 곳은 수직 갱도였고, 내 위에 높이가 3미터 정도 되는 현수벽이 있는데 그 안에 두개골, 갈비뼈, 팔다리뼈 할 것 없이 사람의 뼈가 수백 개도 넘게 박혀 있었다. 아래로 우물 바닥에는 수백 개의 뼈 가 더 있었다. 여기는 균열된 터널망 틈바구니로 매장지의 내용물이 쏟 아지기 시작한 지점이다. 갱도를 파낸 거친 석회암 역시 시체들로 두꺼 워 보였다. 암석 퇴적물 속에서 부서지지 않고 화석이 된 쇠고둥과 나 선형 조개껍질들이 그것이다. 순간 지상과 지하 도시가 하나의 네크 로폴리스로 느껴졌다. *죽은 자의 도시가 산 자의 도시보다 앞서 존재 했다. …… 죽은 자의 도시는 모든 살아 있는 도시의 선조이자 핵심이 다…….*[22]

리나와 제이도 몸을 끌어당겨 지옥의 우물 속으로 들어왔다. 이곳 을 건널 때 우리는 거의 말을 하지 않았다. 카타콤의 이 구역에는 유해 가 많다. 그러나 여기에선 누군가의 죽음이 순서도, 이름도, 추모도 없 이 감금되어 있을 뿐이다. 우리는 가끔 기반암을 뚫고 지상의 맨홀 뚜 껑으로 연결되는 수직의 원형 갱도 밑을 지났다. 사다리가 설치된 곳도 있었다. 어느 맨홀 뚜껑 아래에서는 위로 거리의 불빛이 보였다. 지상 세계를 바쁘게 다니는 사람들의 발걸음에 뚜껑이 움직일 때마다 찰캉 찰캉하는 금속성 소리가 희미하게 들렸다.

한번은 눈에 불을 켜고 찾아도 뼈라곤 전혀 없는 긴 터널을 지나는 데 앞쪽 멀리에서 깜박거리는 불빛이 보였다가 금세 사라졌다. 리나도 똑같이 보았지만, 막상 불빛이 사라진 지점에 가보니 옆으로 연결된 터 널이 없었다. 리나가 자신 없이 말했다. "다른 카타필들이겠죠. 어디로 증발했는지는 모르겠지만." 그러더니 피식 웃으며 말했다. "아니면 필리베르 아스패르Philibert Aspairt의 망령일지도 모르죠. 아스패르는 1793년에 여기로 내려왔다가 길을 잃고는 11년이 지난 뒤에야 발견되었어요. 당연히 죽은 채로죠. 아마 세계 최초이자 최악의 도시 탐험가였을 거예요."

⸎

카타콤에 오기 전 몇 년 동안 나는 도시 탐험이라는 하위문화를 경험했다. 리나도 그러다가 알게 된 것이다. 도시 탐험이란 건조 환경built environment에 대한 모험적 침해라는 말로 가장 잘 정의할 수 있다. 도시 탐험의 자격 요건은 다음과 같다. 폐쇄된 공간을 좋아한다, 현기증을 느끼지 않는다, 썩은 것을 좋아한다, 기반 시설에 매력을 느낀다, 언제든 담장을 넘고 맨홀 뚜껑을 들어올릴 준비가 되어 있다, 제한구역에 접근하는 다양한 규칙에 익숙하다 등. 도시 탐험가들이 선호하는 장소로는 초고층 건물, 폐쇄된 공장과 병원, 과거의 군사시설, 벙커, 교량, 우수관 시스템 등이 있다. 진짜 열성적인 도시 탐험가는 120미터 높이의 타워크레인 평형추에도 태연히 앉아 있고, 아스팔트에서 20미터 아래의 하수구에 들어가면서 희열을 느낀다. 도시 탐험가들은 산악지대의 슈투름 운트 드랑Sturm und Drang(폭풍과 압박)을 꺼리는 대신 틈새에서 스릴을 느끼고 본능적으로 추잡함을 찾아낸다. 이들 사이에서는 보이지 않는 공간에 접근 가능한 진입로에 대한 소문이 돌지만, 이 정보는 절대 외부로 새어나가지 않고 철저히 내부에서만 공유된다.

하위문화에도 하위문화가 있다. 어떤 등반가는 사암보다 화강암을 더 좋아하고 어떤 동굴 탐험가는 젖은 동굴보다 마른 동굴을 선호하듯이 벙커학자, 스카이워커, 건축업자, 트랙 주자, 배관공 등 도시 탐험가들도 전문 분야가 있다. 그럼에도 대부분의 탐험가는 폐허에서 출발한다. 폐허는 접근하기 쉬울 뿐 아니라 버려진 것에 대한 연민, 수수께끼 같은 역사가 남긴 잔여물 등의 심미적 보상이 대개 사진 형태로 빠르고 저렴하게 얻어지기 때문이다. 폐허 탐험가들은 '더프derp'를 캐고 다닌다. 더프는 탐험가들 사이에서 '버려지고 폐허가 된 장소'라는 뜻으로 쓰이는 은어다. 디트로이트는 관음적 폐허의 포르노라는 이미지의 안개에 가려진 채, 돈 드릴로Don DeLillo의 '미국에서 사진이 가장 많이 찍힌 헛간'[23]의 도시 버전으로 지나친 유명세를 탈 때까지 세계적인 더프 메카였다. 먼지 쌓인 무도회장과 아트리움의 고화질 스틸사진, 전경에는 쓰레기가 예술적으로 흩어져 있고, 도시의 희망과 절망의 100가지 측면을 담은 이미지가 대표적인 예다.

도시 탐험은 국제적인 규모를 자랑한다. 전 세계에 관련 단체, 조, 지부가 있다. 여성 탐험가도 놀랄 만큼 수가 많고 다양한 계층의 사람들이 섞여 있지만 통계적으로 보면 대개 법과 시스템에 반감을 품고 덜 순종적인 사람들로 구성된다. 드산크트Dsankt라는 이름으로 알려진 한 탐험가는 오스트레일리아의 브리즈번에서 현대판 카론이 되어 배를 타고 도시의 언더랜드에 잠입했다. 그는 도시 외곽의 강에서 소형 보트를 타고 물살을 따라 흡기밸브로, 그리고 도시 아래 미지의 구역까지 들어갔다.('https://bit.ly/2DAeNPD' 참조 - 옮긴이) 캐나다에서는 한 탐험가가 나이아가라 폭포에서 온타리오 발전소에 연결된 서지 파이프 네트워크를 뚫고 들어갔다. 바닥에서 수직으로 떨어지는 물을 채운 수압관을 리벳으로 고정시켜 제작한 대형 터널이었다. 미국 미니애폴리스 아래의 하얀 사암 지대에서는 새로운 동굴 경로를 찾아 발굴팀이 교대로 작업한다. 뉴욕 시에서는 탐험가들이 출근 시간에 차창에 얼굴이 눌린 사람들과 함께 버스를 타고 나와 거리의 배수구를 통해 간선 도관과 사이드 파이프를 정찰하면서 공책이나 태블릿에 지도를 휘갈긴다. 마드리드에서는 배관 전문 탐험가들이 도시의 외곽에서 지하 배수로로 들어가는 개울과 개천의 행방을 추적한다.

도시 탐험의 선발대는 잠입자, 즉 '진짜' 탐험가들로 이들은 개별 장소보다는 시스템과 네트워크에 자극을 받고 보안이 철저한 장소에 접근하는 도전일수록 가치 있게 여긴다. 극한에 도전하는 등반가처럼 도시의 잠입자들도 등반가 알프레드 알바레즈Al Alvarez가 자신의 에세이에서 '쥐에게 먹이를 준다'[24]라고 표현한 공포를 경험한다. 이들은 열차 사이의 좁은 틈으로 선로를 달리고, 우수관 아래로 소형 보트를 타고 내려가고, 승강기 위에 올라타고, 그리고 때로 그러다가 죽는다. 보다 정치적인 일부 사람들 사이에서 도시 탐험은 불복종과 해방의 급진적 행위, 다시 말해 도시 내에서 자유를 속박하는 국가에 대한 항의의 표출이다. 파리의 상황주의자 기 드보르Guy Debord가 애초에 보았던 대로, 자본이 정해놓은 행위의 경계를 깨뜨림으로써 익숙한 지형에서 경이로움을 발견하려고 애썼던 심리지리학자들처럼, 정치적 성향이 강한 도시 탐험가들도 자신들의 무단침입을 '사람과 도시 공간의 바람직한 관계를 새로 기록하는'[25] 활동주의로 표현한다.

나는 도시 탐험의 몇 가지 측면에 대해서 불편함을 느낀다. 그것은 도시 탐험 실천가들이 스스로 하는 일을 자각하고 반성하는 태도를 보인다 해도 막을 수 없는 불편함이다. 나는 도시 탐험을 첨단 유행쯤으로 보는 분위기, 그리고 도시의 드러나지 않은 구조물을 탐사의 대상이 아닌 생계를 위한 일로 삼아 건설·운영·관리하는 사람들에 대한 그들의 무심함에 반감이 든다. 또한 나는 도시 탐험의 사진 문화에 내재된 허세와 허영에 회의를 느낀다. 그들은 주로 카스파르 다비트 프리드리히Caspar David Friedrich의 대표적인 1818년 작품 「안개 바다 위의 방랑자Wanderer above a Sea of Fog」의 문제점들을 그대로 재조명한다. 또한 나는 다른 선택의 여지가 없어 유기와 폐허의 환경에서 살아갈 수밖에 없는 사람들에 대한 그들의 불감증에도 마음이 불편하다.

그럼에도 나는 도시 탐험이 갖는 하위문화의 그 밖의 측면에 강하게 끌려 탐험가라고 자칭하는 사람들을 조심스럽게 만나기 시작했고 점점 더 많은 시간을 보내게 되었다. 특히 탐험가들의 작업에서 보이는 강박에 가까운 체계성에 놀랐다.[26] 그것은 '도시 기반 시설의 블랙박스'가 되어 현대 정보 교류의 '어두운 케이블'을 볼 수 있게 만들려는 헌신과 다름없다. 나는 도시 탐험이 도시라는 직물의 다공성을 인식하고 그 입구, 틈새, 갱도의 확산을 인지하는 점, 그리고 장기적인 측면에서 지하 도시를 자연 속의 언더랜드처럼 천천히 움직이는 유체로 받아들인다는 점을 좋아한다. 또한 나는 근대 이전에 이미 도시 탐험을 시도했던 선조들과, 그들이 도시 내에서 가난과 희망의 역사를 교차시킨 방식에 마음을 빼앗겼다. 예를 들어 빅토리아 시대에 악취가 진동하는 런던의 하수 터널에서 램프를 높이 쳐들고 돌아다니며 금니와 진주 귀걸이를 찾아 똥물을 체에 거르던 부랑아들 말이다.

시인이자 자연주의자인 에드워드 토머스Edward Thomas는 도시 탐험과 거리가 먼 것처럼 보이는 사람이지만, 한번은 1911년 토머스의 에세이에서 버려진 런던의 도시 기반 시설을 지상, 지하를 가리지 않고 마음껏 탐험하는 자신을 상상한 구절을 발견했다. 토머스는 염세적인 말투로 '버려진 런던은 훨씬 즐거운 장소가 될 것이다. 나는 수직 갱도와 지하철, 지하 납골당이 어떤 미스터리를 만들어낼지, 그리고 얼마나 탐험하기 좋은 장소인지 생각하기를 좋아한다'[27]라고 썼다.

그날 오후 일찍 리나는 내가 이름과 장소를 공개할 수 없는 곳으로 우리를 안내했다.

우리는 높은 샤티에르로 한 명씩 벽을 차고 들어간 다음 사막지대로 나와 쭈그리고 앉았다. 바닥은 돌과 모래가 섞여 구릉진 사구였는데 수 세기에 걸쳐 압축되어 단단해졌다.

군데군데 모래언덕이 천장까지 올라오고 아예 천장에 닿는 곳도 있었다. 그 외의 곳에서는 움푹 파여 불과 몇십 센티미터의 높이로 딱 한 사람씩 기어갈 만한 공간을 남겼다. 우리가 쭈그리고 앉아 있던 곳에서 시작되는 예닐곱 개의 경로가 있고, 또 그 각각도 갈라져 확장되었다. 멘딥힐스의 바위 러클을 떠올리게 하는 위협적인 미로였다. 그러나 이곳에는 의지할 아리아드네의 실타래조차 보이지 않았다.

"가방은 여기에 두고 가야 해요. 지금 가는 곳은 배낭을 갖고 갈 수가 없거든요!" 리나가 말했다.

리나는 미로의 오른쪽 길로 사구를 따라 배를 대고 미끄러지듯 움직였다. 제이와 나도 리나를 따라갔다. 우리는 바닥과 천장 사이에 머리를 집어넣을 공간밖에 없는 사구의 고개를 손발을 사용해 넘었다. 나는 리나의 발뒤꿈치를 놓치지 않으려고 부지런히 움직였다.

사구가 또 한 번 솟아오르면서 천장에 더 가까워졌다. 뒤통수가 바위에 긁혔다. 고개를 돌리고 얼굴을 단단한 모래에 대고 눌렀다. 리나는 분기점 딱 한 군데에서 잠깐 멈춰 생각했을 뿐, 우리를 이끌고 사구의 내리막길이 검은 토끼굴로 이어질 때까지 10여 분을 쉬지 않고 뱀처럼 더 기어간 다음 머리부터 아래로 내려갔다.

나는 토끼굴에서 빠져나와 분더캄머Wunderkammer(호기심의 방)로 들어갔다.

이곳은 장방형 방이다. 높이가 3.5미터 정도는 되어 보였다. 벽은 노란색 돌을 깔끔하게 잘라서 세웠고, 희한하게도 바닥은 깨끗이 쓸려 있어 좁은 돌계단 말고는 아무것도 없었다. 계단은 반대편 벽에서 시작해 지구라트(고대 메소포타미아 신전 - 옮긴이)로 올라가듯 전진했다. 계단의 각 층에는 옆면에 검은 글씨가 쓰여 있었다. 층계의 정중앙에는 암석, 수정 또는 금속, 각기 다른 색깔을 지닌 흰색 사암, 노란색 사암, 석영, 석회암이 있었다.

리나는 이 방을 우리에게 보여주면서 뿌듯해하는 듯했다. 그녀가 말했다. "여기를 우리는 ~라고 부르죠. 이 미로에는 비슷하게 생긴 방이 널려 있지만, 여기만 한 곳이 없어요. 게다가 여긴 잘 알려지지도 않았죠."

이곳은 광물 캐비닛이다. 파리 광산 학교가 카타콤을 소유했던 시기의 학습실이다. 이 방은 1900년대 초에 폐쇄된 이후로 거의 손을 대지 않았다. 방의 구조에는 엄격함이 있고 광물 시료를 의식을 치르듯 배열하고 공들여 보살핀 흔적이 엿보였다. 각 시료마다 따로 단이 배정되었다.

우리는 광물 캐비닛에 잠시 앉아 먹고 마시고 쉬면서 이야기했다. 리나는 자신의 수직 도시 탐험에 관한 재밌는 이야기를 들려주었다. 한번은 굴뚝을 통해 배터시 발전소에 들어갔다가 지하터널 시스템을 통해 밖으로 나왔는데, 첼시 원예박람회장 한복판의 엽란 사이로 흙투성이에 눈이 휘둥그레진 모습으로 불쑥 올라왔다고 했다.

탐사가로서 그녀의 가장 큰 바람은 우크라이나의 오데사Odessa 카타콤에 들어가는 것이다. 오데사는 파리처럼 석회암 위에 지어진 도시이고 세계에서 규모가 가장 큰, 도시 밑 채석장이 있다. 오데사의 보이지 않는 도시는 총 2,400킬로미터의 터널이 3층에 걸쳐 약 50미터 깊이로 잠겨 있다. 나는 오데사 미로의 지도를 본 적이 있다. 파리 동굴망 못지않게 하나 혹은 여러 개의 유기체가 얼기설기 급조된 형상이었다. 수없이 가지가 갈라진 산호초 같다고나 할까. 제2차 세계대전 당시 독일인들이 오데사에 진입했을 때 소련은 도시 아래에 숨겨진 카타콤에 우크라이나 반군을 남겨두고 떠났다. 남은 자들 중 일부는 영양실조, 말라리아, 비타민 결핍 등으로 고통받으며 1년간 지하에 머물렀고, 정보 수집과 습격을 목적으로 가끔씩 땅 위로 올라왔다. 점령군과 반군 사이에 쥐와 고양이 게임이 이어졌다. 독일인들은 지하터널에 독가스를 주입하고 폭격을 가해 우크라이나인들을 죽였다. 전쟁 이후에는 오데사의 지하 세계가 이 언더랜드에 자리잡았고 도굴꾼과 범죄자들이 자신의 목적을 위해 동굴망을 확대했다.

리나가 말했다. "오데사 터널 앞에서 파리는 들러리나 다름없죠. 하지만 거긴 위험해요. 특히 여자들한테는. 거기에서 일어날 수 있는 일들과 이미 일어났던 일들에 대한 흉흉한 소문이 있어요. 살인 말이에요. 내가 아는 사람 한 명도 거기서 길을 잃고 죽었어요."

제이는 초보 탐사자 셋을 데리고 영국 웨일스 지방의 애기Aggy 동굴에 들어간 이야기를 해주었다. 동굴 진입로는 안에서 방향을 돌리는 것은 고사하고 통과하기조차 힘들 만큼 좁고 긴 협곡으로 악명 높았다. 그런데 그날 신참 중 한 명이 협곡 사이에 끼여 꼼짝할 수 없게 되면서 공황 상태에 빠졌다. 그녀의 이름은 루나이고 베이커 가Baker Street 아래의 지하실에서 전문 도미나트릭스dominatrix(남성을 성적으로 지배하고 학대하는 여성 - 옮긴이)로 일했다.

제이가 말했다. "하는 일만 보고는 루나가 감금 상태나 지하공간을 편안하게 생각할 줄 알았죠. 하지만 전혀 그렇지 않았어요. 그녀를 구하는 데 세 시간이나 걸렸어요. 그 길로는 들어갈 수 없어서 다른 길로 협곡을 나간 다음, 반대쪽으로 돌아와서 얼굴을 마주 보고 그녀를 진정시켰죠. 그러고는 내내 뒷걸음질로 그녀에게 말을 걸면서 내려와야 했다니까요. 루나가 일하는 지하 감옥dungeon 이용료를 물어보면서 주의를 돌렸죠. 거기에서 생각지도 못한 다양한 서비스가 제공되더라고요."

"약속 시간까지 살 뒤 드라포에 가려면 서둘러야 해요." 리나가 말했다.

⊶≫◦≪⊷

도시 탐험으로 알게 된 사람들 중에 브래들리 개럿Bradley Garrett이라는 캘리포니아 출신 탐사가가 있다. 브래들리는 내가 아는 어떤 사람보다도 도시를 수직적이고 다공적인 공간으로 보았다. 그의 눈에 도시는 서비스 해치, 자물쇠가 채워진 문, 맨홀 뚜껑 등 평범한 사람들에게는 보이지 않는 출입구로 가득 찬 공간이었다. 물리적 장벽, 법적인 출입 제한, 재산권 침해 등 도심에서의 활동을 제약하는 일반적인 구속 조건이 브래들리에게는 먹히지 않는 것 같았다. 그가 접근할 수 있는 도시 공간은 하수구, 벙커, 터널 등 땅 밑 깊숙한 곳에서부터 고층 건물이나 크레인처럼 높은 곳, 그리고 그 사이를 메우는 다소 지루한 도심의 거리에 이르기까지 아주 광범위했다.

우리는 어느 날 오후 런던 브리지에서 처음 만났다. 브래들리는 테가 두꺼운 검은색 안경을 끼고 콧수염과 염소수염을 길렀고, 턱까지 내려오는 짙은 갈색 머리를 뒤에서 묶었다. 그의 말투에는 미국 서부의 듀드이즘dudeism과 문화 이론의 기막힌 구문이 섞여 있었다. "대형 교량이 다 그렇지만 런던 브리지도 속이 비어 있어요." 그가 다리를 따라 약

3분의 2 지점에서 포장도로에 고정된 유틸리티 해치를 발로 툭툭 건드리면서 말했다. "북쪽 끝에 통제실이 있습니다. 그리로 들어가면 다리 내부에서 템스 강을 건널 수 있죠. 보여드릴 테니 이리 오시죠."

우리는 런던 브리지 북단에서 낮은 철문을 뛰어넘어 다리의 측면으로 이어지는 계단을 내려왔다. 육중한 노란색 자물쇠가 채워진 강철 보안문이 있었다. 문은 광검의 공격도 견딜 수 있을 것처럼 튼튼해 보였고, 출입을 제한하는 각종 경고문이 붙어 있었다. 브래들리는 주머니에서 열쇠고리를 꺼낸 다음, 뭐라고 중얼거리며 열쇠를 뒤적거리더니 그중 하나를 골라 들고 문 쪽으로 몸을 기울였다. 이내 자물쇠가 철컥하고 열렸다. 그는 나를 안으로 안내하고 뒤에서 살살 문을 닫았다.

"정말 대단한 열쇠들을 갖고 있네요." 내가 말했다. 브래들리는 헤드랜턴을 켰다. 우리가 들어온 곳은 일종의 통제실이었다. 아연 통풍구, 도관, 케이블 타이로 묶어놓은 색색의 전선들이 좁은 공간을 따라 통제실 바깥으로 연결되었다. 벽에는 아날로그 스위치와 다이얼이 있는 두 개의 계기판이 걸려 있었다.

브래들리가 말했다. "그러니까 여기에서 이 좁은 공간으로 도관을 따라 남쪽으로 가면 완전히 다리 내부에 들어가게 되는 거죠. 강을 건너 반대편 끝까지 걸어가면 다리 남단에 훨씬 큰 통제실이 나오는데, 거기에서 비상문 손잡이를 누르면 밖에서 사람을 들여보낼 수 있어요. 몇 년 전에 「크랙 더 서피스Crack the Surface」라는 탐험 영화를 제작했을 때 거기에서 시사회를 했죠. 86명의 사람들, 발전기, 스크린, 프로젝트, 맥주까지 정말 대단한 파티였어요!" 우리는 다시 밖으로 나왔고 브래들리는 문을 잠갔다. 정장 차림의 두 남자가 우리를 보고 의아한 표정을 짓고는 지나쳤다.

일상의 규율에 대한 브래들리의 불복종은 어려서부터 시작되었다. 그는 로스앤젤레스의 거친 동네에서 자랐고 10대 때 칼을 맞은 적이 있다. 그가 말했다. "배를 찔렸는데 그때 크게 성장했어요. 신기하게도 그 사건이 저를 곤경에서 구해주었어요. 저 거리에서 벗어나 더 넓은 곳으로 가고 싶다는 열망이 생겼거든요." 2001년, 열아홉 살 때 그는 리버사이드에서 스케이트보드 사업을 시작했고, 2년 후에 동업자에게 가게를 넘긴 다음 그 돈으로 캘리포니아 북부에 가서 해양고고학을 공부했다. 졸업 후 미국 토지관리국에 들어가 원주민의 고대 유적을 담당했다. 이후에 멕시코로 이주해 후고전기 마을을 발굴하는 고고학자로 세 번의 여름을 보내면서 세노테cenote(멕시코의 천연 석회암 언더랜드로 들어가는 침수된 싱크홀) 가장자리에서 야영 생활을 했다.

"참, 살기 좋은 곳이었어요." 런던 거리를 걸으며 브래들리가 말했다. "매일 밤 해질녘이면 박쥐 수백 마리가 세노테에서 쏟아져 나왔다가 해가 뜨기 직전에 도로 들어갔어요. 현지 원주민들은 그곳을 마야족의 명계인 시발바Xibalba로 들어가는 지점으로 생각해요. 마야어로 시발바는 '공포의 장소'라는 뜻이죠. 멕시코의 지하 석회암 지대 전체가 거의 종교적인 지형이에요. 수위가 높아지는 곳에서 물에 잠긴 제단을 헤엄쳐 지나가면 암석을 파서 만든 신성한 방의 입구가 나와요."

브래들리는 마야 키체족K'iche'의 신화에 묘사된 시발바에 대해 설명해주었다. 대개 신화에서 지하 세계는 고통스러운 곳으로 묘사되지만, 그중에서도 시발바는 특히 무시무시한 곳이다. '날아다니는 악당'이라든지, '칼질하는 악마'라는 이름을 가진 악령들이 곳곳을 지키고 있다. 시발바에 가려면 전갈이 득시글거리는 강, 핏물이 채워진 강, 고름이 가득 찬 강을 건너야 한다. 운이 좋아 이 강들을 무사히 건넌다고 해도 다음에 나오는 여섯 개의 재판의 방에서 치명적인 시험을 거쳐야 한다. 여기에는 살을 뜯어 먹는 박쥐가 우글거리는 '박쥐의 집', 움직임을 예측할 수 없는 칼날이 가득 찬 '면도날의 집', 그리고 '재규어의 집' 등이 있다.

"재규어의 집에서 무엇이 기다릴지는 말하지 않아도 알겠죠." 브래들리가 말했다

멕시코를 떠난 이후 브래들리는 런던으로 이주해 학문의 경계를 넘어 문화지리학을 공부했다. 박사과정 중에 그는 도시 탐험에 매료되었고 그 하위문화에 민족지학적으로 접근했다. 그는 이 연구에 완전히 몰두했다. 런던을 근거지로 가명(패치, 윈치, 마르크 익스플로 등)으로만 활동하는 탐사자 모임에서 4년간 활동하면서 밧줄 타는 법을 배우고 배터시 발전소, 밀레니엄 밀스, 플리의 매몰된 강을 포함해 런던의 상승과 하강의 고전들을 직접 확인했다.

2년 후, 브래들리 팀은 다른 탐사팀과 연합해 런던도시탐험연합 London Consolidation Crew, LCC을 결성했고, 이들이 달성한 업적의 대담함과 야심으로 유명해졌다. 활동의 강도가 점점 높아졌고, 그들의 담대함도 정기적으로 아드레날린을 먹고 함께 자랐다. 당시 브래들리는 8개국에서 300개 이상의 무단침입 사건에 개입했다. 미국에서 브래들리는 폭풍우 속에서 시카고의 고층 빌딩에 올라 구름을 가르고 미시간 호에 꽂히는 번개와 함께 먹구름과 푸른빛이 쏟아지는 경이로운 도시의 사진을 찍었다. 모하비 사막에서는 철조망을 넘어 퇴역한 비행선 폐차장에 들어가 보잉 747의 착륙장치와 군용 화물 운반선에 숨어서 보안순찰대가 지나가길 기다렸다. "그건, 정말 넓은 운동장에서 보낸 아주 긴 밤이었어요." 그는 아무렇지도 않게 말했다.

처음에는 브래들리를 의심하고 경계했지만, 그를 알게 되면서 진심으로 좋아하고 존경하게 되었다. 그는 인생을 폭넓게 가로질렀고 깊이 있게 파고들었다. 브래들리는 너그럽고 예측할 수 없고 두려움을 모

르며 의리가 있고 함께 있으면 아주 즐거운 사람이었다.

우리는 런던 브리지에서 나와 남은 하루를 이 수도의 보이지 않는 도시에서 보냈다. 우리는 바비칸 센터Barbican Center 밑을 흐르는 증기터널망에 접근했다. 그리고 템스 강으로 들어가는 배출구 근처에 건축가 조지프 바잘젯Joseph Bazalgette이 지은 플리트 체임버Fleet Chamber에 가기 위해 맨홀 뚜껑을 열고 이른바 런던의 '유령 강' 중 하나인 플리트 강으로 들어갔다. 우리는 런던 북쪽의 어느 공원에서 담장 밑으로 기어 들어가 무거운 철제 뚜껑을 끌어내고 풀밭에 숨어 있는 갱도를 찾아 검게 녹슨 사다리를 타고 어둠 속을 내려갔다.

6미터 아래에서 헤드랜턴을 켠 우리는 눈앞의 광경을 보고 휘파람을 불었다. 수십 개의 벽돌 아치가 멀리까지 뻗어 있고, 아치 사이의 웅덩이에는 잔잔한 물이 넓게 고여 있었다. 반복된 아치형 통로와 반사된 물이 무한히 후퇴하는 환상을 불러왔다. 휘파람이 메아리가 되어 돌아왔다. 우리는 19세기 중반, 런던에 물을 공급하기 위해 지은 지하 저수지에 들어온 것이다. 그러나 이제는 물이 다 빠지고 거의 말랐다. 한때 물에 잠겨 있던 구조물이 여전히 깨끗하게 유지되었고 마치 어제 지은 것처럼 벽돌 상태도 양호했다. 이 저장고는 빅토리아 시대의 주요 기반 시설에서 볼 수 있는 기능적 우아함이 돋보였고, 그 방식은 미세눔Misenum의 로마 수조와 이스탄불의 바실리카 수조에 버금갈 만큼 아름다웠다.

우리는 저수지를 동서남북으로 끝에서 끝까지 걸었다. 목소리가 쩌렁쩌렁 울렸다. 머리 위에 수만 개의 황갈색 벽돌로 지어진 천장 아치에 그림자가 걸려 있었다. 그렇게 걷다가 우리는 저수지의 한쪽 끝에 잠시 앉았다. 브래들리는 음악을 틀고 담배를 피웠다. 「스트레스테스트Stresstest」라는 노래의 드럼과 베이스가 벽돌을 두드리며 크게 울렸다.

밖으로 나왔을 땐 자정 직전이었다. 분홍색과 주황색의 어둑한 도시 불빛 속에서 구름이 흩어지고 그 사이로 별이 보였다. 어떤 세 사람이 풀밭에서 잃어버린 물건을 찾아 노란 불빛을 훑으며 나무 사이에서 천천히 움직였다.

이날 이후 브래들리와 나는 좋은 친구가 되었다. 런던 지하철의 많은 '유령 기차역'들을 추적하는 과정에 선로를 무단으로 침입하면서 – 다른 사건들은 말할 것도 없고 – 브래들리는 영국 교통경찰의 레이더망에 포착되었고, 결국 경찰은 그를 시범 사례로 삼아 체포했다. 경찰이 그의 아파트를 뒤지고, 컴퓨터와 휴대전화를 압수해 조사한 끝에 기물 파손을 모의했다는 혐의로 재판에 넘겼다. 나도 그의 성격 증인으로 법정에 섰다. 재판 결과 브래들리는 조건부 석방되었고, 그 이상의 혐의는 인정되지 않았다. 이 사건으로 런던 교통경찰의 이미지는 땅에 떨어졌고, 납세자들은 수십만 파운드의 소송비용을 부담했다.

브래들리와 나는 많은 탐사 여행을 함께했는데, 여행을 계획할 때는 엽서로 의사소통을 했다. 경찰 당국이 브래들리를 주시하는 상황에서 이렇게 누구라도 쉽게 읽을 수 있는 열린 형태의 소통 방식이 오히려 가장 안전할 거라고 생각했기 때문이다. 요즘 어떤 보안요원이 편지 봉투에 김을 쐬어 열어보고 엽서를 읽겠는가. 대신 문자나 메신저 대화, 이메일을 해킹해 읽지 않을까.

브래늘리와의 여행은 경관, 특히 건조 환경에 대한 감각을 한층 깊게 하는 동시에 고조시켰다. 우리는 이상한 장소를 많이 찾아냈다. 브래들리는 무모한 모험가 기질은 물론이고 노후화된 곳들의 현대적 형태에 대해서는 고고학자의 관심을, 버려진 장소가 어떻게 야생으로 되돌아가는지에 대해서는 자연사학자의 관심을 보여주었다.

한번은 밤에 뉴포트에 있는 운반교를 등반했다. 화물용 계단을 걸어서 올라간 다음 어두운 강 위에 매달린 두꺼운 케이블을 따라 조금씩 다리를 건넜다. 또 자신을 다몬이라고 부르는 젊은 탐험가와 함께 3.7미터짜리 철문을 넘어 빅토리아 시대의 버려진 성에 들어간 적도 있다. 아일랜드 해 위로 몇 에이커에 걸쳐 있는 그곳은 갈까마귀가 날아다니는 폐허였다. 다몬은 러시아와 중국을 포함해 고위험 영역의 보안이 철저한 지하 장소에 주로 접근하는 전문가인데, 양쪽 국가 당국에 제대로 당했다고 했다. 언더랜드에 대한 관심은, 그가 어렸을 때 농부였던 아버지가 템스 강 상류 지역의 강둑에 있는 밭에서 쟁기질을 하다가 발견한 로마 동전에서 비롯되었다. 탐험 여행 중에 브래들리와 나는 산울타리 밑이나 농장의 트레일러 등 주로 밖에서 자거나 아예 잠을 자지 않았다. 어느 순간부터 나는 브래들리와 함께하는 시간을 아드레날린, 알코올, 그리고 극도의 피로와 연관 짓게 되었다.

하루는 브래들리와 미드웨일스 골짜기에 있는 버려진 점판암 광산에 갔다. 우리는 좁은 횡갱을 통해 광산으로 들어갔는데, 갱도의 끝이 채석된 절벽의 꼭대기였다. 나는 어둠 속에서 탑로프를 설치하고 절벽 아래로 바닥까지 밧줄을 타고 내려갔다. 거기에서부터 터널을 걸어 침수된 커다란 동굴방의 맨 아래로 갔다. 발목까지 올라오는 검은 물이 점판암에 부딪혀 찰랑거렸다. 위쪽 약 21미터 지점에서 바위틈으로 황금색 빛줄기가 수태고지 그림 속 광선처럼 동굴방으로 흘러 들어왔다.

그러나 햇빛을 받아 금빛으로 빛나는 것은 신성함과 거리가 멀었다. 그건 빛이 들어오는 바로 그 구멍으로 광산이 폐쇄된 이후 40년 넘게 사람들이 버린 망가지고 부서진 차들이었다. 쓸모가 없어진 폐차를 공짜로 처분하기 위해 주민들이 몇 세대에 걸쳐 차를 언덕으로 끌고 와 바위틈에 밀어버린 것이다.

그 결과는 차들의 산사태, 아카이브가 아닌 카카이브carchive였고,

동굴방에 떨어진 경사진 차량 더미가 시선이 닿는 한 계속해서 검은 물속으로 이어졌다. 가장 오래된 차들은 가장 아래에 있었고, 맨 밑에는 파란색 코르티나 에스테이트 한 대가 이끼색의 트라이엄프 헤럴드를 그 중심축 겸 휴식처로 삼아 마치 빙퇴석 꼭대기의 불규칙한 빙하처럼 완벽하게 자리잡고 있었다.('https://bit.ly/3e7VrxT' 참조 – 옮긴이)

살 뒤 드라포, 즉 '깃발의 방'은 내가 파리의 카타콤에서 유일하게 진정한 공포를 느낀 곳이었다.

우리가 깃발의 방에 거의 다 왔을 때 위쪽 도시는 이른 저녁이었다. 지상에서는 사람들이 사무실을 떠나 해 지는 거리를 걸어 퇴근하거나, 열차나 버스에 올라타고 또는 바에 들러 한잔하고 있을 것이다.

하지만 아래의 보이지 않는 도시에서 우리는 옆으로 꺾어지는 길 없이 북서쪽으로 하염없이 터널을 걸었다. 천장이 점차 낮아졌다. 목을 숙이고 걷다가 어깨를 구부리고, 허리를 구부리고, 마침내 무릎을 꿇고 앞으로 나아갔다.

리나가 막다른 길로 가는 것 같았다. 한 번쯤 리나가 길을 잘못 들었다고 인정하는 순간이 오길 기다렸다.

하지만 리나는 아무 말도 하지 않았다. 눈앞의 석회암이 그녀의 랜턴 불빛에 노랗게 빛났다. 리나는 배낭을 벗어 뒤로 밀더니 배낭끈을 길게 풀어 발목에 묶고는 잘 보이지도 않는 바닥 가까이의 구멍으로 머리를 들이밀었다. 높이가 45센티미터 정도. 터널이 끝나는 막다른 길이라고 생각한 지점이었다.

심장이 빠르게 뛰고 입술이 순식간에 바짝 말랐다. 저 구멍으로 들어가고 싶지 않다고 내 온몸이 부르짖었다.

"가방을 발목에 묶고 발로 끌어당겨요." 리나가 말했다. 그녀의 목소리가 한층 낮아졌다. "그리고 여기서부터는 소리를 지르거나 섣불리 천장을 만지면 절대 안 돼요."

척추를 타고 스멀스멀 올라온 공포가 목구멍으로 끈적하게 흘러내렸다. 리나의 말을 따르는 수밖에 없다. 나는 납작하게 누워 배낭을 발에 감고 구멍 속으로 머리부터 밀어 넣었다. 위쪽으로 여유 공간이 없어서 앞으로 나아가려면 머리를 옆으로 돌려야 했다. 옆쪽도 비좁긴 마찬가지여서 팔이 몸에 묶인 거나 다름없었다. 천장의 돌은 금이 갔고 주변으로 살짝 내려앉았다. 폐소공포가 바이스처럼 온몸을 붙잡아 가슴과 허파를 세게 누르고 숨을 쥐어짰고, 머릿속에서는 검은 별이 폭발할 것 같았다.

발로 배낭을 잡아끌자니 다리가 긁히고 아팠다. 어깨와 손가락 끝을 이용해 애벌레처럼 꿈틀꿈틀 한 번에 겨우 몇 센티미터씩 나아가며 이렇게 얼마나 더 가야 하나 싶어서 두려웠다. 굴의 높이가 5센티미터만 더 낮아져도 나는 꼼짝없이 갇힐 것이다. 이렇게 계속 가야 한다고 생각하니 끔찍했지만, 돌아가는 건 더 끔찍했다. 바로 그때 정수리에 부드러운 무언가가 부딪혔다.

목을 억지로 젖힌 상태로 앞을 보니 주저앉은 천장의 돌 끝에 리나의 배낭 밑부분이 걸려 있었다. 배낭을 세게 잡아당겨 걸린 줄을 빼내면 리나는 다리를 끌어당겨 앞으로 나아갈 수 있겠지만, 언제라도 천장이 느슨해지며 내려앉을 수 있지 않은가.

"제발 살살, 살살!" 내가 소리쳤고, 이에 리나가 소리 지르지 말라고 소리쳤다. 퍽 하고 배낭이 풀려났고 다시 땅을 쓸고 나아가기 시작했다.

겨우 앞으로 조금씩 움직이기 시작하는데 – *젠장, 이게 뭐지?* – 갑자기 내 주위의 돌이, 나를 에워싼 돌이, 관처럼 내 몸에 꼭 들어맞는 이 석벽이 진동하기 시작했다. 처음엔 미세한 떨림이었으나 분명했다. 강도와 소음이 점점 커졌다. 진동에 맞춰 불안정한 천장이 허밍으로 화답했다. 진동이 바위와 내 몸을 통과하고 바닥의 바위를 지나갔다. 우르릉거리는 소리가 천둥처럼 커지는 와중에 우지직하는 소리가 들렸다. 불현듯 유령 건축물이 떠올랐다. 지도에서 이곳을 표시한 지상 도시의 희미한 회색 윤곽선, 그중에서도 힘줄처럼 합류해 몽파르나스 역으로 달려가는 철로가 기억났다.

맞다, 기차다. *우리 위에서 달리는 기차다.* 우리는 지하철과 기차 바로 밑에 있고, 이 좁은 터널의 천장을 불안하게 만든 것은 수십 년간 요동치며 달려온 열차다. 나는 소리를 지르고 싶었지만 그럴 수 없었고, 뒤로 물러나고 싶었지만 또 그럴 수 없었다. 그저 앞으로 나아가는 수밖에 없다. 입속에 돌가루가 지근거리는 채로 배낭을 끌고 거친 바위에 지문을 남기며 나아갔다. 모두가 침묵하는 가운데 달리는 기차의 우레와 같은 소리만 들렸다가 사라졌다. 들썩이는 숨, 쿵쾅대는 심장, 그러고 나서도 이 메스꺼운 공포 속에서 5분을 더 나아가서야 공간이 넓어지면서 다시 무릎을 꿇을 수 있었고 서서 걸을 수 있게 되었다. 그렇게 살 뒤 드라포에 가까워졌다.

———

침수된 땅굴이 눈앞의 방으로 이어진다. 주황색 불빛이 물에 비친다. 물은 잔잔하지만 흔들리는 불빛에 물까지 흔들리는 것 같다. 문 너머로 고함이 들리고 음악 소리가 난다. 록 밴드 잼의 「고잉 언더그라운드Going Underground」. 볼륨이 커지면서 땅굴이 쩌렁쩌렁 울린다. 아는 노래가 들리는 게 반가워 물이 고인 땅굴 양쪽 턱에 다리를 벌린 채로 웃으면서 문으로 들어갔다. 머리 위로 지붕의 높이가 6미터 이상으로 층고가 높은 방이 열렸다. 모처럼 높은 공간을 보니 머리가 헬륨으로 가득 차 둥둥 뜨는 기분이 든다. 한쪽 벽 높이 커다란 삼색기가 그려져 있다. 사람들이 일어나 우리를 맞았다. 리나와 포옹하고, 나와 제이와 악수를 한다. 모두 우리를 환영하는 미소를 지었다.

이곳에서 음악과 환대로 가득 찬 또 다른 분더캄머를 발견했다. 탁자에 먹을 것과 마실 것이 죽 차려져 있었다. 과일, 바게트, 브리 치즈, 카망베르 치즈, 증류주, 맥주 캔. 탁자 중앙에 상자 모양의 CD 플레이어가 두 개의 작은 스피커에 연결되었다.

잼의 언더그라운드에서 데이비드 보위David Bowie의 「언더그라운드」로 노래가 바뀌었다.

낯선 이들 중 한 사람이 박자에 맞춰 고개를 흔들고 뮤직박스를 가리키며 'Ça c'est le cataboum(여기가 바로 카타붐)!'이라고 외쳤다.

흰색의 꼬마전구가 방을 둘렀다. 초현실적이라고밖에 말할 수 없는 광경이었다. 지하 깊은 곳에 있는 포스트모던식 미드홀mead hall(고대 스칸디나비아 연회장 - 옮긴이)에 온 것 같았다. 보드카를 담은 플라스틱 잔이 내 손에 쥐어졌다. 나는 감사히 들이켰다. 속이 타오르며 아까 질주하는 열차 아래 좁은 터널에서의 시간이 순식간에 말랑해졌다. 상표 없는 병에서 나온 갈색 럼이 다시 잔에 채워진다. 나는 씨익 웃었다. 두려움이 온기로 바뀐 이 뒤틀린 땅굴 속에서 이 장소에 감사하고, 카타콤의 병치에 감사했다.

우리는 서로 자신을 소개했다. 뜻을 알 수 없는 가명의 두 프랑스인 카타필과, 리나의 오랜 친구인 캐나다 사람 T였다. T는 낮에는 오페어(외국 가정에서 아이들을 돌봐주면서 숙식을 해결하고 문화를 배우는 프로그램 - 옮긴이)로 일하고 밤에는 종종 카타콤에 내려온다. 세 사람 모두 인디아나 존스가 쓰고 다닐 법한 가죽 모자를 썼다. 프랑스 사람 한 명은 손에 채찍까지 들었다.

보위의 언더그라운드가 벤 폴즈 파이브Ben Folds Five의 「언더그라운드」로 바뀌었다. 모두 환호했다.

우리는 먹고 마시고 얘기했다. 시간이 흐른다. 나는 힘들었던 하루의 긴장을 풀면서 이 언더랜드의 기묘한 하위문화에 끼어들었다. 그것이 불러온 기이한 문화의 순환을 되돌아보며, 사람들의 이야기를 들었다.

한참 뒤에 리나와 제이, 나는 잘 곳을 찾아 자리를 떠났다. 우리는 벙커라고 부르는 구역에 도착했다. 폭이 넓은 복도의 양쪽으로 천장이 보강된 반원형 방들이 있었다. 제2차 세계대전 때 만들어진 방이라고 리나가 말했다. 폭격을 견디게 제작된 대피소였다. 나치 점령 초기에는 레지스탕스들이 사용했고, 나중에 영국 남부로부터 공습이 이루어졌을 때는 독일 무장친위대와 베어마흐트 고위 장교들이 머물렀다고 한다. 이제는 지친 카타필들을 맞아주는 이상적인 잠자리가 되었다. 우리는 각자 하나씩 벙커를 차지하고 누웠다. 멀리서 지나가는 기차 소리에 벽이 울린다.

잠이 들기까지 시간이 걸렸다. 사방이 암반인 곳에 누워 나는 심원의 시간에 펼쳐질 인류세에 우리 도시가 어떤 유물을 남길지 생각해보았다. 바위에 기록되어 세월을 견뎌낼 층위학적 표지들. 수백만 년이 지나면 델리와 모스크바 같은 내륙의 대도시는 모래와 자갈로 침식되고 바람과 물에 퍼져나가 자취를 찾을 수 없는 광활한 사막이 될 것이다. 뉴욕이나 암스테르담 같은 해안가 도시는 해수면이 높아지면서 가장 빨리 지층에 유입되어 부드러운 퇴적물로 조심스럽게 싸일 것이다. 반면 지하의 보이지 않는 도시들은 이미 암반 속에 있기 때문에 상대적으로 깨끗하게 보존될 것이다. 인간이 지은 지상의 구조물들은 무너져 뒤죽박죽된 채 도시 지층을 형성할 것이다. 콘크리트, 벽돌, 아스팔트, 유리가 압축되어 생성된 우윳빛 고체 결정, 그리고 용해된 상태로 흔적을 남길 강철까지.[28] 그러나 지하철과 지하 하수 시스템, 카타콤과 채석장 동굴은 인류 이후의 미래에도 온전하게 보존될지도 모른다.

다음 날 우리는 보이지 않는 도시를 떠날 준비가 되었다. 원래 계획은 사다리가 설치된 맨홀로 나가는 것이었다. 그 맨홀의 별칭은 '죽음의 샤티에르'였는데, 나는 그 이름이 별로 마음에 들지 않았다. 어쨌든 리나는 현재 그 맨홀 뚜껑이 아직 카타콤 전담 경찰에 의해 용접되지 않았다는 정보를 듣고 찾아가려고 했지만 리나가 입수한 맨홀의 위치가 모호했고 결국 찾을 수 없었다.

그래서 결국 우리는 우리가 들어온 곳으로 되돌아갔다. 먼 북쪽 끝에서부터 몇 시간을 지치도록 터널 속을 걸었다. 리나는 살 뒤 드라포를 지나는 좁은 공간을 피하려고 먼 길을 돌아갔다. 횡단하는 길에는 아무도 만나지 못했다. 한번은 형광 그린, 아이스블루, 핵 옐로 컬러 스프레이로 그린 수십 개의 핸드 스탠실이 있는 긴 터널 벽을 지났다. 선사시대의 동굴벽화에 대한 펑크들의 응답일까. 우리는 '망자의 광장'이라는 뜻의 카르푸르 데 모르Carrefour des Morts를 거쳐 마침내 방그라로 돌아왔다. 수위가 며칠 전 우리가 건넜을 때보다 눈에 띄게 높아졌다.

리나가 말했다. "위에는 비가 오네."

며칠 전 파리에 도착했을 때 먹구름이 쌓이고 멀리서 비가 흩뿌리던 기억이 났다. 우리는 지상으로 올라가는 구멍으로 한 사람씩 올라가 기차 터널로 나왔다.

며칠 동안 지하에 갇혀 있었더니 터널의 아치형 천장이 무도장처럼 거대해 보였다. 돌가루가 떠다니지 않는 공기는 맑고 깨끗하다. 왼편으로 친숙한 빛의 아치가 멀어져갔다. 우리는 선로를 따라 저벅저벅 걸었다. 아치가 커지고 밝아졌다. 긴 리아나가 대롱대롱 매달려 있고 초록색 잎들이 아치를 장식한다. 초록은 다시 새로운 색이 되었다.

"저기 나비 좀 봐요." 리나가 말했다. 황금색 나비 수십 마리가 아치를 채웠다. 그러나 가까이 다가가자 오후의 햇살에 금빛으로 빛나며 뱅글뱅글 돌면서 떨어지는 아카시아 잎들이었다. 나무는 보이지 않았다.

지상 세계가 시야에 들어온다. 비둘기 한 마리가 뻣뻣한 날갯짓으로 아치 위를 활공한다. 깎아낸 토벽의 옆면이 드러나고 둑에 기댄 아카시아 가지가 나비처럼 나뭇잎을 떨어뜨린다.

우리는 빛이 그림자를 만나는 지점에서 멈추었다. 그리고 위를 보았다. 존재를 믿을 수 없는 태양이 있다. 곧 양쪽에 솟아오른 건물 아래로 질 것이다. 우리는 낮은 목소리로 이야기를 나누었다. 머리는 땀과 돌가루로 범벅이고 피부는 창백하다. 이 탁 트인 곳의 공기에서 오이와 연기 냄새가 났다. 한 여인이 높이 솟은 아파트 발코니에서 하얀 시트를 널고 있다.

에밀 길렐스Emil Gilels가 연주하는 브람스의 피아노 4중주 1번의 첫 마디가 들렸다. 이 곡은 내가 몇 소절만 들어도 바로 알 수 있는 몇 안 되는 클래식 작품 중 하나다. 피아노 소리가 나뭇잎처럼 흘러내려 철로 옆 담벼락에 모인다. 나는 꿈속에서 음악이 들리는 줄만 알았는데, 다른 사람들도 모두 듣고 있었다. 바로 지금 이 순간 누군가가 이 음악을 연주한다는 것은 정말 특별한 일이다.

우리는 계속 걸었다. 10대로 보이는 남녀 아이 둘이 아카시아 밑 변전소 박스에 앉아 긴 갈색 다리를 발로 차면서 이야기를 나누고 대마초를 건넨다. 우리가 지나가자 목인사를 했고 우리도 고개를 숙였다.

토벽을 기어올라 철조망 울타리의 구멍을 통과하고 '*Interdit d'entrer*(출입 금지)'라는 경고가 붙은 문을 통해 나왔다. 문에서 세 번을 꺾어진 거리 모퉁이에서 한 여성이 우리를 멈춰 세우더니 '앙 바스en bas', 즉 밑에서 왔냐고 물었다. 우리가 대답했다. "네, 그래요."

제6장

별이 뜨지 않는 강

별이 뜨지 않는 강은 고대 그리스·로마의 문화와 함께 흐른다. 이 강은 망자의 강이다.[1] 레테Lethe, 스틱스Styx, 플레게톤Phlegethon, 코키투스Cocytus, 아케론Acheron이 모두 지상 세계에서 언더랜드로 흐르는 강이다. 이 다섯 개의 강이 하데스의 어두운 심장에서 합쳐져 거대한 물줄기가 된다.

레테의 물은 망각의 물이다. 망자의 그림자는 이승에서의 자신의 존재를 잊기 위해 이 강물을 마셔야 한다. 그리스어로 레테의 뜻은 '망각', 그리고 '건망증'이다. 그리고 그리스어로 레테의 반대말은 알레테이아aletheia로 뜻은 '잊지 않음', '은폐하지 않음'이고, '진실'이라는 뜻도 있다. 『아이네이아스』 제6권, 위대한 『카타바시스』에서 아이네이아스는 홍수에 휩쓸려간 많은 영혼 중 하나인 아버지의 혼령을 만나기 위해 레테를 거쳤다.

뱃사공 카론은 이제 막 죽은 사람들의 영혼을 스틱스 강으로 데려간다. 언더랜드로 안전하게 가려면 뱃삯으로 고대 그리스 은화인 오볼obol을 죽은 자의 입술 위에 올려놓아야 한다.

플레게톤 강은 화염이 활활 타오르고 피가 펄펄 끓는 뜨거운 강인데, 소용돌이처럼 휘감아 흐르며 타르타루스(지옥에 떨어진 자들의 심연)의 깊숙한 곳으로 내려간다고 전해진다.

코키투스 강은 탄식의 강으로, 얼음처럼 차가운 바람에 의해 생성되었고 군데군데 단단하게 얼어 있어 다섯 강 중에서 가장 춥다. 코키투스가 흐르는 곳에서는 물살이 여울을 넘고 소용돌이치면서 끊임없이 고통의 비명을 지른다.

아케론 강은 비애의 강으로, 별이 뜨지 않는 강 중에서 가장 온화하며 나루지기 카론이 이곳에서 망자를 태운다. 이 강은 지옥 깊은 곳까지 흐르기 때문에 『아이네이아스』에서 주노가 'Flectere si nequeo superos, Acheronta movebo(내가 만일 위에 있는 신들의 마음을 바꿀 수 없다면, 지옥의 강에 호소할 것이다)'[2]라고 말한 것처럼 지옥의 동의어로도 쓰인다. 프로이트는 이 구절을 자신의 책 『꿈의 해석The Interpretation of Dreams』에서 제명으로 사용했다. 『꿈의 해석』 자체도 태양이 비치는 의식 세계 아래의 심리적 언더랜드로 밀려들어 여기저기에서 힘차게 솟구치는 이드id(원초아)라는 '별이 뜨지 않는 강'의 물살과 흐름을 탐구한 책이다.

고전문학이 어둠 속으로 흐르는 강을 받아들인 이유를 지질학으로 설명할 수 있다. 그 작품들의 배경이자 작품을 집필한 경관의 대부분이 카르스트 지형이다. 카르스트karst라는 말은 슬로베니아어의 크라스kras에서 온 것으로, 물에 녹는 바위와 광물이 용해되면서 형성된 지형을 말한다. 주로 석회암 지대이지만 백운석, 석고 등도 해당한다. 카르스트는 언더랜드에서 많이 볼 수 있다. 또한 카르스트는 그 안에서 물이 평소와 전혀 다르게 행동하는 지형으로 카르스트 수문학은 대단히 복잡해서 아직도 완벽하게 이해되지 못했다. 카르스트에서는 메마른 바위에서도 샘이 솟고 골짜기는 통제되지 않으며 강은 어느 한 지점에서 사라졌다가 다른 지점에서 다시 나타난다. 이런 곳에서는 같은 강이라도 다른 이름으로 불린다. 카르스트 지대의 호수는 흘러 들어가는 물도 흘러나오는 물도 없는 것처럼 보이지만 계절과 날씨에 따라 카르스트의 지하 수면이 오르내릴 때 밑바닥에서부터 채워진다. 이 호수는 오늘날 슬로베니아 사람 요한 바이크하르트 폰 발바소르Johann Weikhard von Valvasor가 1689년에 런던왕립학회에서 발표한 '자취를 감추는 호수'[3]를 말한다. 싱크홀과 수직굴이 입을 벌린 형상으로 카르스트 경관 곳곳에 곰보 자국을 만들기 때문에 카르스트 지대를 어두운 밤이나 눈이 내린 날 지나가는 것은 위험하다. 카르스트 지대에서는 지표 아래로 – 카르스트 지형에 지표라는 게 있다면 – 수 세기에 걸쳐 대수층이 채워졌다 비워지길 반복한다. 그리고 그 안에서 물이 1,000년을 넘게 순환하는 미로, 경기장만큼 큰 동굴, 그리고 폭포와 급류와 느린 웅덩이가 있는 매몰된 강들이 있다.

타이베이의 어느 교차로에서 마치 괴물이 발을 크게 한 번 구른 듯 도로의 원형 구간이 뻥 뚫려 사라진 것처럼, 카르스트 국가에서는 종종 땅이 붕괴된다. 카르스트의 독특한 지형 덕분에 지역에 따라 형성과 부재의 고유한 용어가 발달했다. 영어로 '돌리네doline'는 깔때기 모양의 싱크홀을 말한다. 프랑스어로 아빔abime 또는 고프레gouffre는 물에 침식되어 생성된 수직굴을 뜻하는데, 깊이가 수백에서 수천 미터 낭떠러지로 떨어진다. 스페인어로 세노테cenote는 땅이 무너져 생긴 싱크홀을 뜻하며 대개 물이 차 있다. 슬로베니아어로 오크나okna는 물이 바위를 뚫어 마치 '창문'을 낸 것처럼 반대편을 볼 수 있는 지형을 말한다.

중국의 구이저우 성과 윈난 성, 오스트레일리아의 눌라보 평원 Nullarbor Plain, 플로리다를 포함한 북아메리카의 여러 지역, 멕시코의 유카탄 반도, 영국의 화이트 피크, 멘딥힐스, 요크셔 데일스, 포레스트 오브 딘, 프랑스 중부와 남부의 석회암 협곡과 고원이 모두 대표적인 카르스트 경관이다. 필리핀에서는 카르스트 밑으로 감조하천(바다 조석의 영향을 받는 하천의 하류 - 옮긴이)이 38킬로미터 이상 흐르고, 그중에서 10킬로미터는 배로 갈 수 있다. 뉴질랜드의 와이토모 동굴 지붕에는 발광벌레인 아라크노캄파 루미노사Arachnocampa luminosa가 종유석 사이사이에 푸른 별의 은하처럼 점점이 박혀 사는데, 이 별자리의 빛을 받아 지하의 강이 반짝인다.

그리고 이탈리아 북동쪽, 슬로베니아와 국경을 이루는 지역에 이탈리아어로 카르스트를 뜻하는 일 카르소Il Carso라고 알려진 높은 석회암 고원이 있다. 바람이 씻어내고 태양이 매질한 카르소의 바위 아래에 슬로베니아어로 레카Reka, 이탈리아어로 티마보Timavo라고 부르는 강이 흐른다. 티마보는 빛으로부터 수직으로 300미터 아래에서 굽이돌며 빠르게 흐른다.

———◄◈►———

나는 이탈리아 만토바에서 출발해 카르소에 왔다. 만토바의 산탄드레아 대성당Basilica di Sant'Andrea 지하실에는 예수의 성혈을 담은 성배가 보관되어 있다. 이 피는 예수가 십자가에 매달렸을 때 창에 찔린 상처에서 흘러나온 것이다. 만토바 역사에서 성배는 두 번 땅에 묻혀 소실되었고 또 두 번 발굴되었다. 이제 성배는 성당 지하실에 열한 명의 성직자가 열쇠를 보관하는 열한 개의 자물쇠로 채워진 철제 상자 안에 들어 있다.

나는 만토바에서 카르소로 가는 길에 총 세 개의 강을 건넜다.

아디제Adige 강은 은회색의 뱀처럼 굽이치며 흐르고 찌는 듯한 열기로 가득 차 있다. 아디제 강의 물살은 느슨한 나선형을 그리며 움직인다. 곡류가 흐르는 지점에서는 뜨거운 태양에 강이 끓어 증기가 하늘을 휘감고 올라간다. 황새 두 마리가 서쪽으로 날아가고 산울타리에는 홉과 인동이 자라고 벽에는 낙서가 있다. 한 남자가 몸집에 어울리지 않게 작은 자전거를 타고 흙먼짓길을 달려온다. 페달을 밟을 때마다 무릎이 튀어나온다. 동쪽으로 날카롭게 쏟아지는 햇살 속에 갈색 흙과 보이지 않는 바다의 기운이 느껴진다.

피아베Piave 강은 산에서 내려온 토사 때문에 묵직하다. 물살이 마치 뭉근히 끓여낸 땜납처럼 움직여 물이 아닌 돌처럼 보인다. 북쪽으로 하늘이 어두워지는 곳에서는 보이지 않는 높은 산봉우리의 기운이 느껴진다. 야생 아카시아가 고가도로 아래의 잃어버린 땅에 무성하다. 무리 지어 날아가는 비둘기의 연한 날개가 흙색으로 변한다. 기와지붕을 얹은 버려진 공장에는 부들레아 꽃이 창틀을 채우고 농가는 아이비 속에 모습을 감추었다. 모두가 열기를 망토처럼 두르고 있다.

그리고 이손조Isonzo 강. 카르스트에 가까워졌다는 뜻이다. 둥글둥글한 석회암 조약돌, 밑바닥에서부터 빛나는 푸른 물, 초록색으로 줄지은 포도밭 위로 동쪽을 향해 날아가는 수십 마리의 하얀 백로.

나는 이손조 강 근처의 작은 기차역에서 내렸다. 타고 내리는 사람은 없다. 승강장 끝에서 손을 흔들며 기다리는 사람은 루시안이다. 루시안과 마리아 카르멘은 트리에스테Trieste(슬로베니아 국경 근처의 이탈리아 항구도시 - 옮긴이) 위쪽의 높은 카르스트 지대에 있는 어느 싱크홀 가장자리에 집을 짓고 산다.

"어서 오게!" 루시안이 나를 끌어안으며 말했다. "마침내 여기에서 자네를 보게 되다니 정말 기쁘군!"

우리는 트리에스테 만 위쪽으로 흐린 바위곶에 자리잡은 14세기 두이노 성을 지나갔다. 1912년에 이곳에서 시인 릴케Rainer Maria Rilke가

『두이노의 비가Duino Elegies』를 쓰기 시작했다. 그리고 제1차 세계대전을 겪으며 생긴 우울증을 극복한 후, 스위스에서 스스로 창의력의 '무한한 폭풍'[4]이라고 한 이 비가를 완성했다. 또한 그는 스위스에서 언더랜드를 다룬 위대한 작품『오르페우스에게 바치는 소네트Sonnets to Orpheus』를 집필한다. 이 책은 열아홉 살에 세상을 뜬 웨라 쿱Wera Koop이라는 젊은 여성에게 'Grab-Mal(무덤의 표지물)'로 헌정되었다. 열일곱 번째 소네트는 이렇게 시작한다. '맨 밑에는 노인, 뒤엉킨 모습 / 자라오른 모든 자들의 뿌리 / 아무도 본 적 없는 / 숨겨진 샘.'[5]

두이노를 지나 멀지 않은 곳에서 오르막길을 돌아 카르소의 고원을 오르기 시작했다. 루시안의 작은 차가 바다에서 고원까지 석회암을 오르는 지그재그 도로를 씩씩거리며 올라간다.

"익숙해질 만도 한데 말이지." 루시안이 몸을 앞으로 기대고 계기판을 다정하게 쓰다듬으며 말했다.

오래된 집들을 지나간다. 지붕 타일을 석회암으로 눌러놓았다. "이곳은 보라(아드리아 해 연안에서 불어오는 북동풍 - 옮긴이)가 지나가는 길이라네." 루시안이 돌을 채워 넣은 지붕을 가리키며 말했다. "보라는 산봉우리에서 부는 거센 바람이야. 중력의 힘으로 하강하지. 이곳에서는 시속 200킬로미터로 불어제친다네. 그러면 사람들은 정신이 나가고 며칠 동안 개들이 짖어대고 지붕이 깡통 뚜껑처럼 날아가지. 물론 바람이 순해지면 빨래가 잘 말라서 좋지만."

문 앞에 마중 나온 마리아 카르멘이 나를 보자마자 두 팔로 끌어안았다.

"로베르트! 일 프로페소르(교수님)! 잘 오셨어요!"

현관에서 석류 냄새가 났다. 마리아 카르멘은 양팔을 붙잡고 나를 여기저기 훑어본 다음 놓아주었다. 그녀는 아르헨티나 사람으로 빨간색과 검은색을 좋아한다. 마리아 카르멘이 가장 좋아하는 동물은 넓적부리홍저어새이고 그다음이 플라밍고와 홍따오기다. 그녀는 보편적인 기준과 달리 오로지 공감 능력으로 사람을 판단한다. 마리아 카르멘과 루시안은 서로 한창때 만나 사랑에 빠졌고 이제는 라피라는 은회색 고양이와 함께 카르스트에 산다.

번역가인 루시안은 자아가 강하지 않고 비현실적일 정도로 관대하다. 그의 눈은 한없이 친절해 보인다. 루시안은 스페인어, 프랑스어, 영어, 이탈리아어 등 4개 국어를 열차가 선로를 바꾸듯 자유자재로 구사한다. 과거 한때는 혼Horn 주변을 항해했고 파타고니아로 가는 원정에도 수차례 참가했다. 자기 소유의 배는 건선거(선박을 수리하는 시설 - 옮긴이)에 있고 손을 봐야 하지만, 만약 부서진 티크 갑판을 교체할 시간과 돈만 있다면 마리아 카르멘을 데리고 사람들이 거의 오르지 않은 고도 900미터의 파타고니아 산기슭까지 간 다음, 해수면에서부터 등반해 어떤 빙하 못지않은 걸림돌이 될 남부너도밤나무 숲과 늪지의 덤불을 통과해 정상에 오르는 것이 꿈이다. 루시안은 작업실 책상 위에 파타고니아 해협과 군도가 그려진 항해도를 꽂아두었다. 번역 작업 도중에 단어가 잘 생각나지 않을 때 머리를 식히며 공상하기 위한 것이다.

"이젠 다른 사람한테 넘길 때도 됐어요." 하루는 마리아 카르멘이 내게 속삭였다. "그래야 하는데 자기 자신을 잘 챙기지 않아요."

마리아 카르멘은 사회복지 관련 일을 한다. "받는 것도 없이 항상 남들에게 퍼주기만 한다네." 하루는 루시안이 밖에서 산책하면서 나에게 털어놓았다.

루시안은 21세기 경제에 갇혀 있는 19세기 탐험가이고, 마리아 카르멘은 애정이 결핍된 문화에 살고 있는 타고난 이타주의자다. 이 둘은 세상에서 가장 착한 사람들이고 그들을 만난 건 나에게 큰 복이다.

루시안과 마리아 카르멘의 집은 남서쪽으로 아드리아 해를 바라보고 있다. 그러나 바다는 카르소 경사면에 울창하게 자라는 참나무와 소나무에 가려 숲 위에 아른거리는 은빛으로만 보일 뿐이다. 살구 과수원에는 노란 크로커스가 만발했다.

집 안은 시원했다. 열기가 들어오지 못하게 창의 덧문을 닫아둔 모양이다. 지붕은 보라에 짓이겨졌다. 앞이 유리로 된 원목 책장 안에는 여러 나라 말로 쓰인 등산, 동굴 탐험, 항해에 관한 책이 잔뜩 꽂혀 있다. 우리는 참나무 그늘에서 점심으로 타르트, 슬로베니아 사과, 치즈, 그리고 마리아 카르멘이 키운 감자를 먹었다. 싱크홀의 비탈진 가장자리에는 야생 시클라멘이 피었다. 우리는 다 먹은 사과심을 싱크홀 안에 휙 던졌다.

"싱크홀이 배가 고프다는데?" 루시안이 말했다.

고양이 라피가 안개처럼 내 발목을 휘감는다.

"어디 출신이라고 내세울 만한 건 없지만, 그래도 난 내 자신이 가장 카르소답다는 생각이 든다네." 루시안이 점심을 다 먹고 말했다.

루시안의 아버지는 노르망디 상륙 당시 전차 부대의 젊은 지휘관으로 복무했다. "아버지는 최초 상륙 2주 후에 프랑스에 도착했어. 그리고 그곳에서 인생의 전성기를 보냈지. 아버지는 열아홉 살이었고 탱크를 몰았고 프랑스어를 유창하게 말했지. 현지 사람들이 얼마나 아버지를 반겼을지 상상이 가나?"

전쟁 후에 루시안의 아버지는 트리에스테로 배치되었고 거기에서 젊은 이탈리아 여성을 만났다. 두 사람은 1년 후 런던에서 결혼했고, 브라이어(뿌리가 단단해서 담배 파이프를 만드는 데 쓰이는 관목 - 옮긴이) 파이프를 만드는 오랜 가업을 이어받았다. 그들은 휴일이면 트리에스테를 찾았고 루시안은 카르소에서 걸음마를 뗐다. 그러면서 루시안은 서서히 카르소의 밝고 어두운 비밀을 모두 알게 되었다.

"이곳에선 발을 조심해서 디뎌야 한다고 어릴 적부터 귀가 닳도록 들었지." 루시안이 말했다. "그건 지형을 말하는 동시에 은유적인 표현이야. 이곳에는 폭력의 역사가 있지만 사람들의 입에 오르내리지 않는다네. 강은 사라지고, 그건 흘러간 이야기도 마찬가지야. 다만 예상치 못한 곳에서 다시 올라올 뿐이지."

루시안은 수년간 카르소와 그 깊이의 역사를 공부했는데, 그 내용이 무한하여 연구를 끝낼 수 없을 거라고 확신했다. "20년을 공부했지만 깨달은 거라곤 여전히 이 경관이 숨기는 게 무엇인지 알지 못한다는 사실뿐이라네." 그는 자신에게 되뇌는 것 같았다.

정원에 분홍 장미와 흰 장미가 뒤엉켜 피었다. 만발한 꽃 사이로 벌들이 헤엄쳐 다닌다. 나는 릴케가 비가의 번역자에게 쓴 의문의 구절을 떠올렸다. '우리는 보이지 않는 자들의 꿀벌이다. 우리는 보이는 자들이 가진 꿀을 미친 듯이 가져다가 보이지 않는 자의 거대한 황금 벌집 안에 모은다…….'[6]

공기가 냉랭하다. 새들이 참나무 사이를 스치듯 날아다닌다.

"내 마음속에서 카르소는, 자네의 표현을 빌리자면 전형적인 '언더랜드'지." 루시안이 말했다. "이곳에는 동굴이 많아. 1만 개의 동굴 속에서 사람들이 생활하고, 숭배하고, 치유하고, 죽이고, 서로에게서 그리고 세상으로부터 보호받으려 하고, 테러를 일으키고, 얼음을 파왔지. 선사시대에는 사람들이 이곳에 요새를 지었다네. 하지만 산비탈로 퇴각하기도 했지. 로마인들은 지하의 신 미트라Mithras에게 바치는 동굴 사원을 세웠어. 자네가 들으면 좋아하겠지만, 자네는 또한 지금 지옥으로 들어가는 입구에 온 거라고. 로마 사람들은 스코찬Škocjan에서 티마보 강이 지하로 뛰어드는 지점에 하데스에게 가는 입구가 있다고 믿었거든."

그는 잠시 이야기를 멈추었다.

"로마에서 한참 건너뛰어볼까. 여제 마리아 테레지아$_{Maria Theresa}$가 트리에스테를 자유 항구도시로 만들면서 19세기에는 호황을 누렸지. 그런데 이곳엔 결정적으로 물이 부족했어. 그래서 도시에 물을 공급할 목적으로 잃어버린 강을 찾아 여러 차례 원정대를 보냈지. 하지만 원정 대가 찾아낸 강은 지하에 묻혀 있었다네. 제1차 세계대전 때는 오스트 리아와 이탈리아군이 이곳의 석회동굴로 들어가 참호를 파고 동굴을 넓혀 야전병원, 군수품 폐기장 등으로 사용했어. 그건 이곳뿐 아니라 슬로베니아의 율리안 알프스와 이탈리아의 돌로미티 산맥도 마찬가지 였지. 제2차 세계대전 때에도 상황은 달라지지 않았어. 전쟁 중은 물론 이고 전쟁 이후에도 양편 모두 적의 부대와 적군의 협력자로 추정되는 인물들을 싱크홀, 여기 말로 포이베$_{foibe}$에 밀어 넣어 자신들이 받은 고 통을 되갚았다네."

그는 눈살을 찌푸렸다.

"이 지역에는 빙하가 살아 있는 동굴이 있어. 그리고 어떤 동굴에 는 주황색 장님딱정벌레가 사는데, 히틀러딱정벌레$_{Anophthalmus bitleri}$라 는 입에 담고 싶지도 않은 이름으로 불린다네. 신나치주의 수집가들한 테 하도 인기가 좋아서 멸종할 지경이야. 와인이 남아 있는 동굴도 있는 데, 내 생각엔 무심한 사람들이 잊어버린 것 같아. 그리고 이곳에선 땅 에도 조수가 있다네. 정말이야! 바다에 밀물과 썰물이 있듯이 이곳에서 는 바위가 달의 인력에 반응한다네. 달의 중력이 석회암을 끌어당겼다 가 다시 놓아주지. 땅의 지각에도 대조와 소조가 있어. 물론 바다의 조 수에 비하면 아주 미미하지. 바다에서는 조수 간만의 차가 16미터까지 나지만, 석회암에서는 최대 2센티미터 정도밖에 안 되거든. 그렇더라 도 이곳의 지하 세계에서는 우리가 느끼지 못할 뿐, 발밑에서 바위가 밀려갔다 풀려났다 한다고. 트리에스테 대학에서는 땅의 조수에 관한 심포지엄이 열리지."

아드리아 해가 하늘에서 반짝인다.

"무엇보다 사람들은 티마보를 따라가 강의 완전한 경로를 밝히는 일에 사로잡혔다네. 아니, 강박이라고 하지. 여기에서는 티마보 강을 '밤의 강'이라고도 불러."

━━◆◈◆━━

티마보 강은 슬로베니아와 크로아티아 국경에 있는 '눈의 산'이라는 뜻의 스네즈니크 산Mount Snežnik 남쪽 사면의 소나무 숲에서 레카Reka라는 이름으로 시작한다. 슬로베니아 도시 일리르스카 비스트리차Illirska Bistrica 근처의 완만한 골짜기에 모인 물이 플리시flysch(주로 사암으로 이루어진 지층으로 불수용성이다 – 옮긴이) 기반암 위에서 약 800미터를 굽이치며 방황하다 스코찬 마을에 이르는데, 플리시가 석회암을 만나는 지점에서 지질학이 부린 마술의 힘으로 이 레카 강이 사라진다.

레카 강이 언더랜드로 곤두박질치는 스코찬 협곡은 아주 특별한 힘이 발현되는 현장이다. 이곳에서는 수백만 년에 걸쳐 물이 암반을 깎아 세계에서 가장 큰 지하 협곡을 만들었다. 강은 석회암 절벽의 거대한 아치를 뚫고 떨어지며 지름이 수백 미터에 이르는 붕괴한 싱크홀들을 통과한다. 그 낙하의 힘은 석회암에 가파르게 내리닫는 터널을 조각해내어 마치 그 석회암이 스스로 카르소 고원으로 솟아오르기 시작하는 듯 보인다. 싱크홀의 공기는 안개와 물보라가 만든 미기후 microclimate(주변 지역과 다른, 특정한 좁은 지역의 기후 – 옮긴이)를 형성하고 그 수직면은 매에게 보금자리를, 참나무 묘목과 분홍 시클라멘에는 성장의 발판을 제공한다. 그렇게 레카-티마보 강은 약 35킬로미터를 지하에서 흐르다가 두이노 근처에서 다시 지상에 모습을 드러내고 염분이 있는 민물과 섞이면서 아드리아 해로 빠져나간다.

기원전 100년에 아파메아의 포시도니우스Posidonius of Apamea는 '티마보 강은 산에서 흘러내려 심연으로 떨어져 지하에서 약 130스타디아(시거측량의 단위 - 옮긴이)를 흐르다가 바다 옆에서 불쑥 솟아오른다'[7]라고 썼다. 스코찬 '심연'은 1561년에 제작된 라치우스-오르텔리우스 지도와 1637년에 제작된 메르카도르의 아틀라스 노부스에 모두 표시될 정도로 유명하다. 식수가 부족한 트리에스테의 목마름을 해결하고자 1830년대 후반에 숨겨진 강의 규모를 파악하기 위한 조직적인 탐사가 시작되었다. 이반 스베티나Ivan Svetina라는 우물 전문가가 스코찬에서 협곡으로 들어가 자신이 세 번째 폭포라고 묘사한 곳까지 닿았고, 그때부터 1904년까지 바야흐로 티마보 강 탐사의 첫 번째 황금시대가 시작되었다.

별이 뜨지 않는 강을 쫓는 초기의 시도는 규모가 매우 컸다. 협곡의 수위가 갑자기 올라갈 때를 대비해 협곡 양편으로 돌을 깎아 밑에서 쳐다보기만 해도 현기증이 나도록 절벽 위로 올라가는 대피로를 만들었다. 배를 타고 더 안쪽까지 들어갔지만, 배는 물살을 거슬러 되돌아오기가 힘들고 전복하기 쉬웠으므로 위험했다. 원정대는 동굴방, 폭포, 수로 등 특이한 지형에 도달할 때마다 행크 해협Hanke Channel, 마르텔의 방Martel's Chamber, 루돌프 홀Rudolf Hall, 뮐러 홀Müller Hall, 죽음의 호수Dead Lake, 침묵의 동굴Silent Cave 등의 이름을 붙였다. 그러다 1904년에 사이펀siphon을 만난 이후로 더 이상의 진전 없이 한 세기 동안 탐사가 중단되었다. 사이펀은 완전히 침수된 터널로, 너무 길어서 잠수부들이 한번에 숨을 참고 헤엄쳐갈 수 없었다.

그러다가 1991년이 되어서야 새로운 돌파구가 나타났다. 고위험 취미 활동으로 수중 호흡 및 동굴 잠수 기술이 발달하면서 사이펀을 뚫고 더 멀리 탐사할 수 있게 되었기 때문이다. 그해 9월, 두 명의 슬로베니아 잠수부가 죽음의 호수 가까이에 있는 사이펀을 통과했고 이를 계기로 수많은 새로운 통로와 동굴방이 열렸다. 그곳에서 티마보는 강이 되어 흐르기도 하고 호수가 되어 고여 있기도 했다. 매년 여름이면 전 세계에서 잠수부들이 모여들어 지하의 물길을 따라 앞으로 나아가기 위해 도전했다. 그들은 어둠 속에 베이스캠프를 세우고 몇 날 며칠을 기다리다 잉크 같은 검은 물속으로 뛰어들었다.[8]

마르코 레스타이노Marco Restaino라는 아드리아 해 동굴학회 회원이자 젊은 탐험가는 말했다. "티마보는 우리의 꿈입니다. 1미터씩 나아가기 위해 노력하는 꿈."[9] 그 꿈은 '그로티스티grottisti'로 알려진 숭배자들 사이에서 집착을 낳았다. 그로티스티 단체들은 서로 경쟁했으나 티마보 강의 전체 경로를 파악해 지도를 완성하고자 하는 모두의 성배를 찾으려면 서로 협력하고 각자의 지식을 이어붙여야 한다는 사실 역시 잘 알고 있었다.

카르소 고원에는 지면에서 곧바로 별이 없는 강에 접근할 수 있는 몇몇 장소가 있다. 그러나 대부분 만만치 않은 동굴 탐험이 포함된다. 또한 이 지점들은 각각 다른 탐험가 및 동굴 탐험 단체가 '소유하고' 티마보 강으로의 접근을 통제한다. 이들과 티마보 강의 관계는 지도 제작술, 모험, 과학, 그리고 다소 강박적인 몽상이 뒤섞여 있다. 그것은 분명 프로이트를 사로잡았을 종류의 몽상이다. 프로이트는 스코찬 근처의 커다란 동굴을 방문한 적이 있는데, 부풀어오른 종유석과 석순들이 그의 관심을 끈 것은 놀랍지 않다. 또한 프로이트는 동굴을 지키는 그레고리라는 자의 무의식에도 관심을 가졌다. 그레고리는 남근이 넘쳐나는 이 언더랜드에 살면서 석순마다 '클레오파트라의 바늘', '에펠탑' 등 동굴 방문객들에게서 들은 장소나 사물의 이름을 따서 이름을 지었다.

티마보 강에 닿을 수 있는 장소 중에 트레비치아노Trebiciano 마을 근처의 너도밤나무 숲 가까이 붕괴한 싱크홀이 있다. 거기에서 물에 침식된 좁은 수직굴이 돌리네 기부에서 수직으로 300미터 아래로 연속적인 통로를 이루며 떨어지는데, 통로의 너비는 가장 좁은 곳이 한 사람이 겨우 들어갈 정도다. 끝까지 내려가면 성당 크기의 홀이 나오고 그곳으로 티마보 강이 쏟아진다. 내가 카르소에 온 이유 중 하나가 트레비치아노의 심연으로 알려진 이곳에서 하강을 시도하기 위해서다.

어떤 방식이든, 티마보 탐사 과정은 위험하고 어렵고 어둡다. 폭우가 쏟아진 후 티마보는 평소 수위에서 최대 60미터까지 높게 물이 차는데, 동굴방이나 터널에 갇힌 사람들의 목숨을 빼앗고 엄청난 압력으로 강과 지면을 연결하는 수직굴 위로 공기를 밀어 올린다. 그로티스티들이 2세기 이상 애를 썼음에도 불구하고 현재까지 밝혀진 티마보 강의 지하 경로는 전체의 15퍼센트 정도에 불과하다.

티마보 지도 제작자들 – 대부분이 남성인데 – 의 활동을 생각하다 보면 그들의 헌신과 의례에서 별이 없는 강, 그들의 불가사의한 신과 함께 일종의 종교적 숭배 행위를 어렵지 않게 떠올릴 수 있다.

"자네에게 강하고 신성한 장소를 보여주고 싶군. 이 지역의 언더랜드 대부분이 그렇지만." 어느 날 아침 루시안이 말했다.

우리는 바다에서 1.5킬로미터쯤 떨어진, 버려진 농가 근처의 도로에서 경사진 관목 숲을 지나서 걸어갔다. 풀의 가시가 발목에 걸린다.

발아래 짓밟힌 야생 마저럼과 타임에서 향이 진동한다. 걸을 때마다 메뚜기들이 팝콘처럼 튀어나간다. 도마뱀이 꼬리를 흔들며 경쾌하게 달리고 그 뒤로 흙먼지가 인다. 뜨거운 열기에 공기가 진동한다. 길은 없지만 루시안은 남동쪽으로 등고선을 따라 거침없이 오르막길을 올랐다. 그리고 선로가 반짝거리는 기찻길을 건넜다. 수목한계선에서 멀지 않은 지점에서 루시안은 황야 한가운데의 오아시스처럼 보이는 곳으로 나를 안내했다. 산비탈의 얕은 싱크홀에 아카시아가 자라는 풀밭이 있었다.

"이게 여기 있다는 걸 아는 사람은 거의 없지." 루시안이 말했다. "기차 노선과 베니스-트리에스테 간선도로에서 훤히 보이는 곳에 있지만 여길 지나다니는 몇몇 사람을 제외하곤 아무에게도 보이지 않아. 나는 그 점이 참 마음에 든다네."

우리는 관문을 이루는 두 그루의 나무 사이를 헤치고 돌계단을 따라 내려갔다. 싱크홀 바닥에 동굴로 들어가는 입구가 있었다. 문턱에는 석회암을 조각해서 만든 받침대와 기둥의 하단부가 여러 개 있었고, 그 중 하나는 살아 있는 암석의 일부였다.

우리는 신에게 봉헌된 공간으로 들어갔다. 돌로 만든 두 개의 긴 의자 혹은 제단이 동굴 너비로 중앙에 걸쳐 있고 그 사이에 정육면체 모양의 돌이 몇 개 놓여 있었다. 그리고 동굴의 양쪽 석회암 벽에는 한 손으로 황소의 뿔을 잡고 다른 한 손으로 황소의 가슴에 칼을 꽂는 사람의 조각이 있었다.

"여기가 어디죠, 루시안? 이게 다 뭐예요?"

"여기는 미트라 신을 모시는 지하 사원인 미트라에움Mithraeum이라네. 미트라는 로마 병사들의 신인데, 판테온에는 잘 알려지지 않았고 이제는 거의 기억에도 남아 있지 않지. 미트라는 바위에서 태어났는데,

그렇게 보면 진정한 지하 세계의 신이 맞는 셈이야. 미트라 숭배가 로마 제국 전역의 지하공간에서 일어났는데, 여기가 그중 하나라네. 서기 400년경에 버려질 때까지 아마 300년 이상 사용되었을 거야. 사람들이 이곳을 처음 발굴했을 때 수백 개의 동전, 그리고 수십 개의 기름등잔과 항아리를 발견했다는군."

우리는 벤치에 나란히 앉았다. 빛이 들어오는 동굴 입구에서 파리가 춤을 춘다.

루시안이 말했다. "예전에도 그랬듯이 사람들은 아직도 믿음을 가지고 이곳을 찾아온다네. 한번은 동굴 뒤편의 바위 뒤쪽에 누가 끼워둔 원목 동전 상자를 발견했는데 아주 오래된 동전도 있었어. 물론 그대로 두고 왔지. 그런데 다음번에 갔을 때 보니까 사라졌더군."

미트라교는 이른바 밀교로 1~4세기에 로마 제국 전역으로 확산되었고 초기 기독교를 자극하는 대척점에 서 있었다. 기독교인들은 미트라교를 자신들의 새로운 종교적 의식에 대한 '사악한 모조품'으로 여겼다. 사실 미트라교의 신비주의는 그 자체로도 신비로운데, 그들의 신앙과 종교적 수행 및 관습을 알 수 있는 출처가 거의 남아 있지 않기 때문이다. 미트라교에 대해 알려진 것이라곤 미트라 신전에 새겨진 명문과 예술 작품, 그리고 고전문학에 잠깐 언급된 데서 역으로 해석한 것들뿐이다.

미트라교의 중심지는 로마였지만 신전은 런던에 이르기까지 제국 전체에 존재했다. 런던에서는 1954년에 현재의 블룸버그 빌딩이 세워진 월링퍼드 가 아래에서 미트라교 신전의 유적이 발견되었다. 발굴된 유물들 중에는 호박을 조각해서 만든 검투사의 헬멧 모형도 있었다.

미트라교는 여러 의미에서 지하의 컬트이기도 했다. 정치적으로 미트라교는 눈에 띄지 않도록 비밀스럽게 유지되었고, 미트라교 입문자들은 암호화된 신호로 인사를 나누었다. 신학적으로 미트라교는 바위에서 탄생한 신을 숭배했고, 지형학적으로 미트라교 신전은 특이하게도 거의 지하에 있다. 집의 지하실, 천연 동굴, 또는 특별히 지은 지하 납골당, 스펠레아spelea(동굴) 또는 크립타crypta(지하실)로 알려진 신성한 방 등이 그것이다.

나는 루시안의 옆에 앉아 그가 이곳을 '강한 장소'라고 말한 것의 의미를 새겨보았다. 사람들은 거의 2,000년 동안이나 이곳에 들러 휴식을 취하거나 제물을 바쳤다. 초기의 방문자들 대부분은 아마 먼 전쟁터에서 로마나 집으로 돌아가는 길, 또는 먼 근무지로 배치되어 이탈리아를 떠나는 길이었을 것이다. 믿음이 절실한 상황이었을 테니 말이다.

루시안과 나는 자연 풍경의 연주를 배경음악으로 들으며 동굴의 서늘함을 즐겼다. 기차 트랙의 딸깍거리는 소리, 그 아래의 도로가 웅웅대는 소리, 풀숲에서 메뚜기들이 쓰윽쓰윽거리는 소리.

루시안이 말했다. "미트라교는 병사의 종교, 남성의 종교였다네. 남자들만 입문할 수 있었지."

티마보 강의 잠수 탐험가들은 현대판 미트라교 신자다. 땅 밑의 성소를 찾아 분투하고 새로운 공간과 새로운 발견을 찾아 헤매는 자들이다. 그걸 생각하다 보니 역사적으로 성별에 따라 역할이 뚜렷이 나누어진 언더랜드의 속성이 떠올랐다. 고전문학의 카타바시스로 거슬러 가면 에우리디케를 찾으러 간 오르페우스나, 알케스티스를 쫓아간 헤라클레스처럼 영웅적인 면모를 뽐내며 지하 세계로 내려가 그곳에 갇혀 있거나 납치되었거나 사라진 여성을 되찾아오는 것은 대개 남성이었다. 신화적으로 언더랜드는 여성이 무시당하거나 남성의 실수 때문에 잔인한 대가를 치르는 장소다. 아리아드네는 테세우스가 미로에서 길을 찾도록 협조하지만 결국 그에게 버림받았고, 심지어 어떤 이야기에서는 아르테미스에게 죽임까지 당했다. 크레온은 안티고네가 오빠 폴리니케스의 시신을 땅에 묻어주었다는 이유로 그녀를 산 채로 매장하고 정치생명을 끝장내겠다고 위협한다. 안티고네는 절망에 빠져 스스로 목을 맨다. 하데스는 페르세포네를 감금하고 데메테르가 그녀를 구한 이후에도 매년 자신의 영역으로 돌아오게 강요한다.

그러나 현대에는 빛나는 반대 사례도 있다. 용기와 전문성을 바탕으로 이 고대의 원형原型을 다시 쓰는 여성들이다. 우즈베키스탄의 다크스타 원정대는 여성 동굴 탐험가들이 주축이 되어 세상에서 가장 깊은 동굴계를 탐사했다. 이들은 푸른 얼음꽃이 만발한 지하 호수와 단층을 가로질렀다. 남아프리카의 블로뱅크Bloubank 백운암 지대에서 초기 호미닌 매장지를 발굴하는 라이징스타 원정대를 이끈 여성 고인류학자들도 있다. 이 여성들은 화석 유해에 접근하기 위해 높이가 30센티미터도 채 되지 않는 구멍을 통과해야 했다. 이들은 '지하의 우주비행사'라고 불린다. 미생물학자이자 동굴 탐험가인 하젤 바튼Hazel Barton은 극한의 지하 환경에서 미생물을 채집해 항생제 내성을 연구했다. 그녀가 위팔에 새긴 문신은 미국 사우스다코타에 있는 윈드 동굴의 지도다. 바튼은 여느 미트라교도 못지않게 알려지지 않은 것에 끌렸다. 바튼은 이렇게 말했다. "아무도 들어간 적 없는 동굴 안에 들어서면 최초로 달에 발을 디딘 기분을 느낄 수 있죠. 그걸 처음으로 본 사람이 되는 거니까요. 하지만 이제 그런 탐험의 묘미를 느끼게 해주는 곳은 별로 남아 있지 않아요. 누구도 존재를 몰랐던 미지의 땅이 이제 거의 없으니까요."[10]

루시안과 나는 동굴을 떠났다. 태양이 머리 위로 청동판처럼 떨어진다. 해안 아래의 산업용 항만구역은 노란색 화물 컨테이너와 물 위로 몸을 기울인 붉은 크레인들로 알록달록하다.

루시안이 말했다. "저건 유람선 전문 조선소라네. 저 아래에서는 피아트 판다(이탈리아의 소형차 - 옮긴이)를 찍어내듯 배를 제작하지."

메뚜기가 쓱싹대는 소리, 벌이 윙윙거리는 소리, 허브의 향내. 우리는 은박지 같은 바다를 향해 걸었다.

━━━━━◦◦◦◦◦◦━━━━━

티마보 강은 사람을 불러들이고 때로 죽음으로 이끄는 수많은 별이 뜨지 않는 강과 침수된 언더랜드 중 하나일 뿐이다. 1868년에 프랑스 작가 테오필 고티에Théophile Gautier는 '산봉우리는 거부할 수 없는 심연의 힘으로 끌어당긴다'[11]고 말했는데, 그 반대도 마찬가지다.

프랑스 동굴 탐험사의 날개 잃은 천사는 마르셀 루벤스Marcel Loubens 라는 남성이다. 그는 어릴 때부터 영국의 동굴 탐험가 제임스 러브록James Lovelock이 '깊이에 대한 열정…… 그는 지구의 바위 심장으로 누구보다 깊숙이 들어가길 원했다'[12]라고 말한 그 열정에 사로잡혔다. 루벤스는 현대 프랑스 동굴 탐사계의 대부인 노르베르 카스트레Norbert Casteret의 지도를 받아 20세기 중반에 당시 동굴 탐사계의 '히말라야'로 불리던 피레네 산맥에서 수많은 탐사대를 이끌었다.

1951년과 1952년 여름에 루벤스는 피에르 생마르탱Pierre Saint-Martin 의 깊은 캐즘Chasm(땅이나 얼음에 생긴 아주 깊은 곧이나 틈 옮긴이)으로 하깅하는 원정에 참가했다. 그곳은 피레네 산맥 서부의 평범한 입구에서 하단까지 340미터 이상 떨어지는 석회동굴이었다. 일련의 동굴방이 아래로 줄줄이 이어져 마침내 지하 강에 도달하는 생마르탱 동굴은 당시 세계에서 사람이 가장 깊이 내려간 동굴계의 진입점으로 알려져 탐사 활동의 중심지가 되었다. 수직굴에서 사람들이 내려가고 올라오는 속도를 높이기 위해 1952년에 전기식 윈치가 개발되어 캐즘 입구에 시멘트로 고정되었다.

루벤스는 피에르 생마르탱에 헌신한 탐험가로, 자원해서 최초로 원치 동력 하강을 시도했다. 그는 와이어에 자신의 몸을 고정한 다음, 캐즘의 가장자리를 등뒤에 두고 시야에서 사라지며 노르베르 카스트레에게 작별 인사를 외쳤다. "Au revoir, papa(잘 있어, 아빠)."[13] 원치가 루벤스를 수직굴 아래로 내려보냈고, 그는 푸른 원반 같은 하늘이 작은 점이 되어 눈을 감을 때까지 위를 올려다보았다. 수직굴의 옆면은 물의 작용으로 군데군데 유리면처럼 미끄러웠다.

루벤스는 바닥까지 안전하게 도착했다. 그리고 지하에서 5일 동안 별이 뜨지 않는 강을 더 깊이 탐사하면서 자신과 동료들이 발견한 것에 놀라움을 금치 못했다. 마침내 루벤스는 동료들에게 "쇼는 아직 시작되지도 않았어"[14]라는 말과 함께 원치에 실려 위로 올라가기 시작했다.

그런데 10미터쯤이나 올라갔을까. 와이어에 고정한 클립이 찌그러지면서 루벤스는 추락하고 말았다. 그는 비명과 함께 와이어에서 떨어지면서 바위에서 바위로 30미터 이상 튕겨 나간 후 바위 천지인 수직굴 바닥으로 내동댕이쳐졌다.

루벤스의 동료들이 내려갔을 때 그는 간신히 숨만 붙어 있었다. 모두 그를 살리려고 애를 썼지만 부상이 너무 심했다. 척추가 부러지고 두개골이 골절되어 밖으로 옮길 수가 없었다. 그는 추락한 지 36시간 만에 사망했다.

지상에 있던 루벤스의 친구들은 그가 추락한 바위 근처에 아세틸렌램프를 사용해 'Ici Marcel Loubens a vécu les derniers jours de sa vie courageuse(마르셀 루벤스가 용감했던 인생의 마지막을 이곳에서 보내다)'라고 써넣었다. 이 묘비는 동굴 바닥의 돌무더기 아래에 그의 시신을 묻고 형광 페인트로 칠한 철제 십자가로 표시한 곳에 아직도 남아 있다. 루벤스는 깊은 지하에서 안식처를 찾으려던 소망을 이루었다.

루벤스가 죽고 2년 후인 1954년 8월 12일에 벨기에 사람 자크 아투트Jacques Attout 신부가 자청해서 피에르 생마르탱 바닥으로 내려왔다. 그는 구급상자를 제단으로 삼고 노르베르 카스트레와 함께 루벤스를 추모하는 미사를 드렸다. 훗날 그가 이 미사를 회상하며 쓴 글은 동굴 탐사 문헌 중에서도 신학과 지질학이 만난 순간을 잘 묘사한 구절로 유명하다.

다시는 이처럼 신성한 성체와 하나 된 환경에서 미사를 드리지는 못할 것이다. …… 이 거대한 동굴 속에서 우리는 인간이라기보다 곤충에 가깝다. 그렇다 하더라도 우리의 영혼은 불타올랐다. 주위를 둘러싼 것들로부터 밀어졌고, 설사 그것들을 느꼈더라도 그건 그것들이 물질의 속성을 잃고 광대하게, 그리고 빛나게 되었기 때문일 것이다.[15]

언더랜드의 지식을 좇은 루벤스의 분투는 당연히 최근의 것이 아니다. 고전 문헌에 기록된 바에 따르면 사람들은 지하에 숨은 물의 흐름을 추적하기 위해 솔방울이나 나무로 만든 컵을 표식으로 삼아 카르스트에서 사라지는 개울이나 강에 띄웠다고 한다. 그러나 이러한 딥 맵 제작 과정이 가장 극단적이고 위험하게 표출된 것은 현대에 와서다.

스페인 북부의 피코스 데 에우로파Picos de Europa 산맥에서는 이론상 수직으로 1.8킬로미터나 되는 아리오 동굴계의 처음과 끝을 잇는 탐사가 무려 40년 동안이나 이루어졌다. 이 프로젝트는 세계 곳곳에서 온 여러 세대의 동굴 탐험가들이 참여하여 '아리오 드림The Ario Dream'이라 불렸고, 세계에서 가장 깊은 곳을 통과하는 이동 경로, 다시 말해 산봉우리 한가운데의 깊은 골로 자일을 타고 내려가 며칠 뒤 협곡의 황혼

속에 모습을 드러내는 루트를 찾으려는 목적으로 동굴을 탐사했다. 아리오 동굴계는 규모가 매우 커서 원정 형태로 탐사가 진행되었다. 에베레스트를 등정하는 산악인들이 캠프 사이를 오가며 등반하듯이, 아리오 드림팀은 동굴 지하 깊은 곳에 베이스캠프와 어드밴스 캠프를 설치한 뒤 그곳에 장비를 보관하고 잠을 잤다. 동굴 내부의 곳곳이 물에 잠겨 있었으므로 잠수 기술은 아리오 원정의 핵심이었다. 잠수부들은 실수를 용납하지 않는 어둠 속으로 들어갔고, 숨을 더 참지 못해서 또는 막다른 길을 만나서 되돌아왔다. 이들이 들어간 곳은 19세기에 제작된 유럽의 식민지 제국 지도에서 '빈 공간blank space'이라고 불렸던 지역처럼 지도에 나타나지 않은 산맥 내부의 구역이었다. 영국 산악인 조지 맬러리George Mallory는 왜 에베레스트에 올라가느냐는 질문에 "산이 거기에 있으니까요"[16]라고 답한 것으로 유명하다. 극한의 동굴 탐험가들은 왜 이 한없이 깊은 동굴계에 목숨을 걸고 들어가느냐는 질문에 맬러리의 답변을 재치 있게 바꿔 이렇게 대답했다. "왜냐하면 거기에(지도에) 없으니까요."

이 많은 동굴비행사speleonaut들의 의욕과 포부 뒤에는 하나로 이어진 공간의 흐름을 증명하려는, 연결과 완성에 대한 열망이 있다. 탐험가 마틴 파Martyn Farr는 자신의 책『암흑의 손짓The Darkness Beckons』에서 동굴 탐험가 제프 예든Geoff Yeadon과 올리버 '베어' 스타뎀Oliver 'Bear' Statham이 킹스데일 마스터 동굴Kingsdale Master Cave과 요크셔 데일스의 켈드 헤드Keld Head를 잇고자 고군분투한 4년을 이야기한다.[17] 지상에서 약 2킬로미터 떨어진 두 동굴방은 침수된 일련의 통로로 연결된다. 이 루트는 워낙 험해서 '지하의 아이거Underground Eiger'(아이거는 알프스 산맥의 산봉우리를 말한다 - 옮긴이)라고 불렸다. 차가운 물속은 토사 때문에 가시성이 좋지 못했고 수면 위로 올라와 산소 탱크를 교환할 만한 에어포켓이 거의 없었다. 탐사 초기에 예든과 스타뎀은 5년 전 그곳에서 죽은 잠수부의 시신을 발견해 수습했다. 두 남자는 마침내 1979년 1월 16일에 두 동굴을 관통하는 데 성공했다. 이는 위험천만한 상황에서 이뤄낸 놀라운 업적이었다. 하지만 8개월 뒤 베어 스타뎀은 영국 세드버그Sedburgh에 있는 자신의 공방에서 스스로 목숨을 거두었다. 그는 다이빙용 전면 마스크와 레귤레이터를 착용하고 산소 주입관을 도자기 가마의 가스선에 연결한 채 소파에 누워 죽어 있는 상태로 발견되었다.

개중에 침수 길이가 아주 긴 동굴계는 지면으로 올라와 개방된 평범한 웅덩이를 통해 진입할 수 있는 지점이 많다. 독일의 블라우토프Blautopf 동굴계는 작은 호수를 통해 들어갈 수 있고, 두 잠수부의 목숨을 앗아간 노르웨이 중부의 플루라Plura 강 또한 그러하다. 남아프리카 노던케이프Northern Cape 주의 칼라하리 사막 가장자리에 '부시맨의 구멍'이라는 뜻의 보스만스가트Boesmansgat는 연못보다 작은 웅덩이처럼 보이지만 실은 깊이 270미터의 수중 동굴로 들어가는 입구다.

스쿠버 장비를 장착한다고 해도 240미터 이하의 잠수에 성공한 사람은 수십 명에 불과하다. 이렇게 깊이 잠수하면 살아남더라도 폐가 손상되고 청력이 소실되는 등 몸이 크게 망가진다. 그리고 이 정도의 수심을 시도한 사람들의 치사율은 높다. 1994년에 데온 드레이어Deon Dreyer라는 젊은 동굴 잠수부가 보스만스가트 동굴에 들어갔다가 죽었다. 그의 시신은 동굴 바닥의 토사에 묻힌 채 10년이 지나도 위치를 알 수 없었다. 슬픔에 빠진 유가족을 위해 시신을 찾으려는 계획이 실행되었다. 그러나 영국인 잠수부 데이브 쇼Dave Shaw가 드레이어의 시신을 수습하던 중 안전끈이 엉키고 말았다. 긴장한 쇼의 호흡과 맥박이 급격히 올라가는 가운데 쇼가 사체의 머리를 만지자 10년간 물속에 있으면서 문드러진 목이 느슨해지더니 머리가 몸에서 떨어져나갔다. 그러고는 쇼의 주위를 떠다니며 검게 변한 고글을 통해 그를 바라보았다. 그 순간이 쇼의 머리에 장착된 카메라에 잡혔다. 그 직후 쇼 자신도 이산화탄소에 질식해 사망했다.

쇼가 죽고 나흘 뒤에 잠수부들이 동굴에 진입했고 동굴방의 천장 가까이에 떠 있는 쇼의 몸을 발견했다. 놀랍게도 쇼의 랜턴은 여전히 켜져 있는 상태로 드레이어의 머리 없는 시신을 비추고 있었다. 쇼는 죽은 후에도 자신이 하려던 일을 마쳤고 암흑 속에서 전임자의 시신을 회수했다.

몇 해 동안 나는 이 그늘진 물과 눈먼 강, 그리고 끔찍한 깊이를 죽음충동death drive의 사나운 형태라고만 생각했다. 그 충동의 힘은 가장 두려움을 모르는 산악인의 것보다도 맹렬하다. 극한의 동굴 탐사를 묘사하는 언어는 보통 공개적으로는 치명적이고 암묵적으로는 신화적이다. '데드 아웃' 통로의 연장선에서 동굴은 '최후의 집수갱'과 '질식'에 도달하고 그 맨 아래는 '죽음의 구역Dead Zone'으로 알려진다. 그러나 어느 순간 나는 극한의 동굴 탐사에서 극한의 산악 등반에서와 같은 타나토스thanatos(죽음의 본능)의 이면을 보았다. 잠수부와 동굴 잠수부들은 자신의 경험을 극도의 쾌락과 초월로 묘사한다. 보스만스가트에서 240미터 아래로 잠수한 적이 있는 영국인 잠수부 돈 셜리Don Shirley는 이렇게 말했다. "나는 물속에서 진실로 아름다운 순간을 보냈다. 마치 우주 밖에 있는 것처럼 절대적이고 완벽한 무無였다. …… 바로 그 순간, 그리고 그 직후의 찰나에 신도, 과거도, 미래도 존재하지 않는 경지에 이른다. 주위는 위협이 아닌 평온 그 자체였다."[18]

이와 비슷하게 스킨다이버 나탈리아 몰차노바Natalia Molchanova는 수면 아래에서 보낸 시간을 자기 해체의 순간으로 묘사한다. 몰차노바는 가장자리의 일부가 바다를 향해 아치 형상으로 열린 홍해의 120미터 깊이 블루홀Blue Hole에 아무런 장비 없이 스킨다이빙으로 들어간 최초의 사람들 중 한 명이다.('https://bit.ly/3gwRF2i' 참조 - 옮긴이) 100명이 넘는 스킨다이버와 스쿠버다이버가 블루홀을 향한 갖가지 갈망으로 그 깊이를 향해 빨려 들어갔다가 목숨을 잃었다. 몰차노바는 한 번의 호흡으로 블루홀 아래로 잠수했다. 이것은 실로 놀라운 업적이다. 그러나 2015년 8월, 몰차노바는 여가를 즐기러 스페인의 이비사 섬에 갔다가 수심 30~40미터의 바다 - 그녀의 희귀한 능력과 경험에 비춰보면 너무나 얕은 - 에 들어갔는데 다시는 떠오르지 않았다. 그리고 끝내 시신을 찾을 수 없었다.

몰차노바는 「깊이The Depth」라는 시에서 이렇게 썼다.

존재하지 않는 존재를 느낀다.
영원한 어둠의 침묵,
그리고 무한.
시간을 넘어섰지만
시간은 내게로 쏟아져 내렸다.
그리고 우리는
움직일 수 없게 되었다.
나는 파도에 몸을 잃고
……푸른 심연이 되어간다.
그리고 바다의 비밀을 만진다.[19]

나는 언더랜드에서 보낸 시간 중에 딱 한 번 수중 미로에 접근한 적이 있는데, 거기에서 돈 셜리가 말한 평온의 경지를 경험했다. 그 미로는 헝가리 부다페스트의 중심에서 아래로 강물을 따라 부다 방향으로 이어지고 있었다. 나는 헝가리의 지질학자이자 동굴 탐험가, 등산가인 스자볼크스 릴 외시Szabolcs Leél-Össy와 함께 그곳에 들어갔다. 부다페스트는 부분적으로 석회암 위에 지어졌고, 이 도시의 보이지 않는 도시는 광산의 지하 갱도와 따뜻한 용해성 물의 용승으로 생성된 동굴계를 포함한다. 가로수에서 벌레 소리가 들리는 어느 더운 여름밤, 스자볼크스와 나는 육중한 강철 게이트 틈새를 빠져나와 암반에 설치된 출입문의 자물쇠를 열고 석회암에 뚫어놓은 터널을 통과해 도시 아래 침수된 동굴방으로 나왔다. 부피가 1만 3,000세제곱미터 이상인 이 동굴방은 수중 터널망으로 이어지는 진입로였다.[20]

스자볼크스와 나는 동굴방 가장자리에서 몸을 낮춰 물속으로 들어간 다음 도시 아래의 잃어버린 공간에서 밤새 기분 좋게 떠 있었다. 그 경험을 떠올리면 지금도 꿈같은 기분이 든다. 땅속 깊은 곳에서 솟아오른 물은 일정하게 섭씨 27도였다. 나는 어둠 속 사방에서 깊이감을 느꼈다. 그러나 전혀 어지럽지 않았고 가끔씩 영혼이 급습하는 기분만 들 뿐이었다. 물은 오싹할 정도로 맑았고 팔다리는 다른 사람의 것인 양 움직였다.

"여기, 바위 속이 참 평화롭지 않소." 스자볼크스가 말했다.

어쩌다 한 번씩 말이 오갔을 뿐 긴 침묵이 흘렀다. 마치 어머니 자궁 속 양수에 떠 있는 듯 양막의 공간에서 더할 나위 없이 편안했다.

"여기서 나가기 전에 진정한 미로의 입구에 한번 가보시오." 스자볼크스가 말했다. 그는 동굴방의 반대쪽 벽으로 가로질러 헤엄쳤다. 나도 따라갔다. "이제 물속에 들어가보시오. 그리고 눈을 떠요. 물은 당신을 해치지 않을 겁니다." 그가 말했다.

나는 몇 차례 심호흡을 하고 머리 위로 팔을 올리고 다리를 모은 다음, 폐에서 공기를 내보내 물거품을 일으키며 천천히 가라앉았다.

3미터쯤 들어갔을까, 물의 무게가 머리와 살갗을 지그시 눌러왔다. 나는 팔다리를 움직여 물속에서 자세를 유지하며 눈을 떴다. 수압이 부드럽게 안구를 눌러왔다. 눈앞에 수중 터널의 검은 입이 보였다. 바위 속으로 들어가는 이 입구는 나를 집어삼킬 정도로 넓고 가장자리의 돌은 부드러웠다. 기이할 정도로 맑은 물이 빨아들이는 입구의 힘은 가히 압도적이었다. 높은 건물 옥상이나 탑의 가장자리에 서면 누군가가 아래로 잡아당기는 느낌이 드는 것처럼 나는 그 입속으로 헤엄쳐 들어가고 싶다는 강한 열망을 느꼈다. 몸속의 공기가 아름답게 바닥날 때까지.

━━━◈━━━

높은 카르소 지대의 깊은 너도밤나무 숲을 지나 루시안과 나는 걸어서 트레비치아노의 심연에 들어가는 입구까지 갔다. 아카시아에서 매미가 운다. 긴 꼬리를 가진 이름 모를 새가 길을 가로지른다. 심연에서 무엇이 기다리고 있을지 몹시 긴장되었다. 나는 내가 보게 될 것과 도달하게 될 것에 이미 사로잡혔다. 한쪽 주머니에는 고래뼈 올빼미가, 다른 쪽 주머니에는 청동함이 들어 있다. 심연이 청동함을 폐기하기에 적합한 장소로 드러날 경우를 대비해서 가져왔다.

세르지오가 숲에서 우리를 기다렸다. 우리는 냄새로 그가 와 있다는 걸 알았다. 담배 연기를 먼저 맡았고, 그다음 움막에 기대선 세르지오를 보았다. 세르지오는 나이가 대략 70세에 키가 작고 어깨가 넓으며 납작한 모자를 쓰고 브라이어 파이프 담배를 피웠다. 그는 심연의 문지기이자 안내자다.

세르지오는 전쟁을 겪고 청년 시절에 처음 카르소의 심연에 내려갔다. 그 순간의 경험이 그를 사로잡은 이후로 심연의 밑바닥을 흐르는 강에 평생 집착했다. 50년 동안 그는 티마보 강 지도 제작과 탐험에 관여해왔다.

"심연 아래에 몇 번이나 내려가보셨어요?" 내가 세르지오에게 물었다.

그는 어깨를 으쓱하고 생각해보더니 대답했다. "글쎄, 한 400번쯤?"

"왜요?"

그 질문이 세르지오를 당황하게 만든 것 같았다. 그는 한참 동안 생각했다. 루시안이 그를 통역했다.

"몇 년간 달리 할 일이 없었다오. 또 1841년에 처음 발견된 이후로 80년간 이곳은 세계에서 가장 깊은 동굴이었지. 이제 우리는 티마보를 배우고 또 이 강의…… 행동하는 방식을 알게 되었어. 우리가 여기에서 하는 일이 정부나 과학자들한테는 중요하지 않을지 모르지만, 여전히 우리는 계속 앞으로 나아가고 있다네. 여기 심연에서 우리는 로맨틱한 과학을 만들지."

그는 웃었다. 그러더니 "알로라"라고 말하고는 움막으로 안내했다.

움막의 벽에는 그 지역을 묘사한 19세기 애쿼틴트(동판을 부식시켜서 표현한 작품 ─ 옮긴이)들과 주황색 동굴 탐사복이 고리에 걸려 있었다. 길게 늘어선 모니터링 장치들이 조용히 삐 소리를 냈다. 세르지오는 책상 위에 카르소의 횡단면이 그려진 지도를 펼쳤다. 지도를 보니 심장이 뻐근해졌다. 티마보 강이 스코찬에서 땅속으로 들어가는 지점부터 석회암을 뚫고 흘러 아드리아 해로 나오는 출구까지의 경로를 나타내는 지도였다. 지도에 표시된 심연을 세르지오가 손으로 따라갔다. 뱅글뱅글 돌고 휙휙 움직이는 선이 암석을 통과해 아래로 아래로 떨어지다가 커다란 방에 도달했다. 그 안에서 티마보가 흐른다.

"알로라." 세르지오가 말했다. 그는 말수가 적은 사람이었다. 그가 하는 말의 절반 이상이 '알로라', 즉 '자, 이제' 또는 '시작합시다'였다.

움막을 떠나 밤나무와 너도밤나무 숲을 지나갔다. 그늘은 시원했다. 우리는 흙으로 뒤덮인 넓은 돌리네 가장자리로 올라갔다. 돌리네 바닥에 꼬챙이 같은 나무들이 빽빽이 자라는데 그중 일부는 높이가 12미터나 되었다. 나무들은 옆으로 뻗은 가지가 별로 없고, 위에서 보았을 때 에핑 포레스트의 두목림이 생각나는 푸른빛을 드리우는 바다가 되었다. 돌리네 가장자리에서 시작된 구불구불한 내리막길이 석회암 암괴를 지나 움푹 파인 분화구의 가장 낮은 지점에 지어놓은 오두막으로 이어졌다. 오두막은 심연의 입구에 있었다.

세르지오의 설명에 따르면 이 오두막은 비교적 최근에 새로 지어진 것이었다. 몇 년 전 폭우가 쏟아진 뒤 세르지오가 돌리네에 와봤더니 오두막 지붕이 통째로 날아가고 사방 벽이 모두 폭파된 듯 무너져 내려 있었다. 처음에 세르지오는 누군가 - 아마도 다른 동굴 탐사 단체 - 가 고의로 오두막 안에서 폭탄을 터뜨렸다고 생각했다. 그러다 그는 진짜 원인을 깨달았다. 폭우에 티마보 강이 빠르게 불어나면서 엄청난 양의 물이 공기가 빠져나가는 속도보다 빨리 돌리네 위로 상승했고 그 힘이 오두막에 압력을 가해 마침내 풍선이 터지듯 폭발한 것이다.

세르지오가 오두막 문을 여니 내부는 샤워기 부스처럼 갈색 타일이 깔려 있는데 샤워기는 없었다. 타일을 깔아놓은 이유는 티미보 강의 분노가 끓어오를 때면 물이 여기까지 올라오기 때문이다. 타일 덕분에 청소하기가 수월하다.

벽에서 가까운 마루에 고정된 해치가 있었다.

세르지오가 해치를 들어올리며 말했다. "알로라."

순식간에 긴장되었다. 여기는 어둠 속으로 들어가는 문이자 언더랜드로 들어가는 또 하나의 진입로다. 이곳은 거친 강이 돌을 깎고 바위를 뚫고 흐르는 통로로 이어진다. 공포가 박쥐 떼처럼 몰아닥쳤다.

"좀 이따 봅시다." 지상에 남아 있기로 한 루시안이 말했다.

우리는 하강을 시작했다. 사다리를 타고 아래로 내려간다. 사다리에는 가로대가 없는 칸이 많았다. 가끔씩 받침대 하나에 매달려 휘청거리다 발판을 찾아 더듬어 내려와야 했다. 빨아들이는 듯한 수직굴이 아래로 떨어졌다. 나는 안전한 지점에서 클립을 채웠다가 풀길 반복했다. 그다음에 작은 디딤판, 측면 통로, 비좁은 수직 갱도 구역이 연이어 나왔다. 어느새 이곳에 익숙해진 감각기관이 멀고먼 어느 다른 세계에 있는 석조 건물의 질량과 깊이를 느꼈다.

세르지오는 느리게, 그러나 꾸준히 움직였다. 아래로 내려가는 한 걸음 한 걸음이 그에게는 익숙했다. 그의 폐가 쌕쌕거리는 소리가 들렸다. 벽에 들러붙은 진흙이 홍수 때 티마보의 수위를 표시하고 있었다.

얼마나 오랫동안 내려갔는지 모르겠다. 한 시간? 두 시간? 어차피 시간은 상관없다. 방망이질하는 심장과 허파의 들숨 날숨을 제외하고 시간을 지키는 것은 아무것도 없으니까.

한참을 내려가다 세르지오가 갑자기 멈추더니 고개를 들어 입술에 손가락을 대고 조용히 하라는 시늉을 하더니 귀에 손을 댔다. 아무 소리도 들리지 않았다.

"조용히 하게. 아주 조용해야 해." 그가 말했다.

나는 한쪽 팔로 사다리에 매달린 채 갱도 양쪽에 다리를 대고 버티면서 최대한 얕게 숨을 쉬었다. 그제야 맞다, 소리가 들린다. 멀리서 우르릉거리는 소리, 백색소음의 허밍이 수직굴을 타고 우리를 향해 올라와 발과 귀를 씻어냈다.

"강이오." 세르지오가 말했다.

아래로 내려갈수록 우르릉거리는 소리가 커졌다. 갑작스럽게 수직굴이 옆으로 이동하는 바람에 모퉁이를 비집고 들어가야 했다. 그러다가 순수한 암흑으로 가는 자연의 문이 또 한 번 열리며 터널이 다시 아래로 이어졌다. 세르지오가 나더러 앞장서라는 몸짓을 했다.

"알로라."

그는 어둠 속에서 입구를 가리켰다. 나는 몸을 돌려 바위를 마주보고 몸을 낮춰 구멍을 통과한 다음, 디딜 곳을 찾아 아래로 발을 굴렀다. 수직굴에 갇혀 있다가 갑자기 주변에 커다란 공간이 느껴지자 깜짝 놀랐다. 울부짖는 소리가 고속도로 소음만큼이나 커졌다. 어둠 속에서 어떤 표면이 다가오고 있었다. 나는 뒤로 뛰어내렸고 모래에 부드럽게 착지했다.

검은 모래.

검은색 가운데에 황금색 알갱이가 있는 검은 *사구*다. 그리고 사구 너머로 또 다른 사구가 굽이굽이 이어졌다.

세르지오가 내 옆에 섰다.

새로운 공간에 맞춰 눈을 조정하고 헤드랜턴으로 공간의 정보를 탐지했다. 머리 위로 바위가 구부러지며 뒤쪽으로 이어지고, 검은 사구는 내 앞에서 곡선을 그리며 왼쪽으로는 올라가고 오른쪽으로는 내려갔다.

바위들, *거대한 암괴가 사구* 오른쪽 모래밭에 박혀 있었다. 오른편 어딘가 멀리에서 울부짖는 소리가 들려왔다. 공기는 알갱이가 고운 검은 모래로 가득하다. 숨을 내쉬니 공기 속 모래가 조명을 받아 천천히 소용돌이쳤다.

헤드랜턴 조명으로 멀리 있는 돌을 비추었다. 거대한 동굴방의 반대쪽 벽이다. 나는 위를 올려다보고 주위를 돌아보았다. 천장이 어둠속에서 둥글게 돔을 이루고, 꼭대기 못 미쳐 땅에서는 절대 닿을 수 없을 높이에 수직굴로 들어가는 그늘진 입구가 보였다. 입구 옆 바위에는 굵직한 종유석 하나가 매달려 있다.

여기에서 우리는 동굴방의 지붕을 통해 낯선 행성으로 떨어진 지하 비행사였고, 이곳은 고운 황금빛 검은 모래로 가득 찬 언더랜드 사막이었다. 나는 경이와 두려움에 머리를 가로저었다. 세르지오가 말없이 내 옆에 다가와 섰다. 그는 이 장소가 사람들에게 이런 반응을 끌어내는 걸 여러 번 보았을 것이다.

세르지오가 손을 뻗어 헤드랜턴을 껐고 나도 그렇게 했다. 몇 분간 우리는 모래 위 짙은 어둠 속에 서 있었다. 돌의 신 미트라의 신비가 강하게 주위를 감쌌다.

세르지오가 성냥을 그어 파이프에 불을 붙이자 어둠이 순식간에 작고 밝은 불 주위에 늘어섰다. 담배 냄새가 퍼진다. 파이프 볼이 빛난다. 세르지오는 불이 번지길 기다렸다가 맛있게 담배를 피웠다.

"알로라." 잠시 뒤에 그가 말했다. "강으로 갑시다."

소리와 경사를 따라 내가 앞장서서 길을 찾았다. 처음에는 오른쪽에 있는 암벽을 피하기 위해 동굴 한가운데로 검은 사구 사이를 이동했다. 우리가 지금 지나치는 풍경은 역동적인 지형의 일시적 형태일 뿐, 바위는 움직이고 사구 역시 매번 강물에 잠길 때마다 새로 조각된다. 우리는 검은 사구를 걸어 내려왔다. 그런 다음 지붕에서 떨어진 높이 4미터 이상의 석회암 바위의 좁은 틈새를 지났다.

카라비너가 바위에 부딪히는 소리. 세르지오의 가쁜 숨소리. 고운 모래 위를 걷는 발소리. 헤드랜턴에 비친 돌가루. 커지는 강의 소음, 달 착륙. 사막의 봉우리를 오르는 밤.

갑자기 모래가 어둡고 축축하게 변하기 시작했다. 강물이 최근에 여기까지 올라왔던 모양이다. 우리는 젖은 모래 위를 미끄러져 작은 절벽을 향해 바위가 깔린 땅을 지나갔다.

서로의 목소리가 들리지 않을 만큼 주변의 소음이 커졌다. 절벽 아래에 틈이 있었다. 나는 몸을 낮춰 그 틈을 통과해 단단하게 압축된 모래땅 위로 내려갔다. 드디어 별이 뜨지 않는 강이다. 살아 있는 강의 온전한 모습에는 힘이 넘친다. 강물은 내 왼편에서 바위가 만든 아치 밑으로 쏟아져 내린 다음, 내가 있는 방향에서 곡선을 그리며 만을 이루었다. 그러고는 다시 모퉁이를 돌고서 우레와 같은 소리를 내며 오른쪽에서 유유히 사라졌다.

별이 뜨지 않는 이 강의 소리는 한 번도 들어본 적 없는 소리였다. 이 소리에는 공허한 부피가, 속이 찬 메아리가 있었다.

나는 배낭을 내려놓았다. 세르지오는 돌에 기대서서 파이프 볼에 신선한 담배를 넣고 다시 불을 붙였다. 헤드랜턴 불빛을 받은 물에 깊이가 생겼다. 은빛 물속에 토사가 떠다닌다. 그리고 맙소사, 살아 있는 생명체라니. 유속이 느린 만의 흙탕물 속에 하얗게 움직이는 무언가가 있었다. 강물이 흐르는 터널의 돌 아치가 부다페스트의 미로 입구처럼 믿기 힘든 인력으로 나를 끌어당겼다. 이 별이 뜨지 않는 강에서 흰 생명체와 함께 물장난을 하고 싶다는 충동이 들었다. 나는 세르지오에게 말하고 옷을 벗기 시작했다. 그는 잠시 생각하더니 나를 바라보며 딱한 빈 고개를 가로저었다. 단호하게.

나는 물고기처럼 수영하지는 못해도 어둠을 보는 올빼미의 눈을 갖고 싶었다. 아니, 어떤 식으로든 위로는 스코찬의 지옥의 입으로, 그리고 아래로는 베네치아 만의 푸른 물로 시선을 보내고 싶었다. 그렇다면 이곳은 청동함을 두고 갈 만한 곳은 아니다. 여기는 경유하는 곳이지 보관하는 곳이 아니다.

나는 흰색 형체가 움직이는 물가의 만으로 내려왔다. 헤드랜턴의 빛이 물을 탐색한다. 내가 다가가자 형체들이 빠르게 움츠리며 멀어졌다. 나는 무릎을 꿇고 손으로 별이 뜨지 않는 강물을 떠서 두 모금을 마셨다. 그리고 하강의 공포로 땀이 범벅된 얼굴을 씻었다.

나는 별이 뜨지 않는 강물로 카라비너에 묻은 진흙을 닦아냈다. 위로 올라갈 때 카라비너가 제 역할을 잘하길 바라기 때문이다. 나는 겨울철 홍수를 상상했다. 무지막지하게 불어난 강이 아치에서부터 동굴방을 채우고, 피어오르는 검은 물의 구름 속에서 모래를 퍼 올리고, 공기를 압축해 우리가 내려온, 그리고 곧 다시 올라갈 수직굴로 쏘아 올리는 광경을.

물가의 돌 사이에 쇠말뚝이 박혀 있었다. 세르지오가 가까이 오더니 내 귀에 대고 큰 소리로 최근에 프랑스 잠수팀이 이곳에서 작업하며 1주일간 머물렀다고 했다. 그들은 위험해서 더 이상 들어갈 수 없을 때까지 매일 상류로 조금씩 나아갔다. 그들이 최대로 도달한 거리는 내가 서 있는 곳에서 상류 쪽으로 거의 300미터였다. 300미터라면 별거 아닌 것 같지만 이곳에서는 엄청난 거리다. 나는 그들의 끈기에 감탄하고 놀랐다. 프랑스 산악인 리오넬 테레이Lionel Terray가 한때 등반가들을 '부질없는 것의 정복자들'[21]이라고 불렀다지만 이것은 또 다른 차원의 부질없는 짓이다.

"알로라." 세르지오가 말했다.

우리는 다시 사구를 넘어 아까 동굴방으로 떨어졌던 지점까지 돌아왔다. 벽 가까이에 노란 공기주입식 고무보트가 있었다. 해변의 수영용품점에서 살 수 있는, 두 개의 플라스틱 노가 가지런히 실려 있는 '마린 285'였다.

세르지오는 동굴방의 돔을 따라 헤드랜턴 불빛을 비추더니 아까 보았던 꼭대기의 그늘진 수직굴에서 멈추었다.

세르지오가 말했다. "동굴에 물이 범람하면 탐험가들은 더 높은 지점으로 가려고 이 보트를 타곤 하지." 그는 발로 고무보트를 쿡쿡 찔렀다. "보트를 타고 물 위로 떠오른 다음 바위를 타고 저 굴뚝으로 올라간다오." 그는 고개를 들어 동굴 천장을 보았다.

그는 어깨를 으쓱했다. "그건 아주 위험한 짓이야. 추락하고 싶지는 않을 텐데 말이지. 당연히 홍수에 대해 알고 있겠지. 그것은 이 장소를 채우지 않고도 그들을 죽인다오."

세르지오는 다시 어깨를 으쓱했다.

"그런데도 여전히 계속 시도해."

그는 잠시 말을 멈추었다.

"물이 올라올 때…… 나는 빠져나왔다네. 물이 밀어 올려줬지. 폭풍 속에 있는 것처럼 아주 강력했다오."

세르지오가 마지막으로 "알로라"라고 하더니 밖으로 나가는 트랩도어로 향했다. 그리고 우리는 다시 너도밤나무와 보이지 않는 벌들에게로 올라갔다. 루시안이 기다리고 있었다. 해치에서 올라올 때 내 눈빛은 흥분에 가득 차 있었다.

"딴 행성에 있다가 온 사람 같군." 루시안이 말했다.('https://bit.ly/38Juy27' 참조 - 옮긴이)

이어지는 며칠 동안 루시안과 나는 지상과 지하에서 티마보 강의 흐름을 추적했다. 그것은 지하 강의 육로에서 수맥을 찾는 일이었다. 우리는 강이 자신을 드러내는 곳과 땅속으로 가라앉는 곳을 따라갔다. 티마보 강은, 강이 마땅히 따라야 할 규칙을 무시하고 어둠 속에서 더

욱 행복해 보인다는 점에서 내가 아는 어떤 강보다도 활기가 넘친다. 하루를 마무리하는 잠조차 동굴 탐사의 일환이다. 밤이면 하강하고 아침이면 다시 떠오른다.

우리는 티마보 강이 처음 지하로 곤두박질치는 곳 가까이에서 무스자 자마Mušja jama로 걸어갔다. 이곳은 45미터 깊이의 균열된 석회암 지대로, 기원전 12세기에서 기원전 8세기 사이 약 400년에 걸쳐 수천 개의 청동기 및 철기시대 유물이 이곳에 던져졌다. 갈라진 땅은 신성한 장소라 사람들이 도끼, 창, 검, 투구, 물그릇 등 힘을 상징하는 물건들을 들고 멀리 이탈리아 중부와 판노니아 평원Pannonian plain에서부터 이곳까지 왔다. 심연에 던져질 물건들은 부서지거나 불에 탄 것들이었다.

또 어느 날은 오후에 루시안이 나를 데리고 티마보 강의 샘으로 데려갔다. 그곳은 초록색 강이 돌에서 솟구쳐 나와 건조한 풀숲으로 흘렀다. 언제나 그렇듯이 나는 샘을 보고 놀랐다. 이 샘물은 고지대에 떨어진 빗물이 언더랜드 안에서 긴 여행을 마친 뒤 이곳으로 나와 마침내 바다로 흘러내리기 전에 곳곳에서 웅덩이를 이룬 것이다. 샘은 힘과 색깔이 채워져 있다.

샘 주위로 생명이 모여든다. 사이프러스와 소나무 숲이 그늘을 드리운다. 실잠자리가 잎을 장식하고 새들이 공기를 편곡한다. 에메랄드빛 개구리가 강둑에서 물속으로 첨벙 뛰어든다.

샘의 위치를 표시하기 위해 2,000년 전 이곳에 고대의 바실리카가 세워졌다. 물이 바실리카의 나르텍스narthex(고대 기독교 교회당의 본당 입구 앞의 넓은 홀 - 옮긴이)와 신도석으로 흘렀다. 물은 이 숭배의 건축물의 일부였다. 봉헌된 로마 수도가 수로 위에 세워지고 그것의 헌정사에는 '티마보 신에게'라고 쓰였다.

"그들은 당연히 이 아래로 잠수했다네." 티마보 강이 솟구쳐 흐르는 돌 아치를 가리키며 루시안이 말했다. "동굴 위쪽에서 지하수의 상류로 가려고 했지만 멀리 가지 못했지. 대신 80미터 아래에 침수된 동굴방에서 종유석을 발견했어. 그곳은 해수면보다 훨씬 아래지만 강의 압력 때문에 민물이 차 있다네."

우리는 샘의 가장자리에 앉아 신발을 벗고 시원하게 발을 담갔다. 나는 내가 아는 다른 샘들을 떠올렸다. 그것들이 공유하는 일상의 기적의 힘, 그리고 그것들이 열어놓은 지구 내부의 느낌에 대해. 스코틀랜드의 케언곰 고원Cairngorm plateau에 있는 웰스 오브 디Wells of Dee. 중동의 웨스트뱅크 점령 지구에서 본 냉천. 그리고 우리 집에서 1.5킬로미터도 채 떨어지지 않은 나인 웰스 우드Nine Wells Wood에서는 아홉 개의 샘이 원형을 이루며 백악 위로 솟아난다.

"샘에는 분명히 평화의 힘이 있어요." 내가 루시안에게 말했다.

루시안은 고개를 가로저었다. "항상 그런 건 아니라네. 이곳은 제1차 세계대전 당시 백색전쟁 기간에 최전방이었어. 우리가 앉아 있는 바로 여기에서 격렬한 전투가 벌어졌다네. 죽음의 지역이었어. 셀 수 없이 많은 사람이 죽어나갔지. 샘 자체는 들어갔다 나왔다 하기를 반복했고. 여기 주변에 있는 나무들 중에 100년을 넘은 게 없어. 전쟁 중에 시야를 확보하기 위해 싹 다 베어버렸거든."

이틀 후 루시안과 마리아 가르멘, 그리고 나는 해질녘에 두이노 성 근처의 아드리아 해안으로 내려갔다. 그곳은 티마보 강이 해수면 높이에서 마지막으로 빠져나가는 지점에서 멀지 않았다. 해안의 돌은 여전히 한낮의 열기를 품어 부드럽고 창백하다. 어떤 돌에는 보라색 얼룩, 또는 화석식물이 눌린 것 같은 무늬가 있다. 흰색 요트가 밤의 미풍에 실려 베네치아 쪽으로 움직인다.

완전히 여문 달이 일찍 떠올랐다. 발밑에서는 우리가 알아채지 못하게 땅의 조수가 움직인다. 루시안과 나는 물을 헤치고 들어갔다. 짜다. 바다는 부드럽고 미지근했다. 나는 해안과 평행하게 몸을 돌려 바위곶을 향해 북쪽으로 헤엄쳤다. 달은 터널의 은색 입이다.

　나는 다리에 차가운 해류를 느끼고 놀랐다. 별이 뜨지 않는 강의 푸른 손가락이다. 스네즈니크의 눈에서 태어나 땅 밑으로 꺼진 뒤 검은 급류가 되어 어두운 동굴 속을 흐르다 마침내 여기 달 아래에서 수면으로 올라온 강. 그것은 루시안과 내가 앞으로 산맥 위에서 발견할 것과 짝을 이루면서도 완전히 상반되는 경이로운 순간이었다.

제7장

———

할로우랜드

하마터면 지나칠 뻔했다.

늦여름 늦은 오후. 카르소 북쪽의 산악지대에는 수확이 한창이다. 나무 때는 냄새, 초원. 통나무로 지은 오두막의 가파른 처마는 이곳의 겨울에 폭설이 내린다고 말한다. 서쪽 지붕 밑 끝까지 의자를 끌어와 앉은 노인이 눈을 감고 태양의 마지막 순간을 즐긴다. 벽에 기댄 긴 낫의 날에는 갓 베어낸 풀이 묻어 있다. 그늘에는 시클라멘, 너도밤나무 밑에는 낙엽 더미를 뚫고 올라오는 보라색 버섯. 여기저기 심어놓은 사과나무에 작고 노란 열매가 매달렸다. 땅의 표면은 풀이 메운 싱크홀로 움푹 파였다. 나는 지금 가장 평화로운 풍경 속을 걷는다.

초원과 오두막의 너른 땅을 돌아 멀어지는 샛길의 끝이 궁금해 따라가보니 너도밤나무와 참나무를 지나 부드럽게 굽이돌며 한없이 위로 올라간다. 올라갈수록 나무의 수가 적어지고 대신 키가 커진다. 사시나무가 등장한다. 바람에 나뭇잎들이 사사삭거린다.

길의 끝에 무엇이 나올지 모른 채 우리는 그저 아무 생각 없이 걸었다. 사시나무 사이로 바다에 몰려든 황금빛 산호 같은 구름이 보인다. 구름은 바닥이 검다. 태양이 얼굴에 따뜻하게 내리쬔다. 초원의 짙은 풀 냄새가 코를 찌른다. 연한 나무껍질 안으로 깊이 새긴 첫 번째 표식이 나타났다. 캐즘의 가장자리다.

우리 앞에서 싱크홀 하나가 암흑 아래로 쑤욱 꺼졌다. 옆면은 이끼가 부드럽게 덮은 회색 석회암이고, 입구는 폭이 가장 넓은 곳이 6미터 남짓이다. 안을 들여다보고 있으니 지키는 이 없는 가장자리가 나더러 내려오라고 부르는 것 같다. 입구 위 비탈에는 너도밤나무 묘목이 구멍 쪽으로 몸을 기울인 채 바위 위로 자란다. 바위틈에 고사리가 무성하다.

싱크홀 가까이의 큰 나무줄기에 나치의 문양이기도 한 만卍 자들이 새겨져 있다. 그중 어떤 것은 오래되어 나무껍질이 스스로 치유하기 시작했다. 새긴 지 얼마 안 되어 파인 부분이 허연 것도 있다. 아마도 올해 아니면 작년이었을 것이다. 어떤 만 자 위에는 마치 누군가가 그 글자를 지우려는 듯 칼끝으로 줄을 그어놓았다. 표식을 남기려는 자와 없애려는 자가 나무껍질에서 충돌한다.

한 너도밤나무 줄기의 60센티미터 정도 되는 높이에 녹조류로 얼룩진 금속판이 박혀 있다. 이 판에는 검은 잉크로 긴 슬로베니아어 시 한 편이 쓰여 있다. 시의 제목은 'Razčlovečenje'. 시의 맨 밑에는 누군가가 'PAX'라고 휘갈겨놓았다.

"이 시의 제목은 '인간성 말살' 또는 '비인간화'라는 뜻이라네." 루시안이 조용히 말했다. "내 슬로베니아어 실력으로는 그것밖에 모르겠어."

그는 맨 마지막 줄을 가리켰다. 거기에는 별표가 되어 있었다. 시의 본문에 덧붙여놓은 글이었다.

"그럼에도……." 루시안은 읽다가 잠시 멈추었다. "이건 일종의 저주군. 이 시를 파괴하거나 망가뜨리려는 자에게 저주를 경고하고 있어."

하지만 경고에 귀 기울이지 않은 자들이 시를 지우려고 칼날과 돌로 긁어놓거나 그 위에 다른 글씨를 써놓았다. 그러면 또 다른 이가 그 글

위에 금을 그어놓았다. 맨 위 모퉁이에 갓 새겨진 만 자가 하나 더 있다.

순간 싱크홀 아래에서 공포의 손이 뻗어와 내 심장을 휘감았다. 이곳에서 어떤 끔찍한 일이 벌어졌고 지금까지 반향을 불러오고 있는 게 틀림없다.

"여기 보게." 루시안이 숲 지붕 사이로 북쪽을 가리키며 말했다. 봉우리 위에 소나기구름이 피어오른다. 서쪽에는 빗물이 무거운 밧줄에 매달려 흔들린다. 멀리서 분노의 기운이 느껴진다. 바다 너머는 황금빛 노란색으로 빛난다. 이곳에서 무슨 일이 일어났던 걸까? 캐즘의 입구는 아무 말도 하지 않는다. 나무도 입을 다물었다. 싱크홀 가장자리에 몸을 기울인 내게는 어둠밖에 보이지 않는다.

앞서 루시안과 나는 카르소에 있는 그의 집을 떠나 슬로베니아를 향해 북쪽으로 향했다. 거기에는 깎아지른 듯한 석회암 봉우리와 깊은 강 골짜기가 모여 있다. 북쪽에 보이는 것은 율리안 알프스 산맥의 첨탑인데, 높이 솟은 석회암 지대인 그곳에서 1915년부터 1918년 사이에 소위 백색전쟁 – 오스트리아-헝가리와 이탈리아의 국경에서 수차례 벌이진 전투 의 가장 혹독한 싸움이 있었디. 루시안은 그가 지금 가려는 산맥의 가장 높은 봉우리에 전쟁 때 사람들이 굴을 뚫어놓았다고 말했다. 전방의 수많은 산들이 분쟁 중에 구멍이 파여 은신처와 처형 장소로 사용되었다.

나는 율리안에서 루시안과 헤어진 뒤 동쪽으로 이 지역의 가장 높은 산인 트리글라브Triglav의 중턱을 넘고 푸른 블레드Bled 호수를 지나 3일을 걸어 슬로베니아로 갈 계획이었다. 트리글라브에 눈이 내릴 거라는 예보가 있어 도보 여행의 난관이 예상된다. 율리안에 도착하기 전에 루시안은 슬로베니아의 고지대 카르스트 몇 곳을 더 보여주고 싶어했다. 그곳은 넓은 너도밤나무 숲이 늑대와 곰을 보호하고, 특히 루시안에 따르면 특별한 존재가 서식하는 동굴이 있다.

카르소를 떠날 때 마리아 카르멘과 나는 포옹했다. 그녀가 해준 모든 것에 깊이 감사했다. 마리아 카르멘이 현관의 말린 석류 그릇 옆에서 두 팔을 활짝 열어 나를 안으며 이렇게 말했다.

"로베르트, 당신은 그러니까, 어, 어, 벨리시모 아니말레bellissimo animale (아름다운 동물)예요!"

"마리아 카르멘, 누가 날 이렇게 멋진 말로 불러준 건 처음이에요. 명함을 만들면 이름 옆에 새기고 싶네요. 진심으로 고마워요." 내가 말했다.

북쪽으로 지그재그식 도로를 달리며 점차 고도가 올라갈 때, 나는 루시안에게 그녀의 말을 칭찬으로 받아들여도 되겠냐고 물었다.

그가 말했다. "오, 물론이지! 그건 최고의 칭찬이네. 마리아 카르멘은 인간보다 동물을 훨씬 더 좋게 보거든. 그녀에게 마음과 친절은 어떤 존칭이나 학위보다도 중요하지."

우리는 도베르도 호의 호숫가를 따라 달렸다. 호수의 물은 완전히 말라 있었다. 규모가 몇 에이커쯤 되는 초원에 군데군데 맨살의 석회암이 드러났다.

루시안이 말했다. "도베르도Doberdò는 아마 영어로 털로turlough라고 부를 거야. 비가 오고 수위가 높아지면 아래에서부터 물이 올라와 채워지지만, 여름철에는 물이 빠져서 바닥이 드러나는 간헐호지."

길가에 사이프러스 나무가 있는데, 두 번의 세계대전 중에 이곳에서 싸우다 죽은 병사들을 추모하기 위해 심은 것이다. 촛불 모양의 줄기가 초록색으로 우아하게 타오르고 있었다.

루시안이 말했다. "이곳에선 두 전쟁 모두 아직 끝나지 않았다네. 지난여름에는 제1차 세계대전 때의 불발탄이 터지는 바람에 비파바Vipava 골짜기의 잡목지대에서 불이 났지. 이 지역의 정치에 대해 이보다 나은 은유는 찾지 못할 걸세."

우리는 국경지대 마을인 노바고리차Nova Gorica를 지나갔다. 도로 중앙에 푸른색 물감으로 'TITO(티토)'라고 쓰여 있는 표지판이 있다. 표지판 양쪽에 다 쓰여 있어 어느 방향에서든 운전자들이 볼 수 있다.

길은 고개를 넘어 이손조 강을 건너는 다리로 내려갔다. 이손조는 내가 본 어떤 강보다도 푸르게 흘렀다. 체렌코프 방사선의 푸른색처럼 아름답고 오싹하다.

루시안은 다리 위에 차를 세웠다.

"100년 전에는 여기에서 저기까지 가기 위해 죽음을 무릅써야 했을 거야." 그가 다리 양편에 치솟은 석회암 절벽을 가리키며 말했다. 이제 보니 절벽의 표면이 어딘가 부자연스러웠다. 출입구로 보이는 정사각형의 구멍들이 뚫려 있었다.

루시안이 말했다. "스위스 치즈 같지 않나? 전쟁 때문에 토끼굴이 되었지. 고지대는 포좌, 진입 터널, 창고를 만든다고 벌집처럼 쑤셔댔고 낮은 지대는 온통 침호와 여우굴투성이야. 산을 피내고 이곳의 경관을 *전쟁 기계*로 만들었다네. 율리안 산맥으로 들어가면 제1차 세계대전의 이런 잔해를 훨씬 더 많이 보게 될 걸세. 그곳은 눈이 더 많이 내려서 다들 더욱더 필사적이었지."

나는 감정을 불러오고 새기는 경관의 능력을 새삼 깨달았다. 이곳 텅 빈 카르스트 지형에서 역사의 기억은 흘러가는 물처럼 경고 없이 사라졌다가 새로운 장소에서 새로운 힘을 가지고 새로운 이름으로 다시 올라온다. 이 속 빈 지형과 은밀한 장소에 숨겨져 있던 어두운 과거가 다시 빛을 본다.

우리는 분쟁이 일어났던 국경 지역인 베네치아 줄리아 Julian March에 들어섰다. 이곳은 오늘날 이탈리아, 슬로베니아, 크로아티아, 그리고 오스트리아의 카린시아 Carinthia까지를 포함하는 국경지대이다. 이곳에서 문화와 언어는 생산적으로 뒤섞여왔지만 동시에 서로 다른 인종과 국가의 정체성을 주장하는 집단들이 서로를 끔찍하게 박해했다. 분쟁의 흔적은 참호, 매장지, 기념물 등 물리적 지형의 형태로 아직까지 기록이 남아 있고, 폭력과 원치 않은 거주지 이동이 일어났던 현생인류의 지형을 보관하고 영속시킨다.

우리는 더 높이 올라갔다. 남쪽으로 바다에 반사된 빛이 여전히 하늘을 은빛으로 물들였다. 길가에서 한 발짝 물러선 곳에 예쁘게 채색된 벌집이 열을 지어 늘어섰다. 야생화 목초지, 작은 포도밭.

높은 봉우리 사이의 널찍한 고개를 넘었다. 내려갈수록 너도밤나무와 소나무가 굵어졌다. 시원한 공기 중에 송진 냄새가 났다. 산의 군락과 숲의 야생이 점점 크게 와닿는다. 이곳에서 숲의 규모는 인간이 그어놓은 국경선을 무색하게 만든다. 너도밤나무가 국경을 넘어 전진한다.

얼룩진 그늘, 빛의 웅덩이, 숲속의 작은 빈터, 풀밭, 오두막. 절벽 어느 곳에서나 보이는 동굴들. 숲에 감춰진 동굴들. 무너진 싱크홀을 채우고 자란 나무 사이로 푹 꺼진 구덩이들. 빛이 산비탈 아래로 크게 기운다. 그중 한 능선에 창문 같은 구멍이 뚫렸다. 오래전 자취를 감춘 강이 남긴 고대의 유물이다. 그 창문으로 나는 파란 하늘과 구름을 보았다. 석조 액자 속 초현실주의 화가의 캔버스처럼.

수목한계선이 절벽에 부딪혀 끊어진 곳에 멀리 너도밤나무가 바위에 부드럽게 맞선다. 지나간 두 해의 겨울에 슬로베니아 서부에는 극심한 눈 폭풍이 불었는데, 수백만 그루의 나무가 얼음으로 뒤덮이고 나무뿌리는 얼어버린 수관의 무게를 감당하지 못했다. 수많은 나무들이 스스로의 무게에 짓눌려 쓰러져 죽었다.

또 다른 계곡에는 산의 동쪽 사면에 도로에서부터 치솟은 120미터 높이의 흰색 절벽들이 깎아지른 듯이 서 있다. 그중 하나의 중앙에 동굴 입구가 있고 은빛 강물이 우렁찬 소리와 함께 절벽 기슭의 경사진 웅덩이로 곤두박질친다. 물보라에 무지개가 떠다닌다.

나는 이런 지형을 본 적이 없다. 이것은 일반적인 지형 및 하천의 규칙을 위반한다. 강은 원래 절벽 중간에 흘러서는 안 된다. 그리고 땅에 밀물과 썰물이 있어서도 안 되고, 산에 창이 나 있어도 안 되고, 동굴에 빙하가 자라서도 안 된다.

우리는 멀리서 산중턱에 가라앉은 빙하 동굴을 발견했다. 그곳은 너도밤나무의 키가 18미터 넘게 자라고 숲 지붕이 너무 두꺼워 하늘을 볼 수 없다. 우리는 숲을 지나 나무뿌리 때문에 울퉁불퉁해진 좁은 등고선 길을 따라갔다. 공기는 무겁고 뜨거웠다.

걸어가며 루시안이 우리가 갈 빙하 동굴에 대해 설명해주었다. 나는 그의 말을 믿을 수가 없었다. 이 고도에, 이 더위에 얼음 강물이 흐른다는 말인가? 근방 몇 킬로미터에는 눈이 쌓인 흔적조차 없었다.

루시안이 말했다. "그 동굴은 길이가 약 1.6킬로미터에 깊이가 400미터나 되지. 산 전체를 관통한다네. 동굴 속에서 자유롭게 부는 바람이 바위 본연의 냉기와 결합해 동굴 내부의 온도를 어는점보다 훨씬 낮게 유지하지. 겨울이 되어 동굴 입구에 모인 눈이 북풍에 실려 동굴 안쪽으로 날려 들어가 얼음으로 변한 뒤, 수천 년에 걸쳐 더 길고 얇은 빙하가 되어 산 내부를 감고 돈다네."

길 왼쪽에서 땅이 사라지기 시작했다. 우리는 거대한 돌리네 가장자리에 도착했다. 너비는 45미터쯤. 반대편은 거의 수직의 낭떠러지지만 가까운 쪽은 경사가 50도 정도다. 돌리네 아래로 지그재그를 그리며 내려가는 스위치백switchback 등산로 끝에 동굴 입구가 입을 벌리고 있다.

스위치백에서 방향을 바꿀 때마다 주위의 공기가 확연히 차가워졌다. 나는 이런 급격한 온도 변화를 경험한 적이 없다. 돌리네 가장자리에서 섭씨 30도였던 온도가 수직으로 고작 5미터를 내려왔는데 25도가 되었다. 아래로 내려갈수록 기온도 내려간다. 처음에는 미지근한 공기를 통과했지만, 곧 저녁의 서늘함이 몸을 감쌌고, 30미터 아래로 내려가자 콧속에 차가운 금속이 닿은 듯 냉기가 가득했다. 날숨이 눈앞에서 날갯짓하며 날아갔다. 그다음은 고운 은빛 안개를 지나간다. 빙하의 숨결이다.

급격한 기온 변화에 식생 역시 급격하게 달라졌다. 지그재그를 한 번 돌 때마다 나무의 크기가 점점 작아졌다. 우뚝 솟은 너도밤나무에서부터 동굴 앞 극한의 온도에도 꼭 붙어 매달린 난쟁이소나무까지. 기온이 영상으로 올라가지 않는 동굴 입구에는 이끼와 지의류가 깔려 있다. 저지대 극지 툰드라다. 이 아래에서 풍기는 냄새는 카르소의 숲에서와 완전히 달랐다. 열기, 약초, 송진, 돌의 냄새 대신 이끼, 겨울, 얼음의 냄새가 났다.

루시안과 나는 넓적한 바위를 기어 내려가 동굴의 문턱을 넘어 어둠 속에 발을 디뎠다. 나는 고개를 들어 엉클어진 너도밤나무 가지에 흩어진 안개 사이로 아직 남아 있는 푸른 하늘의 초승달을 흘끗 보았다. 파리 카타콤에 들어갈 때 우리 뒤를 비추던 빛의 아치가 생각났다. 동굴의 먼 구석에서 어떤 움직임이 감지되었다. 생물. 크고, 강하다.

추위에 귀가 벌게지고 이가 시려왔다. 발밑은 돌과 지의류, 잔가지, 그리고 싱크홀 가장자리에서 떨어진 뼈의 파편들이 두껍게 깔려 있었다. 뼛조각들이 묘하게 제자리에 고정되어 만지기가 찜찜했다. 그때 두 개의 누운 가지 사이로 어슴푸레 빛나는 흑청색 금속이 눈에 띄었다. 발끝으로 찼더니 발이 미끄러졌다. 금속이 아니다. 얼음이다.

"와, 정말이네. 빙하 위에 서 있다니! 빙하 동굴이 진짜 있었네!" 내가 소리쳤다.

루시안은 보이지 않는 모자를 멋지게 벗으며 인사했다.

우리는 조심스럽게 발을 디디며 들어갈 수 있는 만큼 안쪽으로 이동했다. 그리고 청백색 얼음 위를 걸어 생명체가 숨어 있는 구석으로 내려갔다.

이 생명체의 정체는 바로 얼음 속 싱크홀이다. 얼음이 녹아내린 물이 빙하 속을 깎아 내려간 수직굴이다. 얼음은 싱크홀을 향해 빨려 들어가듯 기울어져 내려가고 빛도 그렇다. 우리는 흑청색 얼음 속 블랙홀로 조심스럽게 접근했다. 불안정한 발걸음과 미끄러운 바닥을 의식하면서. 블랙홀 가장자리에서 몇 미터 떨어진 곳에 멈춰 선 다음, 덜덜 떨며 잠시 바라보았다. 온몸이 차갑게 식는다.

동굴에서 나와 넓적한 바위로 돌아오는 길에 누군가가 큰 소리로 우리를 불렀다.

"지비오zivio! 안녕하세요! 좀 도와드릴까요?" 바위 꼭대기에서 한 남자가 손을 뻗어 우리를 잡아주었다. 바위 너머 평지에는 일행인 듯한 여자가 발목까지 오는 양가죽 외투를 입고 서 있었다. 그녀의 불룩한 가슴이 꿈틀대더니 작은 푸들 한 마리가 코트 옷깃 사이로 머리를 내밀고는 우리를 향해 요란하게 짖어댔다.

"핫팩이 따로 없네요!" 내가 말했다.

"우리는 서로 따뜻하게 해주죠." 그녀가 개의 머리를 쓰다듬으며 웃었다.

독수리 한 마리가 멀리서 맴돌며 햇빛이 쏟아지는 초록-황금색 숲 지붕 사이로 키가 큰 늙은 너도밤나무 줄기를 지나, 낮은 가지에 줄지어 매달린 지의류를 지나, 낙엽 사이에 푸르게 만개한 용담을 지나, 싱크홀 아래로 툰드라와 난쟁이소나무의 경사진 띠를 지나, 루시안과 내가 얼음 동굴 입구에서 남녀와 푸들과 웃으며 이야기를 나누는 모습을 내려다본다.

━━━◆━━━

공포의 장소에 도착할 무렵, 이 고지대 너도밤나무 숲의 다른 지역은 늦은 오후였다.

구름이 바다 위에 한창 쌓일 때, 우리는 통나무집 옆 초원을 건너고 숲을 빠져나와 오솔길을 따라 만 자가 새겨진 나무를 지나 싱크홀 가장자리에 멈추었다. 글씨가 새겨진 금속판이 너도밤나무의 큰 줄기에 붙어 있다.

1941년에서 1945년까지 돌로미티 산맥 아래로 칸실리오Cansiglio 고원에서부터 당시 유고슬라비아(1990년대 이후 7~8개국으로 해체되었다 - 옮긴이)에 이르는 유럽 중남부의 석회암 지대는 잔혹한 전장이었다. 1941년 4월, 유고슬라비아는 추축국의 침입을 받았다. 나라는 점령되어 셋으로 갈라졌다. 이탈리아가 남부 슬로베니아와 류블랴나(슬로베니아의 수도 - 옮긴이)를 점령하고, 헝가리는 프레크무레Prekmurje를 합병하고, 나치 독일은 슬로베니아의 북부와 동부를 차지했다. 독일과 이탈리아는 이내 새로운 영토에서 인종청소를 시작했고, 수천 명의 슬로베니아인을 추방하고 이주시키고 몰아내고 죽였다.

이에 대항해 빨치산(파르티잔) 집단이 점령국에 저항할 목적으로 베네치아 줄리아 전역에서 형성되기 시작했다. '나무꾼'이라는 별명으로 불리던 이 반파시스트 저항 단체들은 점령 기간이 길어지면서 점차 좌익에 속하게 되었고, 1943년 3월에 티토Tito의 빨치산 군대와 연합하면서 공식적으로 공산당을 선언했다. 카르스트 지대의 숲은 이들에게 요새이자 전쟁터였다. 그들은 숲속에서 숲과 함께 싸웠다. 빨치산 부대의 힘을 알아챈 영국과 미국은 이들의 작전에 무기와 정보를 제공하기 시작했다. 빨치산을 지원하고자 파견된 장교들 중에는 훗날 유고슬라비아 산맥에서 저항군과 함께한 시간을 쓴 『이스턴 어프로치Eastern Approaches』(1949년)의 작가로 유명해진 피츠로이 맥클린Fitzroy Maclean과, 슬로베니아인들과 북부 이탈리아 빨치산의 연락을 담당한 요원 존 얼John Earle이 있다.

카르스트 고지대는 치고 빠지는 빨치산 전략에 완벽한 조건을 갖추었다. 빽빽한 숲은 빨치산의 지상 활동을 항공기에서 쉽게 볼 수 없게 만들었다. 가파른 골짜기와 곳곳에 숨어 있는 싱크홀 때문에 점령군의 중장비 차량은 도로를 벗어날 수 없었다. 빨치산은 좁은 산길에서 매복했다가 적의 차량을 습격하거나 폭격하고 다시 숲속으로 사라졌지만, 추격은 거의 불가능했다. 도처에 있는 천연 동굴, 그리고 폭파와 굴착으로 쉽게 공간을 확장하여 터널과 방을 만들 수 있는 석회암의 특성은 지형적으로 게릴라전에 최적이었다. 무기고, 숙식 장소, 심지어 야전병원이 바위 안에 세워졌다. 지하에서 피운 불의 연기는 터널 내부에서 흩어져 사라졌기 때문에 연기 기둥으로 인해 위치가 발각될 염려가 없었다.

1942년 여름, 점차 커지는 빨치산의 위협에 대처하기 위해 이탈리아 정부는 슬로베니아 민족주의자들을 중심으로 '반공산주의' 민병대를 조직하기 시작했다. 이들은 처음에 '백위대White Guard'라고 불렸고, 이후에 나치의 지휘 아래 '슬로베니아 의용대Slovene Home Guard'라고 불렸다. 파시스트와 공산주의자의 분열로 인한 잔혹한 내전이 카르스트 전역의 숲과 마을에서 일어났다. 그러나 빨치산과 슬로베니아 가톨릭 운동가들 사이의 적대감도 내전을 부추기는 데 한몫했다. 민족주의, 종교, 복수가 모두 끔찍하게 뒤얽혔다. 전투원은 물론 민간인을 대상으로 대규모의 보복 살인이 자행되기 시작했다.

최악의 보복 살인은 두 번에 걸쳐 일어났다. 첫 번째는 1943년 가을 이탈리아 항복 이후 유고슬라비아 정부가 트리에스테를 지배한 악명 높은 '쿼런타 조르니Quaranta Giorni(40일)'이고, 두 번째는 1945년 5월 초 뉴질랜드 군대에 도시가 함락된 후였다. 이 끔찍한 시기에 지형과 잔혹 행위가 교차했다. 빨치산에게 그처럼 훌륭한 도피와 은닉의 수단을 제공했던 카르스트 경관은 대량 살인의 수단으로 쓰임이 변경되었다.

프리울리 베네치아 줄리아Friuli Venezia Giulia와 이스트라Istra 반도의 석회암 지대 전역에서 싱크홀, 동굴, 협곡, 갱도는 개인의 처형과 집단 살인이 행해지는 장소가 되었다. 주로 공산주의 빨치산에 의해 이루어졌지만, 파시스트 민병대도 마찬가지였다. 민간인과 군인 희생자들이 싱크홀 가장자리까지 이송된 다음 산 채로, 다친 채로, 또는 죽은 채로 이 석회암 캐즘 속으로 떠밀렸다. 희생자들을 가시철사로 묶어놓기도 했다. 일부는 숲속에 구덩이를 파고 묻었다. 카르스트 동굴과 숲은 수천 수백의 시신이 메우고 있다. 오늘날 이러한 불법적인 살인은 이탈리아어로 '살인에 사용된 싱크홀'이라는 뜻의 '포이바foiba'에서 온 '포이베 대학살foibe massacres'로 알려졌다. 처형된 시신이 여전히 깊은 숲의 얕은 토양과 싱크홀 아래에서 발굴된다. 때때로 동굴 탐험가들이 싱크홀에서 사람의 뼈, 총알, 녹슨 철사를 발견한다.

역사 자체가 매장과 발굴을 품고 있다. 포이베 대학살의 역사는 중요한 시점에 수십 년간 깊이 잠수했던 탓에 오늘날에도 치열한 논쟁의 대상이 되고 있다. 전쟁 이후 이탈리아와 유고슬라비아 간에 '좋은 이웃' 정책이 실시되었다. 전쟁의 잔혹함을 잊도록 고무하려는 전략의 일환이었다. 통일 이탈리아를 재건하려는 이탈리아 정치가들은 빨치산 부대가 자행한 범죄행위에 초점을 맞추는 것이 양편 모두에 득이 되지 않는다는 걸 알았다. 유고슬라비아 지도자들은 당연히 공산주의자들에 의한 잔혹 행위의 증거를 부인했다. 대신 슬라브인들이 파시즘 아래서 겪은 고통을 강조하고, 이를 상징적으로 홀로코스트(나치에 의한 유대인 대학살 - 옮긴이)의 극악함과 동일 선상에 놓고 보았다. 빨치산 전투의 결과가 베네치아 줄리아에서 살던 모든 개인과 가정에 해를 끼쳤지만, 공개적인 담론에서는 대개 '묻혀버린 정치 사안'으로 밀려났다.

포이베 대학살이 다시금 공론의 대상이 된 것은 불과 30년 전으로, 논란의 여지가 대단히 많은 주제가 되었다. 슬로베니아인들과 좌파는 우파가 선동과 정치적 영향력을 목적으로 포이베 대학살의 세부적인 내용들을 부풀렸다고 주장했다. 이탈리아인들과 우파 성향을 가진 이들에게는 포이베 대학살이 전쟁 중, 그리고 전쟁 직후 이탈리아인에게 일어난 보복 살인, 투옥, 추방을 상징하는 편리한 이름이 되었다. 또한 그들은 반사적으로 이 지역에서 전후 공산당 정부가 이러한 박해의 역사를 처리하는 방식을 옹호했다. 아직도 진행 중인 이 논쟁의 언어에는 글자 그대로, 혹은 은유적으로 지하의 이미지가 가득하다. 빛과 어둠, 매장과 발굴, 은닉과 폭로의 이미지가 토론의 장에 펼쳐진다. 역사의 기록과 지형이 뒤엉킨다. 포이베에서 죽은 사람들의 수와 신원에 대한 수치와 내용은 연구자의 정치적 성향에 따라 크게 다르다. 어떤 경우에서든 중요한 것은 파멜라 밸린저Pamela Ballinger가 발칸 반도 국경 지역의

'기억하는 지형'[1]에 관해 연구하면서 지칭한 '원주민의…… 권리'[2]이다. 그것은 그 지역의 땅, 바위, 흙에 진정으로 '속했다'고 주장할 권리를 두고 벌이는 싸움을 의미한다.

포이베는 또한 정부를 좌지우지하는 좌파에 대한 분노를 부추기고 국민의 애국심을 고취하려는 우파와 파시스트 집단의 초점이 되어 왔다. 싱크홀은 이탈리아 민족주의자들과 망명자들이 의식을 치르기 위해 매년 돌아오는 장소가 되었다. 추모 행렬은 포이베에서 끝이 난다. 현장에는 종종 만 자를 비롯해 다양한 표식이나 모토가 새겨진다. 성직자들이 매년 추모식을 거행한다. 인포이바티infoibati(포이베에서 죽은 사람들)의 유골들이 신성한 유물로 전시된다. 가장 유명한 포이베는 트리에스테에서 몇 킬로미터 떨어진 카르소 북동쪽에 있는 바소비차/바조비카Basovizza/Bazovica 마을 근처에 있는데, 원래는 광산의 갱도였다. 이곳에는 상반된 두 개의 기념물이 세워졌다. 하나는 갱도에서 유고슬라비아 빨치산에게 죽임을 당한 이들을 추모하는 것이고, 다른 하나는 반파시스트로 활동했다는 이유로 1930년에 총살된 네 명의 슬로베니아인, '바조비카의 영웅들'을 추모하는 것이다. 바소비차/바조비카 광산 갱도는 1959년 가톨릭 신부의 주도하에 2,000명이 참석한 기념식 중에 봉인되었다. 학살 당시 터지지 않은 폭발물이 많이 쌓여 있어 희생자들의 시신을 안전하게 발굴하는 게 불가능했기 때문이다. 이 포이베 내부를 자세히 조사할 수 없으므로 많은 역사적 사실이 다양한 주장과 믿음의 가능성을 열어놓은 채 공백으로 남아 있다. 좀 더 희망적인 소식이 있다면, 마을은 이제 엘레트라 싱크로트론Elettra Synchrotron 연구소의 본거지가 되었다. 엘레트라 싱크로트론은 이웃하는 모든 국가와 제휴 단체에서 온 사람들이 참여하는 국제 연구 센터이며, 역시 지하에 있다.

바소비차/바조비카는 다른 포이베보다 프랑스 역사가 피에르 노라 Pierre Nora가 '기억의 장소들 lieux de mémoire '[3]이라고 부른 것에 더 가까운 사례가 되었다. 이는 역사의 의미가 가장 적극적으로 창조되고 논쟁되는 경관 속의 장소를 말한다. 포이베 문제는 종결을 거부하고 있다. 역사의 현장을 '열린' 상태로 유지함으로써 과거의 역사가 계속해서 현재에 생채기를 내고 있다.[4]

슬로베니아의 너도밤나무 숲 위로 폭풍이 점차 세력을 키워가는 동안, 루시안과 나는 야생 사과나무 수갱식 분묘 Grobišče Brezno za lesniko라고 불리는 포이베 가장자리를 찾아왔다. 이곳에서 일어난 사건 역시 다른 포이베에서의 것처럼 구체적인 내용이 확실치 않아 크게 논란이 되고 있다. 1945년 5월의 어느 날 이탈리아 경찰과 슬로베니아 의용대, 그리고 민간인을 포함한 40~50명의 사람들이 루시안과 내가 걸었던 굽은 트랙을 따라 줄지어 나무 사이를 통과해 이 캐즘까지 왔다고 주장된다. 여기에서 이들은 살해된 뒤 깊은 캐즘 속에 버려졌거나, 아니면 산 채로 밀어 넣어졌다.

나무껍질의 만 자는 최근 우파 시위대가 새긴 것이다. 그들은 이곳에서 자행된 살인 행위에 항의하고 이곳에서 죽은 이들을 추모하기 위해 이 포이베까지 행군했다. 만 자 위에 줄을 그은 것은 반대쪽 사람들이다. 그리고 누군가가 희생자를 추모하며 쓴 시가 있다. 주장과 반론의 싸움에서 희생자들이 묵살당하지 않게 하기 위해 쓴 것이다.

나중에 슬로베니아 친구가 이 시를 번역해주었다. 나는 그녀에게 내가 어디서 이 시를 발견했는지, 그리고 그 내용이 어떤 것인지 미리 경고했어야 했다. 나는 이 시가 지닌 공포의 힘을 미처 예상치 못했다.

인간성 말살

그렇지만 그들도 당신과 나와 같은 사람이었는데.

당신은 누구인가? 살아서 광기에 던져진 자,

몽둥이와 칼에 목숨을 잃고

여기 십자가에 못박혔지만 당신을 위한 십자가는 없다.

그러나 오, 인간이여

당신의 뼈는 이 바닥 없는 구덩이에 나뒹군다,

그들도 당신과 나와 같은 사람이었는데,

당신은 황금빛 자유 속에서 살해당했다.

이곳을 지날 때면 잠깐 멈춰서

어두운 밤에 피 흘리는 자신의 손목을 생각해보라,

가시철사로 손목을 묶고

그들은 욕하고, 막대기로 찌르고

때리고, 발가벗겼다. 산송장이 된 채

총의 개머리판이 내리치는 소리를 듣고

비명소리, 신음 소리, 공포가 달콤해질 즈음이면

죽음이 가까워졌다는 것이다.

공포와 고통은 사라진다.

발걸음이 허공을 헤맨다.

바닥 없는 구덩이에 셀 수 없이 많은 이들이 누워 있다.

그렇지만 그들도 당신과 나와 같은 사람이었는데.

추신 : 이 기록을 지우려는 자에게 저주가 내리길.

이 시는 독자에게 자신을 희생자로 생각하라고 명령한다. 다른 사람의 살가죽 안에 들어가 그 존재가 되어본다면 차마 타인에게 그런 고통을 가할 수 없다는 것을 알게 될 것이다. 이 시는 내가 느낀 것처럼 마음에 동요를 주는 글이다. 생생한 처형 장면. 그리고 누구도 시를 지우지 못하도록 저주의 협박으로 마무리한다. 이 시는 독자에게 금기와 대처를 요구하며 도전하고 임무를 맡긴다. 무엇보다 이 시는 연민의 시다. 다른 사람이 느꼈을 고통의 감정에 대한 연민. 시인에게 '바닥 없는 구덩이'의 어둠은 완벽한 공감의 실패를 상징한다. 그것이 저 지역에서 일어났던 전쟁의 특징이다. 그리고 그것이야말로 언제 어느 장소에서든 필연적으로 전쟁을 특징짓는다.

❧

길가의 사과나무 열매가 등불처럼 노랗다. 땅이 계속해서 상승한다. 넓은 강 골짜기, 옅은 석회암 봉우리가 양쪽으로 더 높이 올라간다. 푸른 하늘은 아치를 그리고 강한 햇빛은 돌에 비쳐 반짝인다. 우리는 천국의 산을 지나가지만 침묵 속에 달린다. 포이베는 마음속 깊은 곳에서부터 나를 뒤흔들어놓았다. 그건 이 풍경에 숨겨진 폭력에 익숙한 루시안도 마찬가지다.

회선 구간의 자작나무 잎은 끓어오르는 유황 색깔이다. 산울타리에 메꽃이 하얗게 피어난다. 부드러운 남풍에 사시나무가 흔들린다. 고도가 높아지면서 공기가 차가워진다. 그리고 선명해진다. *과거의 그림자는 일어난 적 없는 모든 것에 의해 드리워진다. 그리고 카르스트를 통과하는 빗물처럼 보이지 않게 현재를 녹인다······.*[5]

이런 경관에서 아름다운 경치와 잔혹한 행위의 관계는 무엇일까?

이런 과거가 있는 장소에서 자연의 아름다움을 감탄하고 즐기는 것이 가능한가? 아니면 적어도 이것이 분별 있는 행동인가? 안젤름 키퍼Anselm Kiefer가 뭐라고 썼더라? *나는 결백한 풍경은 없다고 생각한다. 그것은 존재하지 않는다……*.[6] 키퍼가 그린 독일 숲의 그림이 떠오른다. 커다란 나무줄기가 어둡게 그늘진 숲속 풍경은 보는 이를 당황하게 하고 옭아맨다. 저 나무들은 거기에서 행해진 잔인함에서 자양분을 얻는다. 키퍼가 그린 유럽은 죄의식과 고통이 내재된 역사를 전달한다. 소나무는 사람의 뼈 위에서 높이 자란다. 키퍼는 우리의 죄가 땅에 새겨진 스티그마타(성흔)에 의해 용서받는 구원론을 갈망하면서도 한편 그것을 헛된 것으로 치부한다.[7]

율리안 알프스의 진정한 봉우리들이 수평선에 나타나기 시작했다. 고딕풍의 꿈의 산맥이다. 석회암 정상들이 솟아오른 꼭대기까지 나선형으로 뻗어 있다. 속이 비고 주름진 모양들이 능선과 골짜기에서부터 바위 하나에 새겨진 물의 흔적에까지 크고 작게 복제되었다. 물질은 겉모습을 바꾸고 장소를 바꾼다. 구름과 설원, 옅은 바위를 구분하기가 힘들다.

나는 독일 작가 W. G. 제발트W. G. Sebald가 풍경과, 폭력의 유물에 관해 쓴 글이 생각났다. 『토성의 고리The Rings of Saturn』에서 화자가 이스트 앵글리아의 평온하지만 언제나 무장된 해안가를 걸으며 어떻게 그 풍경의 '익숙하지 않은 자유로움'과 '멀리서도 역력한 먼 과거의 파괴의 흔적'이 결합하여 사람을 '마비시키는 공포'[8]에 사로잡히게 되었는지를 떠올렸다. 나는 서퍽 해변Suffolk Coast에서 조금 떨어진 오포드네스Orford Ness의 핵무기 실험장 - 제발트도 그곳에 간 적이 있는데 - 에 한 친구를 데려갔던 기억이 난다. 그녀는 갈색 파도가 치는 북해의 조약돌 제방에서 정신없이 울었다. 네스에 잠복한 국가 폭력이 몇 년간 그녀를 힘들게 했던 잔인한 관계의 기억을 숨김없이 드러내게 했다. 폭력 사건은 누군가의 눈에 부서진 유리처럼 지속된다. 그것이 만들어내는 빛은 우리를 돕기는커녕 눈을 멀게 한다.[9]

이제 우리는 율리안 알프스의 심장부로 올라왔다. 강과 다리가 교차하는 도로의 모퉁이에서 조약돌이 깔린 물가에 혼자 앉아 있는 노파를 보았다. 노파는 휠체어를 타고 강변의 바위 사이로 나왔다. 그녀는 테가 진하고 안경알이 어두운 호박색인 커다란 안경을 끼고 있었고 다리에는 초록색 담요를 덮었다. 두 손을 담요 위에 올린 채 거칠게 흘러가는 푸른 강물을 움직이지 않고 바라보았다. 노파가 어떻게 거기까지 갔고, 또 어떻게 돌아갈지는 모르겠지만 빠른 물살 옆에서도 평온해 보인다.

현재는 아름답지만 과거에는 폭력의 장소였던 곳이라면 어디라도 부조화는 있게 마련이다. 그러나 그곳을 어두운 역사로만 읽는 것은 미래에 펼쳐질 삶의 가능성을 허락하지 않고, 또 보상과 희망을 거부하는 행위다. 그것은 모습만 다를 뿐 또 다른 억압이다. 그런 풍경을 보는 한 가지 방법이 있다면, '오컬팅occulting(명암등)'이라고 부르는 것이다. 오컬팅은 조명을 켜고 끄기를 반복하는 것을 뜻하는 해양 용어다. 대체로 빛을 비추는 시간이 어둠의 시간보다 길다. 이런 의미에서 슬로베니아의 카르스트는 빛과 어둠, 과거의 고통과 현재의 아름다움이 복잡하게 얽히고설킨 오컬팅 풍경이다. 여러 해 동안 나는 버려진 석조 주택 주위로 종달새가 노래하는 스코틀랜드 북부의 개간된 골짜기에서부터, 독수리의 시선 아래로 고대의 소나무 사이에서 야만적인 빨치산 전투가 벌어졌던 마드리드 북쪽의 과다라마Guadarrama 산맥을 거쳐, 숫여우가 철조망을 뚫고 들어가는 웨스트뱅크의 팔레스타인과 이스라엘 분쟁지역까지 수많은 오컬팅 경관을 걸어 다녔다. 이 풍경들은 하나같이 자연의 귀환에 대한 확신을 주고, 관대한 생명과 공존하는 크나큰 고통의 부조화를 상기시킨다.

노파가 물을 바라보던 강 골짜기에서 1.5킬로미터 정도 위로 올라가면 옆쪽 골짜기에서 큰 강으로 작은 개울이 흘러내린다. 지도에는 '리오 비앙코Rio Bianco', 즉 하얀 급류라고 표시된다. 여기는 정확히 100년 전에 전쟁이 벌어졌던 높은 꼭대기로 올라가는 길이다. 우리는 도로에서 벗어나 개울가 너도밤나무 숲을 지나가는 좁은 길을 따라갔다. 등산로 자체는 암반이 닳아 번개의 흰빛이 나며 나무들 사이 위쪽으로 계속되었다.

너도밤나무 줄기의 구멍은 이끼와 고사리가 자라는 소형 정원이다. 개울둑 큰 바위 사이에 난쟁이소나무가 자란다. 실잔대, 용담, 에델바이스가 숲 아래에서 별처럼 빛난다. 송어는 더 큰 웅덩이에서 날쌘 그림자로 움직인다. 우리 위로는 애추scree(절벽에서 분리된 바위 부스러기들이 원추형으로 쌓인 지형 - 옮긴이)와 새하얀 봉우리들이 능선을 따라 수십에서 수백 미터를 들쑥날쑥 솟아 있다. 우리가 정말 저기까지 올라갈 수 있을까? 우리가 가는 길 왼편에는 비앙코(급류)가 흐른다. 신비롭고 제멋대로인 이 급류는 더운 날 등반의 훌륭한 동반자가 되어주었다. 나는 더는 비앙코의 초대를 거부할 수 없었다.

"루시안, 저는 계곡을 따라 올라갈게요."

"마음대로 하시게. 난 젖고 싶지 않으니. 권곡cirque(빙하의 침식작용으로 생긴 넓고 오목한 형태의 골짜기 - 옮긴이)에서 만나자고." 그는 몸짓으로 위를 가리켰다. "골짜기가 합류하는 쪽으로 가다가 왼쪽으로 틀어서 위로 올라오게. 크고 바닥이 평평한 권곡이 보이면 그 옆에 강철 케이블로 바위에 동여맨 작은 산장이 있을 걸세. 거기서 만납시다. 한 세 시간? 네 시간?"

그는 숲으로 들어갔고 나는 아래로 내려와 계곡을 따라 걸었다.

돌에서 햇빛이 뿜어져 나온다. 나는 바위 사이를 뛰고, 큰 바위를 오르고 물웅덩이 위로 기어올랐다. 계곡이 깊고 넓게 흐르는 곳에서는 물살을 헤치고 걸으면서 눈이 녹아 차가워진 물에 발과 정강이가 시린 기분을 즐겼다. 어떤 석회암 덩어리는 물에 닳고 닳아 살결처럼 부드러웠다. 작은 웅덩이에는 너비가 몇 센티미터에 불과한 하얀 모래밭이 있었다. 계곡의 구역마다 새로운 등반 과제를 제시했다.

이곳은 빛이 내뿜는 순백이 아름다운 계곡이었다. 동시에 속임수를 쓰는 희한한 계곡이었다. 물이 잔잔하게 고인 곳에서는 마치 물이 없는 것처럼 투명해 보여 두어 번 가던 길을 멈추고 손을 넣어 물이 있다는 걸 확인해야 했다.

진짜 어려운 점은 계속해서 계곡을 타고 올라갈 수밖에 없다는 것이다. 나오는 계곡물마다 기다렸다가 휘젓고 싶은 마음이 들었다. 그러고 나면 옆쪽의 계곡물이 또 손짓한다. 마침내 폭포수가 떨어지는 폭 3.5미터 정도의 반들반들한 석회암으로 형성된 큰 계곡이 나왔다. 낮게 내려앉은 가장자리에서는 골짜기를 가로질러 맞은편에 베개처럼 푹신한 봉우리가 보였다. 그 계곡에서 나는 수영을 했다. 인피니티 풀이 따로 없었다. 떨어지는 폭포수에 등이 마비될 때까지 5분 정도 머물며 뒹굴었다.

그러고 나서 여유 있게 위로 올라갔다. 바위 사이를 계속해서 뛰다 멈추다 했다. 여울마다 나를 유혹하고, 물웅덩이마다 나를 붙잡았다. 마침내 양쪽으로 협곡이 너무 높아져 그 안에 갇히기 직전에 나무뿌리를 밧줄처럼 붙잡고 올라와 계곡을 빠져나왔다. 샤모아 산양 일곱 마리가 짐짓 무심한 태도로 관음증을 감춘 채, 거의 벌거벗은 상태로 배낭을 멘 남자가 협곡의 가장자리를 타고 숲속으로 기어올라 옷을 입는 모습을 지켜보았다.

숲속의 작은 빈터가 나오고 거기에서부터 길이 다시 위로 올라갔다. 개간지에서 오두막을 지나 지그재그 길을 오르다 보니 고도가 높아질수록 나무의 키가 작아졌다. 보라색 체꽃을 보니 수석으로 된 고향 땅이 떠올랐다. 다 자란 너도밤나무 성목의 키가 1미터로 줄었다. 이어서 넓은 관목 숲이 나오고 길이 여러 갈래로 갈라졌다. 소나무와 윤기 나는 대왕참나무 관목림이 나왔다. 나무들은 처음에 머리 높이에 있다가 다음은 어깨 높이, 또 그다음은 허리 높이까지 내려온 뒤 모두 한꺼번에 사라졌다. 고도와 눈사태가 나무를 쓸어낸 장소가 나왔다.

맨 바위에서 마멋의 날카로운 휘파람 소리가 메아리치고, 주위의 산봉우리들이 더 바짝 압박해왔다. 돌탑들이 솟아올라 하늘에 하얗게 입체적으로 쌓여가는 소나기구름 위로 치솟는데 경관의 지면 아래로 내려가는 캐즘과 동굴 속으로도 계속되나 보이지는 않는다.

되새 떼가 내 밑으로 소나무 숲을 훑고 지나고 이파리 사이에서 퍼덕거리다 사라진다. 나는 바위가 깔린 평원을 지나 마침내 권곡 입구에 도착했다. 그리고 루시안이 말한 대로 사나운 겨울 폭풍을 대비해 강철 케이블로 평평한 바위에 묶어놓은 산장을 보았다. 말이 산장이지 금속 캡슐에 지나지 않았다. 출입문을 열었다. 겨우 서 있을 만큼의 공간이다. 이층 침대 여섯 개가 양쪽에 세 개씩 있다. 침대 위에는 담요가 가지런히 개켜 있고, 납작한 제리캔 두 통에 물이 가득 채워져 있다. 재난 대피소다. 그나저나 루시안은 어디에 있지?

나는 오두막 근처 풀밭에 누워서 기다렸다. 따뜻한 바람, 푹신한 고산식물. 구름, 바위, 마멋의 휘파람 소리, 행복. 까마귀가 절벽에서 주문을 건다. 낙석이 떨어지는 소리, 아이벡스ibex(길게 굽은 뿔을 가진 산악 지방의 염소 - 옮긴이)의 발굽 소리, 세상에 아이벡스라니! 불과 20미터 앞에 한 마리가 서 있다. 침묵과도 같은 콧노래 소리. 권곡은 석회암이 말발굽 모양으로 크게 굽어 둘러싸며, 봉우리 쪽으로는 올라가고 가파른 골짜기 쪽으로는 내려간다. 최종 목적지는 서쪽에 있지만 거기까지 어떻게 갈지 모르겠다.

30분 뒤 루시안이 권곡 가장자리 위에서 나타났다. 덥지만 유쾌하다. 아무래도 관목 숲 미로 어딘가에서 그를 지나쳤던 것 같다. 우리는 사과를 먹고 쉼터 옆에서 강물을 마셨다.

그가 말했다. "겨울이면 눈이 4~6미터까지 떠밀려온다네. 여긴 파묻혀버리지."

"이곳에 오니 마음이 들뜨는군요. 여기까지 데리고 와줘서 고맙습니다." 내가 루시안에게 말했다.

"그렇다니 다행이군. 안타깝게도 여기에서도 전쟁이 있었다네. 주위를 돌아봐도 알지 못하겠지만. 적에게 접근하기 위해 바위에 굴을 파고 절벽을 기어올랐지. 하지만 이곳에서는 총알이 아니라 겨울 날씨 때문에 더 많은 사람이 죽었다네." 루시안이 말했다.

돌로미티와 율리안 산맥 전체에서 빙하가 퇴각하면서 한 세기 전에 있었던 분쟁의 내용이 드러나기 시작했다. 라이플총, 탄약상자, 보내지 못한 연애편지, 일기장, 그리고 시신들까지. 10대 오스트리아 병사 두 명이 트렌티노Trentino의 빙하에서 지상으로 나왔는데 각각 머리에 총일이 박힌 채 서로 나란히 누워 있었다. 합스부르크 병사 세 명도 빙벽이 녹으면서 나왔는데, 고도 약 3,600미터의 산 마테오San Matteo 봉우리 근처에서 거꾸로 매달려 있었다. 문제는 지층 깊이 묻히게 되는 것이 아니라 그곳에서 견디는 것에 있다…….

산장에서부터 우리는 본격적으로 등반을 시작했다. 애추의 혀에서 능선을 향해 위로 올라간다. 두 발짝 올라가고 한 발짝 뒤로 물러선다.

눈이 소복이 쌓인 땅에 발걸음 하나하나 구멍을 뚫으며 지나간다. 힘들고 매력적이고 은밀한 작업이다. 낙석을 대비해 헬멧을 썼다. 우리는 능선에 도착했다. 이곳은 극한의 장소다. 이곳의 암석은 너비가 30센티미터밖에 안 되는 가시 모양이므로 우리는 승마 자세로 서로 마주 보며 양다리를 벌리고 앉아야 했다. 남쪽으로는 이손조 강의 경로를 드러내는 석회암의 하얀 띠까지 몇백 미터를 떨어지는 거대한 폭포선이 있다. 이 높이에서 보는 이손조의 강물은 골짜기의 짙은 초록색 소나무 사이에서도 반짝이는 푸른색으로 빛난다.

눈앞에는 봉우리에서 시작된 능선이 올라왔다 내려간다. 이것들은 '하얀 급류의 작은 봉우리들 Cime Piccole di Rio Bianco'이라는 뜻이고, 볼트로 고정된 케이블과 브래킷이 설치된 '비아 페라타 via ferrata', 즉 '쇠로 만든 길'을 통해서만 횡단할 수 있다. 루시안과 나는 장비를 장착했다. 내 카라비너에는 트레비치아노 심연에서의 토사와 진흙이 묻어 있었다. 그것을 보자 마음은 이곳에서 2,000미터 아래의 어두운 동굴방으로 날아갔다.

"저건 캐닌 Canin 일세." 루시안이 골짜기 반대편을 가리키며 말했다. 혹처럼 올라왔다 쑤욱 꺼지는 하얀 산이 마치 번쩍거리고 구멍이 숭숭 뚫린 고래 등 꼭대기에서 광활한 설원이 내려오는 것처럼 ― 물론 아니라는 건 알지만 ― 보였다.

"캐닌이야말로 진정한 카르스트 봉우리지. 석회암이 얼마나 색다르게 행동하는지 알 수 있다고. 지금 우리가 서 있는 이곳은 잘 부서지고 날카롭지. 캐닌은 빵 덩어리처럼 둥글둥글하고 질감은 달의 표면 같아. 물론 단면도 상상해봐야 하지. 캐닌 내부에는 천연 동굴이 벌집처럼 박혀 있어. 수직으로 2킬로미터나 내려가는 캐닌의 사면에 진입로가 있는 동굴들이 있다네."

난 셰퍼드Nan Shepherd는 스코틀랜드의 케언곰 산맥을 연구한 『살아 있는 산The Living Mountain』에서 '산에는 내부가 있다'[10]고 썼는데, 그녀가 바깥쪽을 향하는 듯 보이는 그 화강암 산맥에 관해 무엇을 말하려는 것인지 알기까지 몇 년이 걸렸다. 그러나 이곳 율리안 산맥에서는 난의 명제가 대단히 명쾌하게 설명된다. 이곳은 속이 빈 산이며, 빛이 없는 봉우리이고, 골짜기와 동굴의 형태로 어디서나 자기 안으로 파고든다.

우리가 막 작은 봉우리들을 횡단하기 시작하자마자 북서쪽에서 천둥이 연달아 크게 우르릉거리는 소리가 들렸다.

내가 루시안에게 말했다. "타이밍이 별로 좋지 않네요. 천둥 번개가 몰려오는 훤히 드러난 산의 능선 위에서 금속 카라비너를 달고 금속 케이블을 붙잡고 있는 걸로도 모자라 등에 지고 있는 배낭 밖으로 금속으로 만든 얼음도끼가 삐져나와 있잖아요."

루시안이 말했다. "음, 동굴에서 기다릴 수도 있고. 아니면 폭풍과 경주하면서 우리를 비껴가주길 바라거나, 터널을 찾아 대피할 때까지 우리를 따라잡지 못하길 바라야겠지."

결국 우리는 폭풍과 경주했다. 천둥에 맞서 봉우리에서 봉우리로 두 시간을 내달렸다. 나는 이때를 셔터 누르는 소리와 날카로운 파편으로 기억한다. 손 밑의 뜨거운 바위. 추락의 위험이 몸을 끌어당긴다. 첫 번째, 두 번째, 세 번째 꼭대기. 아드레날린, 피투성이가 된 손톱, 팔과 다리에 쌓이는 젖산. 우리는 살아 있고, 살아 있어 행복하다. 어느덧 뇌우가 천천히 북쪽 몇 킬로미터 밖으로 빠져나갔다.

비아 페라타의 철제 케이블이 제1차 세계대전 당시의 전쟁 기반 시설과 뒤엉킨다. 우리는 과거 100번의 겨울 전에 바위에 망치질로 박아놓은 불안한 나무 계단에서 균형을 잡는다. 녹슨 쇠사다리를 밟고 큰 바위틈을 건넜다. 아홉 번째 봉우리의 비탈에 닿았다. 우리 앞에 터널 입구가 있다. 햇빛이 환히 비치는 바깥 세계에 어울리지 않게 어둡다. 이곳은 봉우리를 완전히 폭파하고 난도질해서 만든 곳으로 전쟁 중에 이 죽음의 분쟁지역에서 포탄, 번개, 산사태로부터 사람을 보호해주는 가장 안전한 장소였음이 틀림없다.

우리는 터널 안으로 들어갔다. 이곳의 바람이 주는 휴식과, 만약에 폭풍이 방향을 틀었더라도 이곳에서 피할 수 있었을 거라는 생각에 감사했다. 우리는 터널을 따라 산의 내부로 걸어 들어갔다. 18미터 정도 터널의 아래로 내려가 모퉁이를 두 번 돌았다. 완벽한 어둠 속에 헤드랜턴을 켜야 했다. 다시 걸었다. 녹슨 사다리를 타고 서로 도와가며 아래로 내려갔다.

아래에서 빛이 올라왔다. 모퉁이를 돌았더니 석회암을 잘라 만든 총좌가 나왔다. 총좌는 계곡을 가로질러 캐넌 지역을 향하고 있었다. 총을 올린 다음 방향을 동서로 바꿀 수 있게 총좌의 돌 위에 설치된 원형의 회전 철판이 아직까지 남아 있었다. 안쪽 벽을 파내어 사격 시 반동에 필요한 공간을 확보했다. 이 좁은 공간에서 사격을 하면 그 발사음이 고막을 찢을 정도였을 테니 아마 총질하던 사람은 즉시 청력을 잃었을 것이다.

터널 모퉁이를 돌자 다시 빛이 나타났다. 빛의 출입구다. 우리는 텅 빈 봉우리의 빛, 어둠, 빛, 어둠, 다시 빛의 단계를 통과해 능선의 끝자락, 고개를 향해 떨어지는 애추 위에 있다. 나는 갑자기 파리 카타콤의 '벽을 뚫고 지나가는 사나이'가 생각났다.

나는 애추를 미끄러져 내려가 샤모아와 사람들이 길을 낸 초록색 목초지까지 달렸다. 봉우리 그림자 밑에 군데군데 오래전에 쌓인 누런 눈이 있다. 1킬로미터쯤 멀리 오두막이 보였다. 땅이 천 길 낭떠러지로 떨어지는 지점에 아슬아슬하게 서 있었다. 그곳은 휴식과 먹을 것과 벗을 약속한다. 전쟁에 대한 생각이 사라졌다. 구름이 태양 위로 빠르게 지나가며 이 경관에 오컬팅한 빛을 던졌다.

━━━◦❖◦━━━

이 오두막은 일곱 살인 테레사와 흰 고양이 루나가 주인장이다. 비록 뒷방에 틀어박혀 지내긴 하지만 테레사의 아버지는 이곳의 관리인이다. 테레사의 엄마는 보이지 않는다. 테레사는 저녁으로 파스타를 만들다가 얼굴에 밀가루를 묻히고는 인사하러 나왔다. 루나를 럭비공처럼 한쪽 팔 밑에 끼고는 우리에게 이탈리아어로 말했다. 나는 영어로 인사했다. 우리는 서로 이해하지 못했지만 그런 건 별로 중요하지 않았다.

테레사를 보고 있으니 내 애들이 생각났다. 애들을 본 지도 2주나 지났다. 이 아름다운 풍경에 몰려든 어둠이 조금씩 내게 스며들어 시야와 정신의 가장자리에 그늘을 만들었다. 애들과 같이 있고 싶고, 또 그들을 안전하게 지켜주고 싶다는 생각이 들었다.

이 오두막은 백색전쟁의 성물함이다. 창턱에는 죽음의 파편이 늘어서 있다. 몇 년간 사람들이 주워 모은 탄피 조각, 구부러진 총검, 총알, 부츠의 버클, 투구의 스파이크와 턱끈, 그리고 폭발로 바나나 껍질처럼 뒤로 벗겨진 탄피까지. 여기는 암울한 살육의 박물관이다.

오누막 안에 작은 서재가 있는데 대부분 전쟁에 관한 책이었다. 나는 나무 벤치에 앉아 이곳에서 일어난 일들에 관해 읽었다. 이 산비탈을 가로질러 옮겨진 전선과 이곳에서 싸운 사람들을 찍은 흑백사진도 있었다. 봉우리의 돌을 깎아 만든 터널에서 터널로, 입구에서 입구로. 그림자 속의 남자들은 유람선의 옆처럼 구멍이 뚫린 적의 절벽 위를 바라보고 있다. 산을 뚫고 내부로 들어가는 것만이 죽음을 불러오는 산사태와, 죽음을 불러오는 추위, 죽음을 불러오는 적들의 포탄과 총알을 피하는 유일한 방법이었다. 알프스 산맥의 이곳은 무장한 봉우리가 되었고, 산맥의 지형은 은폐와 은닉을 위해 강제로 재조직되었다. 포탄이 한 번 떨어질 때마다 산의 높이가 6미터씩 낮아졌다. 백색전쟁의 무대는 정상의 구멍 뚫린 내부를 지나 아래로 산비탈과 골짜기의 동굴들까지로 확장되었다.[11]

나는 에얄 와이즈만Eyal Weizman이 쓴 이스라엘-팔레스타인 분쟁의 경관 건축에 관한 연구서 『텅 빈 땅Hollow Land』과 그것이 제안한 '탄성 지리학elastic geography'을 떠올렸다. 탄성 지리학에서 공간은 단순한 충돌 행위의 배경이 아니라 '각…… 행위가 도전하고 변형하고 전용하려고 하는 매개체'[12]로 이해되어야 한다. 와이즈만은 웨스트뱅크와 이스라엘의 '탄성 지형'을 지도화했다. 여기에는 영토를 봉쇄하기 위해 세운 담장과 장벽 같은 장치가 무색하도록 팔레스타인 사람들이 장벽 아래를 파낸 땅굴, 그리고 하마스가 가자에서 쏘아 올린 로켓의 궤도까지 모두 포함된다. 그는 분쟁의 양 당사자가 차지한 공간의 재개념화에 관해 썼다. 이는 분쟁 지형이 하늘의 무장된 영공으로부터 웨스트뱅크 수백에서 수천 미터 아래의 석회암 대수층 통제에 대한 경쟁까지 수직으로 이어지는 방식을 말한다. 와이즈만은 이처럼 유동적인 공간을 '텅 빈 땅', 즉 '할로우랜드Hollow Land'라고 이름 붙였다. '들어오고 나가는 층이 분리되어 있고, 보안 통로와 수많은 검문소가 있는 복잡한 건축물들의 땅이다. 수많은 장벽으로 차단되고 폐쇄되며, 지하터널이 도랑을 파고, 육교와 고가도로가 공중에서 엮어지며, 무장된 하늘에서 폭탄이 떨어지는 할로우랜드는 그곳을 조각내려는 수많은 다양한 시도가 물리적으로 구현되어 나타난다.'[13]

백색전쟁 시기에 율리안 알프스에서도 비슷한 일이 벌어졌다. 이

'극한의 실험실'[14]에서 새로운 형태의 전쟁이 생겨나고 새로운 공간 변형이 일어났다. 산은 더 이상 고정된 구조물이 아니라 안을 열 수 있는 벌집으로, 횡단할 수 있는 내부로, 걸어서 통과할 수 있는 벽으로 여겨졌다. 경관 자체가 배우이자 요원이자 전투원으로 활약했다. 제2차 세계대전 때는, 루시안과 내가 포이베에서 보았듯이, 처형 수단으로 또 다르게 쓰였다.

테레사가 루나와 함께 나를 보러 왔다. 루나를 내 무릎 위에 올려놓고 귀를 잡더니 입에다 뽀뽀를 퍼부었다. 루나는 울부짖으며 저항했고, 그 바람에 발톱이 내 허벅지로 파고들었다. 나는 손바닥에 손톱이 박힐 정도로 주먹을 쥐며 소리를 질렀고 테레사는 그걸 보며 즐거워했다.

우리는 네 명의 트리에스테 사람들과 오두막을 공유했다. 이 두 커플은 이곳의 단골손님으로 겨울이면 산악스키, 여름이면 등반과 동굴 탐사를 위해 도시에서 종종 이곳을 찾는다고 했다. 그들은 우리를 대화에 끼어주었고 함께 산 이야기를 나누었다. 그들 중 한 명은 어깨가 넓고 체구가 곰 같았다. 오렌지색 플리스를 입고 파란 두건을 두르고 머리는 땀에 젖어 달라붙어 있었다. 그는 자신이 극한 동굴 탐험가라고 무심히 말했는데, 그런 전문적인 활동을 하기엔 체형이 어울리지 않으므로 놀랐다. 하지만 내 생각을 입 밖에 내지는 않았다. 그는 손짓으로 캐닌 산을 가리켰다.

"유럽에는 지상에서 최저점까지가 가장 깊은 동굴들이 있어요." 그가 다가와 우리가 들고 있는 지도에 나와 있는 동굴들의 입구를 가리키며 말했다.

그날 밤 멀리서 치는 번개가 캐닌 산을 비추었다. 나는 발코니에 나가 번개 쇼를 구경했다. 그을린 빛을 받아 곰보 자국처럼 구멍이 숭숭 뚫린 석회암 평원이 드러났다. 마치 소행성이 부딪혀 생긴 달 표면의 분화구를 보는 것 같았다. 이 세상 것이 아닌 것처럼 아름다웠다.

우리는 폭풍을 지켜보았다. 번개와, 번개를 따르는 천둥 사이에 시간 간격이 있다.

"계절이 좀 더 지나면 골짜기 아래에서 수사슴들이 울부짖는 소리가 들린다네." 루시안이 잠시 후 말했다. "정말 대단한 소리야. 잊히지 않을 만큼 거친 소리지. 밑에서부터 서서히 떠오르며 권곡 주위에서 메아리친다네."

얼마 후 폭풍이 이곳까지 몰아쳐 양철 지붕에 빗줄기를 총알처럼 내리꽂았다.

------◆------

우리는 고요와 기적에 잠이 깼다.

구름바다가 산 아래 경관을 가득 메웠다. 골짜기는 피오르, 우리는 섬에 있다. 우리가 보고 있는 가운데 구름이 천천히 위로 솟아올라 그 안에 잠기는 착각이 들었다. 산호섬이 몸을 떨며 하얀 물속으로 들어간다. 소나무의 초록색이 안개 소용돌이와 산봉우리 가운데에 보인다. 우리 앞에 중국 두루마리 그림이 펼쳐진다.

우리는 위로는 절벽, 아래로는 낭떠러지 사이의 좁은 길을 따라 서쪽으로 출발했다. 길의 움직임에 따라 구름바다에 들어왔다 나갔다 했다. 절벽에서 폭포가 떨어지는 곳이면 어깨를 웅크리고 내달렸다. 눈이 녹은 물이 머리와 목에 후드득 떨어졌다.

눈밭에 고양잇과 동물의 흔적이 있다. 멀리 언뜻 아이벡스가 보인다. 등산로 흰색 돌 위에서 검은 도롱뇽 한 쌍이 축축한 몸을 끌어안고 짝짓기를 한다. 긴 발가락과 손가락이 서로를 열정적으로 눌러댄다. 더 많은 총좌, 더 많은 터널, 절벽마다 구멍이 뚫리고, 산맥 전체가 벌집이, 정말 끔찍한 벌집이 되었다. *우리는 보이지 않는 자들의 벌이다.*

붉은부리까마귀 한 떼가 탱탱거리는 소리를 내며 우리보다 한참 아래로 내려간다. 샤모아 두 마리가 전속력으로 도망치다가 큰 바위에 멈춰서 뒤돌아 어깨 너머로 우리를 본다. 바위와 흙 속에 풀에 뒤덮인 참호가 아직 남아 있다. 우리는 옆 골짜기를 자유롭게 가로질러 걸었다. 골짜기의 개방성이 죽음을 의미하는 시절도 있었다. 가시철조망이 잔디와 돌 아래에 묻혀 있다.

우리는 높은 길에서 나와 등고선을 따라 구름 속으로 내려갔다. 하얀 구름의 세계로 들어간다. 산딸기를 보고 멈춰서 먹었다. 톡 쏘는 맛이다. 거기에서부터 계속해서 아래로 몇 시간을 내려갔다. 다 내려왔을 때 태양이 떠오르며 구름을 태워버렸다.

우리는 이른 오후에 골짜기 바닥에 도착했다. 그 골짜기로 어린 이손조 강이 흐른다. 이손조가 캐닌 산의 카르스트 위를 흐르는 곳에서 강물은 아이스블루색이다. 강물에 몸을 띄우고 아드리아 해까지 가고 싶었다. 루시안과 나는 깊은 웅덩이 옆 조약돌 물가에서 잠시 쉬었다. 송어 그림자가 파리를 잡으려고 몸을 뒤집는다. 산악인 신비주의자 W. H. 머레이W. H. Murray가 독일과 이탈리아의 포로수용소에서 몇 년을 보낸 뒤 풀려나면서 뭐라고 말했더라? *아름다움을 찾고, 조용히 머물러라.*[15]

물 위에 고운 안개가 피어올라 강 위에 하얗게 떠 있다. 그래서 물이 공기보다 더 맑아 보인다. 강을 경계 짓는 나무에는 이끼와 지의류가 무성하다. 이곳은 우림이 아니라 안개 숲이다. 그리고 그 사이로 이 세상의 것이 아닌 강이 흐른다. 나는 둥글납작한 검은 조약돌을 찾아 물 한가운데로 던졌다. 돌이 푸른 물 아래로 강바닥까지 가라앉아 하얀 모래 속에 자신의 일부를 묻었다.

줄기가 갈라진 오래된 물푸레나무 미로 아래로 마지막 통로를 따라간다. 길은 급히 아래로 꺼지고 꼬이고 구부러지다 자리를 잡는다. 자갈이 깔린 물가에 도착했다. 어두운 물이 깊은 웅덩이를 이루고, 협곡의 지붕이 내려앉아 물과 맞닿았다. 더 나아가려면 물속으로 들어가 수중 통로를 거쳐야 한다.

몸이 가라앉는다. 물은 돌처럼 검고 눈처럼 차다. 추위가 물감처럼 뼛속까지 빠르게 스민다. 앞이 보이지 않는다. 빛이 없다. 천장에 굴곡이 있다. 발을 바삐 구른다. 허파의 공기가 빨갛게 달궈진다. 머리를 누르는 압력이 상승한다, 상승한다, 상승한다…… 마침내 위로 올라와 맑은 공기 중으로 나온다. 반대편 어둠 속에서 가쁜 숨을 몰아쉰다. 이것은 죽음의 느낌일까, 아니면 태어나는 느낌일까?

세 번째 방에 들어왔다. 종유석이 천장에서 바닥까지 내려온다. 빛이 부딪히고, 떠오르고, 움직인다. 동굴의 석벽은 이미지와 이야기로 살아 있다. 기울어진 암벽은 언더랜드의 장면을 품고 있다. 이것은 유령과 사후 세계의 장면이며 거대한 시공간을 가로질러 서로를 향해 울려 퍼진다.

기원전 4세기, 그리스 테살리아Thessaly에서 한 여성의 시신을 매장할 준비가 한창이다. 그녀의 다문 입술에는 괴수 고르곤의 머리가 새겨진 동전이 올려졌다. 검은 강을 건너 그녀를 망자의 세계로 데려갈 뱃사공에게 지불할 삯이다. 가슴에는 글씨가 새겨진 하트 모양의 금박 잎사귀 두 장을 올렸다. 이 잎들은 망자를 위한 일종의 여권이자 죽음의 지도다. 잎사귀에 새겨진 글은 그녀에게 페르세포네가 거두어줄 망자의 영역으로 가는 길을 일러줄 것이다. 이 글은 언더랜드에서 안전한 길을 벗어나는 바람에 저주받은 망령이 되어 인간의 영역을 영원히 떠돌게 된 자들의 실수를 경고한다. *그대는 하데스의 지옥에서 샘을 하나 발견할 것이다. 그 옆에는 귀신 들린 사이프러스 한 그루가 서 있다. 망령이 그곳으로 내려와 제 삶을 씻곤 하니 절대로 가까이 가지 말지어다.*[1]

1860년대 미국 펜실베이니아 주의 드넓은 시골에서 한 사내가 길을 걷고 있다. 주머니에는 은화가 들어 있고 양손에는 막대 두 개가 들려 있다. 걷다가 멈춰서 잠시 기다리는 본새가 무슨 소리를 들으려는 것 같다. 갑자기 허리를 굽혀 땅 가까이 귀를 가져다 댄다. 소리를 확인한다. 눈을 돌려 막대가 움직이길 기다리지만 반응은 없다. 다시 걷는다. 이 사내는 영매이자 지질학자이며 심령론자이자 석유 투기꾼이다. 그에게 석유는 신이 주신 선물이다. 인류를 위해 언더랜드에 신성하게 저장되었고, 그 풍요로움에는 한계가 없다. 그저 어디에 있는지 찾아내기만 하면 된다. 석유는 '휘광'[2]을 내뿜기 때문에 예민한 사람이라면 지면에서 반짝거리는 공기를 보고도 알 수 있다. 사내가 풀밭을 가로지른다. 그때 손에 든 막대가 움찔거리기 시작한다. 영혼의 안내자가 마침내 그를 하모니 유전Harmonial wells의 하나로 이끌었다. 그가 멈춰서 소리를 듣더니 주머니에서 은화를 꺼내어 풀밭 깊숙이 밀어 넣는다. 여기가 드릴비트가 파고 들어갈 곳이다. 여기에서 석유가 솟아오를 것이다.

때는 1971년, 투르크메니스탄의 카라쿰 사막Karakum Desert에 위치한 다르바자Darvaza 마을에 소비에트 굴착기가 올라선다. 어느 날 굉음과 함께 지름 70미터의 원형으로 사막 바닥이 갈라지더니 단 몇 초 만에 바위, 모래, 굴착기를 집어삼키며 심연으로 무너져 내렸다. *공동이 지상으로 이동했다*……. 천연가스가 매장된 동굴이 무너지면서 유독가스가 지상 세계로 쏟아져 나왔다. 피해를 줄이기 위해 가스에 불을 붙여 태우기로 한다. 불과 몇 주면 다 태울 수 있을 것으로 예상되었지만, 40년 이상 지난 지금도 그 구덩이는 여전히 불타고 있다. 사람들은 그곳을 '지옥으로 가는 문Door to Hell' 또는 '헬게이트Hell's Gate'라고 부른다. 밤에는 주황색 불꽃이 주변 사막 수 킬로미터를 비춘다. 전 세계에서 관광객이 몰려와 구경을 하고 밤이면 그 불빛의 반경 안에서 잠을 잔다.

이번 밀레니엄이 시작될 무렵 인도네시아 자바의 찌는 듯한 북쪽 해안, 한 분화구가 냄새가 지독한 가스 기둥과 함께 유독한 진흙 덩어리를 뱉어내며 10제곱킬로미터를 호수처럼 뒤덮고 마을 열두 개를 묻어버렸다. 이 진흙 화산은 10년 전에 분출하기 시작했다. 한 다국적회사가 지상에서 약 3킬로미터 밑에 있는 마이오세(중신세) 후기 지층에서 석유를 찾기 위해 시추를 시도하던 중 고압의 대수층이 터지면서 지면의 배출구들이 열린 직후에 일어난 일이다. 그 이후로 독성 가득한 이 고대의 진흙이 급류처럼 흘러나왔다.[3] 어떤 이들은 이 진흙 화산을 기업의 탐욕에 의한 인재로 본다. 또 어떤 이들은 이 현상을 바틴batin(내적인 것, 감춰진 것을 뜻하는 이슬람교 용어 ─ 옮긴이)의 발현으로 본다. 언더랜드에 침잠해 있던 주술적 힘, 그리고 그곳에 머물며 인간을 초월하는 유령과 영혼의 발산이라고 말이다.

2016년 2만 5,000마리나 되는 흰기러기 떼가 미국의 서부 평원을 가로질러 혼란스럽게 선회한다. 폭설을 만나 평상시의 비행경로에서 이탈한 무리가 바람과 추위를 피할 곳을 필사적으로 찾아 헤맨다. 그러다 때마침 과거에 구리를 캐던 노천 광산에 고인 붉고 검은 물 위를 지나간다. 반짝이는 이 물이 훌륭한 피난처 같다. 조심스럽게 한 마리가 내려앉아 어깨를 담그자 다음 열 마리가 따라서 내려오고 1만 마리가 그 뒤를 이었다. 기러기 떼는 요란한 소리와 함께 날개를 퍼덕이며 내려앉아 감사히 물을 마신다. 그런데 2,000억 리터가 넘는 이 물은 독극물이나 다름없다. 이곳에서 행해진 채굴 때문에 물의 산성도가 높아진 데다 중금속에 오염되어 있었다. 기러기 수천 마리가 떼죽음을 당해 수면을 뒤덮었다. 하얀 바탕에 끝이 검은 날개가 수백만 제곱미터 위에 서로 포개졌다.

같은 해에 흰색 안전복을 머리끝에서 발끝까지 입은 한 남자가 몸을 숙여 강철 문틀이 겨우 지탱하는 좁은 출입구를 지나 무덤이 있는 방의 어둠 속으로 들어간다. 벽은 거친 콘크리트이고 두께가 60센티미터 이상이다. 사르코파구스(석관)라고 부르는 이 무덤은 원자로를 둘러싸고 있다. 남자는 목에 카메라를 걸고 원자로 속으로 들어간다. 랜턴 불빛이 이 초현실적인 배경에 조명을 비춘다. 무너져 구부러진 강철 쐐기, 뒤틀린 철제 대들보, 찌그러진 파이프, 엎어진 제어판이 보인다. 이곳은 상상을 초월한 힘에 의해 재배치된 공간이다. 한때 이곳에는 겹겹이 포개진 일곱 개의 방이 있었지만, *이제 더는 같은 장소도, 같은 순서도 아니다…….*[4] 쇳물이 인간의 몸통보다 두꺼운 종유석이 되어 천장에서 바닥으로 흘러내렸다. 이 종유석은 녹아내린 바위, 고무, 우라늄으로 만들어져 그 옆에 몇 분만 서 있어도 죽는다. 이 남자에게 주어진 시간은 40분. 사르코파구스에서 그 이상 머물면 과다 노출되어 위험하다. 남자는 과거 통제실이었던 곳에 멈춰서 카메라를 들어올리고 셔터 속도를 낮추어 사진을 찍는다.

　그가 사진을 현상한다. 어둠의 이미지가 찍혔어야 할 곳에 하얀 먼지가 고운 눈발처럼 날린다. 하지만 사실은 먼지가 아니라 빛에 민감한 필름에 찍힌 순수한 에너지다. 사르코파구스에서 보이지 않게 그에게 몰려들어 몸을 관통한 방사능이다. 우라늄, 플루토늄, 세슘의 방사능이 남긴 눈부신 서명이며, 눈으로 볼 수 없는 빛이 불타는 지점이다.

제3부

언더랜드에 홀리다

제8장

붉은 댄서

만을 가로질러 북쪽 해안을 바라보면 자작나무 옆 둔덕에 어두운 형체가 서 있다. 아무것도 없어야 하는 그곳에.

검은머리물떼새 두 마리가 경계음과 함께 물 위를 가로지르는 모습에 시선을 빼앗긴다. 다시 돌아보니, 이제 자작나무 옆에는 아무것도 없다. 아무도 없다.

───◆◆◆───

해가 지기 한 시간 전에 노르웨이 모스케네스Moskenes에 상륙할 예정으로 악천후 속에 베스트피오르Vestfjorden(베스트 협만 – 옮긴이)를 항해했다. 남쪽에 고여 있던 햇빛에 그림자가 흠뻑 젖는다. 진눈깨비가 배의 시야를 가린다. 성난 눈송이가 하늘에서 웅웅거린다.

불가사의한 이 섬들은 서쪽으로 길게 이어진다. 낮은 회색 구름과 높은 회색 바다 사이에 험준한 암괴와 설원이 그리는 흑백의 긴 띠가 있다. 산골짜기와 얕은 측면에 쌓인 눈에 빛이 반사한다. 예상보다 눈이 훨씬 많이 쌓였고, 봉우리는 훨씬 가파르고 날카롭다. 다가갈수록 대지의 띠가 넓어진다.

눈보라 속에 마치 사진이 현상되듯 산들이 눈에 들어온다. 붉은 담벼락과 검은 지붕의 집들이 흩어져 있다. 꽁꽁 얼어붙은 대구 수천 마리가 줄줄이 엮여 A자 모양의 나무틀에 매달린 채 바람에 부딪힌다. 동쪽에서 불어오는 돌풍에 눈보라가 심해져 걱정이다.

훗날 나는 앞으로의 며칠을 금속의 이미지로 기억할 것이다. 장벽을 넘는 고개는 은, 만과 만에 낀 구름은 철, 하늘은 귀한 황금, 성난 폭풍은 아연, 그리고 남쪽으로 그곳을 벗어나며 보았던 바다는 청동과 구리.

———— ✦ ————

"그들을 조심하시게." 오슬로에서 헤인이 내게 말했다. "거기엔 그들이 더 많이 있어. 그 해안가에는 확실히 그자들이 더 많이 있다고."

그는 잠시 말을 멈추었다.

"하지만 일단 장벽부터 넘어야 하네. 난 여름철에 배를 타고 한참을 돌아서만 가봤지. 겨울에는 아마 걸어서 장벽을 넘어야 할 걸세."

그는 미소를 지었다.

"담배를 피워볼 생각은 없나? 담배는 언제 배워도 늦지 않지!"

그는 잠시 말을 멈추고 미소를 지었다.

"그런 풍경 앞에서 흡연은 훌륭한 생존 기술이 될 테니 말이야."

———— ✦ ————

유럽 선사시대 동굴벽화는 대부분 프랑스 서부와 스페인 북부의 동굴이나 은신처에 위치한다. 여기에서 더 북쪽으로 올라가면 작품의 수가 줄어들고 연대 또한 짧아진다. 북위 60도 이상에서는 상대적으로 동굴벽화가 거의 존재하지 않는다.

고위도지방에 동굴벽화가 드문 가장 큰 이유는 경관의 대부분이 마지막 빙하기가 끝날 무렵까지 얼음 속에 묻혀 있었기 때문이다. 2만 년 전, 오늘날의 프랑스 도르도뉴 주에 있는 라스코 동굴의 황소의 방 Hall of the Bulls에 5미터짜리 붉은 오록스가 그려졌을 때 스칸디나비아 전체와 영국, 아일랜드는 여전히 빙하로 덮여 있었다. 빙하가 천천히 퇴각하면서 생명이라곤 찾아볼 수 없이 망가진 경관만 남았다. 그 이후 인간은 이 북쪽의 불모지에 아주 천천히 자리잡았다.

고위도지방에서 동굴벽화가 살아남기 힘든 데는 지질학적 요인도 한몫한다. 동굴 예술 작품의 가장 안전한 미술관은 석회암 지대에서 가장 자연스럽게 형성된다. 프랑스의 라스코 동굴과 쇼베 동굴, 스페인의 알타미라 동굴이 모두 석회동굴이다. 석회암은 벽화 위에 탄산칼슘으로 된 투명한 필름을 덧대는 큐레이터의 임무까지 수행하는데, 그것이 보존성 광택제 역할을 하여 색소가 덜 파괴된다. 그런데 북유럽에는 스페인이나 프랑스에 비해 석회암이 드문 대신 화성암과 변성암이 많다. 화성암이나 변성암 지대에서는 주로 얼음이나 해수의 침식작용에 의해 동굴이 형성되는데, 깊이가 얕고 면이 거친 편이라 매끄러운 석회암처럼 예술혼을 불러내지 않는다. 또한 우둘투둘한 화강암 공동에서는 종유석 기둥이 있는 석회암 동굴에서와 같이 그림을 그릴 수가 없다. 물론 선사시대 유럽의 북극권에 바위 예술이 존재하긴 한다. 여기에는 북노르웨이 도시 알타Alta에 집중된 놀라운 작품이 포함된다. 순록, 곰, 인간, 사냥 장면, 오로라 등 6,000개 이상의 이미지가 7,000~2,000년 전에 빙하가 다듬은 바위에 새겨졌다. 그러나 돌에 새겨진 이미지에 비해 손상이나 풍화에 훨씬 취약한 그림 예술은 드물다.

이 북부 경관에서 가장 놀라운 암벽화가 노르웨이의 서부 해안 동굴에서 발견되었다. 현재까지 이런 예술 작품이 그려진 해안 동굴은 노르웨이 남쪽의 네뢰위Nærøy에서 북쪽의 로포텐 제도Lofoten archipelago까지 총 800킬로미터에 걸쳐 모두 열두 군데가 발견되었다. 모두 외지고 봉우리가 바다까지 깎아지른 듯 가파른 야생 해안에 자리잡았다. 수천수만 년 동안 망치처럼 내리치는 파도의 침식작용으로 해안 절벽 또는 험한 바위산이 된 곳들이다. 몇몇 동굴은 그림을 그렸을 당시 배로만 접근할 수 있었고, 섬과 반도의 해안까지 위험하게 항해해야 했다.

이 동굴들에는 춤이나 도약을 상징하는, 팔과 다리를 넓게 벌린 단순한 막대 형상이 모두 합쳐 약 170점이 그려져 있다. 대부분 사람이지만 인간과 동물의 잡종을 그린 것도 있고, 손바닥 하나만 덜렁 그려놓기도 했다. 그림은 모두 붉은 산화철 안료를 사용했고, 손가락이나 붓으로 발랐다. 이 작품들의 연대를 추정하기는 쉽지 않았다. 점판암 화살촉, 피리로 사용했음직한 바다갈매기의 구멍 뚫린 다리뼈, 큰바다쇠오리 부적을 포함해 동굴에서 발견된 유물의 방사성탄소연대측정 결과를 토대로 2,000~3,000년 전에 그려졌다고 추정되었다.

그렇다면 이 그림들은 청동기시대 환북극권 예술 작품으로 볼 수 있다. 고립된 해안지대를 따라 이동하며 멕시코 만류의 온기에 의지해 살아남았던 수렵채집 어부들이 세계에서 가장 혹독한 장소에서 창작한 것들이다. 그들의 짧고 고달픈 삶에서는 예술에 몰입할 시간과 공간이 거의 주어지지 않았을 텐데도 말이다.

그러나 어쨌든 춤추는 붉은 형상은 존재한다.

이 동굴벽화들 중 가장 멀리 떨어진 것은 로포텐 제도의 서쪽 끝에 있다. 이 제도는 위도 약 60도 근처에서 노르웨이 바다로 거의 160킬로미터나 확장된 섬들의 사슬이다. 벽화가 그려진 동굴의 오늘날 명칭은 콜헬라렌Kollhellaren으로 대략 '지옥의 구멍'이란 뜻으로 번역되며, 모스케네스 섬의 끝자락, 사람이 살지 않는 북서부 해안에 있다.

콜헬라렌까지 가는 방법은 두 가지다. 하나는 로포텐 장벽Lofoten Wall을 넘어서 걸어가는 방법이다. 로포텐 장벽은 제도의 축을 따라 봉우리들이 연이은 가파른 능선을 말하는데, 겨울에는 극히 제한된 두어 고개를 통해서만 넘을 수 있다. 또 하나는 배를 타고 제도의 끝까지 빙 돌아가는 방법인데, 가는 길에 악명 높은 모스크스트라우멘Moskstraumen의 말스트룀Maelstrom(와류)을 거쳐야 한다. 모스크스트라우멘은 세계에서 가장 강력한 와류로, 1841년에 에드거 앨런 포Edgar Allan Poe가 단편소설 「말스트룀으로의 하강A Descent into the Maelstrom」에서 다루었을 정도다. 이 소설에서 모스크스트라우멘의 소용돌이는 지구의 핵으로 진입하는 터널의 입구로 형상된다. 말스트룀은 소용돌이라는 뜻인데, 고대 노르웨이어로는 'havsvelg', 즉 '바다의 구멍'이라는 직접적이고 실용적인 이름으로 불렸다. 다시 말해 모든 것이 빨려 들어가는 바닷속 구멍이라는 뜻이다.

이렇게 언더랜드로 가는 바위와 물의 두 입구는 각각 사나운 산과 바다에 의해 차단된 채 서로 가까이 있다.

2,500년 전 콜헬라렌의 예술을 창조했던 이들은 그곳에 도달하는 것만으로도 상당한 위험을 무릅썼을 것이다. 동굴에 들어가기도 전에 만만치 않은 경관의 분턱을 넘어야 했다.

내가 로포텐에 도착했을 때는 겨울이 돌아온 지 오래였다. 북극의 강풍이 서쪽에서 4일을 내리 불었다. 바람이 부는 산비탈에 느슨히 쌓인

눈은 모두 날아가 로포텐 장벽의 동쪽을 바라보는 걸리gully(지표가 침식해서 생긴 작고 긴 골짜기 - 옮긴이)에 내동댕이쳐졌다. 산사태 위험도는 낮음에서 보통 정도이지만 계속 커질 전망이다. "눈 폭풍이 불어 장벽의 300미터 위쪽에 추가로 많은 눈이 쌓이면서 동쪽 및 남동쪽 사면에서 판상 눈사태(바람에 다져진 눈이 판 형태로 쓸려 내려오는 현상 - 옮긴이)가 예측됩니다." 걸어서 콜헬라렌으로 갈 예정인 내게 반가운 예보는 아니다.

겨울철에 장벽을 넘어 콜헬라렌에 접근할 수 있는 지점은 두 군데 뿐이다. 둘 다 현재 상황에서는 상당한 난이도가 예상된다. 하나는 마넨Mannen이라는 자귀(나무를 다듬는 도구 - 옮긴이) 형태의 봉우리 아래에 있는 걸리이고, 다른 하나는 봉우리의 판상형 산 어깨(정상 아래의 완만한 산등성이 - 옮긴이)다. 걸리는 훨씬 가파르지만 눈이 덜 쌓였을 것이다. 반면 산 어깨는 경사가 심하지 않지만 눈사태가 일어날 가능성이 더 높다. 나는 걸리를 선택한다. 나는 걸리를 좋아한다. 걸리는 사람을 잡아준다. 추락하더라도 멀리 떨어질 것 같지 않다. 더 위험할지는 모르지만 산등성이나 산 어깨보다 훨씬 편안하다.

콜헬라렌으로 출발하기 전날, 해가 질 무렵부터 밤새 꾸준히 눈이 내렸다. 나는 로포텐 제도를 굽이돌며 종단하는 도로 끝에 자리잡은 오A라는 작은 마을에 왔다. 이 땅끝마을 너머에는 오직 호수, 산봉우리, 바다밖에 없다. 이곳에서 나는 로이라는 은퇴한 어부의 집에 머물렀다. 38년 동안 고기를 낚아온 로이는 6년 전 부두에서 낙상하는 바람에 골반과 다리가 부러져 일찍 은퇴하고 연금으로 생활하며 사진을 찍는다.

"장벽을 넘겠다는 건 좋은 생각이 아니오." 그날 저녁 로이가 말했다. "지금은 때가 좋지 않아. 서쪽에는 아무것도 없다오. 집도 사람도 없고, 심지어 휴대전화 신호도 잡히지 않아. 절벽과 바다, 그리고 눈뿐이지. 그건 그렇고 왜 콜헬라렌에 가겠다는 건가?"

나는 몇 년 전 콜헬라렌의 붉은 형상에 대해 처음 들은 이후로 얼마나 그것에 매료되었는지, 또 사람들을 그 험난한 장소로 이끌어 흔적을 남기게 한 힘에 대해 얼마나 알고 싶은지 설명하려 했다. 하지만 솔직히 위험을 무릅쓰고 그곳까지 가야 하는 논리적 근거가 빈약한 건 사실이었다.

"그냥 동굴이랑 그 안에 그려진 그림을 보고 싶어서요. 그리고 로포텐 제도 서쪽에도 잠시 머물러보고 싶고요."

로이가 어깨를 으쓱했다. "슬링스비William Cecil Slingsby(영국의 산악인, 고산 탐험가 - 옮긴이) 이후로 그러는 영국인들이 항상 있었지." 그가 말했다.

우리는 화제를 바꿔 로이의 인도네시아 휴가와 그곳에서 그가 만난 환상적인 인도네시아 여성에 대해 이야기를 나누었다. 로이는 그녀의 네일숍을 위해 검은색 대리석과 분홍색 스투코(건물 벽에 바르는 미장 재료의 일종 - 옮긴이)로 그가 지어준 작은 궁전의 동영상을 보여주었다. 그는 사진도 보여주었다. 그 궁전 밖에서 알록달록한 경적과 비스듬한 덮개가 달린 모페드(모터 달린 자전거 - 옮긴이)에 다리를 벌리고 올라탄 로이, 식당에서 웃통을 벗고 여자친구와 웃으며 식사하는 로이의 사진이다.

그날 밤 나는 잠을 이루지 못했다. 커튼을 열고 창문 옆에 서서 로포텐 제도의 마지막 가로등에 불꽃처럼 달려드는 눈송이를 보았다. 이상하리만치 평화로운 광경이었지만, 사실 그건 봉우리와 걸리에 눈이 쌓이고 산사태의 위험이 커진다는 뜻임을 알고 있었다.

다음 날 아침 일찍, 떠날 준비를 할 때 로이가 냉동실에서 바스락거리며 비닐봉지를 꺼냈다.

"자, 여기 어묵 다섯 개 가져가게. 내가 이틀 전에 잡은 대구로 만든 거야. 자네가 갈 그 콜헬라렌에서 멀지 않은 곳에서 말이지."

이미 짐이 너무 무거웠지만, 성의를 무시할 수 없어 바깥쪽 그물주머니에 억지로 밀어 넣었다.

———— ❧ ————

나중에 장벽 반대편에서 돌아보았을 때 – 그곳엔 또 나름의 위험 요소와 경이로움이 있었지만 – 장벽을 건너는 일은 백색 소용돌이, 그리고 판단과 결정과 혼돈의 무감각이 만들어낸 불협화음으로 기억되었다.

나는 동이 튼 지 얼마 안 되어 로이의 집에서 나와 마을을 벗어나는 막다른 길을 걸었다. 새로 쌓인 눈이 부츠 밑에서 뽀드득거렸다. 밤새 내린 눈이 15센티미터 정도 쌓였다. 모든 소리가 무음 처리된 세상에서 마을도 조용히 잠들어 있었다. 길에는 내 발자국뿐이다.

장벽으로 이어지는 걸리는 마을 서쪽의 오그바트너Ágvatnet라는 길고 낮은 호수의 머리 부분에서 올라간다. 말발굽 형상의 호수는 북쪽, 남쪽, 서쪽에서 산의 물을 내려받는다. 호숫가를 따라 걸어가는 것부터 어려웠다. 눈 밑의 바위가 미끄럽다. 호수의 물은 대부분 강철처럼 얼어붙었고, 물살의 힘에 물이 고이지 않고 움직이는 구역에서만 맑았다. 갈 곳 없는 빙판이 최근 불어온 바람에 날려 만의 가장자리에 쌓였다. 호수 한가운데의 거친 바위산에 둥지를 튼 것은 갈매기 무리다. 근엄한 골짜기에서 들리는 이들의 시끄러운 수다와 울음소리가 위로되었다. 사교 활동의 생기 넘치는 소리다. 앞에는 멀리 먹구름이 산봉우리를 바닥까지 감추었다. 심란했다. 이렇게 되면 장벽을 넘게 해줄 걸리를 찾기 힘들다.

눈이 숨겨놓은 바위와 미끄러운 돌 위를 천천히 걸었다. 전진하고 미끄러지고 넘어진다. 등에 짐을 멘 채로 몸을 일으키기가 힘들다. 네

발로 기어야 하는 험한 바위를 네 번 만났다. 붙잡고 발을 디딜 만한 곳이 바깥쪽으로 기울어진데다 꽁꽁 얼어 있어서 세심하게 순서를 맞춰 움직여야 했다.

그다음은 경사가 낮아지며 호수의 머리에서부터 약 800미터를 완만하게 올라가는, 탁 트인 넓고 우묵한 땅이 나왔다. 난쟁이자작이 숲을 이룬 곳이다. 통과하기가 만만치 않다. 빠르게 움직이는 하얀 구름이 화환 모양으로 깔리며 주변 지형을 감추었다 드러냈다 한다. 햇빛이 없다. 물이 흐르는 바위, 바람의 냉기, 가끔씩 들리는 작은 눈사태 소리뿐이다. 나는 대지의 무심함을 실감했다. 다른 때 같으면 그조차 신났겠지만, 지금 이곳에서는 모든 것이 위협적이기만 하다.

구름 속에 로포텐 장벽이 우뚝 서 있다. 근처 큰 바위에서 바람을 피하면서 잠시 짐을 챙겼다. 여전히 정상부는 보이지 않는다. 작은 눈 소용돌이가 산비탈을 돌아다닌다. 드디어 눈앞에 구름 속으로 들어가는 세 개의 걸리가 있다. 사진에서 본 바에 따르면 이 셋 중 오직 하나만 장벽을 넘게 해줄 것이다. 다른 두 개는 가파른 낭떠러지로 이어진다. 걸리의 시작부에 눈사태의 잔해가 쌓여 있다. 하지만 나는 그것의 본질을 알기에 안심했다. 대개 눈사태로 인해 만들어진 완전한 선상지라기보다 큰 눈덩어리로 구성된다.

시야조차 제대로 확보되지 않은 상태에서 어떤 걸리를 선택해야 할까? 왼쪽, 오른쪽, 아니면 가운데? 왼쪽 걸리는 너무 서쪽으로 치우쳐 보인다. 오른쪽 걸리가 가장 진짜 같지만 구름 속으로 들어가는 부분에서 갑자기 확 좁아지는 게 보였다. 휴대전화에 걸리의 사진이 있는 게 생각나 사진과 실제 땅의 지형을 비교해보았지만, 사진은 늦은 봄에 찍은 것이라 검은 바위에 눈이 얼마 없었다. 눈보라가 하얗게 부딪힌 눈앞의 장벽과 도저히 같은 장소로 보이지 않는다.

낙석 소리가 들린다.

이번 선택이 틀렸더라도 무사히 돌아와 다시 시도할 수 있게 되길 바라며, 나는 남자의 촉과 '어느 것을 고를까요, 알아맞혀봅시다'를 조합해 결국 가운데 걸리를 선택했다.

부츠에 아이젠을 끼고 등반 헬멧을 쓰고 빙산 등반용 얼음도끼를 꺼내들고는 걸리 입구에 다가갔다. 경사가 심해지는 곳에 이르러 눈사태 가능성을 시험하기 위해 얼음도끼로 눈을 찍어보았다. 제일 위층은 분명 탄력이 있다. 오래 묵은 단단한 눈 위로 바람에 다져진 신설층 windslab이 미끄러져 내려온다. 감이 별로 좋지 않다. 하지만 걸리에 쌓인 신설층의 부피는 설사 눈사태가 나더라도 나를 파묻을 정도는 아닌 것 같다.

그렇다면 일단 그냥 가자.

본격적으로 걸리를 타고 올라간다. 땅이 기운다. 얼음도끼를 사용해야 한다. 예상보다 걸리에 눈이 많이 쌓였다. 나는 가파르게 흐르는 흰색 강을 헤치며 걸었다. 작은 눈사태는 진작 시작되었다. 불안하다. 대신 걸리의 왼쪽 면을 가로질렀다. 이곳은 지붕의 우수관처럼 가장자리가 위로 구부러지는데, 바위가 많은데다 눈이 얇고 얼어 있어 눈사태가 일어날 가능성이 훨씬 낮다. 다만 낙석의 위험은 더 크다. 눈사태, 추락, 낙석이라는 세 가지 위험 요소 사이에서 균형을 유지하는 것이 이번 등반의 핵심이다. 위험을 최소화하는 최적의 루트를 골라야 한다.

시간이 천천히 흐르고, 소용돌이치고, 반복된다. 매 발걸음이 힘겹다. 무거운 짐 때문에 몸이 마치 바나나 껍질 벗기듯 뒤로 젖혀져 떨어질 것 같다. 아니면 배낭이 바위에 걸려 꼼짝 못하게 될 수도 있다. 눈보라가 얼굴로 다가와 뺨을 치고 간다. 나는 만트라를 읊조렸다. *천천히 여유를 가지고. 천천히 여유를 가지고.*

왜 여기에 왔나요? 왜 여기에 있나요? 만트라에 답하듯 바위와 바람이 물었다.

여전히 고개는 보이지 않는다. 제대로 고른 게 맞나? 그러다 갑자기 발밑에서 뿌직하더니 몸이 아래로 떨어지고 말았다. 픽! 단단한 눈이 가슴을 세게 때렸다. 몸이 팔까지 잠기고 발은 어딘지 모를 허공에 떠 있다. 생각을 하자, 생각을. 눈 속의 크레바스. 오래된 눈이 불룩한 바위를 덮은 곳에 생긴 균열로 떨어져 몸의 일부가 걸친 게 틀림없다. 더 밑으로 빠지면 정말 안 된다. 규모는 알 수 없지만 이런 상황이라면 빠져나오기 쉽지 않다는 건 알았다. 그래서 마치 진흙 늪에서 빠져나오듯, 조심스럽게 눈을 가르고 당기고 헤엄쳐서 위로 떠올랐다. 얼음도끼를 뻗어 지지할 곳을 확보한 다음 무릎과 발을 수차례 끌어올려 마침내 위에 올라섰다. 그러자 바로 – *저기다!* – 25미터쯤 위에 걸리의 끝이 보였고 그 위는 깨끗한 하늘이었다. 제대로 선택한 게 맞다. 이 길이 장벽을 넘는 길이다.

그러나 고개 정상을 10미터 앞두고 경사가 더 심해졌다. 다져진 눈이 무겁게 실리고 가장자리는 얼어붙은 눈이 지붕의 처마처럼 위쪽으로 1.5미터 정도 굽어 있었다.

벼랑 끝 얼어붙은 처마든 눈 쌓인 비탈이든, 어느 것도 좋아 보이지 않았다. 나는 걸리 왼편의 바위에서 가능성을 탐색했다. 하지만 그곳의 지형은 더 심란하다. 수직에서 겨우 15도 정도 기울었을 뿐이다. 노출된 화강암에 발을 디뎠지만 아이젠을 끼고도 이내 미끄러졌다. 도끼 하나로는 위로 올라갈 재간이 없다. 붙잡을 곳을 찾아 눈 속에 찔러넣은 왼손가락이 얼기 시작했다. 눈으로 가려져 있을 뿐 발밑이 절벽임을 감지했다. 어쩔 수 없이 왼편 바위에서 물러나 왔던 길을 조심스럽게 되돌아갔다. 한 번에 한 동작씩. *천천히 여유를 가지고.*

그렇다면 처마 쪽을 시도하는 수밖에. 한 걸음 한 걸음. 눈 쌓인 출구까지 대각선 위로 올라간다. 발걸음을 옮길 때마다 너비 1미터짜리 눈더미가 떨어져나간다. 동작 하나하나가 눈사태의 위험을 불러온다. 처마 밑에 도착할 때까지 깊은 물 위의 살얼음을 걷듯 조심스럽게 내딛는다. 아이젠 앞을 깊이 박아 가능한 한 안전한 디딤판을 확보한 다음 도끼로 찍어 처마로 향했다. 그때마다 주위에서 크고 작은 눈덩어리가 골짜기 아래로 떨어졌다. 예닐곱 번의 시도 끝에 길을 냈다. 바위틈에 손을 뻗어 처마 가장자리 위쪽의 꽁꽁 언 잔디에 도끼를 푹 꽂아 넣고는 발을 굴러 고함과 함께 마침내 고개 위로 몸을 끌어올렸다.

나는 등을 대고 누워 어부의 손에 낚여 물 밖에 나온 물고기처럼 숨을 헐떡거렸다. 안개 너머로 낮게 선회하는 바다수리 한 마리가 보였다. 순간 목구멍에 있던 메스꺼운 공포는 잊히고, 저 놀라운 장소에 있는 경이로운 새를 본 심장이 펄떡거렸다. 그러다 바로 이런 생각이 들었다. *저놈이 지금 내가 점심 끼니로 적당한지 크기를 가늠하고 있구나.* 나는 내 어리석음과 이 땅의 무정함에 크게 웃었다.

로포텐에 오기 전 오슬로에서 만났던 고고학자 헤인 비예르크Hein Bjerck는 벽화 동굴을 많이 발견했다. 그는 노르웨이 해안의 벽화 동굴에 들어가는 것은 '육체적·정신적 시련'을 겪어야 하는 '통과의례'[1]라고 했다. 시련은 여러 가지다. 첫째, 동굴이 있는 곳까지 가는 여정. 둘째, 두 개의 큰 문턱을 지나 동굴 안으로 들어가는 길. 여기서 두 개의 문턱이란 하나는 동굴의 입구, 다른 하나는 빛이 꺼지고 어둠이 지배하는 장소에 발을 딛는 순간을 말한다. 비예르크는 '의례 행위'이자 '인간 세

계의 가장자리'[2]로 떠나기 위한 예술가들의 힘겨운 시도에 관해 썼다. 또한 그는 '교회 동굴', '지옥의 아가리', '지옥의 구멍', '트롤의 눈' 등 예술 공간으로 거듭난 동굴의 명칭이 어떤 식으로 예술 행위의 공간, 또는 적대적인 다른 세계로 가는 진입로로서 동굴의 위상을 계속해서 강조해왔는지에 주목했다.

이 동굴들은 분명 극적인 장소다. 트롤의 눈Troll's Eye은 파도에 의해 생성된 직경 30미터 정도 되는 굴로, 1년에 한 번씩 주황색으로 저무는 태양이 작은 바위섬을 동서로 관통한다. 북캄마르 동굴Bukkhammar Cave은 매우 가파르고 입구까지도 물을 통해서만 접근할 수 있는 해안 절벽에 자리잡았다. 날씨가 좋으면 몇 킬로미터 밖의 바다에서도 동굴의 아치형 천장을 볼 수 있다. 솔셈 동굴Solsem Cave에는 9제곱미터가 넘는 암석판이 걸려 있는데 거기에 기념비적인 십자가 형상이 그려져 있다. 핑갈의 동굴Fingal's Cave은 벽화 동굴 중에서도 가장 남쪽에 있는데, 동굴이 바위 깊숙이 들어가는 두 개의 큰 통로로 갈라지는 지점에 멘히르menhir(서유럽에서 발견되는 선사시대의 수직 거석 – 옮긴이)가 서 있고, 1년에 두 번씩 태양 광선이 잠깐 동안 멘히르의 앞면을 비춘다. 그리고 마지막으로 내 목적지인 콜헬라렌 동굴은 북쪽을 바라보는 거대한 십자가 모양의 동굴로, 입구의 높이가 45미터이고 전체 길이가 약 180미터다. 한여름 몇 주 동안 콜헬라렌의 외부에는 한밤의 노란 햇살이 넘쳐흐른다.

고고학의 세부 분야 중에서도 선사시대의 암석 및 동굴 예술 연구는 가장 추측에 근거한 학문이다. 흔적을 남긴 행위 자체는 반박할 수 없는 사실이지만, 그것을 만들게 된 자세한 내막은 알 길이 없다. 보다 넓은 문화 행위의 맥락에서 개별 작품의 제작 의도와 중요성을 확실하게 파악하기는 어렵다.

그러나 적어도 노르웨이에서 동굴벽화 예술은 청동기시대 유라시아 북부인들이 남긴 극지 문화의 일부라고 말할 수 있다. 같은 시기에 만들어진 다른 예술 작품으로 남부 스웨덴의 보후슬렌Bohuslän에서 발견된 암각화가 있다. 이런 예술은 대부분 해안, 강둑, 동굴과 같은 역공간liminal space에서 발견된다. 역공간이란 남아프리카의 철학자 리처드 브래들리Richard Bradley가 『자연 지형의 고고학An Archaeology of Natural Places』에서 썼듯이 '땅이 바다를 만나고', 어둠이 빛을 만나고, 세계와 세계가 '가장 가깝게 맞닿는'[3] 지역을 말한다.

북해의 동굴에서 춤추는 붉은 형상이 그려진 세기에 보후슬렌에서는 해안과 가까운 전이지대에 대단히 의례적인 경관이 형성되었다. 해안 고지대에 여러 개의 돌무덤이 세워졌는데, 그 근처에 빙하에 닳아 암반이 노출되어 그림을 새기기에 이상적인 캔버스가 있었다. 그리고 거기에 수백 점의 암각화가 새겨졌다. 놀랍게도 암각화 중 대다수가 발자국인데, 바위의 굴곡을 따라 아래로 이어지는 발자취를 남겼다. 이 발자국 말고는 다른 어떤 형태로도 존재하지 않는 자들이 새겨놓은 이 유령 같은 흔적은 높은 곳에 위치한 공동묘지에서 낮은 바다로 걸어 내려가는 길을 기록한 것처럼 보인다. 마치 영혼이 무덤을 떠나 망자의 영역으로 가는 마지막 도보 여행이라도 하듯이 말이다. 브래들리는 이 보후슬렌의 바위 예술을, 이제 막 세상을 떠난 자들은 저승으로 가는 여행길에 '망자의 신발'의 도움을 받아야 한다는 노르웨이의 미신과 연결 지었다. 이 신발은 특별히 주조한 밑창을 덧대어 영혼이 '무덤에서 저승으로 가는 길'[4]을 허락한다.

노르웨이 북부의 벽화 동굴들은 분명 모두 강한 전이지대이다. 벽화 동굴에 그려진 형상들 중 적어도 하나가 의례용 쓰개를 머리에 쓰고 있다는 것은 하늘, 땅, 지하의 세 층으로 수직 배열된 사미인의 우주를 암시한다. 샤먼과 망자만이 세상의 축axis mundi을 통해 층간 이동을 할 수 있다. 세상의 축은 강이나 나무의 형태로 존재하며 중간 세계의 산 자를 위아래층에 있는 영혼의 세계와 연결한다. 테르예 노스테드Terje Norsted와 헤인 비예르크는 둘 다 벽화 동굴에서 이루어지는 행위가 암석 이라는 막을 통과해 우주 차원의 언더랜드 또는 오버랜드로 가는 필멸 의 이동을 허락하는 통과의례라고 제안한다.[5]

이 극한의 경관에 있는 벽화와 암각화는 대지예술의 초기 형태라 고 할 수 있는데, 동굴 내부처럼 대지예술이 수행되는 특정한 장소는 비단 은신이나 보존을 위한 실용적인 목적에서만이 아니라 밖(동굴이 위 치한 절벽, 만, 해안 등)과 안(동굴 내부의 은유적이고 실질적인 깊이를 암시하는)의 양방향 으로 강력하게 퍼져나가는 더욱 큰 장소의 일부로 선택된다. 확실히 콜 헬라렌의 경우 동굴이 모스크스트라우멘 와류에 가깝다는 사실이 대 지예술의 장소로서 이곳이 갖는 힘의 일부가 아니라고 보긴 힘들다.

따라서 현대인이든 고대인이든, 그 벽화를 본 사람들은 동굴 벽에 그려진 붉은 형상과 대면할 뿐 아니라 내리쬐는 태양, 떨어지는 눈, 성 마른 바다, 활공하는 독수리, 물속의 해달처럼 어둠을 넘어선 경관의 세세한 모습과 분위기, 그리고 애초에 춤추는 자의 동굴에 도달하기까 지의 경험을 총체적으로 받아들이게 된다.

고개 위에서 내 웃음소리는 지금까지 장벽이 막아주었던 거친 서 풍에 날아가버렸다. 이 바람은 약한 강풍 수준의 적의에 찬 바람이다. 앞으로 이 노출된 서쪽 해안에 머무는 며칠간 이 바람이 꽤나 골치를 썩일 것이다. 가시거리는 15미터. 땅은 발밑에서 저 아래 백색으로 뚝 떨어진다. 우박이 재킷에 후드득후드득 떨어진다. 불확실한 지대에서

안개 속으로의 하강도 문제지만, 그렇다고 되돌아 걸리로 내려갈 수는 없다. 마음을 굳게 먹고 장벽을 넘어 반대편으로 하강하기 시작했을 때, 멘딥힐스의 바위 러클에서 느꼈던 것처럼 내 뒤로 문이 닫히면서 철컥하고 잠기는 기분이 들었다.

다행히 능선의 서쪽 사면은 동쪽의 걸리보다 훨씬 완만했다. 예전에 산에서 자주 경험했던 터라 이것저것 뒤섞인 겨울 땅을 밟고 내려가는 길은 한결 편안했다. 나를 막다른 낭떠러지로 이끌지, 아니면 아래까지 안전하게 데려다줄지 확인하기 위해 골짜기를 시험하고, 또 구름 속에 잠긴 산의 사면과 바위들을 보고 정보를 모아 예측했다.

산비탈을 따라 아래로 길게 지그재그로 내려가면서 가능하면 눈이 혀 모양으로 좁고 길게 펼쳐진 지역을 이용해 고도를 낮추고, 바위 부벽을 가로질러 다음 혀 부분까지 갔다. 미끄러운 돌이나 풀밭에서는 특히 조심하고, 남서쪽으로 이어진다고 느끼는 곳은 멀찍이 돌아갔다.

이렇게 까다롭게 20분을 하산하고 나자 구름이 다시 얇아지기 시작했다. 추상적이라고밖에 말할 수 없는 흰색 선, 그리고 흑색과 회녹색의 점선이 보였다. 우렁찬 소리가 공기를 메웠다. 구름에서 눈물이 떨어진다. 60미터 아래로 해안선이 보인다. 검은 바위를 때리는 흰색 거품이 인다. 물살에 밀려온 목재들의 잔해와 더불어 바다에는 놀랍게도 짙은 주황색의 완벽한 구체 수백 개가 떠 있었다.

약 30분 뒤 나는 바다에 도착했다. 배낭을 내려놓고 돌 위에 앉아 짐을 챙겼다. 해안을 따라 남서쪽을 바라보았다. 콜헬라렌에 가려면 이 길로 몇 킬로미터를 더 걸어야 한다.

젖은 화강암 폭포의 검은 장벽이 곧장 바다로 떨어지는데, 여기에서 보면 횡단이 불가능해 보인다. 뾰족한 바위섬들이 모래와 바위로 된 만까지 바다로 줄지어 나간다.

걸리에서부터 내내 몸이 젖었으므로 추위가 몸속 깊이 스며들기 시작했다. 지금까지 경험한 중에 가장 위협적인 지상의 풍경과 마주했다. 어떻게 해서든 의지를 그러모으고 마음을 다잡아야 한다.

나를 둘러싼 해안에 구체가 흩어져 있다. 이제 와서 보니 낚싯배에서 나온 속이 빈 철제 그물 부표다. 마치 외계인의 알처럼 녹이 슨 채로 해변에 떼로 쓸려왔다. 주변에는 플라스틱 선박 폐기물 잔해가 두껍게 쌓여 있다. 이 같은 야생 해안에서 이것들의 존재는 역겹기 짝이 없다. 플라스틱병, 뒤엉킨 나일론 그물, 깨진 생선 상자 조각.

북동쪽 멀리서 푸른 띠가 보인다. 몇 초간 수면 아래에서 빛이 반짝거렸다. 그 몇 초간 나는 초록색을 진심으로 사랑했다. 하마터면 물속 깊이 꿈처럼 빠져들어 그 빛깔에 익사할 뻔했다.

———✦———

해안을 따라 느리고 힘겹게 전진한다. 자갈밭, 관목 숲, 험한 바위. 동쪽에는 내내 깎아지른 듯한 절벽이, 서쪽에는 하얗게 부서지는 파도가 있다.

뇌조 한 쌍이 은빛 날개를 휘저으며 날아간다. 눈토끼가 이끼 긴 바위 사이에서 멈춘다. 초록 바탕 위의 흰색이다.

빌베리, 헤더, 이끼. 하지만 물은 없다. 담수가 없다. 서쪽의 소금과 동쪽의 얼음 사이에 갇힌 나는 마른입을 눈으로 겨우 적셨다.

집채만 한 바위들이 만에서 협곡의 미로를 형성한다. 번지르르한 켈프가 물 밖에 나와 있다.

우박이 떨어진다.

자갈밭에 이끼가 어찌나 촘촘한지 발밑의 돌이 느껴지지 않을 정도다. 제대로 자라지 못한 난쟁이자작 줄기를 지의류가 감싼다.

진눈깨비가 떨어진다.

물대(바닷가에서 자라는 볏과의 여러해살이풀 - 옮긴이)로 경계를 그은 황금빛 검은 모래 만, 얼음을 덧댄 절벽은 기부에서 기울어진다.

비가 내린다. 그리고 다시 우박이 떨어진다.

난쟁이자작과 북극버들 숲은 숲 지붕까지 높이가 1.8미터 정도 된다. 자작나무 껍질은 빛에 반짝이고 버들가지에는 솜털로 뒤덮인 첫눈이 터졌다.

바위와 자갈을 지나 곶까지, 이제 한 걸음 디딜 때마다 발이 아프고 바람은 더 차갑다. 짐은 무겁고 머리도 무겁고 목구멍은 차갑고 몸은 지쳐간다.

곶에서 곶까지, 서쪽으로 마침내 만이 나올 때까지, 그리고 그 너머로 동굴의 환풍구까지. 만의 하얀 조개껍질 모래 위로 초록색 바다. 양쪽으로 바위의 팔이 밖으로 구부러졌다. 바깥 바다는 말스트룀의 소용돌이로 혼돈 상태이지만, 만의 물은 잔잔하다.

다섯 개의 뾰족한 봉우리가 해안에서부터 정상인 헬세가Hellsegga까지 가파르게 올라간다. 봉우리는 갈수록 높아진다. 봉우리마다 흘러내린 하얀색 구름이 동쪽으로 판판하게 구부러진다. 그리고 마침내 거기, 바로 *거기에* 낮게 자리잡은 동굴의 검은색 아치형 입구가 보였다.

━━ ⊰◦⊱ ━━

연안의 암초에 파도가 부딪혀 큰 소리를 낸다. 바다수리 두 마리가 바람에 갇혀 뱅뱅 동그라미만 그린다. 절벽에서 까마귀 우는 소리가 쇳소리처럼 들린다. 갈까마귀의 망토.

나는 헬세가 봉우리 아래로 만의 북쪽에 도착했다. 지도에는 레프 스비카 만Refsvika Bay이라고 되어 있다. 몸은 지쳤지만 한편 신났다. 유난히 장애물이 많은 이 지형을 한 시간에 800미터씩 이동했다.

둔덕 위에서 야영하기 좋은 장소를 찾았다. 북풍이 분다면 바람에 직접 노출되겠지만 그것만 아니면 다른 문제는 없다. 두 개의 큰 바위 덕분에 서풍은 피할 수 있을 것 같다.

무엇보다 움푹 파인 툰드라 구덩이 안에 빗물이 깊게 고여 있다. 바람이 부는 쪽 끝에 갈매기의 하얀 깃털 하나가 떠 있다. 동쪽 가장자리에는 아까 떨어진 우박이 굳어 있다. 나는 냉기로 머리가 아파질 때까지 손으로 물을 떠 마셨다.

발밑에 헤더, 이끼, 지의류가 겨울 이불처럼 부드럽게 깔려 있다. 발을 뻗고 누웠더니 몸이 아래로 쑥 꺼진다. 헤더가 나를 숨겨주려는 듯 몸 위로 올라와 줄기를 기댄다. 나는 하늘을 바라보며 잠시 누웠다. 오늘 하루 몸속을 채웠던 불안이 빠져나오는 느낌이 들었다. 이끼를 장식하는 빗방울마다 지의류가 보이고, 서쪽으로 늦은 햇살이 비친다.

거기에 누워 나도 모르게 잠이 들었다. 30분 정도 잔 것 같다. 빗방울을 맞고서야 잠이 깼다. 잠시 돌풍이 부는가 싶더니 동틀 때 출발한 이후 처음으로 바람이 불지 않는다. 나는 텐트를 치고 텐트의 한쪽 모서리 주머니에 고래뼈 올빼미를, 다른 쪽 주머니에 청동함을 넣었다. 온종일 무거운 청동함을 지고 다니며 내심 원망했다. 야영지를 완성한 뒤 나는 로이가 만든 어묵을 먹었다. 그렇게 맛있을 수가 없었다.

전통적으로 켈트 기독교에서는 세계와 세계, 시대와 시대 사이의 경계가 가장 쉽게 허물어지는 경관을 '얇은 곳thin places'[6]이라고 불렀다. 서기 500~1000년에 이방인 또는 방황하는 교도를 위해 지정된 이 장소는 서쪽을 향하는 곳, 섬, 동굴, 해안, 벼랑에서 흔히 발견되었다. 지금 이곳은 내가 지금까지 본 중에 가장 얇은 곳이다.

———❖———

레프스비카에서의 첫날 밤은 불편하고 상황이 좋지 못했다. 날씨가 다시 변했다. 바람이 텐트에 부딪히며 달가닥거린다. 우박이 캔버스에 침을 뱉듯 쏟아졌다. 한 번에 몇 시간씩 쉬지 않고 비가 내렸다. 진눈깨비 때문에 새벽 5시쯤 잠이 완전히 깼다. 식사를 하고 깃털을 띄운 웅덩이 물을 마셨다. 밤새 폭포는 절벽 위에서 얼었다.

콜헬라렌까지 가려면 만을 두 개 건너야 하는데, 첫 번째 만에 정착지의 터가 남아 있다.

19세기 중반에서 20세기 중반까지 몇 채의 집과 몇 가구로 이루어진 작은 공동체가 레프스비카에 살았다. 1900년에는 22명이, 1939년에는 38명의 주민이 이곳에 살았다. 그들은 소를 길렀는데, 절벽과 해안 사이에 낮게 자라는 풀을 잘라다 먹였다. 남자들은 헬레의 풍성한 물에서 고기를 잡았다. 날씨가 사나울 때는 – 대체로 그랬지만 – 콜헬라렌 동굴로 소를 대피시켰다. 만은 겨울의 눈 폭풍에도 어선을 안전하게 정박시킬 정도로 잘 에워싸여 있었다. 그들은 이곳을 떠나기 10년 전까지 전기 없이 살았다. 그리고 배로 말스트룀을 건너거나 산을 넘는 방법 – 산을 넘는 건 여름에도 상당히 힘들다 – 외에는 마을에 들어오거나 나갈 방법이 없었다. 매년 겨울이면 레프스비카 주민들은 바깥세상으로부터 격리되다시피 했다.

1949~1951년에 노르웨이 해안선을 끼고 있는 섬의 주민들이 정부의 보조를 받아 더 큰 정착지로 이주했고 레프스비카 주민들도 마찬가지였다. 레프스비카 주민들은 모스케네스 섬의 바람이 불어가는 쪽

에 위치한 쇠르뵈겐Sørvågen으로 이주했다. 레프스비카를 떠날 때 집들이 철거되고 석재와 목재 대부분이 쇠르뵈겐으로 옮겨져 새로운 주거지를 건설하는 데 사용되었다.

나는 야영지 주위로 곡선을 그리는 땅을 따라 걸었다. 내가 다가가자 검은머리물떼새들이 경계음을 내며 흩어졌다. 참솜깃오리 다섯 마리가 마치 바다의 일부인 양 만의 입구에서 파도를 타고 있다. 나는 이름을 알 수 없는 노란 지의류로 뒤덮인 큰 바위 사이를 지나갔다.

폐허가 된 정착촌에 여전히 살고 있는 가족을 보았다. 부모와 새끼 두 마리로 이루어진 해달 가족이다. 이들은 자갈밭을 건너 위쪽으로 천천히 달렸다. 바닷물이 채 마르지 않은 털을 번들거리며 흐르는 물처럼 돌 사이로 움직였다. 자기들끼리만 소곤댈 뿐 내게는 눈길 한번 주지 않는다. 나는 북쪽의 돌에 기대어 그들이 움직이는 모습과, 마침내 바위 사이의 이끼 낀 구멍 속으로 차례차례 사라지는 것을 보았다. 이곳에 그들의 보금자리가 있다는 것이 보기 좋았다.

나는 정착촌의 첫 번째 집에 닿았다. 이제는 돌로 된 도면으로만 살아남았다. 과거 스코틀랜드 고원과 섬에서 보았던 버려진 작은 농장과 개간된 마을이 떠올랐다. 그곳에서처럼 여기에서도 이끼와 지의류가 돌들을 되차지했다. 그리고 작고 곧게 뻗은 난쟁이자작과 날씬한 어린 로완나무가 바람이 닿지 않는 바위 곁에서 무성히 자란다. 나는 계속 걸으며 남은 열두 채의 잔해를 셌다. 석벽이 한 층 이상 높이 올라간 곳은 없다. 집 안에는 작은 묘목들이 발을 디밀었다. 이처럼 아무것도 없는 곳에서 그렇게 오래 터를 잡고 살았던 사람들의 적응력을 짐작조차 못하겠다. 이렇게 작고 이렇게 척박한 곳에서 공동체를 이루고 살아가는 삶은 어떠했을까?

만 자체는 흰색의 거친 조개껍질 모래로 이루어졌고 쇠고둥과 홍합 부스러기들이 점점이 박혀 있다. 그리고 인형 머리, 칫솔 두 개, 플라스틱병 조각, 항아리, 파란 밧줄 꾸러미, 녹슨 갈고리가 달린 나일론 줄 꾸러미, 해초가 엉킨 그물 등 사람이 머물다 간 잔해가 흩어져 있다.

오슬로에서 한 고고학자가 심원의 시간에 관해 말한 것이 생각났다. *시간은 깊지 않다. 시간은 언제나 이미 우리 주위에 있다. 과거는 유령처럼 우리를 따라다니고 우리 주위에 층이 아닌 표류물로서 도처에 존재한다.*[7] 이곳에 와보니 정말 그런 것 같다. 우리는 유령처럼 과거를 따라다닌다. 우리가 과거의 섬뜩함이다.

거친 바위가 푸른색 얼음 폭포로 주름졌다. 녹색 띠에 시선이 간다. 돌 사이로 이어지는 좁은 길이다. 이 길은 황야의 풀 사이로 가느다란 선을 그리고 각 집의 현관과 현관을 이은 다음 만 전체를 두르고 그 위는 밝은 이끼가 장식한다. 아마 한 세기 전에 만들어졌을 이 길은 여전히 땅에 그 흔적이 남아 있고 이제는 해달과 다른 짐승들이 이용한다.

나는 이 길에 내 발자국을 더한다. 부드러운 발밑과 우아하게 흐르는 길과 지나간 시간 속에서의 이 길의 움직임에 감사한다.

----◆◇◆----

3,000년 전 여름밤. 이 위도의 그 계절에는 지상에 어둠이 거의 존재하지 않는다. 낮은 조수, 잔잔한 바다. 소규모의 사람들이 해안을 따라 바위에서 바위로 발을 옮긴다. 동굴의 입은 거대하고 그 아랫입술은 물 가까이 내려앉았다.

사람들이 동굴 문턱에서 멈춘다. 멀리서 말스트룀의 굉음이 들린다. 곧장 바다로 떨어지는 절벽 가까이 바다수리가 날개를 펴고 선회한다. 사람들이 하나씩 하나씩 동굴 속으로 들어간다. 세상이 변한다.

색깔이 옅어진다. 늦은 태양의 노란색이 사그라든다. 초록색이 사라지고 회색이 올라온다. 잿빛 암석에 갈색, 그리고 붉은색 줄이 그어져 있다. 발밑에 젖은 모래. 하얀 모래다. 앞에는 깊어가는 검은 그림자. 축축한 돌 냄새. 절벽 안으로 30미터를 들어가면 마지막 빛이 바위의 옅은 부벽 위로 한가득 쏟아진다. 주위에 동굴 공간이 갈라진다. 훌륭한 캔버스가 될 것이다. 그러나 여기는 바깥세상의 파도와 독수리에 너무 가깝다. 평범한 시간에 너무 가깝다.

부벽 오른쪽 통로가 앞으로 곧장 올라가다 낙석에 막힌다. 바위산의 남서쪽을 갈라내고 좁은 굴로 들어간다. 사람 키보다 크고 눈물방울 단면처럼 형성된 협곡이 완전한 어둠 속에 북동쪽에서 바위를 향해 올라간다.

사람들이 눈물방울 협곡을 따라 낙석 사이로 올라간다.

이 그늘에서 공간과 시간은 서로에게 스며든다. 이곳에도 생명이 존재한다면 그건 바위의 느린 생명이다. 바위산의 내부를 향한 바다의 끈기 있는 탐험이다.

벽이 튀어나온 지점에 이르자 사람들이 멈추고 준비를 한다. 바위가 바위의 화가가 된다. 돌로 만든 잔에 적철광을 으깨어 침, 흙, 빗물과 섞은 다음 붉은 반죽을 만든다.

그림을 그린다.

손가락을 찍는다. 확신에 찬 붉은 선 하나가 바위의 연한 경사면을 따라 움직인다. 선이 아래로 굽으며 춤추는 자의 가슴과 다리 하나를 그린다. 도약하는 자다.

다시 한 번 손가락을 찍어 아까 그린 곡선에서 내려와 춤추는 자의 두 번째 다리를 그린다.

다시 한 번 손가락을 찍어 이번엔 가로선을 그어 밖으로 뻗은 팔을 그런 뒤, 다음 사람으로 넘어간다.

찍고, 그린다. 확신에 찬 붉은 선이 돌의 비탈면 위로 움직이며 춤 추는 자들을 채운다.

타오르는 횃불의 흔들리는 빛, 멀리 떠 있는 여름 태양의 희미하지 만 한결같은 빛을 받아 바위의 형상들은 마치 그림자와 불꽃의 놀음에 맞춰 몸을 흔드는 것처럼 보인다. 이것들은 어둠에서 살아가기 위해, 또 살아남기 위해 그려졌을 것이다.

찍기, 끌기, 그렇게 손가락 끝은 1992년의 어느 여름날이 올 때까 지 시간을 가로질러 선을 그었다.

헤인 비예르크라는 젊은 고고학자가 로포텐 제도의 외딴 서쪽 해 안에서 동굴 하나를 조사하고 있었다. 날씨는 화창하고 바다는 잔잔한, 섬사람들이 '트랜스틸러transtiller', 즉 '기름막을 친 것처럼 정지된 상태' 로 부르는 날이었다. 그날 아침 일찍 헤인과 그의 친구가 작은 배를 타 고 동굴 주위를 탐색했다. 동굴은 바다 위로 솟구친 봉우리 밑에 있었 다. 헤인이 그곳에 간 이유는 동굴 바닥의 실트에서 발견된 조개껍질 파편의 연대가 3만 3,000년 전의 것으로 측정되었기 때문이다. 그들은 고대 인류 역사의 속살을 드러낼지도 모르는 무언가를 발견하기 위해 이곳에 와서 땅을 파보려 했다. 그러면 시간의 만을 가로질러, 땅끝에 존재하는 이 동굴을 피난처로 삼은 사냥꾼들의 자취를 추적할 수 있을 지도 모른다.

그들은 배를 정박하고 해안까지 끌어올린 뒤 풀과 바위를 올라 동 굴 입구까지 갔다.

이끼 냄새, 돌 냄새. 그들은 문턱에서 멈추었다. 멀리서 암초에 파 도가 부딪히는 소리와 멀리서 말스트룀이 부글거리는 소리가 들린다. 곧장 바다로 떨어지는 절벽 가까이 바다수리가 날개를 펴고 선회한다.

동굴 입구로 들어간다. 세상이 변한다. 동굴은 절벽으로 뒤틀려 들어간다. 시간이 공간을 되돌린다. 깊이 들어갈수록 동굴은 어려진다. 암흑으로의 여정은 현재로의 여정이다. 바다가 돌을 뚫고 수천 년 만에 1미터씩 전진한다.

혜인이 머리를 기울인 순간 헤드랜턴 불빛이 동굴의 서쪽 벽을 잠깐 훑고 내려왔다. *근데 그게 뭐였지?* 다시 머리를 기울여 찾아보지만 아무것도 보이지 않는다. 다시 한 번 찾는다. 그래, *저기*. 희미하지만 바위가 그렸다고 보기엔 너무 단호하고 확실한 붉은 선이다. 어디선가 스며 나온 액체가 쌓인 것이라고 보기에도 중력과는 완전히 반대로 움직이고 있다. 그래, *저기*, 저 첫 번째 선을 대담하게 가로지르는 선이 있다. 그리고 그래, *저기*, 어둠 속에서 일렁이는 것은 바로 붉은 형상, 도약하는 자를 그린 붉은 형상이다. 하나 더, 또 하나 더 있다.

이 발견은 비예르크가 나중에 말했듯이 '별똥별'[8] 같았다. 예상치 못했고, 과분했고, 장엄했다. 그리고 그러한 순간을 다시 한 번 경험하고 싶다는 애절함을 남겼다. 어둠 속에서 춤을 추는 이들에게 수천 년 만에 눈길을 준 최초의 사람이 되고 싶다는 간절한 소망.

혜인은 그 이후 몇 년 동안 노르웨이 서쪽 해안을 따라 동굴에서 동굴을 탐사하기 시작했다. 이 일은 갈망에서 집착으로 바뀌었다. 그는 자신의 꿈과 일상이 스스로 '동굴 경관cavescape'[9]이라고 부른 것으로 빨려 들어가고 있음을 알게 되었다.

실제로 그는 중독을 부채질할 만큼 많은 형상을 발견했다. 해안가를 따라 붉은, 언제나 붉은색으로 칠한, 그리고 늘 똑같이 단순한 형태의 형상들이 동굴의 어둠 속에서 도약하고 춤을 추었다. 이제는 익숙해진 형태이지만 여전히 제작 과정은 완벽하게 불가사의하다. 매번 그들을 찾아낼 때마다 그의 심장도 뛰었고, 희미한 불빛 속에 이 형상들이 춤출 때면 시간이 붕괴하거나 여러 종류의 시간이 공존했다.

물감 찍기, 끌기, 그리고 손가락 끝은 이제 현대의 어느 늦은 겨울날이 올 때까지 시간을 가로질러 선을 그었고, 동굴 근처 만에는 한 남자가 홀로 서 있다.

나는 절벽에서 바다로 급하게 떨어지는 곳에서 동굴 입구까지 마지막 몇백 미터를 걸었다. 낙석의 위험에도 절벽에 바짝 붙어서 가는 수밖에 없었으므로 걸음이 빨라졌다. 젖은 절벽 아래의 눈 둑은 물 때문에 검게 빛났다. 새들의 울음소리가 바위에 부딪혀 두 배로 크게 들린다. 그 소리가 바다로 떨어져 맨땅과 풀밭을 뚫고 동굴 입구로 들어간다.

나는 동굴 문턱에서 멈추었다. 멀리서 암초에 파도가 부딪히는 소리와 말스트룀이 부글거리는 소리가 들린다. 곧장 바다로 떨어지는 절벽 가까이 바다수리가 날개를 펴고 선회한다.

입구의 크기는 놀랍다. 높이 45미터의 존zawn(영국 제도의 바다가 좁고 깊이 들어간 지형 - 옮긴이)이다. 만의 호, 쩍 벌린 동굴의 입. 이곳은 틀림없는 수행의 공간이자 의미를 부여하는 곳이다. 동굴은 슬립 리프트, 시간이 이동하고 멈추고 접히는 어둠의 입구다.

물이 빠르게 떨어지는 소리, 저 위쪽의 화강암에서 곡선을 그리며 떨어지는 물방울은 은색이다. 입구는 지의류가 자라 주황색과 회녹색으로 얼룩덜룩하다. 동굴의 문턱을 넘을 때 어깨에 소름이 돋았다.

동굴을 따라간다. 동공이 커진다. 아직 빛은 남아 있지만 빛깔은 사라진 지 오래다. 30미터 정도 들어와보니 동굴의 구조가 십자가 형태임을 알 수 있다. 좌우로 두 개의 협곡이 가로지르고, 전체 공간은 하얀 석조 보루에 의해 셋으로 나누어진다. 보루 위에 손바닥을 올린다. 냉기가 팔을 타고 빠르게 올라온다.

이 빈 공간에서는 밖에서 떠밀려 들어온 공기가 바다와 바람의 연주로 소리를 내며 자신을 드러낸다. 파도가 전쟁을 통해 얻어낸 공간이다.

나는 왼쪽 협곡으로 들어갔다. 오르막길을 따라 바위 안에 들어간다. 더 높은 쪽에는 노랗고 하얀 화강암이 반대쪽으로 기울고, 내 쪽으로는 검붉은 점선이 정맥처럼 줄이 간 어두운 돌이 기운다. 보루 뒤로 눈물 모양의 선명한 빛이 들어온다.

마침내 여기에 왔다. 그 길고 추운 여행의 목적지가 바로 이곳이다. 나는 돌에 등을 기대고 쉬었다. 눈앞의 화강암 벽을 보며 어두운 그림자에 눈을 맞추었다.

하지만 돌에는 아무 형상도 없다.

아무도 없다.

다시 응시하며 찾는다.

여기에는 아무것도 없다.

여태 이 먼 거리를 왔는데, 댄서들이 사라졌다니. 애초에 여기에 있긴 했을까?

나는 등을 기댔다. 바위에 기대어 돌에 머리의 무게를 싣고 지친 눈을 감았다.

그리고 다시 눈을 떴을 때, 그래, *저기야.* 바위가 그리지 않은 게 분명한 선 하나가 튀어나왔다. 그 선을 다른 선이 가로지른다. 그리고 다시 세 번째 선이 만난다. 그래, *저기가* 맞다. 붉은 댄서들이다. 희미하긴 하지만 틀림없다. 붉은 유령 댄서가 바위에서 뛰어오른다. 또 한 명, 여기에도 또 한 명, 십수 명이 더 있다. 여전히 혼령 같지만 이젠 존재한다. 바위에서 뛰고 춤추고 팔을 뻗고 다리를 벌리면서 내 눈의 깜빡임에 맞춰 움직인다.

이들을 그린 선의 거칠고 붉은 가장자리가 물과 응결에 의해 뭉개지고 옅어져 바위로 되돌아간다. 희미함, 어두운 조명, 피로, 눈의 깜빡거림이 조합된 모든 상황이 붉은 댄서들에게 생명을 준다. 그림자와 물과 돌과 피로가 다 함께 화가가 되어 이 휘발성 캔버스에서 댄서들을 춤추게 한다. 과거의 관념에 불과했던 유령이 이 공간에서는 새롭고 진실되어 보인다. 이 형상들은 모두 함께 춤추는 유령들이다. 그리고 나 역시 유령이다. 그들에게는 흥이 있다. *우리에게도, 그리고 그들이 이곳에서 함께 춤춰온 수천 년의 세월까지도.*

갑자기 나도 모르게 머리가 찡해지더니 가슴과 등이 들썩였다. 나는 울었다. 흐느꼈다. 이 눈물 모양의 협곡에서 쏟아지는 눈물에 몸을 떨었다. 나는 지금 세상과 격리되었지만, 바로 옆에 이 너그러운 댄서들이 있다. 이들에게 오기까지 감내해야 했던 위험과 어려움이 사라지고 기쁨이 밀려와 나는 울었다. 화강암과 어둠 속 깊은 곳에서 놀랍고 어찌할 수 없는, 정체를 알 수 없는 감정으로 흐느꼈다.

바다수리가 절벽 옆에서 선회한다. 파도가 동굴 밑 바위에 부딪힌다. 말스트룀은 소용돌이를 감았다 풀었다 한다. 죽은 *자가* 반대편에서 돌에 손을 올리고 산 자의 손과 손바닥, 손가락과 만난다. 동굴 문턱 밖에서는 시간이 일상적인 리듬에 따라 움직이지만 여기 이 얇은 곳에서는 아니다.

———✦———

'예술은 태어나자마자 곧장 걸어나갈 수 있는 망아지처럼 탄생한다. 예술적 재능은 예술의 필요를 동반한다. 그들은 함께 나타난다.' 영국의 소설가 존 버거John Berger가 한 말이다.[10]

1994년 12월, 장 마리 쇼베Jean-Marie Chauvet가 이끄는 세 명의 프랑스 동굴 탐험가가 시르크 데스트르Cirque d'Estre의 굽이치는 계곡에서 가까운 아르데슈 골짜기Ardèche gorge를 탐사하고 있었다. 이들은 모기향 연기를 이용해 골짜기의 높은 곳에 바위로 막힌 석회암 균열 지대에서 공기의 움직임을 감지했다. 바위를 치우자 아래쪽으로 경사진 땅굴 입구가 나왔다. 굴은 일행 중 가장 호리한 엘리엣 브뤼넬Eliette Brunel이 겨우기어 들어갈 정도로 폭이 좁았다. 브뤼넬은 동료들이 뒤따라 들어올 수있도록 끌과 망치로 걸림돌을 치웠다. 약 9미터를 내려가자 굴이 거대한 동굴방에 수직으로 떨어졌다. 밑으로 내려간 이들은 커다란 공간을 발견하고 흥분했다. 나중에 측정해보니 깊이가 약 400미터, 최대 너비가 50미터에 이르렀다. 군데군데 종유석이 천장과 바닥을 이으며 기둥처럼 동굴을 받치고 있었다. 세 사람은 앞으로 나아가며 경이에 차 랜턴을 휘둘렀다. 그곳은 모든 동굴 탐험가의 꿈의 장소였다. 이렇게 커다란 동굴방을 발견하는 최초의 사람이 되는 것, 그리고 여기서 연결된 동굴계를 탐험하는 것.

그러다 엘리엣이 소리를 질렀고 세 사람은 경악하며 멈추었다. 엘리엣의 랜턴이 '매머드 위를 비추었다'. 훗날 그녀는 이렇게 회상했다. '그러더니 곰과 사자가 마치 주둥이에서 뿜어낸 것 같은 핏방울이 뒤덮인 반원과 함께 등장했다. …… 우리는 사람의 손자국도 보았는데, 긍정적인 동시에 부성적인 인상을 주었다. 여러 동물이 그려진 약 9미터 길이의 프리즈(건물 윗부분에 띠 모양의 그림이나 조각으로 장식한 것 - 옮긴이)도 있었다.'[11] 멋진 뿔이 달린 커다란 수사슴이 동굴 벽을 배회하고, 코뿔소 두 마리가 뿔을 맞대어 겨루고, 바위 가장자리에 올빼미 한 마리가 앉아 있다. 일부는 조각된 암각화이고, 일부는 붉은색, 그리고 검은색 물감으로 그렸다. 높은 석판에는 곰의 두개골이 놓여 있었다.

삼총사는 훗날 쇼베 동굴이라고 불리는 곳에 들어왔다. 이곳의 별명은 '잊힌 꿈의 동굴'로, 그때까지 발견된 것들 중에서 가장 훌륭한 선사시대 아트 갤러리였다. 현대에 이르러 사람이 처음 들어간 것인데도 기묘하게 현장감이 살아 있었다. 과거 3만 년 전에 이 작품을 만드는 데 쓰인 팔레트가 그들이 창작한 그림 밑에 버려져 있었다. 방을 밝히기 위해 사용된 초 역시 석회암 여기저기에 검은 재를 흘리며 떨어져 있었다. 예술가들은 바탕과 그림의 대비를 키우기 위해 작업 전에 벽을 깨끗이 긁어냈다.

이 동굴방의 예술은 놀라울 정도로 생동감이 넘쳤다. 어떤 훈련이나 양식도 없이 ─ 현대의 지식으로 보았을 때 ─ 가장 단순한 재료로 그렸는데도 쇼베의 동물들은 당장이라도 바위 밖으로 튀어나올 것만 같다. 들소의 뿔과 갈라진 굽을 그릴 때는 선을 두 번씩 그어 들소가 머리를 흔들고 발을 굴러 움직이는 인상을 준다. 말의 부드러운 주둥이와 입매는 손을 뻗어 쓰다듬고 먹이를 주고 싶게 만든다. 암벽을 가로질러 오른쪽에서 왼쪽으로 들소 떼를 추격하는 열여섯 마리의 사자는 긴장된 근육에 눈은 사냥감에 고정했다. 이것은 초기 형태의 스톱모션이자 극장의 전신이다. 예술은 *태어나자마자 곧장 걸어나갈 수 있는 망아지처럼 탄생한다*……

놀랍게도 이 동굴벽화에는 배경이 없다. 이 동물들이 사는 경관이나 식생을 그린 선이 없다. 바위와 어둠을 제외하면 이들에게는 서식지가 없다. 세상에 속박되지 않고 자유롭게 옮겨다니는 것처럼 보인다. 이 동물들은 정교한 해부도 같기도 하고 우리와는 완전히 다른 세계관의 구현으로 존재하기도 한다. 사이먼 맥버니Simon McBurney가 말한 것처럼, 이 동물들은……

거대한 현재를 산다. 현재는 또한 과거와 미래를 포함한다. 이 현재 속에서 자연은 가까이 있을 뿐 아니라 연속적이다. 이 자연은 주위의 모든 사물의 연속성 안팎으로 들어오고 나간다. 이 동물들이 바위 안팎으로 들어오고 나가듯이. 바위가 살아 있다면 돌도 살아 있다. 모든 것은 살아 있다.

맥버니는 이렇게 결론지었다. '이것이 진정으로 우리를 이 예술가들과 분리하는 것이다. …… 시간의 공간이 아니라 시간의 감각이 문제다. …… 삶을 밀리세컨드로 쪼개어 살아가는 시간 속에서 우리는 자신을 둘러싼 모든 것으로부터 격리된 채 살아간다.'[12] 분명히 이 동굴을 발견한 세 명의 발견자는 1994년 최초로 그곳에 섰을 때 아주 오래된 어떤 존재를 인식했을 것이다. 장 마리 쇼베는 이렇게 말했다. '시간이 폐기된 것 같았다, 마치 떨어져 있던 수만 년의 시간이 통째로 사라진 것처럼. 그리고 우리는 혼자가 아니었다. 이 작품을 그린 화가들과 함께였다.'[13]

동굴 예술의 현대 역사는 이 별똥별 같은 발견의 순간들로 기록된다. 그중에 쇼베 동굴이 가장 빛났을 뿐이다. 위대한 발굴의 이야기는 다양하다. 1940년 9월 독일의 프랑스 침공 4개월 후, 마르셀 라비닷Marcel Ravidat이라는 10대 소년이 도르도뉴 주의 몽티냑Montignac이라는 마을 근처 숲에서 개를 데리고 산책하다가 뿌리가 뒤집힌 나무 옆에서 겨우 비집고 들어갈 정도의 석회암 균열을 발견했다. 보물이 묻혀 있는 비밀의 장소라는 지역 사람들 사이의 소문에 끌려 라비닷은 친구 세 명을 데리고 그곳을 다시 찾아갔고, 그렇게 네 명이 긴 통로를 따라 안쪽의 깊은 동굴방에 들어갔다. 그들이 기대한 보물은 아니었지만 그곳에는 정말로 보물이 있었다. 원형 홀 같은 공간의 벽은 쇼베 동굴처럼 온통 그림으로 뒤덮여 있었다. 희미한 불빛 속에 움직이는 기적의 동물원 같았다. 수사슴 여섯 마리, 곰 한 마리, 오록스 열한 마리, 말 열일곱 마리, 그리고 유니콘을 닮은 환상적인 생물까지 총 서른여섯 마리의 동물이 동굴 벽에 원형 프리즈를 이루었다. 홀에서 시작해 더 많은 동굴 통로가 갈라졌고 그 벽에도 1만 5,000년 전에 창작된 놀라운 그림들이 그려져 있었다. 갈기가 뻣뻣한 수백 마리의 말, 소용돌이 모양의 뿔을 가진 수사슴이 고개를 들고 눈을 뒤로 굴리며 거세게 포효했다. 그리고 오록스, 황소, 고양이, 곰, 그리고 새의 머리를 한 인간이 고개를 숙이고 뿔을 들이밀며 반항하는 들소를 향해 서 있다.

이 라스코 동굴이 발견되고 5년 후에는 유럽의 다른 지역에서 다른 차원의 어둠의 방이 발견되었다. 1945년 1월 27일, 폴란드를 뚫고 서쪽으로 진격한 소련군은 독일 군대가 철수한 지 11일 만에 아우슈비츠 집단학살 수용소에 진입했다. 독일군은 수용소에서 살아남은 자들을 서쪽으로 끌고 가며 1만 5,000명 이상을 잔혹하게 죽였다. 이들은 급하게 떠나느라 수용소의 기반 시설을 파괴할 시간이 없었다. 나중에 도착한 소련군은 가스실의 어두운 내부에서 죽은 자들의 시신, 상상하기조차 끔찍한 대량 학살의 잔해물로 수십만 명의 옷가지, 산처럼 쌓인 틀니와 안경, 여성의 잘라낸 머리카락 수 톤 등을 발견했다. 이후 몇 달간 소련군과 연합군은 수십 개의 강제수용소와 집단학살 수용소에서 인간이 스스로 할 수 있다고 보여준 가장 끔찍한 범죄의 증거를 보았다. 수용소와 가스실에서 '자유로워진' 많은 이들은 자신이 그곳에서 본 것을 차마 입에 담을 수 없었다. 이런 식으로 라스코의 너그러운 비밀은 - 지리학자 캐스린 유소프Kathryn Yusoff가 이 발견에 관한 훌륭한 에세이에서 말한 것처럼 - '지상에 보이는 모든 것이 어둠 속에 있고, 오로지 파괴의 장에서만 조명을 받던 시기에 알려지게 되었다. 이 파열된

풍경 속에서 그와 같은 풍성한 선물은 우리에게 우주의 다른 잠재력을 시사한다'.[14]

프랑스 철학자 조르주 바타유 Georges Bataille는 라스코 동굴이 발견되고 15년 후인 1955년에 그곳을 방문했다. 그때는 핵 군비 전쟁이 가속화하고, 지하와 사막에서 핵실험이 시도되기 시작하는 시점이었다. 새로운 파괴의 명령이 이 종과 행성의 소멸 가능성을 선언했다.

라스코에 들어갔다 나온 뒤 바타유는 이렇게 썼다. '죽음이라는 명제가 우리 앞에 등장한 이 시점에 빛이 우리의 탄생을 비추고 있다는 사실이 그저 충격적일 뿐이다.'[15]

⟵ ━◦◉◦━ ⟶

나는 동굴 문턱에서 잠시 멈칫했지만 곧 바위에서 벗어나 허공으로 나섰다. 비가 더 많이 내렸다. 풍경이 제자리를 찾고 있다. 밝기부터 시작해 색깔이 되돌아온다. 앞에서는 물이 밀려오고, 뒤로는 동굴 속에서 울려 퍼지는 파도의 메아리. 나는 만을 따라 마을 터로 돌아갔다.

누군가가 나를 지켜보고 있다는 강하고 묘한 기분이 든다.

갈매기들이 새똥으로 뒤덮인 바위섬에서 나를 보고 있다.

내가 어둠 속에서 무엇을 본 거지? 과거의 그림자놀이, 순서를 거부하는 사건들, 빛이 비치는 세상에서 아주 멀리 떨어진 시간을 따라 선을 그리는 손가락, 저기 깊이를 헤아릴 수 없는 동굴에서. 그곳은 그 문턱을 넘은 사람들을 빨아들였다. 나에게 그랬던 것처럼. 그림자 속에서 의미를 찾고 또 의미를 만들어가는 오랜 역사 속의 또 한 사람.

바다수리가 헬세가 위의 난폭한 상공에서 나를 지켜본다.

나는 내가 들어갔던 다른 언더랜드의 어두운 공간을 생각했다. 이곳에서 남동쪽으로 640킬로미터 더 떨어진 곳에 한 군데가 더 있는데, 그곳에 들어가게 될지 아직은 잘 모르겠다. 가게 된다면 아마 내가 들어가본 곳들 중에서 가장 어두운 곳이 될 것이다.

검은머리물떼새들이 만의 모래밭에서 나를 바라본다.

파도의 물이 해안의 커다란 바위 사이를 움직이며 땅속에서 밀려 올라온 듯 발 주위로 몰려든다. 사랑했지만 세상을 떠난 이들을 다시 한 번 안아보고 싶다는 열망이 솟아오른다.

해달이 레프스비카의 이끼 낀 돌 틈에서 나를 관찰한다.

나는 만을 가로질러 북쪽 해안을 보았다. 그리고 그래, *거기*, 반짝거리는 자작나무 옆 둔덕 위로 한 사람이 어둡게 서 있다. 누구도 있어서는 안 되는 그곳에.

검은머리물떼새 두 마리가 경계음과 함께 물 위를 가로지르는 모습에 시선을 빼앗긴다. 그리고 다시 몸을 돌려 만의 반대편을 보았을 때는 둔덕 위에 아무것도, 아무도 없었다.

―――◆◆◆◆―――

만에서 보낸 마지막 날의 초저녁, 바람은 거의 불지 않는다. 며칠간의 강풍 끝에 찾아온 침묵은 놀라울 정도다. 몰아치는 바람에서 자유로워진 모든 소리는 바삭하기 그지없다. 나는 텐트 근처의 평평한 돌에 앉았다.

날이 맑아 봉우리 정상에 쌓인 눈이 드러난다. 산봉우리 위의 하늘은 푸른색에 줄무늬가 있고 해는 안개를 거쳐 바다에서 빛난다. 바람 없는 30분. 파도는 여전히 암초에 부딪혀 크고 깊게 울린다. 마음이 평안해진다.

그러다 소리가 들렸다. 제트엔진에 시동을 건 것 같다. 탁한 굉음이 점차 커진다. 어디서 나는 소리인지 알 수 없어 걱정스럽다. 기온이 떨어지기 시작한다. 동굴 정상의 구름은 더 이상 동쪽의 헬세가를 향하지 않는다. 구름은 남쪽으로 방향을 틀어 내륙으로 흘러 들어온다. 다시 바람이 분다. 이제는 북쪽에서 곧장 불어온다. 강하고 차다. 시간이 갈수록 더 강해지고 차가워진다. 이 울부짖는 소리는 새로운 북풍이 화강암 정상 위로 돌진하는 소리였다. 바람이 이미 바다를 가르며 싸움을 걸기 시작했다. 바다는 회녹색에서 흑회색으로 바뀌었다. 텐트를 고정한 밧줄이 바짝 당겨지며 흔들린다.

파도의 흰 벽이 나를 향해 땅을 휩쓸고 후추 열매만 한 우박이 주위의 지의류 위로 후드득후드득 떨어진다. 우박은 작은 눈송이로, 눈송이는 가시 같은 진눈깨비로 진화한다.

잠을 자기는 글렀다. 북풍이 쌓이고 울부짖는다. 내 걱정도 쌓이고 울부짖는다. 이 갇힌 공간에서 어떻게 나갈 수 있을까? 만이 쳐놓은 이 덫에서. 암초에 부딪히는 파도가 매초 폭탄이 터지는 듯한 소리를 낸다.

자정이 되자 텐트가 납작해지도록 눈보라가 몰아치고 텐트의 펙을 두 개만 남기고 모조리 뽑아버렸다. 무너진 텐트에서 나와 싸우는 수밖에 없다. 텐트를 통째로 들고 젖은 구덩이 속으로 옮긴 뒤 돌을 올려 눌러놓은 다음 남은 공간에 들어가 몸을 피했다.

새벽 4시, 희부연하게 날이 밝아왔다. 너무 추워서 더는 젖은 캔버스에 웅크리고 있을 수 없다. 불어오는 눈보라를 뚫고 바다를 볼 수 있는 높은 곳으로 올라갔다. 충격적인 광경이다. 만을 둘러싼 벽 너머로 지옥이 탈출했다. 거대한 잿빛 파도가 격렬하게 춤을 추며 박살이 난다. 파도가 바위에 부딪히는 곳에서는 물보라가 공중에서 15~18미터 높이로 솟구쳤다.

진눈깨비가 북쪽 하늘을 어둡게 한다. 바다오리가 치솟은 파도 위에서 소리를 낸다. 이 폭풍 속에 자리잡은 보금자리에서. 바로 그때 나는 말스트룀 방향에서 눈보라 아래로 가느다랗게 빛이 흐르는 것을 보았다. 그래, *저기다*, 과연 진짜일까? 이것은 청동의 빛이다. 폭풍 너머 어딘가에 바다 위로 태양이 떨어지고 폭풍이 금세 물러날 거라고 말해준다. 이것은 내가 동굴을 떠날 절호의 기회라는 뜻이다.

붉은 댄서의 동굴에서 보낸 며칠이 지나고 한참 동안 나는 그 만에 내 자아를 두고 온 것 같은 기분을 떨칠 수가 없었다. 이 느낌은 로포텐에서 노르웨이 해안을 따라 훨씬 더 북쪽으로 올라가 베스터랄렌 제도 Vesterålen archipelago 에 있는 안되야 Andøya 섬에 갈 때까지 강하게 남아 있었다. 그곳에서는 바닷속 언더랜드를 둘러싼 투쟁이 진행 중이다.

제9장

———

가장자리

"난 반려동물이 네 마리 있소. 고양이 두 마리, 바다수리 두 마리를 키우지. 해변의 저 왕좌 옆에서 한번에 먹이를 준다오. 세계에서 제일가는 생선을 말이지." 비요나르 니콜라이센Bjørnar Nicolaisen이 북위 69.31노에서 말했다.

그는 호탕하게 웃으며 거실 창문 밖을 가리켰다. 눈이 가득 쌓인 평원이 너비가 몇 킬로미터에 이르는 피오르와 맞닿은 암석해안으로 비탈진다. 해류가 흐르는 곳에는 피오르의 스틸블루색 물이 일렁인다. 지는 햇살에 피오르를 건너 멀리 부드럽게 눈 덮인 봉우리들이 반짝인다. 내가 이전에 본 어떤 산맥보다도 거친 모습이다. 마녀의 모자, 상어 지느러미, 치켜세운 손가락. 모두 도자기처럼 하얗게 광이 난다. 그러나 해변에 있다는 왕좌는 보이지 않는다.

"자, 이걸로 보시오." 비요나르가 쌍안경을 건네주었다. 검은색 가죽을 덧댄 원통이 군데군데 닳아서 갈색이다. 렌즈가 먼지 하나 없이 잘 닦여 있다. 좌측 원통 뒤에는 나치의 상징인 독수리가 새겨져 있다.

"전쟁 때 베어마흐트가 제작한 것이라오"라고 비요나르가 말했다. "아름다운 물건이야. 장교용이지. 아버지가 돌아가시면서 자신의 물건

중에 '딱 하나만' 고르라고 하셨을 때 내가 말했지. '아버지가 독일에서 가져오신 쌍안경이요.'"

나는 쌍안경을 들어 밖을 보았다. 해변이 손에 닿을 만큼 가까이 눈에 들어온다. 시야에 렌즈의 보정 십자선이 보인다. 해안을 따라 오른쪽으로 움직인다. 아무것도 없다. 이번엔 왼쪽으로 돌아온다. 그래, 저기 의자처럼 보이는 것이 하나 있다. 바다에 떠밀려온 통나무를 모아 잘 엮고 못을 박아서 만든, 높이 2미터쯤 되는 의자다. 웨스테로스(조지 R. R. 마틴의 판타지 소설 『얼음과 불의 노래』에 나오는 지역 - 옮긴이)의 강철 군도 출신 장인이 만들었음직하다.

"어획량이 많은 날이면 돌아와서 수리들에게 대구를 갖다준다오. 저기 내 의자 옆에서 먹이지."

"비요나르, 내가 아는 사람들 중에 바다수리를 반려동물이라고 하는 사람은 당신밖에 없을 거예요."

비요나르가 대답했다.

"난 고양이를 더 좋아한다오."

"개나 수리보다도?"

"사람보다도!"

비요나르는 웃고 또 웃었다. 배 속 깊은 곳에서 터져 나오는 호탕한 웃음이다.

———◈———

내가 안되야를 향해 북쪽으로 여행을 시작할 무렵 로포텐에서는 눈보라가 잦아들면서 날씨가 맑아졌다. 여행 첫날, 구름 없는 황혼 무렵에 섬의 최북단에 있는 안데네스Andenes 마을에 도착했다. 안데네스는 거리의 폭이 넓고 겨울이 혹독하며 야간 조업이 이루어지는 어촌이다. 지붕의 굴뚝마다 크롬 뚜껑을 씌워놓았다. 까치가 가로등 위에서 까악거린다. 공기에 보라색 안개가 끼었다. 살을 에는 추위에도 눈 덮인 능선의 봉우리가 멋있어 보였다. 마을에서 멀리 드넓은 바다가 있다. 이곳에서 북쪽으로 바다를 건너 160킬로미터쯤 가면 스발바르 제도Svalbard archipelago가 나온다.

봉우리 뒤로 자줏빛과 주황빛 새틴 천을 두른 일몰이 호화롭다. 하얀 달이 바다 위에 걸린다.

다음 날 아침 나는 비요나르와 잉그리드를 만나러 갔다. 이들은 안데네스 남쪽으로 몇 킬로미터 떨어진 곳에 산다. 그들의 집은 도로에서 조금 뒤로 물러나 있고, 동쪽으로 안되야 섬을 노르웨이 본토와 격리하는 해협을 바라본다. 크로스컨트리 스키와 폴이 차고에 기대어져 있다.

초인종을 누르니 문이 활짝 열리고 비요나르가 나오면서 우렁찬 목소리로 반겼다. 커다란 한 손으로 악수를 하고 다른 손으로는 내 팔을 두드리더니 꽉 붙잡았다.

나는 곧장 비요나르 니콜라이센의 손아귀에 붙들렸다. 그리고 앞으로 며칠간 그것을 벗어나지 않을 것이다.

"어서 들어오시오, 어서!"

납작하고 검은 가죽 모자, 짧고 하얀 수염, 회색의 모직 스웨터. 나이가 한갑쯤 되어 보이지만, 50대이거나 70대일지도 모른다. 건장한 팔과 가슴, 넓게 벌린 다리, 활짝 웃는 미소, 호탕한 웃음. 그리고 살면서 처음 보는 희한한 눈동자.

비요나르의 동공은 흐린 파란색인데 색이 너무 옅어서 마치 눈이 먼 것처럼 보인다. 사람을 동요하게 만드는 예언자의 눈이다. 나를 붙잡고 위아래로 훑어보는 짧은 순간 그의 눈이 나를 꿰뚫는 기분이 들었다.

"내 안사람 잉그리드요!"

잉그리드는 빨갛고 푹신한 리버풀 축구 클럽 슬리퍼를 신고 아기를 안고 있다. 세상에서 가장 친절한 미소를 띤 채, 악수하지 못해서 미안하다는 몸짓을 했다.

"여기는 우리 손녀 시그리드예요. 커피는 보온병에 있어요. 이리 와서 편히 앉아요." 잉그리드가 말했다.

거북 등딱지 같은 털과 도마뱀의 눈을 한 고양이가 거실 카펫 위에서 하품을 한다. 벽에는 줄지어 날아가는 오리 대신 청동 바다수리 네 마리가 열을 맞춰 차례대로 벽지 위를 날아간다. 나무 때는 난로의 쇠문에는 북극곰 두 마리가 돋을새김되었다. 창문 밖에는 머리 없는 대구를 매달아 말리고 있는데, 풍경風磬처럼 가벼운 바람에도 흔들린다.

비요나르는 어부이자 투사이며 바다의 언더랜드를 잘 알고 있다. 내가 그를 만나러 온 이유이기도 하다. 겨울철에 비요나르는 며칠씩 연달아 새벽 5시부터 저녁 7~8시까지 생선을 잡는다. 겨울은 대구철이다. 내가 안되야 섬에 도착할 무렵엔 이미 끝물이었지만, 대구잡이가 한창일 때는 이 고위도지방의 어둠 속에 집을 나서서 역시 어두울 때 집에 돌아온다. 그가 바다에 머무는 동안 정오를 전후로 몇 시간을 제외하면 대부분이 어둡다.

비요나르는 혼자서 고기를 잡는다. 물에 빠지거나 배가 가라앉아도 아무도 모를 것이다. 그가 일하는 지역은 기온이 영하 15도이고 조업 시간도 하루에 열다섯 시간에 이른다. 그러나 대구는 위험과 고난을 충분히 보상한다. 그런 상이 또 없다. 세계 최고의 어장에서 잡히는 세계 최고의 생선이다. 대구 한 마리의 무게가 최대 70킬로그램까지 나간다. '커피-대구'라는 뜻의 '카페토르스크kaffetorsk'는 가장 큰 생선에 붙여진 별명이다.

고되고 위험한 직업을 가진 다른 많은 사람처럼 비요나르 역시 자기가 얼마나 힘든 일을 하는지 크게 개의치 않는다. 고기잡이는 그의 업이고, 고생은 비용이고, 보상은 확실하니 그걸로 끝이다. 그는 수상 왕국의 유일한 통치자다. 고기잡이로 입에 풀칠하고 바다를 향한 무한한 사랑을 충족시킨다. 몸이 따라주는 한 고기잡이를 그만둘 생각이 없다. 게다가 육지라고 해서 삶이 덜 위험한 것도 아니다. 15년 전 비요나르는 공장에서 일하다가 6미터 높이에서 추락했다. 손목과 팔뚝이 부러지고 골반이 골절되었다. 그는 걱정스러워하는 내 표정을 보고 손사래를 치며 "겨우 몇 주 정도" 병원에 있었다고 했다.

비요나르에게는 북극곰의 무엇이 있다. 강한 체격, 북부인의 억센 기질, 하얀 눈, 그리고 그의 이름까지. 비요나르라는 이름은 고대 노르웨이어로 곰이라는 뜻의 'björn'에서 유래했다. 그는 열정적이고 지적인 존재다. 한편이 되고 싶은 사람, 적이 된다면 두려운 사람이다. 자존심이 센 편이지만 거슬릴 정도는 아니다.

또한 비요나르에게는 신비주의적인 측면이 강하다. 일터에서의 하루하루가 실용주의와 자기 의존을 강요하는 사람에게서 기대하기 힘든 부분이다. 그러나 나중에 알게 되었지만 비요나르는 사물을 *꿰뚫어보는* 능력이 있다. 그는 사람들을 꿰뚫어보고, 헛소리를 꿰뚫어보고, 바다를 꿰뚫어본다.

비요나르는 창가의 검은 회전의자에 앉았다. 그곳에서는 피오르의 물을 감시할 수 있다. 나는 시그리드를 무릎 위에 앉히고 얼렀다.

"젊었을 때 난 절대 안되야를 떠나지 않겠다고 결심했소."

"요즘 세상엔 이렇게 한곳에 뿌리를 내리고 사는 일이 드물죠." 내가 말했다.

"그럴지도 모르지. 하지만 나한테는 당연한 일이었다오. 평생을 의

탁해도 될 만큼 이 섬은 모든 것을 갖추었어. 그 점이 참 좋아."

그는 잠시 말을 멈추었다.

"어제는 잉그리드와 같이 범고래들을 봤다오. 바로 *저기서.*" 그는 해협을 향해 동쪽을 가리켰다. "오르카(범고래) 가족이야. 우리는 공짜로 지켜봤지!"

비요나르는 말할 때 문장의 마지막 단어를 강조하는 습관이 있다. 파열음을 내면서 표현과 어법이 완벽한 영어를 구사한다. 'rs'를 발음할 때는 혀를 굴리고, 'ps'나 'bs'를 발음할 때는 입술을 터뜨리고, 단어 끝에 강세가 들어간 '슈와schwa'를 넣는다. 스톱stop이 아닌 스토퍼stoppp-uh, 보트boat가 아닌 보터boat-uh, 롭Rob이 아닌 로버Rrrrob-uh로 발음한다.

"물론 오슬로에 가본 적도 있지만, 내 낚싯배를 타고 있을 때가 아니면 이 섬을 떠나는 걸 좋아하지 않아. 롭, 이 섬이 나를 성장시켰다오."

잉그리드는 우리 가까이 앉아 있었다. 시그리드가 칭얼대자 잉그리드가 치발기를 건넸다. 잉그리드에게 그녀의 어린 시절이 어땠는지 물었더니, 그녀는 놀라운 이야기를 들려주었다. 잉그리드가 자란 곳은 아주 작고 외진 섬으로, 가장 가까운 큰 섬까지 가는 데만 배로 두 시간이 걸리고 그곳에서 본토까지도 상당히 오래 가야 했다.

"내가 태어났을 때 우리 섬에는 총 열 가족이 있었어요. 모두 한 가족 같았죠." 잉그리드가 말했다. 나는 레프스비카 정착지를 떠올렸다. 잉그리드가 살았던 곳은 훨씬 멀고, 심지어 훨씬 작은 마을이었다.

"섬의 구석구석 모르는 곳이 없었지요." 그녀가 웃으며 말했다. "어려서 우리는 섬을 탐험하며 놀았어요. 그게 우리 일이었지요. 달리 돌봐줄 사람이 없었으니까요. 안 가본 곳이 없었어요."

그러나 한 가족씩 섬을 떠났고 잉그리드가 중학교에 다닐 무렵 섬에는 두 가족만 남았다.

"정부는 우리가 그곳에 사는 걸 점점 더 어렵게 만들었어요. 결국은 강제로 본토에 '들어와야' 했죠. 그리고 거기에서 비요나르를 만났고…….'' 잉그리드는 미소를 지었다.

비요나르가 껄껄 웃었다.

"섬을 떠나지 마라! *그게 바로* 저 이야기의 핵심이지. 섬에서 나오자마자 나를 만나 평생 고생했잖아. 이제 이리 와서 탁자 앞에 앉아보시오. 해도를 보면서 앞으로 며칠간 우리가 어디를 가게 될지 보여줄 테니." 그가 말했다.

그는 탁자 위에 항해도를 펼쳐놓았다. 모서리가 접혔고 핏자국처럼 보이는 얼룩이 있었다. 보라색 곡선이 전체를 가로지르고 수심과 부표의 위치가 점으로 표시되어 있었다. 이 항해도는 안되야 섬의 북쪽 절반과 피오르가 가르는 본토의 서쪽 가장자리, 그리고 북쪽과 서쪽 해안에서 약 65킬로미터에 이르는 바다를 보여주었다. 등심선은 해저의 깊이를 나타냈다.

"여기가 안데네스라오. 내일 여기에서 항해를 시작할 거요." 비요나르가 손가락으로 한 지점을 가리키며 말했다. "그리고 여기를 보시오!" 그는 손가락 끝을 북쪽으로 6~8킬로미터 움직여 등고선이 한데 모이는 곳을 가리켰다. 큰 절벽을 가르는 산의 협곡을 나타내는 것 같았다. 얼마 전 로포텐 장벽을 넘은 일이 떠올랐다.

"안되야에서는 이곳을 에지Edge, 즉 가장자리라고 부르지." 비요나르가 손가락을 등고선 다발 앞뒤로 움직이며 말했다. "안되야 사람들은 그 뭐라더라, 책꽂이 양쪽에서 책을 고정하는 북엔드bookend에 살고 있다고 볼 수 있소. 이 절벽은 해안에서 단지 몇 해리 떨어진 곳에 있기 때문에 고기잡이가 많이 또 어렵지 않게 이루어지는 거라오. 물고기들이 에지에 모이니까 고기를 잡으러 굳이 멀리 갈 필요가 없거든."

비요나르는 고개를 가로저었다.

"땅은 뭍에서 시작해 바닷속으로 꺼져 들어간다고 해서 *끝이 아니오*. 계속해서 이어지지. 나는 지상 세계 못지않게 바다 밑의 땅도 잘 알고 있다오. 선생 눈에 *이것*들이 보이는 만큼 내 눈에는 바다 밑이 보이지." 그는 창문 밖으로 피오르를 향해 손짓했다.

"이 긴 시간 동안 여기 사람들과 해안을 *살아 있게* 만든 것은 수면 *아래에* 있는 것에 대한 지식이라오."

"그런데 여기." 그는 항해도의 에지 부근을 손가락으로 반복해서 누르며 말을 이었다. "여기 북극 최고의 어장에서 사람들이 지진파를 발사하고 시추 탐사를 하고 있어. 저 멍청이들이 여기에 시추선을 설치하려 한단 말이오."

⚜

1971년 6월 15일, 노르웨이 대륙붕 남서쪽에 위치한 에코피스크 Ekofisk 유전이 석유를 생산하기 시작했다. 당시에는 노르웨이의 석유 매장량이 알려지지 않았지만, 에코피스크의 빠른 성공으로 노르웨이의 서부와 북서부 해안을 따라 투기성 오일 러시가 시작되었다. 노르웨이 정부는 빠르게 대응하여 1972년 스탓오일Statoil이라는 정유회사를 설립하고 이 풍요한 해역에서 허가되는 모든 오일 생산에 국가가 실질적으로 참여하는 원칙을 세웠다.

석유는 노르웨이의 생명줄이다. 노르웨이의 모든 시스템에, 정치적으로나 사회기반시설 측면에서도 하나부터 열까지 두껍게 석유가 발라져 있다. 석유와 천연가스로 인한 소득에는 막대한 세금이 매겨졌다. 반세기를 운영하면서 석유산업은 국민 1인당 15만 파운드에 해당하는 총 1조 파운드의 4분의 3이 넘는 국부 펀드, 즉 석유 기금Oljefondet 을 조성했다. 석유는 노르웨이에서 국가가 창출하는 가치 전체의 4분 의 1을 차지한다. 노르웨이의 총 실질 투자의 3분의 1이 석유에 기반을 둔다. 기업과 정부가 공동으로 석유 탐사와 유전 개발은 물론 운송과 공급, 지원 시설에도 엄청난 금액을 투자했다.

그렇다, 노르웨이의 근대화가 가능했던 것은 석유와 멕시코 만류 때문이다. 이 나라의 가장 독특한 특징 중 하나가 기반 시설과 야생 자 연의 조합이다. 로포텐을 종단하는 도로는 석유 자금에서 일부 자금 지 원을 받는다. 이 도로는 해저터널, 산악터널, 눈사태에 영향을 받지 않 는 고가도로, 수십 개의 교량을 비롯해 160킬로미터에 걸쳐 섬과 섬을 잇는 공학의 기적이다. 노르웨이는 자연과 기술을 사랑한다. 이곳에서 이 둘은 상반되는 것이 아닌 상호 보완적인 범주로 여겨진다.

그러나 노르웨이의 석유가 고갈되고 있다. 2000년에 들어서면서 북해 유전의 1일 생산량이 340만 배럴로 정점을 찍었지만, 2012년에 는 거의 절반으로 줄어들면서 국부 펀드의 수입도 덩달아 감소했다. 생 산량 감소에 대한 확실한 해결책은 새로운 유전을 여는 것이다. 노르 웨이 북쪽과 바렌츠 해Barents Sea에 관심이 쏠렸다. 2000년대 초기에 로 포텐과 베스터랄렌 제도의 바다 밑에 매장된 석유에 대한 관심이 커졌 다. 약 13억 배럴이 이 제도 근처에 묻혀 있다고 추정되었다. 시추 지역 의 수심이 비교적 얕고 상대적으로 육지에서 가까우며 지리적으로 꾸 준한 수익을 보장했다. 반면 훨씬 북쪽의 바렌츠 해는 북극 환경이라는 조건 때문에 추출비용이 크게 증가했다. 이들 지역에 비해 로포텐과 베 스터랄렌 제도는 석유의 품질이 좋을 뿐 아니라 비용도 낮았다.

그러나 이 바다는 세계에서 가장 큰 한류 산호의 보금자리이기도 하다. 로포텐과 베스터랄렌 제도는 세계에서 가장 놀라운 해안 경관 중 하나로, 전 세계에서 관광객을 끌어들이는 대단히 수익성 높은 관광산업이 이루어지고 있다. 또한 베스터랄렌 제도 주변은 석유가 발견되기 훨씬 전부터 1,000년 동안 노르웨이의 노다지가 되어준 어장이 자리잡았다. 이 어장에서 건조된 대구는 바이킹들이 아이슬란드와 그린란드로 가는 개척 항해 때 챙겨간 주요 해산물이었다. 대구는 이 나라의 근간이자 원조 국부 펀드였다.

로포텐과 베스터랄렌 제도 해역의 원유 개발에 대한 논쟁은 지난 15년 동안 계속되어왔고 노르웨이의 영혼을 위한 투쟁[1]이 되었다. 판돈은 크고 양쪽의 힘은 팽팽하다. 한쪽에는 오일 머니로 기름칠한 국가기구와, 오일 문화에 빚을 지고 거기에 뿌리내린 인구가 있다. 다른 쪽에는 자국을 녹색 국가로 생각해 자연이라는 현세적인 종교에 헌신하고 지구온난화를 줄이고 기후변화에 맞서 싸워야 한다고 생각하는 이들이 있다. 이들은 또한 어업 국가로서 노르웨이의 오랜 정체성을 중요시한다. 노르웨이 헌법 112조에는 '천연자원은 장기적인 관점에서 판단하고 관리해야 하며, 미래 세대를 위해 보호해야 한다'[2]라고 명시되어 있다. 이 조항은 많은 사람들에게 새로운 유전 개발, 특히 취약한 북쪽 해안에서의 개발을 철회해야 하는 근거로 여겨지고 있다.

2000년대에 로포텐과 베스터랄렌 제도의 시추 탐사가 처음 제안되었을 때, 이 계획에 대한 저항도 함께 형성되었다. 굴착에 반대하는 사람들이 조직적으로 움직이기 시작했다. 평소라면 있을 법하지 않은 동맹도 형성되었다. 전국 환경 단체(특히 젊은이들), 섬의 지역 운동가, 환경보호론자, 환경운동가, 어민들을 통합하는 연합체가 등장했다. 운동가들은 구체적으로 문제를 제기하는 법을 배웠다. 이들은 자본가, 공중파, 신문과 투쟁했다. 그리고 오슬로까지 가는 촛불 시위행진도 주최했다. 한여름 밤의 황혼녘에 위협 대상인 섬들의 해안가에서 공청회가 열렸다.

비요나르 니콜라이센이 당시 이 투쟁에 앞장선 인물 중 한 명이었다.

우리는 동이 트자마자 안데네스 항구에서 방파제를 통과해 에지를 향해 떠났다. 엔진이 쿵 하고 칙칙거리는 소리, 하늘은 높고 푸르고, 바다는 기름막이 둘러진 것처럼 잔잔하다. 얼음결정(빙정)에 부딪혀 초록색과 빨간색으로 눈부신 햇살이 속눈썹에 걸렸다. 서쪽에는 하얀 구름이 얇은 암초를 만든다. 그게 아니라면 세상은 한없이 맑고 차고 고요하다. 북해에서 낚시하기 딱 좋은 날씨다.

항구의 마지막 만을 지난다. 눈 덮인 봉우리의 선이 동·서·남쪽에서 바다로 내려간다. 바다의 노을에는 솜털오리들이 모여 있다. 가마우지 한 마리가 태양을 바라보며 앉아 있다가 날개를 천천히 벌려 철 십자가가 된다. 백조 세 마리가 꾸준히 우리를 앞지른다. 오래된 나무문처럼 날개를 삐걱거리며 북극을 향해 북쪽으로 날아간다.

"해도 되는 것과 하지 말아야 할 것을 알려주시면 그대로 따르겠습니다." 내가 비요나르에게 말했다.

그는 나를 돌아보더니 머리를 갸우뚱했다. "규칙을 따른다고? 나는 규칙 같은 건 지키지 않소!" 하더니 호탕하게 웃는다. "하지만 오늘만은 하나 정해주겠소. *배에서 떨어지지 마시오!* 그거 말고 다른 건 다 괜찮소."

비요나르는 너구리 가죽으로 만든 모자를 썼다. 너구리 머리가 비요나르의 이마 위에 앞을 바라보며 앉아 있다. 몸통은 바느질로 고정되어 정수리의 곡선을 따라 휘어 있고 꼬리는 뒤쪽으로 늘어진다. 너구리는 편안해 보였다. 비요나르의 머리 위에 사는 장기 무단거주자다.

너구리의 눈은 반짝거리는 가짜 눈으로 대체했다. 그 효과가 매우 당황스럽다. 비요나르와 얘기할 때마다 앞을 못 보는 눈 네 개를 바라보게 되기 때문이다. 두 개는 흑옥처럼 검고 두 개는 유령처럼 하얗다.

방파제를 넘어 바다의 너울이 길고 느린 언덕처럼 다가와 배 아래로 지나갈 때면 배가 수평에서 20~30도 기울었다. 나침반은 너울의 꼭대기와 바닥으로 갈 때마다 짐벌gimbal에 매달려 경사가 진다. 비요나르는 마치 배가 정박해 있는 것처럼 배 안에서 자유자재로 돌아다닌다.

배는 길이가 10미터짜리로 노르웨이산이고 이름은 '트론Tron의 해저'라는 뜻의 트롱런Trongrun이다. 비요나르는 이 배를 15년 전에 핀마르크Finmark 주의 한 남성에게서 100만 크로네(약 1억 2,000여만 원 - 옮긴이)에 샀다. 이 배는 열심히 일하는 공간으로, 꼭 필요한 것들만 갖추었고 어수선하지만 효율적이다. 조타실은 큰 바다에서 운항할 때를 대비해 밀폐가 되는 문을 달았다. 배의 우현에 있는 두 개의 윈치는 각각 하나는 배의 앞쪽에서, 다른 하나는 뒤쪽에서 낚싯줄을 끌어올린다. 뒤쪽 낚싯줄은 금속판에 의해 프로펠러에서 멀찍이 떨어져 있다. 낚싯줄마다 가짜 양미리나 오징어가 미끼로 달린 네 개의 낚싯바늘이 있다. 아주 간단한 장비이지만, 물속에서는 더없이 훌륭하고 제 몫의 일을 제대로 해낸다.

선실 문 옆에는 여러 개의 칼이 띠 모양의 자석 칼꽂이에 붙어 있다. 빨갛고 노란 미끼 줄이 조타실 탁자 가장자리에 줄지어 걸려 있다. 비요나르는 밑창이 눈에 띄는 네오프렌 부츠를 신고, 노랗고 파란 방수 멜빵바지를 입고, 주황색 재킷을 입었다. 거기에 너구리까지. 그는 30분마다 철제 통에서 검은 압착담배를 새로 꺼내 뺨을 젖히고 마치 새로운 소프트웨어를 장착하듯이 잇몸과 뺨 사이에 끼웠다.

조타석 계기판에는 갈색 야구모자가 있는데, 소금물 얼룩과 핏자국이 있다. 그리고 물고기 비늘로 반짝거린다. 손가락으로 톡톡 쳐봤는

데 화석처럼 단단하다. 분리된 모니터 화면에는 어군탐지기 소리와 업데이트 상황이 나온다. 주황색, 초록색, 흰색의 거친 로르샤흐Rorschach(성격검사에 쓰이는 좌우 대칭의 잉크 얼룩 – 옮긴이)처럼 보인다.

"흰색 선은 해저를 나타내지." 비요나르가 모니터를 가리키며 말했다. "그 위의 주황색 선은 물고기를 보여주고."

"그럼 해저 밑에 있는 주황색과 초록색은 뭐죠?" 내가 물었다.

"*지하 세계지! 그게 바로 석유라오!*"

배가 푸른 물결 언덕을 넘어간다.

"이제." 잠시 후 비요나르가 말했다. "이제 에지 밖으로 나갈 거요. 거기에서는 땅이, 뭐라고 말해야 하나, 우리 아래로 쑤욱 꺼지지."

나는 갑자기 속이 울렁거리며 몇 년 전 불비 광산의 드리프트 갱도를 따라 해안선을 넘어 북해 아래를 통과하던 생각이 났다.

갈매기들이 바람에 울부짖으며 우리를 따라온다. 배가 더 크고 더 긴 파도를 탄다. 안데네스 등대의 첨탑이 멀리서 희미해진다. 나는 청동함을 들고 왔다. 일단 에지를 넘으면 배 밖으로 떨어뜨릴 생각이다. 이보다 깊은 곳은 별로 없을 것이다.

비요나르가 말했다. "어부라면 물속을 볼 수 있어야 한다오. 여기 바깥까지 나오면 당신 롭은 아무것도 볼 수 없지. 하지만 나 비요나르는? 나는 이 밑의 풍경을 볼 수 있소. 이 아래에도 언덕과 계곡과 산맥이 있어. 개울이 흐르고 그걸 따라 물고기들이 이동하지. 그걸 상상하려면 기계장치를 보는 동시에 머리를 써야 해. 그리고 무전기로 친구들과 얘기도 나누지. 가끔씩 파도가 심하고 얼어붙을 것처럼 추울 때는 바람에 맞서 배를 몰아야 하오. 맞소, 어부들은 한 번에 여러 일을 하는 게 가능한 능력자들이야!"

그는 배가 울릴 정도로 껄껄 웃다가 웃음을 거두었다.

"우리는 육지의 저 멍청이들에게 먹을 걸 가져다주기 위해 아침마다 죽음과 맞선다고." 그가 어깨 뒤로 엄지손가락을 홱 넘기며 말했다. "멍청한 정치가들 말이지. 바다 밑을 열지 못해 안달난 인간들이라오. 석유를 더 얻겠다고 말이야."

바다갈매기 사이에 세가락갈매기 한 마리가 보인다.

"대구는 석유가 발견되기 훨씬 전부터 이곳에 있었소. 그리고 그대로 놔둔다면 석유가 바닥난 후에도 여기에 있을 거야. 대구는 여정 중인 바이킹들을 먹였지. 그리고 지금은 우리의 밥줄이라오. 정신 나간 사람들이 더 많은 부와 더 많은 석유를 위해 식량을 바친다면, 그때 광기는 완성되고 우리에게 더 이상 희망은 없소."

대형 석유회사와 비요나르의 싸움은 2007년 봄에 시작되었다. 노르웨이 대륙붕에서 석유 및 천연가스 자원 관리를 담당한 정부 기관인 노르웨이 석유사업청이 안되야에 도착했을 때 그들은 이미 해양과학자들과 노르웨이 북부 어민 연합에 손을 뻗어 안되야와 로포텐에서 어민들을 설득하기 위한 사전 작업을 마친 터였다. 그들은 지역사회가 에지 밖에 새로운 유전을 여는 계획을 승인하길 바랐다. 이들은 탄성파(저진파) 탐사를 통해 얻은 해양 지도 데이터를 자신들의 계획에 유리한 증거로 제시했다.

탄성파 탐사는 바닷속 언더랜드를 보는 방법 중 하나다. 저주파 고용량의 공기총을 실은 전문 선박이 물속에서 탄성파를 발사한다. 이 탄성파는 해저의 바닥을 뚫고 들어갈 정도로 강력하다. 땅속에 들어갔다가 나오는 반사파를 선박 후미에 매달린 탄성파 감지기가 기록한다. 조사단은 탄성파를 1분 미만의 간격으로 몇 주에서 몇 달까지 지속적으로 발사한다. 이 방법으로 해저의 지형을 파악할 수 있다. 발사음은 수면 위에서는 거의 들리지 않지만 수면 밑에서는 측면으로 몇백 킬로미터씩 이동하며 바닷물을 타고 굉음을 전달한다. 탄성파 탐사는 석유산업뿐 아니라 수심이 깊은 퇴적 지역에서 과거 기후변화의 성격과 원인을 밝히고, 그 결과를 토대로 미래의 기후변화 모델을 시험하고 다듬기 위해 사용된다. 현재는 대부분 조사선에 전문 감시원이 동승하여 고래가 나타나면 발사를 중지시킨다. 그리고 이동하는 고래 무리를 피해 발사 스케줄을 정하도록 조언한다. 그럼에도 이 기술에는 논쟁과 불확실성이 따라다닌다. 특히 고래와 돌고래를 비롯한 해양생물에 미치는 영향에서는 더욱더 그러하다.

안데네스에서 공청회가 소집되었고, 여기에서 석유사업청 대표들은 안되야 주민들과의 '협의'라는 허울 아래 더 많은 탄성파 탐사를 비롯한 앞으로의 석유 탐사 가능성을 제시했다.

비요나르는 말을 하면서 낚싯줄의 미끼를 점검했다.

"나는 거기에 앉아 맨 처음 사람들이 말한 것을 기억한다오. 난 생각했지. *이제 끝났구나.* 이미 계획이 세워졌고 모든 게 *확정된 거였어.* 탐사는 이미 진행 중이었던 거지. 그러니까 협의는 *거짓 쇼에 불과했던 거야! 다 끝났다고!* 그들이 해저로 오고 있고 우리의 생계 수단을 파괴하려고 했지." 그는 잠시 이야기를 멈추었다.

"동시에 나는 이렇게 생각했소. 나 자신이 늙어가는 모습을 보고 싶다. 내가 늙어 이 의자에 앉아 거동조차 할 수 없게 된다면 그제야 이걸 멈추기 위해 내가 할 수 있는 일이 아무것도 없다는 걸 알게 되겠지. 그래서 난 생각했소. 이 싸움을 지금 시작해야 한다. 당장, 오늘!"

그는 확신에 찬 어투로 말했고, 그에겐 너무나 생생한 기억을 떠올리며 오래 침묵했다. 그는 낚싯바늘을 확인한 후 낚싯줄을 아래로 내리며 흔들리는 시선을 내게 고정했다.

"롭, 나에게는, 뭐라고 말해야 하나, 미래에 벌어질 일을 보는 능력이 있소."

나를 꿰뚫는 하얀 눈을 보며 그를 믿지 않을 수 없었다.

비요나르는 석유회사들이 탄성파 탐사를 진행하는 동안에도 그 계획에 반대하는 운동을 벌였다. 그는 고기를 잡고 또 싸웠다. 그는 지역 어민 연합의 간사로 선출되었다. 그 자리는 그에게 정치적 권한을 주었고, 그는 그 권한을 충실히 행사해 지역 주민에게 다가가고 목소리를 냈다. 그는 섬 곳곳을 다니며 집집마다 문을 두드렸다. 발사와 굴착의 위험성에 대해 글을 쓰고 신문사를 찾았다. 비요나르는 대구에 대한 노르웨이인들의 오랜 애착심을 자극하고 석유에 대한 새로운 충성을 반대했다. 그는 토론회에서 석유회사 대표진에 맞섰다. 지면과 방송으로 그들과 그들의 계획을 조롱하고 풍자했으며 그들이 내세우는 복잡한 과학에 도전했다.

"아마 나의 주요 전략은 *지연*이었을 거요." 비요나르가 말했다. "시간은 저항 세력과 국민의 편에서 움직였어. 나는 그걸 알았지. 될 수 있는 한 일을 지연시키면 그사이에 새로운 정보가 들어올 거라는 걸. 그리고 그 정보라는 게 대개 저들에게 유리하지 않다는 걸 말일세."

비요나르는 격정에 차서 말이 더 빨라졌다. 내가 감히 끼어들거나 질문할 틈도 없었다. 이야기하는 동안 그의 기분은 계속 달라졌다. 함박웃음과 호탕한 웃음, 슬픔과 상실이 이어졌다. 그에게는 과시하는 면도 없지 않았으나 내게는 그것이 자랑이나 허세로 보이지 않았다. 그보다는 비요나르가 이 전투에 임하며 개인적으로 받게 될 상처를 흡수하는 데 요구되는 자기 영웅화의 몸부림으로 받아들였다.

대형 석유회사에 대항하는 운동을 시작한 지 6개월 만에 비요나르는 무너졌다. 중압감이 너무 컸다. 어느 날 잉그리드는 그가 일종의 둔주 상태('해리성 둔주'라고도 하며 자신의 과거와 정체성에 대한 기억을 상실한 채 행동하는 상

328

태 - 옮긴이)로 키보드 앞에 있는 모습을 발견했다. 비요나르는 정신병원에서 몇 주를 보냈고 퇴원한 뒤 자신을 되찾는 데 3개월이 걸렸다. 그런 다음 그는 다시 싸움을 시작했다.

엔진이 털털거리고 파도가 울렁거린다. 바닷새 무리 중에 풀머갈매기 두 마리가 보인다. 세가락갈매기는 사라졌다.

"최면 상태에서 돌아왔을 때 내 머릿속에 남아 있던 그림이 뭔지 아시오?" 비요나르가 말했다. "저기 해안에서 가장 멀리 떨어진 반도에 서 있는 기분이었소." 그는 멀리 있는 안되야 해안의 뾰족한 봉우리들을 가리켰다. "장화를 신고 바다에 들어간 채, 해안가 사람들을 바라보며 인류와 대적해 싸우는 거지. 에지는 내 목숨을 빼앗기 위해 기다리고 있고. 그게 당시 내 무의식에 있던 이미지였소. 그만큼 미친 짓이었다고. 상상할 수 있겠소?"

배의 자동조타장치가 작동했다. 비요나르는 낚싯줄에서 손을 떼고 이야기에 온전히 집중했다. 트롱런 호는 작은 파도를 타고 북서쪽을 향했다. 그는 조타실에 몸을 기댄 채 눈도 깜빡하지 않고 나를 바라보았다. 이제 이야기는 그에게서 엄청난 압력과 함께 쏟아져 나왔다.

"하지만 사람들이 서서히 해안가에서 나와 합류하기 시작했소. 점점 많은 환경 단체가 여기로 와서 우리에게 힘을 보탰지. 개인들도 모여서 항의했어." 그는 팔을 넓게 벌린 다음 안쪽으로 둥글게 모았다. "내 프로젝트는 이 조직들을 모두 모아 커다란 단일 군대로 만드는 거였소!"

"공존, 당신은 석유에서 전술을 배웠군요!" 내가 말했다.

그가 웃었다. "다 함께 하는 것, 맞소. 우리는 공존하고 저항했소. 역사를 만들고 흐름을 바꾸어 저 대단한 자들에게 불리한 상황을 만들기 시작했지. 우리는 여기에서 엄청나게 시끄럽게 떠들어댔어. 처음엔 그들이 이길 줄 알았지. 그들이 이 지역을 가져갈 뻔했지만 우리가 지켜냈소."

"탐사철은 5월에서 9월까지였소. 그들은 3년 내내 공기총을 발사했고 나는 3년 내내 싸웠지. 우리 형이 핀마르크에서 암으로 죽었고, 파리 근처에 사는 내 여동생도 암으로 죽었소. 그들은 3년을 발사했고 그 3년간 나는 1년에 한 번씩 자아를 잃고 정신병원에 끌려갔지. 제정신이 아니었어."

갈매기가 끼룩거리는 소리. 세가락갈매기의 고양이 소리.

"나는 그 투쟁과 자아 상실의 시절을 후회하지 않는다오. 비록 우리 모두 힘들었지만 거기에서 배운 게 있다는 사실에는 의심의 여지가 없소. 그때는 어부인 내 아들조차 나를 이방인처럼 취급했지. 잉그리드가 없었다면 해낼 수 없었을 것이오. 아주 강한 여자야. 정말 강인하지. 언제나 내 뒤에 서서 우리 가족을 돌보고……" 비요나르는 말끝을 흐렸다. 나는 고개를 끄덕였다. 나는 잉그리드를 잠깐 보았지만, 그녀가 대단히 강인하고 섬세한 사람임은 바로 알 수 있었다. 비요나르라는 급류 옆에서도 암반처럼 굳건히 버티고, 그의 폭풍 속에서도 한결같이 잔잔하고 고요했다.

긴장이 가라앉고 있었다. 이제 그는 아까보다 차분히 말했다.

"흐름이 바뀌었소. 연립 소수 정당이 굴착을 막았어. 우리가 승리한 거지. 그리고 우리는 더 강해졌다오. 이제 많은 노르웨이인이 석유는 안 된다고 말하고 있소. 석유 투쟁 때문에 그 몇 년간 정말 많은 일이 일어났어. 젊은이들이 고기잡이를 하러 고향으로 내려가 예전 삶의 방식으로 돌아갈 것이오. 나라 전체가 이 해안에서 일어나는 싸움을 지켜봤거든."

그 몇 년간 일어난 사건의 후폭풍은 비요나르의 건강과 해저 세계

양쪽 모두에 재앙이었다.

비요나르가 말했다. "그 탄성파 탐사 이후로 이곳의 모든 것이 달라졌소. 오늘 우리가 잡으려는 그 물고기 말이오. 그들이 사라졌다오. 탄성파 발사 이전에는 이 낚싯줄에 하루 3,000킬로그램의 생선이 잡혀 올라왔어. 그게 내가 이 배를 산 이유이기도 하고." 그는 트롱런 호의 조타실을 다정하게 두드렸다.

"하지만 탐사 첫해에 작은대구saithe(북대서양대구 - 옮긴이)가 사라졌다오. 2015년이 되어서야 돌아오기 시작했지. 마지막 탄성파 발사 이후 6년 만에 말이야. 고래도 마찬가지였소. 고래들도 영향을 받았지. 범고래도 떠났어. 그리고 우리는 굶주림에 쫓겨났던 향유고래를 피오르에서 보기 시작했지."

비요나르는 엔진을 공회전시키며 연료조절판을 잡아당겼다. 그는 합장하듯 손을 모으고 나를 향해 웃으며 몸을 굽혔다.

"그럼 이제 고기를 잡아볼까."

비요나르와 내가 트롱런 호를 타고 출발하기 전날 밤, 나는 에드거 앨런 포가 1841년에 쓴『말스트룀으로의 하강』을 읽으며 밤을 새웠다. 로포텐 해인에서 얼마 떨어지지 않은 곳에 형성된 와류에 관한 이야기였다. 붉은 댄서들의 만에서 보고 들은 그 소용돌이다. 독일의 학자이자 언더랜드에 관한 초기 근대 서사시적 연구인『지하 세계Mundus Subterraneus』(1664년)의 저자인 아타나시우스 키르허Athanasius Kircher 같은 사람은 이 소용돌이의 구멍이 땅을 뚫고 보트니아 만Gulf of Bothnia에서 다시 수면 위로 올라올 거라고 생각했다.

포의 이야기는 레프스비카 만 남쪽의 뭉뚝한 봉우리인 헬세가 정상 부근에 있는 두 남자로 시작한다. 두 사람은 멀리 바에로이Værøy 섬을 바라보며 '반들거리는 새까만 바위로 된 앞이 탁 트인 낭떠러지'[3]의 가장자리에 앉아 있었다. 둘 중 한 사람은 소설의 화자이자 이 제도를 방문한 이름 없는 여행객이고, 다른 사람은 모스케네스에서 온 로포텐 토박이 어부로 백발노인이었다.

두 남자가 처음 전망을 내려다보았을 때, 그들 아래의 바다는 '어딘가 굉장히 특별한 무언가'가 '밀려드는 황량함'이었다. 화자는 두려운 마음이 들었다. 언뜻 본 무엇에 대한 불안함이었다. 그때 소리가 들렸다. 소리는 갈수록 더 커졌다. 흡사 '거대한 물소 떼'가 울부짖는 소리 같았다. 바다는 재빨리 모습을 바꾸었다. 해류가 '괴물 같은 속도'로 흐르면서 바다가 '서로 부딪히는 수천 개의 물길'로 갈라져 온통 접혀가며 흉물스럽게 변했다. 이 물길은 점차 수없이 많은 작은 소용돌이로 녹아들어갔다. 이 작은 소용돌이들이 사라지는가 싶더니 '아주 갑자기'……

직경이 1킬로미터 이상 되는 소용돌이가 나타났다. 소용돌이의 가장자리에 넓은 물보라 띠가 나타났다. 그러나 물보라 입자는 이 끔찍한 깔때기 입구로 미끄러져 들어가지 않았다. 소용돌이의 안쪽은 부드럽게 빛나며 새까만 물이 벽을 이루고, 수평선을 향해 45도 정도 기울어진 상태로 흔들리며 어지럽게 돌아가고, 비명과 울부짖는 소리가 반반씩 섞인 소름 돋는 굉음을 바람에 실어 보냈다.

물이 가진 분노의 힘으로 발아래 산이 흔들리는 걸 느끼며 공포의 밑바닥까지 내려간 화자는 말을 더듬으며 말한다. "이것은 말스트룀의 거대한 소용돌이와 다름없다." 그렇다, 그리고 백발의 노인이 그에게 말하길 몇 년간 그 구멍 속으로 고래, 소나무, 셀 수 없이 많은 배가 빨려 들어갔다고 했다. 한번은 북극곰까지 그 힘을 이기지 못해 '소용돌이의 심연'에 먹히고 말았다.[4]

물론 포의 묘사는 해양학적으로 매우 터무니없다. 그는 로포텐 섬에 가본 적도 없고 말스트룀을 실제로 본 사람과 얘기조차 나눈 적이 없다. 말스트룀에 대한 그의 묘사는 전설, 소문, 그리고 항해도에 토대를 두었다. 바다의 바닥까지 내려오는 깔때기 형상의 소용돌이와 그 너머의 구멍은 현실과 아무런 상관이 없다. 말스트룀은 이중의 작은 소용돌이를 닮지도 않았고, 중심이 암흑에 휩싸인 바닷속 깊은 구멍도 아니다. 그보다는 해류가 직경 800미터의 원형으로 휘저어지는 곳이다. 그 거친 동그라미 안에서 파도 속에 물이 일어서고, 그 거친 동그라미에서부터 – 마치 나선은하의 팔처럼 – 물거품이 말스트룀을 형성하는 조류를 따라 방황하는 선을 그린다.

그러나 저항할 수 없는 나선형 와류에 대한 포의 초현실적 장면은 욕조 물구멍의 소용돌이에서부터 우주의 블랙홀까지 갖가지 상상력을 동원하는 소용돌이를 그렸다. 그런 구조물들은 그것이 멀리서 발휘하는 견인력과 그것이 세운 '사건의 지평선event horizon'(일반상대성이론에서, 내부에서 일어난 사건이 그 외부에 영향을 줄 수 없는 경계면을 말한다. 일단 그곳으로 들어가면 다시 나올 수 없는 구역이다 - 옮긴이) 때문에 우리를 사로잡는다. 희생자들은 자신이 붙잡혔나는 것을 깨닫기도 전에 갇히고 만다.

소설에서 노인은 형제와 함께 낚시를 떠났다가 말스트룀에 빨려 들어간 이야기를 계속 이어나갔다. 배가 소용돌이를 향해 끌려갈 때 그는 이상하리만치 침착해졌고 공포는 운명론자의 열정에 자리를 내주었다. "나는 소용돌이 자체에 말할 수 없는 호기심이 생겼소. 목숨을 걸고서라도 그 깊이를 탐구하고 싶다는 열망이 간절했지." 말스트룀의 원심력에 붙잡힌 배는 사납게 회전하면서 검은 벽의 수직 통로 아래로 경사를 따라 미끄러져 내려갔다. 노인은 이렇게 회상했다. "둘레가 아주 길고 크기가 어마어마한 깔때기의 내벽을 따라 내려가는 중간에 마법에 걸린 듯 반쯤 걸려 있는 기분이 들었다오. 그 완벽하게 매끄러운 벽면을 흑단으로 착각할 정도였지. 하지만 그것이 앞으로 쏘아대는 빛과 광채는 참으로 무시무시했다오."⁵ 소용돌이가 내던진 물보라는 빛의 달무리를 만들었다. 언더랜드 입구 위를 맴도는 저세상의 초승달이었다.

　포의 이야기는 19세기의 환상에서 비롯된다. 당시에는 지구의 속이 완전히 비었거나 적어도 상당한 규모의 내부 공간을 가졌고, 지상의 입구로부터 들어가는 언더랜드가 실재한다는 생각이 유행했다. 1800년대에 붐을 이룬 지하 세계 소설의 하위 장르에서는 지구의 지각과 맨틀에는 사람이 거주할 수 있는 중심 구역으로 내려가는 터널이 여기저기 뚫려 있다고 상상되곤 했다. 1818년에 존 클리브스 심스John Cleves Symmes라는 미국 육군 장교는 지구가 일련의 동심원을 그리는 구체 껍질의 구조이며, 양극에 지름이 약 2,300킬로미터인 대형 입구가 있을 거라 믿었고 이를 확인하고자 했다. 심스는 이 구체 속으로 내려가 자원 추출과 거주 가능성을 검토하기 위해 북극으로 원정대를 보내야 한다고 주장했다.⁶

　결국 그 원정은 시도되지 않았지만, '애덤 시본 선장Captain Adam Seaborn'이 썼다고 알려진 『심조니아 : 발견의 항해Symzonia: A Voyage of Discovery』(1820년)라는 초기 공상과학소설에서는 단체 여행객이 북극을 통해 지구의 중심으로 내려갔다가 그곳에서 정말로 지구 내부에 존재하는 대륙을 발견한다.('애덤 시본'은 존 클리브스 심스의 필명으로 추정된다 – 옮긴이) 포는 1838년에 발표한 소설 『낸터킷의 아서 고든 핌의 이야기The Narrative of Arthur Gordon

Pym of Nantucket』에서 심스의 이론을 확장했고, 그 이후 1864년에 가장 유명한 판타지 소설인 쥘 베른Jules Verne의 『지구 속 여행Journey to the Centre of the Earth』이 등장했다. 여기에서는 탐험가들이 아이슬란드의 화산으로 들어가 수직으로 140킬로미터를 내려간 다음, 지하 바다를 항해한 끝에 시칠리아 해안 근처의 스트롬볼리Stromboli 화산 분화구를 통해 나온다. 이듬해에 루이스 캐럴Lewis Carroll이 『이상한 나라의 앨리스Alice's Adventures in Wonderland』를 출간한다. 이 책의 원제는 『앨리스의 지하 모험 Alice's Adventures Under Ground』이었고 지하 세계로 떠나는 아주 다른 종류의 원정이었다.

지구의 속이 비어 있을 거라는 환상은 20세기까지 지속되고 변형되었다. 1923년 러시아의 신비주의자이자 화가인 니콜라스 로에리치 Nicholas Roerich는 철학자인 아내 헬레나Helena와 함께 삼발라Shambhala의 도시로 들어가는 입구를 찾기 위해 히말라야를 탐험했다. 삼발라는 티베트 불교 전설에 나오는 왕국인데, 이들은 히말라야에 있는 입구에서 '이 텅 빈 지구 안에 자리잡은 나라'로 들어갈 수 있다고 믿었다. 로에리치와 그의 아내는 몽골인의 창에 펄럭이는 미국 국기를 매달고, 아마도 소련 정보요원의 도움을 받아 다르질링에서부터 말을 타고 여행했다. 1945년 이후에는 히틀러와 그의 가장 가까운 동맹들이 러시아가 최후로 베를린을 공격해올 당시 벙커에서 탈출해 들어갔을 것이라고 추정되는 지구 시작에 존재하는 동굴에 대한 포스트 나치 판타지가 등장했다. 사람들은 미래에 그곳에서 아리안의 힘이 부활할지도 모른다고 믿었다.

안되야에서 머문 그날 밤 나는 포의 이야기를 석유에 관한 미래를 예고하는 꿈으로 생각하게 되었다. 그 안에서 말스트룀은 구멍을 뚫는 일종의 굴착기이자 소용돌이 아래로 드러난 바다의 밑바닥을 보는 수

단으로 작용한다. 그것은 '매끄럽고', '반들거리고', '환하고', '흑단 같
다'. 그것은 석유처럼 치명적이면서도 기적을 일으킨다. 그리고 석유처
럼 시간을 다시 배열한다.

포의 이야기를 비롯한 다른 이야기들은 지구 아래에 존재한다고
여겨지는 '석유의 바다'[7]에 대한 19세기 중반의 꿈을 말한다. 이 이야기
들은 고갈되지 않는 부와 에너지가 들어 있는 행성 내부를 향한 홀로세
의 망상을 발전시킨다. 이는 포가 소설을 쓴 이후로 거의 2세기가 지나
도록 여전히 팽창주의자의 석유 담론을 특징짓는 망상이다. '우리는 새
롭게 탐험할 장소가 필요하다. 우리는 탐험 활동의 수준을 한 단계 높
이고 싶다'[8]고 노르웨이의 스탓오일 회사가 내가 북쪽으로 여행하기 직
전의 가을에 선언했다. 몇 달 뒤 오스트레일리아의 대형 석유가스회사
카룬Karoon은 '탐험되지 않은 백악기 분지'[9]를 근거로 그레이트오스트
레일리아 만에서 새로운 유전을 열겠다는 뜻을 내비쳤다.

2010년에 일어난 딥워터 호라이즌Deepwater Horizon 기름 유출 사고는
새로운 영역을 개척하기 위해 심층 시추를 한계까지 밀어붙인 결과로
발생했다. 그해 4월 20일, 루이지애나 남동쪽 해안에서 66킬로미터 떨
어진 지점에서 반잠수식 석유시추선이 폭발하면서 인부 열한 명이 사
망하고, 육지에서도 보이는 불이 타올랐다. 이틀 후 시추선이 가라앉고
수심 약 1,500미터 되는 해저에서 원유가 쏟아져 나오는 유정이 노출되
었다. 2억 1,000만 갤런의 기름이 멕시코 만으로 빠져나가면서 바다 위
로 떠올라 우주에서도 볼 수 있게 되었다. 기름은 해양생물을 황폐화시
켰다. 타르볼tar ball(원유의 타르나 아스팔트 성분이 모래나 흙 등과 엉겨붙어 둥글게 뭉친
덩어리 - 옮긴이) 수천 개가 파도에 밀려 해안가로 모여들었다. 기름이 떠다
니는 지역에서 줄무늬돌고래가 기름을 뚫고 수면 위로 뛰어올랐다. 그
해 가을이 되어서야 유정을 덮고 봉쇄해 '사실상 죽이는' 데 성공했다.

그러나 이 사고가 멕시코 만의 생태계와 생물군집에 미치는 영향은 오늘날까지 계속되고 있다. 딥워터는 전 세계 석유산업의 어두운 운영 방식이 까발려진 드문 사례였다. 이 산업체들이 소비자와 암묵적으로 합의한 사항 중 하나는 추출 과정과 그로 인해 치러야 할 대가를 드러나지 않게 감추어 그 수혜자들이 신경 쓰지 않게 한다는 것이다. 저 산업들은 소외된 노동력, 감춰진 기반 시설, 그리고 환경파괴라는 느린 폭력과, 사고라는 빠른 폭력을 전략적으로 은폐할 필요가 있음을 알고 있다. 딥워터는 이 합의를 위반함으로써 충격을 주었고, 대부분의 현대인이 일상의 삶을 의존하지만 날것의 모습으로 만나는 일은 거의 없는 특별한 물질의 존재를 증명했다.

노르웨이에서 돌아온 다음에야 나는 모스크스트라우멘의 말스트룀이 말 그대로 석유산업을 가능하게 했음을 알게 되었다. 1980년대에 비외른 제비그 Bjørn Gjevig라는 남성이 – 골동품 학자, 전문 수학자이자 아마추어 선원으로 마치 포가 상상 속에서 창작한 인물 같지만 실제로 존재하는 – 말스트룀의 유체역학에 깊은 관심을 갖게 되었다. 제비그는 말스트룀 근처에서 항해하며 얻은 데이터를 기반으로 말스트룀 해류의 수학적 모델을 세우기 시작했다. 나중에 로포텐에서 석유가 발견되었을 때, 그는 자신의 데이터가 유용할 거라는 걸 알았다. 석유회사는 '말스트룀의 파괴적인 해류'[10]에 굳건히 버티는 굴착장치를 건설하기 위해 바다의 힘을 이해해야 했기 때문이다.

포의 이야기의 절정에서는 인간의 몸이 모든 자유의지를 잃고 '파괴적인 해류' 안에서 무기력하게 표류하는 물질이 된다. 노인과 그의 형은 소용돌이 안으로 더 깊이 빨려 들어갔다. 이윽고 노인은 자신이 거대한 선별기 안에 들어왔음을 깨달았다. 그 선별기는 끌어내릴 물체의 무게를 재고 측정한 다음, 가장 무겁고 또 평범하지 않은 물체를 바닥으로 데려가 파괴했다.

번쩍이는 지혜로 그는 살아남으려면 무거운 배를 버리고 상식과 다르게 가벼운 나무통에 올라타야 한다는 걸 깨달았다. 하지만 그의 형이 그를 납득하지 못한 것은 당연하다. 그래서 그는 형과 배를 버릴 수밖에 없었다. 그의 몸을 묶은 나무통은 그가 예상한 대로 천천히 떠올라 안전지대까지 갔다. 그러나 어선은 갑판에 팔다리를 벌린 자세로 서 있던 형을 싣고 그대로 파괴의 현장으로 끌려갔다.

속이 빈 지구에 대한 이 모든 19세기의 이야기는 오늘날 공동에 대한 유혹이자 경고로 읽힌다. 모두 지구의 풍성한 내부로 접근하고자 하는 바람을 그린 인류세의 작품들이다. 그들은 가공할 만한 힘을 가진 추출 산업의 도래를 예견한다. 또한 언더랜드가 보유한 원자재를 추출할 목적으로 지구 전역에 거대한 기반 시설이 세워질 거라고 말한다. 이 시설들은 석유 생산으로 쓰레기 땅이 되어버린 나이저Niger 강 삼각주에서 시작해 중동과 미국 휴스턴의 정유공장과 석유 사일로 탱크의 무분별한 확산에 이르기까지 석유로 인해 조성된 페트로스케이프petro-scape를 창조한다. 현생인류의 역사는 무자비하게 가속화된 추출의 역사이며, 보존과 비가悲歌라는 작은 보상 행위를 동반한다. 이제 우리는 자원을 찾아 4,800만 킬로미터의 터널과 시추공을 뚫어[11] 이 행성을 진정한 속 빈 지구로 만들고 있다.

━━━◆━━━

트롱런의 도살장은 배의 뒤쪽에 있고 간단하다. 배의 우현에 볼트로 고정된 함석통, 그리고 그 위에 놓인 함석통 뚜껑 겸 나무 도마가 전부다. 비요나르는 윈치에서 낚싯줄을 떼어냈다. 버튼을 누르니 물고기 무게에 윈치가 삐걱거리며 줄이 위로 올라왔다.

똑딱하는 윈치 소리, 딸그락거리는 낚싯봉 소리. 비요나르는 가장 자리 너머를 유심히 본다. 수면 위로 올라와 요동치는 은색 형체. 비요나르는 배에서 보이도록 줄을 한 손으로 잡고 다른 손으로는 갈고랑이를 이용해 숙련된 솜씨로 생선을 한 마리씩 휙 잡아 올린 다음 함석통에 던져 넣었다. 미끼를 흔들어 낚싯바늘을 풀면 생선이 통에 떨어져 퍼덕거린다. 주황색 부레가 풍선을 불듯 입 밖으로 밀려나온다. 이 생선은 작은대구로 내가 예전에 영국 해안에서 잡은 다른 대구류 어종과 비슷하지만 무게가 3~6킬로그램으로 아주 크다. 물고기 옆구리 중앙에 어군탐지기의 선처럼 짙은 흰색 선이 있다. 선을 중심으로 위는 흑동색, 아래는 청동갈색이다. 죽어서도 멋진 생선이다.

"이 식탁에 은총이 함께하시길. 집에서 내가 잡은 생선을 먹을 때면 항상 이렇게 말하지. '우라질, 진짜 운이 좋다니까!'" 비요나르가 말했다.

생선을 끌어올리고 나서 비요나르는 다시 줄을 내린다. 낚싯줄이 아래로 내려가면 자석 칼꽂이에서 손잡이가 붉은 칼을 떼어내어 한 손에 들고, 다른 손으로 물고기 아가미에 손가락을 걸고 통에서 꺼낸 다음 등 쪽으로 휙 뒤집어 한번에 머리를 치고 목을 부러뜨린다. 피가 함석통 아래 갑판으로 뚝뚝 떨어진다.

"칼이 날카롭네요."

그는 그 칼이 마치 막대기라도 되는 듯 바라보았다.

"이건 날카로운 축에도 못 끼지. 나중에 진짜 잘 드는 칼을 보여주겠소."

세가락갈매기, 풀머갈매기, 줄무늬노랑발갈매기가 찌꺼기를 주워 먹는다. 비요나르가 호스로 물을 뿌려 갑판의 피를 청소할 때 다시 윈치가 삐걱대는 소리, 그리고 갑판 배수구로 물이 빠져나가는 소리가 들렸다.

작은대구 사이에서 대구 한 마리가 올라왔다. 옆구리에 짙은 갈색의 점무늬, 수염, 눈처럼 흰 배.

"겨울철 대구를 봐야 하는데. 대구를 보다 이 작은대구를 보면 정어리 같다니깐. 대구철은 2주일 전에 끝났다오. 내 장남이 대구 떼를 따라 노스케이프North Cape로 가고 있지. 나는 올해 32킬로그램짜리를 낚았다오!"

이제 낚싯바늘은 피로 붉고 작은 살점들이 붙어 있다. 신기하게 생긴 물고기가 올라온다. 날렵한 몸매에 햇빛에 반짝이는 커다란 무지갯빛 비늘이 달렸고 안구가 넓고 평평하다. 깊은 바닷속 어둠에 맞춰졌던 동공이 햇빛을 받아 병뚜껑 크기만큼 확장한다.

"아름다운 물고기 아니오?" 비요나르가 말했다. 생선의 이름은 말하지 않았다. 비요나르는 금속 쟁반 위에서 생선을 흔들어 갈고랑이를 떼어냈다. 위쪽을 보는 눈이 갈고리에 터지면서 천천히 루비색 피로 채워졌다. 무지개색 비늘과 보석 같은 눈을 보니 태엽 장치의 삶을 사는 파베르제Fabergé 모델을 닮았다.

내 마음은 북쪽의 스발바르 제도를 향했다. 이 삐걱거리는 배에서 160킬로미터 떨어진 그곳에 국제종자저장고가 있다. 10억 달러짜리의 이 저장고는 영구동토층 아래에 묻혀 멸종과 유전자 변형 때문에 다양성이 고갈될지도 모르는 미래를 위해 생물다양성을 보존하는 곳이다. 나는 수중에서 일어나는 탄성파 발사와 해저로 굴착기를 내리는 시추선, 딥워터 호라이즌의 폭발, 그리고 결과를 개의치 않고 봉인된 것이라면 무조건 열려고 하는 우리 종의 본능을 생각했다.

"그럼 집에 가서 먹어볼까!" 생선을 30마리쯤 잡고 나서 비요나르가 말했다. 그는 엔진의 속도를 올리고 배의 앞머리를 잡아당긴 다음 만족스러운 미소를 띠고 안데네스 등대로 향했다.

———◆◇◆———

우리는 부두에 배를 정박했다. 선실의 그늘은 춥다. 보트 주변의 물에 기름 무지개가 떴다.

"이런 게 진짜 날카로운 칼이오." 비요나르가 자석 칼꽂이에서 노란 손잡이 칼을 비틀어 떼며 말했다.

그는 함석통으로 가서 생선 꼬리를 잡고 한 마리를 꺼내 여기저기 칼자국이 선명한 나무 도마 위에 내리쳤다. 아가미에 손가락을 걸어 단단히 잡은 다음 머리를 잘라내고 옆을 따라 포를 뜨듯 배를 갈랐다. 칼을 슬쩍 대기만 하는데도 살점이 알아서 떨어져나간다. 아래쪽으로 꼬리까지 살을 발라낸다. 생선을 뒤집고 다시 한 번 반복한다. 발라낸 살코기를 뒤집어 껍질을 벗겨서 뜯어낸다. 노란 기가 도는 하얀 살점은 접착제처럼 부드럽고 투명하다. 머리와 뼈는 항구에 버리고 살코기는 물이 담긴 양동이에 넣는다.

귀덮개가 있는 털모자를 쓴 남자가 건널판자를 걸어 내려오다 배를 보고 멈추더니 비요나르를 보고 목인사를 한 다음 나를 쳐다보았다.

"아하! 여긴 스벤. 오랜 친구라오. 우린 아주 여러 번 같이 고기잡이를 나갔지." 비요나르가 말했다.

그들은 비요나르가 작업하는 동안 이야기를 나누었다. 대화는 고기잡이에서 탄성파 조사가 다시 시작될 전망, 그리고 대구가 최근에 핀마르크를 향해 북쪽으로 떠났다는 이야기로 이어졌다.

"난 내일 대구를 따라 떠나네. 한 2~3주 걸릴 것 같아. 할당량이 아직 남았거든. 어쩌면 럼피시를 찾을지도 모르지." 스벤이 말했다.

럼피시는 알 때문에 잡는다. 럼피시 알은 저렴한 캐비아로, 배를 갈라 열고서 붉은 알을 긁어낸다.

"나는 언제나 알을 꺼내기 전에 럼피시의 목을 확실하게 자른다네." 스벤이 마치 대단한 자선을 베풀었다고 고백이라도 하듯이 겸손하게 말했다.

"어떤 '환경론자'들은 말하지. 알 때문에 럼피시를 잡아 죽이면 안 된다고." 그가 계속해서 말했다. "하지만 이 생선의 나머지는 볼에 볼살 두 점이 있을 뿐 먹을 게 없어. 그래서 볼살을 도려내고 알을 꺼낸 다음 나머지는 바다에 돌려주지. 바다를 먹이는 거야. 그 사람들은 바다도 우리처럼 먹이가 필요하다는 걸 몰라."

비요나르가 투덜거렸다. "나는 그 뭐라고 하더라, *내세*에 럼피시로 태어날 것 같소. 그래서 럼피시 캐비아를 꺼내기 전에 항상 대가리를 먼저 친다오. 나라면 캐비아를 꺼내가기 전에 내 목을 쳐주었으면 좋겠거든."

"당신이 대접받고 싶은 대로 하여라. 환생의 황금률이죠." 내가 말했다.

━━◆≫—◈—≪◆━━

그날 이른 오후에 우리는 작은대구에 버터와 감자를 곁들여 먹었다. 도마뱀 눈을 가진 고양이가 구석에서 우리를 지켜보았다. 잉그리드는 작은대구 살덩어리를 접시에 떠주었다. 비요나르가 주먹으로 식탁을 두드리며 식사 전 기도를 드렸다. "젠장! 냄비 속 물고기에게 감사를!"

"배에서 말씀하셨던 것보다 훨씬 점잖은 감사기도네요." 내가 말했다.

비요나르가 웃으며 다시 한 번 식탁을 내리쳤다. "바다에서는 바다의 언어를, 뭍에서는 뭍의 언어를 써야 하지 않겠소!"

점심식사 후 비요나르는 나를 데리고 섬을 돌아다녔다. 그는 다시 너구리 모자를 썼고 우리는 베어마흐트 쌍안경을 들었다. 비요나르가 운전하며 해준 이야기를 듣고 안되야에는 고대와 현대가 복합적으로 섞여 있음을 알았다. 생태적으로 이 섬은 산, 토탄지대, 습지, 해안의 네 개 구역으로 이루어졌다. 빙하가 섬의 오른쪽을 평평하게 밀어내면서 서쪽에는 산을 남겼다. 섬의 대부분 지역은 모든 이들에게 개방되었지만 북대서양조약기구NATO에 의해 통제되어 높은 담장이 쳐진 지역도 있다. 나는 스코틀랜드의 아우터 헤브리디스Outer Hebrides 제도의 루이스섬Isle of Lewis이 번뜩 떠올랐다. 토탄지대, 외지, 개방성, 그리고 산업 개발과 군사적 식민화를 위해 똑같이 매력적인 잠재력을 가진 곳이다.

우리가 섬의 서쪽 해안을 따라 옆길로 덜컹거리며 내려갈 때 비요나르가 말했다. "롭 자네도 알겠지만, 이들이 제안한 시추선 중 하나라도 폭발한다면 이 해안 전체가 망가질 걸세. 멕시코 만류는 전 피오르를 들락날락거리지. 따라서 기름이 사방에 퍼질 거야. 로포텐에서 폭발한다면 여기서부터 북쪽으로 핀마르크 주까지 뒤덮을 테지. 멕시코 만류는 기름 컨베이어벨트가 될 테고."

비요나르가 두려워하는 것은 솔라스탤지어solastalgia다. 이 말은 2003년 글렌 알브레히트가 만든 용어로, '환경 변화에 따르는 정신적·존재적 고통'[12]을 뜻한다. 알브레히트는 오스트레일리아의 뉴사우스웨일스 주에서 장기적인 가뭄과 대규모의 채굴 활동이 지역사회에 미치는 영향을 연구하면서, 제어할 수 없는 힘에 의해 변해가는 경관을 보

며 사람들이 느끼는 불행을 묘사할 단어가 없다는 걸 깨달았다. 그는
이 특별한 종류의 향수鄕愁를 묘사할 새로운 용어를 제안했다. 노스텔
지어nostalgia의 고통은 멀어져가는 것으로부터, 반면 솔라스텔지어의 고
통은 남아 있는 것으로부터 온다. 노스텔지어의 고통은 귀환을 통해 완
화될 수 있지만 솔라스텔지어의 고통은 돌이킬 수 없다. 솔라스텔지어
는 인류세에 한정된 증상은 아니었지만 – 우리는 1810년, 인클로저 운
동으로 인해 고향인 노샘프턴셔Northamptonshire가 파괴되는 모습을 목도
한 시인 존 클래어John Clare를 솔라스텔지어 시인으로 생각할 수 있다 –
분명 최근 들어 만연하고 있다. 알브레히트는 이 주제로 최근에 쓴 논
문에서 '세계적으로 생태계 고난 신드롬ecosystem distress syndrome이 증가
하고 있다. 이는 그에 상응하는 인류 고난 신드롬의 증가와도 일치한
다'[13]고 썼다. 솔라스텔지어는 현대에 들어 친숙한 장소가 기후변화나
기업의 활동으로 알아볼 수 없게 될 때 엄습하는 불쾌감을 나타낸다.
거주자들에게 자기 집이 더 이상 집처럼 느껴지지 않는 것이다.

비요나르는 해안에서 바다수리를 발견했다. 옆길로 가면 더 가까
이 다가갈 수 있다. 차를 몰고 천천히 해안가에 늘어선 목조주택들을
지나갔다. 나는 쌍안경으로 수리를 관찰했다. 물의 정령 바위에 앉아
있다. 약 1.2미터 길이의 날개가 대형 망토처럼 바위 주위에 걸려 있다.

어느 한 집에서 움직임이 있다. 누군가가 커튼을 젖히더니 우리를
걱정스럽게 바라보았다.

"왜 저렇게 쳐다보는 거지?" 비요나르가 이상하다는 듯이 물었다.

"비요나르, 제가 읽은 많은 스칸디나비아 범죄소설에 따르면 지금
우리는 범죄자로 충분히 의심받을 행동을 하고 있답니다. 크고 검은 차
에 까만 선글라스를 쓴 두 남자가 타고 있어요. 한 사람은 머리에 죽은
너구리를 얹었고, 다른 사람은 쌍안경으로 외딴집들을 훑어보고 있죠.

저들을 염려하게 만든 걸 미안하게 생각해야 해요."

다시 크게 울리는 웃음소리. "당신은 좋은 사람이요, 롭." 그는 계속 운전했다. 창문의 얼굴이 사라졌다.

눈이 이제 파란 색채를 띤다. 바람에 해변의 나무 그네가 움직인다. 보라색 그림자가 동쪽 봉우리 위로 기어오른다. 바다수리는 얼어붙은 호수에서 검은 사체를 쪼아먹는다.

이어지는 며칠 동안 북풍이 점차 거세졌다. 고기잡이를 나갈 수 없었으므로 나는 안되야 서쪽에 있는 산을 등반하러 갔다가 오후나 저녁이면 비요나르의 집으로 돌아왔다.

날씨는 계속 청명하다. 낮에는 세상이 금속성 빛으로 타오른다. 눈이 발산하는 은색, 태양의 금색, 그림자의 철. 별이 가득한 밤은 눈을 단단히 얼게 한다. 정오에도 숲속의 기온은 영하 10도다. 바람은 내가 스코틀랜드나 알프스에서 보았던 것보다 훨씬 큰 눈 알갱이들의 폭풍을 만들어낸다. 이 사이클론은 안되야 산들의 비탈을 이리저리 배회한다. 어떤 것들은 높이가 수백 미터나 된다. 나는 골짜기 너머로 그것들을 지켜본다. 갑자기 방향과 속도를 바꾸어 바람 속의 나무들처럼 주위를 휘젓고 다닌다.

하루는 스키를 타고 눈이 깊이 쌓인 골짜기를 올랐다. 키 작은 자작나무 숲을 지나 산 어깨 바로 밑까지 갔다. 거기에서 나는 스키를 벗고 계속 걸었다. 걸음마다 쌓인 눈에 구멍을 뚫는다. 힘들지만 즐겁다. 눈은 동물들의 발자취를 기록한다. 눈토끼, 여우, 갈까마귀. 바람이 피부를 때리고 안구를 압박한다. 15미터 높이의 눈 회오리가 내 쪽으로 오더니 깨지는 듯한 굉음과 함께 나를 덮친 뒤 산비탈로 유유히 사라졌다. 유령이 내 몸을 통과한 듯 얼떨떨했다. 고원의 바람이 눈밭에 독특한 구조물을 조각했다. 큰 바위에 안개 얼음rime ice이 깃털처럼 자란다. 구름의 그림자가 서쪽 봉우리에 드리운다. 맹금류가 골짜기 아래 자작나무 숲에서 사냥한다. 이곳은 내가 와본 중에 가장 때 묻지 않은 장소다. 비록 이것이 환상임은 알고 있지만. 나는 거대한 암괴가 만든 바람의 그림자에 감사하며 바람을 피해 앉아 쉬었다.

고원을 가로질러 돌아올 때는 가는 길에 찍어놓았던 내 발자국을 만나 따라갔다. 바람이 어느새 발자국 주위의 눈을 흩트려놓은 덕분에 발자국이 눈밭에서 더 선명하게 드러났다. 마치 시간이 거꾸로 흐르고 땅 아래로 눌러놓은 것이 지금 위로 솟아오르는 것처럼.

그날 오후에는 안되야 북서쪽 해변에 갔다. 상어 등지느러미 모양의 바위들이 연안에서 몇백 미터에 걸쳐 서 있었다. 수백 마리의 바닷새가 그 주위를 맴돈다. 썰물 때라 온통 해양 폐기물로 뒤덮인 만의 모래가 드러났다. 거의 플라스틱이다. 로포텐처럼 이곳에서도 인간이 만든 쓰레기의 밀도는 충격적이다. 고기잡이용 부표, 칫솔, 표백제 통, 엉킨 그물, 정체를 알 수 없는 수천 개의 조각.

떠밀려온 잔해가 이룬 띠와 쓰레기를 보니 오전에 본 고원과 비교되어 놀랐다. 나 자신도 이 광경에 일말의 책임을 느끼며 속이 좋지 않았다. 이것들이 모두 한때는 석유였다. 그 안에 '괴물 트랜스포머'[14] 같은 석유가 들어 있다. 석유는 우리가 불과 한 세기 전에 처음 합성하기 시작한 플라스틱의 원재료다. 나는 최근에 남태평양 오지의 산호섬인 헨더슨 섬Henderson Island에서 찍은 소라게 사진이 떠올랐다. 어떤 소라게는 플라스틱 인형의 머리를 집으로 사용했다. 화장품 통을 집으로 삼는 소라게도 있었다.[15] 플라스틱은 용기로서 완벽한 기능을 수행해온 물질이지만 이제는 우리의 수용 능력을 압도한다. 우리가 만들어온 물질이 주변에 사정없이 축적되면서 우리의 지난날이 현재로 나타난다. 지난 200년 동안, 특히 지난 50년 동안의 대량생산과 소비, 폐기는 통제하기 힘든 사후 세계를 가진 '사물의 제국empire of things'[16]을 창조했다. 이는 소라 페투르스도티르와 비요나르 올슨Bjørnar Olsen이 '폐기된 근대성이 부풀어오르는 지형, 대단히 효율적인 폐기물 처리 시스템에도 불구하고 성가신 존재로서 우리와 대치하고 있다'[17]고 말한 것과 일맥상통한다. 핵폐기물은 유리 플라스크에 담겨 지하 묘지에 묻히길 기다린다. 바다와 해안에는 플라스틱 쓰레기가 두껍게 쌓여 있다. 이산화탄소는 대기 중에 축적된다. 나는 미국의 소설가 돈 드릴로가 자신의 소설 『언더월드Underworld』에서 사용한 간결하고도 치명적인 어구가 떠오른다. '우리의 배설물이 되돌아와 우리를 잡아먹는다.'[18]

이처럼 쇄도하는 인류세의 다채로운 물질은 티머시 모턴Timothy Morton이 '초객체hyperobject'[19]라고 부른 것들이다. 초객체는 분산되어 있고 '점액viscous'[20]과도 같아서 그 전체적 모습을 인지하기가 불가능할 뿐더러 말하기도 어렵다. 축적된 인간 활동은 플라스틱괴plastiglomerate[21]라고 부르는 새로운 종류의 암석을 생산했다. 플라스틱괴는 모래 알갱이, 조개껍질, 나무, 해초 등을 포함하는 단단한 덩어리로 인간이 해변에서 모닥불에 쓰레기를 태울 때 녹아버린 플라스틱과 함께 뭉쳐져서 만들어진다. 플라스틱괴는 하와이의 카밀로 해변Kamilo Beach에서 지질학자들이 맨 처음 식별해냈는데, 그 내구성과 독특한 조성 때문에 미래 인류세 지층의 표지물이 될 것이라고 한다. 플라스틱괴는 확실히 우리 시대의 상징적인 물질로, 다른 실체를 끌어와 함께 응고시키는 점착성에 의해 만들어졌다. 이것은 샘플링과 재혼합을 실행하는 새로운 지질작용이 시의에 맞지 않게 이루어져 탄생했고, 천연 물질과 합성 물질의 그로테스크한 잡종이다.

아마도 점착성은 인류세에서의 경험 중 하나가 될 것이다. 그것은 저기 해변에 살아 있다. 우리 각자는 시대의 결과에 연루되어 있고, 우리 각자가 그것의 제작자이자 유산이다. 인류세에서 우리는 숭배나 조사의 대상으로서 언제나 팔을 뻗으면 닿는 거리에 자연을 품고 있으므로 쉽게 자연과 거리를 둘 수 없다. 자연은 더 이상 태양에 빛나는 먼 봉우리나 자작나무 숲에서 사냥하는 맹금류에 한정되지 않는다. 자연은 표류하는 플라스틱에 의해 높아진 수면, 또는 따뜻해진 영구동토층 수백만 제곱킬로미터에서 분해되는 메탄 하이드레이트다. 이것은 우리가 이제 막 알아내기 시작한 방식으로 우리를 옭아매는 새로운 자연이다. 영국 작가 존 윈덤John Wyndham이 쓴 예언적 소설 『번데기들The Chrysalids』(1955년) - 원제는 '변화의 시간Time for Change' - 의 말미에서 '새로운 족속들New People'[22]이 탄 헬리콥터에서 흘러내린, 알아서 조여지는 유연한 플라스틱의 끈적한 가닥처럼 우리가 인류세로부터 거리를 두려고 애쓸수록 우리는 더욱더 그 안에 갇히게 될 것이다.

━━◆━━

"이리 오시오, 로버트. 마지막으로 한 번 더 같이 걸읍시다. 이번엔 선생이 왕좌에 앉을 차례일세!"

안되야에서 보내는 성금요일. 잉그리드, 비요나르와 함께하는 마지막 날이다. 우리는 모두 같이 식사를 했다. 대구 혀(턱밑의 살코기 - 옮긴이), 대구 스테이크, 대구 필레, 포크로 껍질을 벗기는 분홍색 껍질의 큰 감자를 먹었다.

우리는 비탈진 들판에 낀 살얼음을 조심스럽게 밟고 해변으로 내려갔다. 북쪽에서 불어오는 바람에 살이 에인다. 바람이 발목을 물어뜯고 정강이를 불로 지진다. 내쉬는 숨은 강철 양털이다.

해변에 표류목으로 만든 왕좌가, 그 옆에는 작은 돌이 땅속 깊이 박힌 채 서 있다.

비요나르가 조용히 미소를 지으며 말했다. "내가 믿는 신은 바위의 신이지. 다른 신은 필요 없소."

그러더니 그는 다시 껄껄 웃고 왕좌의 팔걸이를 탁탁 치며 소리쳤다.

"어서, 맥팔레인! 여기 앉아 잠시 안되야의 왕이 되어보시오!"

왕좌의 다리와 등받이는 내 손목 두께의 자작나무 줄기로 만들어 졌다. 등받이와 바닥은 유목의 껍질을 벗긴 다음 못질을 했다. 팔걸이는 두 종류의 표류목으로 만들어졌다. 높이는 2.4미터 정도, 좌석의 높이는 1.2미터. 이것은 너 등산가의 의자다.

나는 왕좌에 앉아 피오르를 바라보았다. 흰색 날개들이 퍼덕이는 소리가 들린다. 흰멧새의 눈보라가 우리를 지나쳐 파도 위를 날아갔다.

"여기는 내가 수리들에게 줄 물고기를 두는 곳이라오." 비요나르가 왕좌 앞의 돌을 가리키며 말했다. "범고래가 오면 우리는 해협 근처에서 지켜본다오. 그들은 한 곳에서 다른 곳으로 사냥터를 옮겨다니는데, 자기가 어딜 가는지 정확히 알고 움직이지."

왕좌에서부터 해안을 따라 수직으로 세워진 녹슨 파이프가 있는데, 해안선에서 1.8미터 정도 위로 튀어나와 있다. 그 옆에 플라스틱병 세 개가 해변으로 올라왔다.

"저건 뭔가요, 비요나르?" 내가 물었다.

그는 갑자기 지치고 슬퍼 보였다. 그의 눈시울이 붉어졌다. 그는 입을 꾹 다물고 대답하지 않았다. 그러다가 마치 내게 처음 말하는 것처럼, 또는 혼잣말, 아니 바람에게 말하듯 조용히 말했다. "그들은 3년 동안 탄성파를 발사했고, 나는 3년 동안 그들과 싸웠지. 이제 그들이 다시 돌아오고 있어. 모두 되돌아오고 있어."

그러고는 그가 말했다. "됐네, 롭. 더 갈 필요 없어. 너무 춥군."

우리는 조심스럽게 빙판을 걸어 집으로 돌아왔다.

그날 오후 나는 시그리드와 함께 놀았다. 무릎에 아기를 앉히고 어르면서 콧노래로 「윌리엄 텔 서곡」을 불렀다. "안녕, 아기 흰멧새." 시그리드는 아주 예쁘게 생겼고 눈은 연한 파란색이다.

나는 떠나기 전에 비요나르의 아들이 아버지를 위해 가져온 안마의자를 함께 옮겼다. 재활용장에서 가져온 거라고 했다. 의자를 차에서 내려 지하실로 가져갔다. 가죽 제품으로 아주 무거웠다. 근육을 풀어주기 위해 다양하게 세팅된 조작기가 달려 있었다.

"이 양반 등에 좋을 거예요." 잉그리드가 다정하게 말했다.

제10장

시간의 푸른빛

그린란드 남동쪽 쿨루수크Kulusuk 섬 해안의 늦여름, 해협에서 빙산 하나가 땀을 흘리고 있다. 이 빙산은 바다에서 꼭대기까지 30미터 정도로 규모가 크고 끝이 둥근 돛처럼 생겼으며 젖은 밀랍처럼 하얗게 번들거린다. 수면 아래로 가라앉은 부분은 암녹색 기운이 돈다.

해협의 짙은 파란색, 구름 없는 하늘의 날 선 파란색. 방패 모양의 산 위로 뜬 한낮의 달. 해협의 반대편 10킬로미터 떨어진 곳에는 빙하가 수면으로 이어지고 갈라진 빙하의 외벽이 희미하게 보인다.

썰물 때다. 마을 갯벌에서 한 남자가 어디엔가 몸을 기대고 있다. 그는 다리가 곧고 허리는 굽었다. 소매를 걷어올린 팔은 팔꿈치까지 벌겋다. 번들거리는 노란색 하이비스 재킷과 방수복을 입었다. 해초가 자라는 바위에 쇠돌고래 사체가 늘어져 있다. 남자는 한 손으로 쇠돌고래의 검은 가죽을 잡아 제 쪽으로 벗겨내고 다른 손으로는 곡선 날을 가진 가죽칼로 살점을 도려낸다. 마치 쇠돌고래가 잠수복을 벗는 걸 도와주는 것 같다.

100여 채의 목조주택이 얼음처럼 매끈한 편마암 위에 자리잡았다. 여기는 쿨루수크이다. 마을이라기보다 커다란 조류사육장 같다. 집들은 외관이 빨강, 파랑, 노랑의 선명한 패널로 되어 있고, 못 머리에 하얀색 녹 방지 페인트 자국이 있다. 대부분 겨울 폭풍을 대비해 강철 케이블로 잘 묶여 있다. 빙모ice cap(육지를 덮는 5만 제곱킬로미터 미만의 빙하 덩어리 - 옮긴이)에서 불어내리는 활강풍katabatic wind인 피테라크piteraq가 허리케인의 세기로 불어와 흙을 벗겨 암반을 노출하고, 건물 한구석에 눈을 높이 쌓고, 해안선의 해빙을 산산조각 낸다.

오늘은 바람이 없는 날이다. 공기가 따뜻하다. 전례가 없을 정도로 따뜻하다. 사내가 쇠돌고래의 가죽을 벗긴다. 방파제에서 30센티미터 정도 아래, 측면이 볼트로 고정된 철제 사다리 아래쪽 가로대에 통통하고 연한 색의 물체가 밧줄로 묶인 채 파도에 조금씩 흔들린다. 고리무늬물범이다. 머리와 앞발은 잘려나가고 꼬리가 묶여 있다. 한동안 거기에 있었는지 엷은 녹색으로 번들거린다. 켈프 사이로 튀어나온 내장이 흔들린다. 쿨루수크의 사냥꾼들에게는 가난한 달이다.

만의 동쪽, 바람이 닿지 않는 바위에 흰색 나무 십자가들이 밀물이 들어오는 지점까지 내려와 있다. 십자가의 크기는 제각각이고 가로 막대가 불안정한 것들도 있다. 멀리서 보면 경사가 급한 땅에서 내려온 설원이나 작은 빙하처럼 보인다. 이것은 묘지다. 죽은 이들을 묻기 위해 많은 양의 흙을 쌓아둔 몇 안 되는 장소 중 하나다.

짐승이 울부짖는 소리에 공기가 갈라진다. 삼사십의 다른 울부짖는 소리가 합류한다. 쿨루수크의 허스키들이 하늘을 향해 등을 곧게 세우고 울부짖는다. 한 놈이 무리하게 소리를 내는 바람에 사슬이 팽팽해지면서 목줄이 소리를 조인다.

아이 넷과 허스키 새끼 한 마리가 커다란 트램펄린 위에서 함께 뛰고 있다. 아이들이 뛸 때마다 트램펄린을 설치한 바위 밑까지 그물이 내려온다. 허스키는 다리를 벌리고 애써 몸을 가눈다. 누군가가 울부짖기 시작하면 새끼도 울부짖고 아이들도 울부짖고 모두 같이 뛰면서 울부짖는다.

빙산은 땀을 흘리고 사내는 쇠돌고래의 가죽을 벗기고 아이들과 개는 여기저기 소리 지르며 뛰어다닌다.

———◦─◦◦◦◦─◦———

내가 그린란드에 오기 전 해인 2016년의 무더웠던 여름에 전 세계에서 빙하가 오랫동안 간직한 비밀을 드러냈다. 지구의 빙권cryosphere이 녹으면서 영원히 묻혀 있는 편이 나았을 것들이 지상으로 올라왔다.

러시아의 카라 해Kara Sea와 오비 만Gulf of Ob 사이의 야말Yamal 반도에서 약 1만 1,600제곱킬로미터의 영구농토층이 녹았다. 묘지와 동물 매장지가 진창이 되었다. 70년 전에 탄저병으로 죽은 순록의 사체가 공기 중에 노출되면서 스물세 명이 감염되어 피부가 검게 변했다. 아이 한 명이 죽었다. 러시아의 수의사들이 안전복을 입고 순록과 목동들에게 백신을 접종했다. 러시아 군대는 감염된 시체를 장작더미에서 뜨거운 불로 태웠다. 러시아의 농업 전문가들은 이 지역에서 다시는 어떤 농작물도 자라지 않을 거라고 말했다. 러시아의 전염병 학자들은 북극의 매장지와 얕은 무덤에서 1800년대 후반에 사망한 환자들의 몸속에 있는 천연두, 얼어붙은 매머드 사체에서 오랫동안 잠자고 있던 거대 바이러스 등 다른 것들이 방출될 거라고 예측했다.[1]

인도와 파키스탄군이 1984년 이후로 잊힌 전쟁을 벌이고 있는 카라코람Karakoram 산맥의 시아첸 빙하Siachen glacier에서 얼음이 퇴각하면서 전쟁 때 사용된 탄피, 얼음도끼, 총알, 버려진 군복, 자동차 타이어, 무전기, 도륙된 사체들이 드러나고 있다.[2]

그린란드 북서쪽에서는 묻혀 있던 냉전 시대의 미군 기지와 그 안에 있던 유독성 폐기물이 떠오르기 시작한다. 캠프 센추리Camp Century는 1957년에 미 육군 공병단이 건설한 지하 기지로, 빙모에 터널을 뚫고 감춰진 마을을 만들었다. 실험실, 가게, 병원, 극장, 교회, 그리고 최대 200여 명의 병사를 수용하는 주거시설을 포함한 약 3킬로미터의 지하 터널망은 모두 세계 최초로 이동식 원자력발전기에 의해 운영되었다. 이 기지는 1967년에 버려졌는데, 군인들이 떠나면서 원자력발전기의 반응로는 가져갔지만 그 밖에 기지에 있던 생물·화학·방사성폐기물을 포함한 기반 시설은 얼음 밑에 그대로 두고 떠났다. 미 국방성이 발표한 바에 따르면 이들은 이 기지가 북부 그린란드의 끊임없는 폭설로 '영원히 보존될 것'[3]이라고 예상했다. 20만 리터의 디젤연료와 알려지지 않은 양의 방사성 냉각수, PCB(폴리염화바이페닐)를 포함한 다른 오염물질들은 여전히 그곳에 매장되어 있다. 그러나 지구의 기온이 상승하면서 캠프 센추리 지역에서 눈이 녹는 속도가 쌓이는 속도를 앞지를 것으로 예상되었다. 언더랜드에서 내가 수없이 목격한 역동성 속에서, 오랫동안 묻혀 있던 골칫거리 역사가 다시 등장하고 있다.

그해 여름 북극의 더위는 기록을 경신했고 빙하가 녹는 속도도 마찬가지였다. 북극해의 해빙海氷 규모가 새롭게 최저치에 도달했다. 그린란드의 수도 누크에서는 기온이 섭씨 24도를 기록했다. 덴마크의 기상학자들이 수치를 다시 확인했지만, 실수는 없었다. 지난 10년간 빙모는 이전 세기의 두 배나 빠른 속도로 질량이 줄었다. 그해에는 예년보다 한 달이나 빨리 녹기 시작했고, 빙하가 녹으면서 생성된 강은 이례적인 속도로 흘렀다. 빙하학자들이 모델을 점검했지만, 실수는 없었다.

융빙수融氷水는 4월부터 세차게 흘렀고, 빙모에 청색과 녹색 호수로 고여 빙하 위를 강물처럼 흘렀다. 빙모에서 융빙수의 양이 증가하면서 알베도(반사율)가 변했다. 반사량이 줄어든 결과 더 많은 햇빛을 흡수하고, 그 결과 온도가 상승하고, 그 결과 더 많은 얼음이 녹고, 그 결과 햇빛을 더 많이 흡수하는, 겨울에만 잠시 주춤하는 전형적인 피드백 현상이 진행 중이다.

그린란드 빙벽이 우르릉거린다. 피오르의 빙산이 땀을 흘린다. 북극 과학자들은 북극해에서 얼음이 완전히 사라지는 시기를 예측했다. 빙하 손실률이 가장 높은 곳은 그린란드의 북서쪽과 남동쪽, 바로 내가 향하는 곳이다.

얼음 속에서 일어난 실종 사건에 대한 뒤숭숭한 소문이 나돌았다. 한 러시아 사업가가 낙타 가죽으로 만든 코트를 입고 서류 가방을 들고 동쪽 해안으로 날아와서는 다시는 돌아가지 못했다. 한 일본 등산객이 그린란드 서쪽에서 사라진 후 몇 주 동안 행방이 묘연했다. 지역 주민들은 얼음 위를 돌아다니며 경계하지 않는 여행객들을 낚아채는 키수왁kisuwak이라는 야수에 관해 반농담처럼 얘기하곤 하는데, 이는 빙하의 크레바스나 비단처럼 얇은 해빙을 의인화한 것이다.

역사의 이 시기에 저 지역에는 세계의 표면을 뚫고 아래로 곧장 떨어질 수 있는 장소가 많은 것 같다.[4]

———❖———

"그해는 예외였어요." 매트가 말했다. "해빙이 6월에 피오르에서 사라졌어요. 겨울엔 눈도 아주 적게 내렸죠. 그런 해는 처음이었어요. 보통 지금이면 해협이 얼음으로 가득 차 있어야 하거든요. 2주 전에는 쿨루수크 근처에서 헤엄치는 곰이 목격되었어요. 아마 필사적이었을 거예요. 아무도 그 곰을 쏘지 않았죠."

매트는 열아홉 살 때부터 쿨루수크에 살았다. 올해가 쿨루수크에서의 열여섯 번째 해다. 그와 그의 파트너 헬렌은 가게와 학교 위쪽에 푸른색으로 지은 집에 산다. 둘 다 등산가이자 스키어이고, 경험이 풍부한 빙하 가이드다. 두 사람 모두 이 거친 곳에 어울리는 특별한 능력을 갖추었지만, 꼭 필요한 상황이 아니라면 자신을 드러내지 않는 재야의 고수들이다. 이들은 자신들이 합류한 그린란드의 지역사회에 온전히 헌신하며 살고 있다. 이는 매트가 이 마을에서 살아온 시간과, 그가 이곳에서 사람들과 맺은 깊은 우정으로 증명된다.

"저희 집에 잘 오셨어요!" 매트가 우리를 환영하며 말했다. 매트의 집은 밝고 환기가 잘되고 옅은 원목 바닥에 벽이 하얬다. 한쪽 벽에는 해안선이 산호처럼 복잡한 이 지역의 대형 지도가 액자에 걸려 있었다. 우리는 함께 앉아 차를 마셨다. 매트와 헬렌, 그리고 나를 포함한 우리 일행 셋. 빌 칼스레이크Bill Carslake는 나와 20년 지기로 작곡자이자 지휘자이고, 온화하고 재밌는 사람이다. 다른 헬렌, 헬렌 모트Helen Mort는 알고 지낸 지가 1~2년밖에 되지 않지만 내 지인들 중에서 재주가 가장 많은 사람이다. 헬렌 엠Helen M − 산에서 그녀를 이 이름으로 부르기도 하고, 여기서는 다른 헬렌과 구별하기 위해서 − 은 암벽등반가, 달리기 선수, 그리고 비범한 능력이 있는 작가다. 그녀는 지나칠 정도로 겸손하고 놀라울 정도로 재능 있고, 사람들 및 경관과의 관계에서도 항상 섬세하다. 우리 셋은 좋은 친구로 그린란드 동쪽 해안의 산을 오르고, 남극을 제외한 세계에서 가장 커다란 빙하에서 얼음 속 언더랜드를 함께 탐험하기 위해 이곳에 왔다.

나는 서쪽 창가로 갔다. 만이 가로질러 보인다. 한 무리의 엄마와 아이들이 바닷가 길을 따라 걷고 있다. 모두 목에 꼭 맞게 두른 검은색 그물을 머리에 쓰고 있다. 장례 행렬 같기도 하고 양봉가들이 소풍을 나온 것 같기도 하다.

"저건 쿨루수크의 새로운 풍경이에요." 매트가 다가오며 말했다. "20년 전만 해도 여기에는 모기가 없었어요. 이제 날씨가 따뜻해지면서 모기와 각다귀들이 생겼죠. 어떤 사람들은 여름내 머리에 그물을 쓰고 다녀요."

쿨루수크는 그린란드 동쪽 해안에 있는 몇 안 되는 소규모 정착지로, 이 거대한 섬 가장자리에 손톱만 한 크기로 자리잡았다. 길이 2,600킬로미터의 해안선 주위로 3,000명 미만의 주민이 산다. 소규모의 많은 그린란드 정착지처럼 쿨루수크도 변화와 이행을 겪으며 붕괴된 사회다. 과거의 반유목민-사냥 문화에 술과 정체의 형태로 현대성이 침입했다.

헬렌이 지오를 소개했다. 지오는 체격이 다부진 60대 초반의 그린란드 토박이다.

"지오는 제 아버지세요." 매트가 말했다. "그냥 감상적으로 하는 말이 아니라 정말 제 아버지가 되셨고 저는 이분의 아들입니다."

지오가 웃을 때 눈가의 주름이 귀에서 귀로 연결되었다. 지오는 아주 훌륭한 사냥꾼이고 배와 개를 다루는 기술로도 유명하다. 그리고 그의 강인함은 가히 전설적이다.

매트가 말했다. "두 해 전 겨울에 이곳에 큰 폭풍이 불었는데, 그때 마침 사람들이 장거리 사냥에서 돌아오고 있었어요. 폭풍이 빠르게 몰아쳤고, 눈이 너무 두껍게 쌓여서 개들이 썰매를 끌지 못하는 지경까지 갔죠. 마을까지 가려면 높은 고개를 하나 넘어야 했어요. 사람들은 동요하기 시작했어요. 아주 심각한 상황이었죠. 그때 지오가 앞장서서 힘겹게 여섯 시간이나 길을 텄지요. 모두 무사히 돌아왔어요."

지오는 거실 소파에 한쪽 팔로 머리를 받치고 옆으로 누워 대화를 들으며 조용히 웃었다. 지오와 매트, 헬렌은 서투른 영어와 어눌한 그린란드어를 섞어서 의사소통을 했다. 공용어가 없어도 이들에겐 아무런 문제가 없다. 이들은 몸도 서로에게 편안해서, 서로 어깨에 팔을 두르거나 다리를 올리고 앉아 있는 경우가 많았다.

소년 시절 지오는 1년간 강제로 덴마크에서 살았는데, 1960년대에 시행된 '북부 덴마크' 프로젝트라는 분별없는 정책 때문이었다. 이 정책은 그린란드 아이들을 덴마크 가정에서 살게 함으로써 덴마크식 생활 방식으로 동화시키려는 목적에서 시행되었다.

"그때 이야기를 물으면 지오는 아직도 몸서리를 쳐요." 헬렌이 말했다. 지오는 매트와 헬렌의 초대로 영국을 두 차례 방문했는데, 갈 때마다 한쪽 팔에 하나씩 문신을 새겼다. 지오가 소매를 걷어 내게 보여주었다. "이건, 글래스고Glasgow요." 그가 오른쪽 팔뚝에 있는 십자가를 가리키며 말했다. 그리고 왼팔의 닻을 가리키며 "이건 켄달Kendal"이라고 말했다.

"하루는 지오를 데리고 나가 글래스고 마을에서 하룻밤을 보냈어요." 매트가 말했다. "그러다 필시 맥내스티스Filthy McNasty's라는 꽤 거친 술집에 들어갔는데, 거기서 지오는 평범하지 않은 존재였죠. 맞은편에서 지오를 발견한 사람들이 그를 놀리려고 다가오다가 이내 다른 표정을 짓더니 생각을 고쳐먹은 것 같더라고요. 금요일 밤 글래스고에서도 지오가 만만치 않은 상대라는 걸 안 거죠."

지오가 방 한구석에 있는 기타를 집어 들더니 조용하고 구슬픈 동그린란드 노래를 불렀다.

누가 문을 두드렸다. 시기Siggy였다. 시기는 매트와 함께 배를 타고 해안 북쪽을 항해한 선원이다. 시기는 선체가 나무로 된 낡고 아름다운 배를 사서 아이슬란드의 수도인 레이캬비크Reykjavik에서 이곳까지 몰고 왔다. 시기는 초록색 몰스킨 재질의 바지를 입었고 차분히 말하는 스타

일이었다.

　시기가 말했다. "지금은 1년 중에 얼음이 가장 없는 때예요. 어디든 갈 수 있고, 어디든 자유롭게 탐험할 수 있죠. 갑판에서 티셔츠 한 장만 입고 있었다니까요."

　그는 어깨를 으쓱했다.

　"날씨가 이러면 안 되지만 선원들한테는 훨씬 수월해졌지."

　나는 언웨더unweder – '언웨더unweather' – 라는 고대영어 단어를 떠올렸다. 날씨가 너무 극단적이라 다른 기후대 또는 시간대에서 온 것처럼 보인다는 뜻이다. 그린란드는 언웨더를 겪는 중이다.

　지오는 연주를 멈추고 기타를 내려놓으며 담담하게 말했다. "앞으로 10년 안에 여기엔 눈도, 얼음도, 사냥도, 개도 없다."

　해빙이 점점 얇아져 외지 사람들에게는 항해가 쉬워졌을지 모르지만 그린란드 토착민들은 더 이상 사냥을 할 수 없게 되었다. 해수의 온도가 바닷물이 어는 온도인 섭씨 영하 1.8도 이상으로 치솟는 바람에 결정빙frazil, 그리스grease, 닐라nilas, 그레이grey 단계의 연례 주기를 거쳐야 하는 빙하의 복잡한 강화 단계가 충족되지 못하고 있다. 해빙 위에서의 안전한 이동이 보장되지 않으면 사냥이 어려워진다. 바다표범은 더 먼 바다로 먹이를 찾아 떠나고, 곰은 사냥꾼의 총이 아닌 굶주림으로 죽는다. 후미Inlet(바다가 육지로 파고들이 생긴 좁은 만 – 옮긴이)와 피오르를 건너는 것이 위험하다. 얼음이 얇은 곳에서는 스노모빌이 운전자와 함께 거꾸러질 위험이 있다. 이 척박한 땅에서 정착에 성공한 소수의 그린란드 전통 생활 방식인 사냥이 지구 기온의 변화와 함께 사라질 위협을 받고 있다.

　얼음도 사회를 이룬다.[5] 변하기 쉬운 얼음의 성질이 그 주변에 사는 사람들의 문화, 언어, 이야기를 형성한다. 최근에 쿨루수크에서 일어난 변화의 결과는 광범위하게 나타난다. 이 마을의 주민들은 변덕스럽고 빠르게 뒤틀리는 행성의 프레카리아트precariat('불안정한'이라는 뜻의 '프레카리오'와 노동계급을 뜻하는 '프롤레타리아트'의 합성어로, 불안정한 노동계급을 가리키는 말이다 - 옮긴이)다. 강제 정착 및 기타 요인과 함께 융빙融氷은 그린란드 원주민의 정신적·신체적 건강에 심각한 영향을 미쳤고, 특히 소규모 공동체에서 우울장애, 알코올 의존, 비만, 자살률이 증가했다. 그린란드에서 우울장애 발병을 연구한 앤드루 솔로몬Andrew Solomon은 '얼음으로 가득 찬 풍경의 상실은 환경적 재앙은 물론이고 문화적 재앙이다'[6]라고 말했다. 캐나다 북극권의 배핀 섬Baffin Island에 거주하는 이누이트족은 날씨의 변화, 얼음의 변화, 그리고 그로 인한 자신들의 변화를 지칭하는 단어를 사용하기 시작했다. 그 단어는 우기아나크투크uggianaqtuq[7]로 '예측할 수 없이 이상하게 행동한다'라는 뜻이다. 그러나 예측 불가능한 얼음과 함께 사는 것이 무엇인지 아는 사람들이 있다면, 그 역시 수천 년 동안 얼음의 변화에 적응하며 살아온 이누이트족이다.

그날 늦게 헬렌은 프레데릭과 크리스티나를 소개했다. 두 사람은 쿨루수크 지역사회의 기둥 같은 존재들이다. 크리스티나는 쿨루수크에서 나고 자랐으며, 현재 마을의 학교 선생님이다. 프레데릭은 서그린란드 출신이지만 몇 년 전에 크리스티나와 함께 쿨루수크로 이사했다. 둘 다 대단히 학식과 교양이 있고 자기 인식이 뛰어나다. 이곳에서의 힘겨운 생활에 대해 잘 알고 있으므로 어떤 종류의 낭만적 사고방식도 거부하지만, 또한 끊임없이 생존하는 쿨루수크의 회복력을 자랑스러워한다.

"우리는 일상에서 기후변화를 강하게 실감합니다." 프레데릭이 말했다. "새로운 종들이 유입되고 토종이 사라졌어요. 때로는 가을에도 천둥과 번개가 칩니다. 과거에는 언제나 바다에 얼음이 아주 두껍게 얼었지만." 그는 바닥에서 천장까지 약 2.5미터의 거리를 몸짓으로 나타냈다. "해마다 얼음의 두께가 얇아지고 이번 봄은 이 정도밖에 안 됐어요." 그는 손을 팔뚝 높이만큼 떨어뜨렸다. "그리고 무엇보다 개썰매를 타는 게 너무 위험해졌어요. 사냥하기가 힘들어요. 멀리 갈 수 없으니까요."

그는 어깨를 으쓱했다. "우리의 삶은 물론 영혼까지 달라지고 있어요." 그의 말을 경청하던 크리스티나가 옆방으로 들어가더니 길이가 60센티미터 정도 되는 화려한 색감의 원목 카누를 들고 나왔다. 그 안에 얼룩말, 사자, 호랑이, 기린이 한 줄로 타고 있다.

"아들이 학교에서 만들어왔어요." 크리스티나가 말했다. "이걸 노아의 카약이라고 부르더라고요. 지구온난화로 인한 홍수로부터 동물들을 구한대요."

이 카약에 인간은 없다.

어떤 이들은 빙하가 녹는 현상을 손실이 아닌 기회로 본다. 빙하가 물러나면서 그린란드에 묻힌 엄청난 광물자원에 접근하기가 쉬워졌으므로 외국 투자가들이 모여들기 시작했다. "해빙이 드러낸 것으로 인해 억만장자가 되는 사람이 많을 겁니다"라고 그린란드로 오기 전에 만난 지질학자가 말했다. "그린란드에서 곧 채굴이 이루어질 겁니다. 채석장 이상으로 파내어진 적이 없는 나라에서 엄청난 규모로 말이지요."

지난 몇 년간 그린란드에서 금, 루비, 다이아몬드, 니켈, 구리 등의 탐색적 채굴을 허가하는 50건 이상의 광업권이 승인되었다. 그린란드 남쪽 끝에는 나르사크Narsaq라는 실업률이 높은 작은 마을 가까이에 세계에서 가장 많은 양의 우라늄이 매장되어 있다. 노벨상 수상자이자 제2차 세계대전 당시 핵폭탄 개발 프로그램인 맨해튼 프로젝트에 참여했던 원자물리학자 닐스 보어Niels Bohr는 매장이 확인된 직후인 1957년에 나르사크를 방문했다. 지금 중국과 오스트레일리아가 합작해서 추진하는 채굴 프로젝트는 우라늄은 물론이고 풍력터빈, 휴대전화, 하이브리드 자동차와 레이저에 사용되는 희토류 광물을 캐내기 위해 나르사크 뒤편으로 노천 광산을 개발하려고 한다.

그날 저녁 쿨루수크에는 불타오르는 듯한 일몰이 마을에 내려앉았다. 톱니 같은 능선에 마치 눈부시게 밝은 산호초같이 골이 진 구름 사이로 보라색, 주황색 역광이 비쳤다. 이 노을은 높은 산꼭대기에서나 볼 수 있는 알펜글로alpenglow인데, 믿을 수 없을 만큼 강렬하다.

"이런 노을을 만드는 건 빙모예요." 매트가 설명했다. "수백만 제곱킬로미터의 얼음이 수평선 아래로 지는 태양을 위로 반사하며 발생하죠. 아마 세계에서 가장 큰 거울일 거예요."

우리는 짧은 지그재그 경사로를 걸어 마을 근처의 노두 꼭대기에 올랐다. 나는 피오르의 노을을 더 잘 보기 위해 노두의 서쪽 가장자리까지 갔다가 그만 멈추고 말았다.

발밑의 작은 만은 마을의 쓰레기장이었다. 수천 개의 쓰레기봉투, 플라스틱 상자 더미, 부서진 카약, 멜라민 찬장과 하얀 냉장고가 절벽 너머로 두엄더미처럼 쌓여 있었다. 해질녘에 보니 물길을 따라 흘러내리는 얼음의 혓바닥 같았다. 퇴각하는 게 아닌 전진하는 가짜 빙하다.

얼음은 기억한다. 그것도 자세히, 그리고 100만 년 이상 기억을 간직한다.

얼음은 산불과 해수면 상승을 기억한다. 얼음은 11만 년 전 마지막 빙하기가 시작될 무렵 공기의 화학적 조성을 기억한다. 또 5만 년 전 여름에 며칠이나 햇빛이 비추었는지를 기억한다. 홀로세 초기, 눈이 내린 순간의 구름 속 온도를 기억한다. 1815년 인도네시아의 탐보라 산Mount Tambora, 1783년 아이슬란드의 라키Laki 화산, 1482년 미국의 세인트헬렌스 산Mount Saint Helens, 1453년 남태평양 바누아투의 쿠와에Kuwae에서 일어난 폭발을 기억한다. 얼음은 로마의 제련 유행을 기억한다. 얼음은 제2차 세계대전 이후 몇십 년 동안 휘발유에 들어 있던 치명적인 납의 양을 기억한다. 얼음은 기억하고 말한다. 우리가 빠른 변화와 신속한 역전이 가능한 변덕스러운 행성에 살고 있다고 말해준다.

얼음은 기억이 있고 이 기억의 색은 파란색이다.

빙모의 높은 곳에서 눈이 내리면 편firn이라는 부드러운 층에 안착한다. 편층이 형성될 때 공기는 눈송이 사이에 갇힌다. 먼지나 다른 입자들도 마찬가지로 눈송이에 갇힌다. 눈이 더 많이 내리면 기존의 편층에 자리잡으며 그 안에 있던 공기를 밀봉하기 시작한다. 눈이 많이 쌓일수록 더 많은 공기를 가둔다. 눈의 무게가 원래의 층에 축적되기 시작하고 그걸 짓누르면서 눈의 구조를 바꾼다. 눈송이의 복잡한 기하학이 무너진다. 압력 아래에서 눈이 얼음으로 덩어리지기 시작한다. 얼음 결정이 형성되고 갇혀 있던 공기가 쥐어짜내지면서 작은 거품이 된다. 이런 식의 매장은 보존의 한 형태다. 각각의 공기 방울은 박물관이다. 눈이 처음 내린 당시 내기의 기록을 보유하는 은색 유물함이다. 처음에는 거품이 구처럼 형성되다가 얼음이 아래로 더 깊이 이동하고 그 위로 압력이 쌓이면 거품이 압착되면서 긴 막대나 납작한 원판, 또는 굽은 고리 형태가 된다.

깊이 매장된 얼음의 색은 파란색이다. 세계 어느 곳에서도 볼 수 없는 파란색, 시간의 푸른빛이다.

시간의 푸른빛은 빙하의 갈라진 면에서 엿볼 수 있다. 거기에서 10만 년 묵은 빙하가 수심 저 아래에서부터 피오르의 표면으로 치솟는다.

시간의 푸른빛이 너무 아름다워 몸과 마음이 저절로 끌린다.

얼음은 기록 매체이자 저장 매체다. 수천 년 동안 데이터를 수집하고 보관한다. 수시로 업데이트되거나 구식이 되는 컴퓨터 하드디스크나 테라바이트 블록과 달리 얼음은 수백만 년이 지나도 변화가 없다. 얼음이 기록하는 방식을 알게 되면 얼음이 있는 한 과거를 읽을 수 있다. 얼음 속에 갇힌 공기 방울은 상세한 대기 조성을 보존한다. 눈 속의 물 입자가 가진 동위원소 함량은 기온을 기록한다. 황산과 과산화수소 같은 눈 속의 불순물들은 과거의 화산 폭발, 오염 수준, 생물량 연소, 해빙의 규모와 근접성 등을 나타낸다. 과산화수소 수치는 눈 위로 쏟아진 햇빛의 양을 보여준다. 이런 의미에서 얼음을 '매체'로 보는 것은 초자연적 의미에서 '매체'로 보는 것이다. 심원의 시간의 만을 건너 죽은 자와 묻힌 자와의 소통을 가능하게 한다. 얼음을 통해 오래전 홍적세에서 보낸 메시지를 들을지도 모를 일이다.

얼음의 기억력은 비상하지만, 순식간에 상실되기도 한다.

2,000년 된 얼음은 무게가 1제곱인치(가로와 세로가 각각 2.54센티미터 - 옮긴이)당 0.5톤에 이른다. 이 얼음 속 공기는 대단히 압축된 상태라 굴착에 의해 깊은 곳에서부터 지표로 오른 빙하 코어는 공기가 팽창하면서 파열하고 부러진다. 빙하에서 사격장 같은 소리가 들리는 이유가 바로 그것이다. 또한 물이나 위스키가 들어 있는 잔에 아주 오래된 푸른 얼음 조각을 띄우면 잔이 산산조각 날 수 있다.

더 깊이 들어가 8,000년에서 1만 2,000년 된 얼음 안에서는 압력이 너무 커서 공기 방울이 더는 빈 공간으로 버티지 못한다. 대신 얼음과 결합해 포접clathrate이라는 얼음-공기 혼합물이 되어 눈으로 볼 수 '있는' 형태로 사라진다. 매체로서의 포접은 읽기가 더 어렵다. 그 안에 들어 있는 메시지는 더 희미하고 어렵게 암호화되어 있다.

수 킬로미터 깊이에서 각각의 얼음층은 '광섬유 램프의 집속 빔에서 보이는…… 회색빛 유령 같은 띠'[8]로만 만들어질 수 있다. 그리고 얼음은 엄청난 압력 속에서도 계속해서 흐르기 때문에, 그 과정에서 층과 층이 접히고 미끄러지면서 기록을 왜곡하므로 순서를 구분하기가 거의 불가능하다.[9]

수 킬로미터 깊이에 걸쳐 수십만 년 묵은 얼음이 쌓여 있는 그린란드와 남극 빙모의 가장 깊은 지점에서는 얼음의 무게가 너무 큰 나머지 얼음 밑에 깔린 바위를 지구의 지각으로 밀어 넣는다. 그 깊이에서는 압축된 얼음이 기반암에서 방출되는 지열을 가두는 담요 역할을 한다. 그 과정에서 가장 깊은 곳에 있는 얼음이 그 열을 일부 흡수하여 천천히 녹아 물이 된다. 그런 이유로 남극의 빙모 몇 킬로미터 아래에 담수호가 잠겨 있는 것이다. 빙하 아래에 500개 이상의 이러한 저장고가 수백만 년 동안 노출되지 않은 채 이 지역 지도에 유령 같은 점선으로 표시된다. 토성의 위성인 엔켈라두스Enceladus에 존재한다고 여겨지는 얼음으로 덮인 바다처럼 낯설기 짝이 없다.

사람이 말년이 되면 평생 축적된 기억 속에 파묻힌 인생의 첫 번째 순간을 떠올리지 못해 애쓰는 것처럼, 얼음이 가진 오래된 기억일수록 회수되기는 어렵고 상실되기는 쉽다.

밀물 즈음에 우리는 바위에 미끄러져가며 파란색 곰 방지bear-proof 통, 무기, 그 밖의 짐을 배에 싣고 닻을 올렸다.

"잘 보고 짐을 내려놓으세요. 바위에 바다표범 내장이나 생선 대가리 같은 게 묻어 있으니까요." 헬렌이 말했다.

짐을 싣고 확인하는 데 30분이 걸렸다. 지오가 야마하 1200의 시동을 걸고 뱃머리를 돌려 해협을 출발했다. 우리는 아푸시아지크Apusiajik라는 이름의 빙하가 바다와 만나는 지점으로 향했다. 아푸시아지크는 '작은 얼음'이라는 뜻이다.

목구멍이 따끔해지는 높은 울음소리가 들린다. 멈추었다 들렸다 하기를 반복하며 머릿속에서 떠나지 않는 금색과 은색의 소리다. 아비새 한 마리, 아니 세 마리가 해협 위로 우리처럼 북쪽을 향해 날아간다. 깃털 대신 물을 부어 만든 것처럼 육중하지만 선이 우아하고 몸매가 매끄러운 대형 조류다. 나는 과거에 스코틀랜드의 먼 북서부에 위치한 수일벤Suilven 산의 그늘진 호수에서 사냥하는 녀석을 본 이후로 10년 넘게 아비새의 울음소리를 듣지 못했다. 또 그 10년 전에는 브리티시컬럼비아의 숲이 우거진 호수에서 보았다.

"진정한 북부의 새죠." 매트가 말했다.

시야에서 사라진 후로도 한참 동안 아비새 소리가 들렸다.

배가 위로 튀어오르며 파도를 가른다. 소금기 있는 물보라. 차가운 공기가 얼굴에 빠르게 부딪힌다. 뾰족한 봉우리가 사방에서 솟아오른다. 피오르가 잘려나간다. 이 경관을 접하는 감각이 내가 지금까지 경험하거나 상상한 모든 것을 넘어서는 차원에서 쌓여가기 시작한다. 방대한 해안선, 그 서쪽 너머에는 언제나 빙모가 있다. 이 빙모는 너무 거대해서 자신 외의 모든 지형물을, 그리고 흰색과 파란색을 제외한 모든 색깔을 소멸시킨다. 정말 대단한 여행을 시작했다는 흥분에 몸에서 전율이 일어난다. 앞으로 몇 주 동안 쿨루수크를 보지 못할 것이다.

낮은 산들에 온통 눈이 딱지처럼 들러붙었다. 노출된 바위는 황금색, 갈색, 빨간색, 흰색의 따뜻한 대리석 색깔이다. 세계에서 가장 오래된 지표 암석의 일부다. 나는 이곳이 스코틀랜드의 아우터 헤브리디스의 편마암과 찢어진 페이지가 맞아떨어진다는 걸 알고 있다. 수억 년 전, 이 두 해안선은 하나였다. 이 거칠고 낯선 지역과 내가 고향처럼 느꼈던 스코틀랜드의 섬 사이에 심원의 시간에서 유래한 친족관계가 존재한다.

쿨루수크에서 아푸시아지크까지는 해협을 가로질러 10킬로미터 거리지만 조금만 헤엄치면 얼마든지 갈 수 있을 것처럼 보인다. 또한 빙하 자체는 8킬로미터 길이지만 주머니에 손을 넣고 두어 시간이면 다 돌아볼 수 있을 것 같다. 어느 쪽이든 실제로 시도하면 죽겠지만.

오염되지 않은 맑은 공기가 주는 원근법의 왜곡과 착시는 강력하다. 이것은 내가 앞으로 그린란드에서 경험하게 될 수많은 착각 중 첫 번째다. 나중에 알게 되었지만, 이 경관은 눈에 장난을 치고 지각을 속이고 사실은 망상의 한 형태에 불과했던 또렷함을 유도한다. 석벽과 빙벽이 소리를 반사하고 방향을 바꾸어 감각을 오도한다. 바로 앞에서 일어난 사건도 뒤에서 발생한 것 같다. 눈이 의지할 만한 평범한 단위의 기준이 없다. 빌딩도, 자동차도, 멀리 있는 사람도 없다. 지형은 바위, 얼음, 물이라는 소수의 요소로만 이루어졌다. 이것들은 몇 배의 범위 내에서 커졌다 작아지기를 반복한다.

지오는 한 손으로 능숙히게 배를 조종해 해협 한복판의 검은 바위섬을 지났다.

"며칠 전에 여기에서 범고래를 봤어요. 그리고 보리고래도요. 눈으로 보기 전에 숨구멍에서 푸우 하는 소리부터 들렸죠." 매트가 말했다.

아푸시아지크에 가까워지면서 선체에 부딪히는 크고 작은 청백색 얼음덩어리들로 바닷물이 두꺼워졌다. 지오는 우아하게 배를 몰았지만, 끝내 얼음이 피할 수 없을 정도로 두꺼워졌기 때문에 빙하의 끝에 가까워지면서부터는 속도를 낮추고 얼음을 뚫고 나갔다. 쿵, 턱, 탁, 쿵.

아푸시아지크가 물속에 잠긴다. 분리된 빙벽은 길이가 760미터쯤 되고 갓 분리된 지점은 연한 파란색이었다. 갈라진 빙벽 위에서 얼음이 조금씩 굴러떨어지고, 떨어지는 얼음을 쪼개며 융빙수로 인해 검은 줄무늬가 새겨진 바위가 튀어나왔다.

"저건 새로 생긴 거예요. 몇 년 전까지만 해도 저기에 없었어요. 순수한 얼음이었죠." 매트가 말했다.

나중에 멀리 훨씬 큰 빙하에서 이처럼 얼음이 녹으며 최근에 드러난 얼음섬을 야영지로 잡을 때면 이 신선한 바위섬이 생각날 것이다.

지오는 배의 속도를 낮춘 뒤 엔진을 공회전시켰다. 우리는 빙하가 붕괴할 경우를 대비해 빙벽에서 약 450미터 거리를 유지하며 움직였다. 지오가 빙하를 가리킨 다음 쿨루수크와 빙하 가장자리에서 밀려난 맨살의 바위 반도를 향해 배를 돌려 해협으로 갔다.

"50년 전, 내가 어렸을 때 저기에 얼음이 있었다." 그가 해협의 반도를 가리키며 말했다.

그러더니 해협에서 멀리 있는 섬을 가리켰다.

"내 아버지의 시대에 저기도 얼음이었다."

그는 쿨루수크를 가리킨 다음, 귀에 손을 대고 손가락을 모았다 튕기듯 열면서 폭발하는 흉내를 냈다.

"옛날에 쿨루수크에서 빙하가 울리는 소리를 들었다. 이제는 안 들린다."

지오의 일생 동안 아푸시아지크 빙하의 가장자리는 너무 많이 퇴각했고, 이제 더 이상 마을에서는 빙하가 분리되는 소리가 들리지 않는다. 융빙은 일상의 소리를 바꾸었다. 이제 사람들은 빙하를 침묵으로 겪는다.

우리는 썰물에 닻을 내리고 흰색 석영과 흑운모로 이루어진 해변에 짐을 내렸다. 조수로 인해 모래 위에 작은 빙산들이 좌초했다. 지는 햇살을 받아 빙산들이 청색과 은색으로 빛났다. 왠지 모르게 지쳐 보인다. 다른 작은 빙산들도 육지를 향해 천천히 다가오거나 연안의 해류에 실려 돌아다닌다.

우리는 바다로 서서히 비탈져 흐르는 개울을 따라 얕은 바위 계곡을 지나 배에서 270미터쯤 떨어진 이끼 낀 평지에 총 네 차례에 걸쳐 장비를 가져다놓았다.

이 평지는 사라진 빙하의 경로다. 바다를 향한 빙퇴석이 과거 빙하의 규모를 나타낸다. 우리는 사라진 유령 얼음 위에 야영지를 만들었다.

그린란드 해안에 바싹 붙어 항해하는 작은 선박에서 가끔씩 GPS 장치가 충돌을 경고하며 알람을 울릴 때가 있다는 걸 읽은 게 생각났다. 빙하의 퇴각 속도가 너무 빨라, 예전에 GPS 장치에 빙하가 있다고 입력된 좌표에 얼음이 남긴 디지털 환영을 *통과하기* 때문이다.

텐트 주위의 공기에 눈도 아니고 먼지도 아닌 흰색 점이 가득하다. 공기가 전하를 띠고 섬광처럼 보인다.

회색 갈매기 두 마리가 머리 위로 거세지는 동풍을 맞아 날개를 펄럭이며 날아간다. 갈까마귀가 까악거리며 원을 그리다 장비를 쌓아둔 표석漂石(빙하의 작용으로 운반되었다가 빙하가 녹으면서 남은 바윗돌 – 옮긴이) 위에 활강해 착륙한다. 윤기 나는 날개를 접고 몸을 아래로 떨더니 신기한 듯 고개를 갸웃거리며 우리를 관찰한다.

우리는 각각 1.8미터씩 간격을 두고 일렬로 나란히 텐트를 쳤다. 그런 다음에 곰이 들어오지 못하게 울타리를 쳤다. 북극곰은 30킬로미터 떨어진 곳에서도 음식 냄새를 맡을 수 있다. 곰이 눈에 띈다는 것은, 그 곰이 훨씬 오래전부터 사람의 존재를 감지하고 조사하러 왔다는 뜻이다. 우리 자신과 곰 모두를 위해 서로 만나지 않는 것이 상책이다. 우리는 두 종류의 무기가 있다. 하나는 펠릿이 아닌 단일 총알이 장전되도록 개조된 산탄총 총알을 발사하는 구경이 큰 소총이고, 다른 하나는 우리가 늘 지니고 다니는 신호탄이다.

우리는 야영지 주변에 직사각형으로 인계철선을 쳤다. 철선을 건드리면 땅속으로 빈 실탄이 발사되면서 호기심 많은 곰을 쫓아버릴 것이다. 철선을 약 60센티미터 높이로 넉넉하게 쳐서 먹이를 찾아다니는 북극여우들이 걸리지 않게 했다.

매트가 만족하는 수준으로 야영지를 설치하는 데 두 시간이 걸렸다. 우리는 작업하면서 노래를 불렀다. 빌은 축복받은 저음을 가진 가수였다. 나도 즐겁게 흥얼거렸다. 태양이 서쪽으로 내려간다. 빙산 두 개가 만을 가로질러 왼쪽에서 오른쪽으로 움직인다.

북극처럼 광활한 풍경에 익숙해지면, 우리 눈은 작은 것에 놀라게 된다. 캠프 주위의 표토는 깊이가 몇 센티미터에 불과하지만 다양한 이끼와 식물을 먹여 살린다. 석송은 바람이 불지 않는 큰 바위 옆에서 잘 자란다. 지의류가 온갖 빛깔로 돌을 색칠한다. 키산토리아 파리에티나*Xanthoria parietina*의 주황색 얼룩, 복잡한 지도를 그리는 지의류, 이름을 알 수 없는 어느 아삭한 상추 같은 지의류는 색깔이 산성 녹색이라 만지기가 꺼려진다.

어디에나 북극버들의 작은 에메랄드빛 잎이 보인다. 나는 이파리를 하나 집어 들었다. 내 작은 손톱의 절반 크기다. 높이 들어 태양에 비춰보았다. 초록색으로 빛나는 잎에서 섬세한 잎맥을 볼 수 있었다. 나는 스코틀랜드의 북극에 해당하는 케언곰에서 이 버드나무속 식물을 보았다. 거기서는 고원의 가장 높은 지역에 드문드문 자라지만 여기서는 기껏해야 굵기가 몇 밀리미터에 불과한 새까만 가지가 옆으로 기어가며 온 땅을 뒤덮는다.

이렇게 보니 우리는 키 작은 숲 꼭대기에 텐트를 친 것이나 다름없다. 우리는 숲 지붕에 사는 거주자들이다.

레이캬비크에서 들었던 우스갯소리가 생각났다. 질문 : '아이슬란드의 숲에서 빠져나가려면?' 답 : '일어서라.'

이따금 낮게 웅웅대는 소리가 경관 전체에 울린다. 부드럽지만 강한 힘으로 고막을 밀고 살에서 진동한다. 이것은 빙하가 쪼개지는 소리다. 산을 감싸는 아푸시아지크의 외벽에서 물속으로 떨어지는 빙판이 만든 소리. *이 소리는 공기를 통해 귀로 들어가고, 뇌로 들어가고, 피로 들어가 마침내 영혼까지 전달된다…….*[10]

덩치가 큰 빙산은 만을 천천히 가로질러 이동한다. 조난당한 U보트 같기도 하고, 여객선 같기도 하고, 모노폴리(보드게임의 일종 - 옮긴이)의 스코티시 테리어 말 같기도 하다.

"환일(태양 양쪽에 밝은 고리 형태의 띠가 형성되는 현상 - 옮긴이)이다!" 헬렌이 미소와 함께 위쪽을 가리키며 소리쳤다. 반짝이는 무지갯빛 호가 태양의 불룩한 곡선 위에 떠 있다.

후미inlet에 얼음, 하늘에 얼음. 민에 얼음. 공중에 얼음. 빙하에서 들리는 얼음 소리. 우리는 한때 빙하가 있었던 곳에서 잠을 잔다.

그날 밤, 북극광이 처음으로 나타났다. 초록색 레이더 같은 스카프가 하늘에서 펄럭인다. 산이 우주를 향해 옥색 탐조등을 쏘아댄다.

우리는 차갑고 까만 공기를 베고 누워 이 놀라운 광경을 침묵 속에 감상했다.

━━━◆◆◆◆━━━

그린란드로 떠나기 1주일 전, 나는 케임브리지 변두리의 영국남극 조사단British Antarctic Survey 건물에서 로버트 멀베이니Robert Mulvaney를 만났다. 멀베이니는 빙하 코어를 연구하는 과학자이자 고기후학자, 빙하학자다. 그는 평생 얼음의 언더랜드를 전공했다. 얼음의 기억을 읽어 과거의 기후와 환경을 밝히고 앞으로 다가올 기후변화를 예측한다.

멀베이니는 남극에서 스무 번, 그린란드에서 다섯 번의 굴착을 시도했다. 현장에서의 그는 턱수염과 콧수염을 길게 길렀지만 사무실에서는 깔끔하게 면도한 상태였다. 멀베이니는 내 손을 잡고 세게 악수하고는 건물 복도로 힘차게 안내하며 빠르게 말했다.

"제가 느긋한 사람처럼 보일지도 모르지만, 그렇지 않습니다. 전혀 그렇지 않아요." 그가 말했다.

그는 느긋한 사람처럼 보이지 않는다. 멀베이니는 평생 효율성이 가장 중요한 작업환경에서 대단히 어려운 과제를 수행 중인 대단한 사람이다.

젊은 시절 멀베이니는 열정적인 등반가이자 부지런한 동굴 탐험가였다. 나는 그에게 브라이어 파이프를 입에 문 세르지오와 함께 트레비치아노의 심연에 들어가 티마보 강을 본 이야기를 했다.

"카르스트에 들어갔던 거군요. 저도 그 지역에서 상당히 먼 지점까지 동굴 탐사를 했습니다. 유고슬라비아에서 고무보트를 타고 침수된 동굴을 떠다니는 것 같은 탐험 말이지요. 개인적으로는 물에 젖지 않아 보송한 요크셔 석회암을 선호했지만요." 그는 잠시 땅 밑에서 보낸 시간들을 추억했다.

그는 나를 사무실로 데려가 의자를 가리키며 앉으라고 권했다.

"죽음과 부상으로 너무 많은 동료를 잃어서 강도 높은 동굴 탐사와 등반은 포기했습니다. 대신 선원이 되었죠." 그가 말했다.

그의 책상 위 게시판에는 검정, 금색, 초록으로 된 낡은 자메이카 삼각기가 꽂혀 있었다.

"제가 직접 바느질한 겁니다." 그는 대놓고 자랑했다. "맨 처음 대서양 횡단을 마치고 육지에 도착했을 때요."

삼각기 옆에는 그의 아내와 두 딸의 빛바랜 사진이 있었다. 질척한 진흙 해변까지 밀려와 심하게 기울어진 요트의 조타석 밖에서 카메라를 향해 손을 흔들고 있다. 인사를 하는 건지 살려달라는 건지 모르겠다.

"에식스 외곽에 있는 진흙 언덕에서 좌초했을 때예요. 영국 동쪽 해안에서 좌초한 경험이 없다면, 그곳을 제대로 항해한 게 아니죠." 멀베이니가 말했다.

컴퓨터 뒤편에는 엽서 크기의 표지판에 아이 글씨로 이렇게 쓰여 있었다.

롭 멀베이니 남극에 가다

에핑 포레스트에서 만났던 멀린과 동료 미생물학자들이 토양의 '블랙박스'를 소사했다면, 밀베이니와 동료 고기후학지들온 얼음외 '화이트박스'를 조사했다. 그들은 얼음투과위상감지레이더ice-penetrating phase-sensitive radar를 사용해 깊은 얼음 내부의 층과 주름을 보여주는 상세한 이미지를 축적한다. 또한 수중음파탐지기를 이용해 공기총을 쏘고 되돌아오는 음파의 지도를 그린다. 그리고 마지막으로 이들은 코어 시추 기술을 사용한다. 이 기술은 캠프 센추리에서 미국 과학자들이 개발했는데, 군에서 이 기술을 이용해 비밀스럽게 얼음을 뚫어 터널을 만들고 미사일 기지를 세웠다.

멀베이니는 코어 시추 개발 초기부터 이 기술을 사용해 작업해왔고, 영국의 기상과학자들이 사용하는 여러 표준 드릴 유형을 직접 설계하고 제작했다.

그가 말했다. "얕은 시추는 20미터 정도 아래로 내려가는데, 과거 200년 정도에 해당합니다. 그리고 수동으로 작업하지요. 금방 끝나요. 시추장비를 설치하고 손으로 드릴을 비틀면 됩니다. 하지만 그보다 깊이 들어가려면 전동식 장치를 사용합니다. 엔진으로 구동되는 드릴이 아래로 내려가면 윈치가 드릴과 얼음을 위로 끌어올립니다."

멀베이니가 수동 드릴을 보여주었다. 놀라울 정도로 아날로그 방식의 도구였다. 길이 1.5미터의 금속 슬리브(管) 내부에 강철 톱니가 달린 드릴비트가 있고, 비트와 슬리브 사이에서 얼음을 위쪽으로 올려주는 스크루 형태의 외장, 그리고 드릴이 작동할 때는 배럴(桶)의 회전을 방지하고 지상으로 끌어내질 때는 안으로 들어가는 팝 아웃 판으로 구성되었다.('https://bit.ly/327GFEU' 참조 - 옮긴이)

드릴을 아래로 내려서 빙하 코어를 절단하고 회수하여 코어를 꺼낸 다음, 드릴을 다시 아래로 내린다. 내리고 뚫고 올리고 빼내고, 내리고 뚫고 올리고 빼내는 작업을 700번쯤 반복하면 1킬로미터의 얼음을 뚫을 수 있다.

빙하 코어 과학은 규모가 큰 작업이고 힘든 노동이다. 한때 멀베이니는 영하 15도에서 하루에 열네 시간씩 92일을 연속으로 작업한 적도 있다. 빙하 코어 과학자들은 작업장에 정장을 가져오지 않는 편인데, 사무실의 냉방장치가 너무 낮게 설정되어 있어 편안하지 않기 때문이다.

빙하 코어 과학은 인내심도 시험한다. 한번은 멀베이니가 1,000미터 아래에서 드릴을 잃어버렸는데, 그게 끝이었다. 할 수 있는 일이 없었다. 구멍 속에 들어가 가져올 수 없으니 말이다.

"시추 장소를 찾는 데 1년이 걸리고, 1킬로미터를 뚫는 데 1년, 드릴을 잃어버리는 데는 1초, 그리고 다른 시추 장소를 찾는 데 1년이 걸렸죠."

빙하 코어를 위로 끌어올린 다음에는 보관용 표준 길이로 자른다. 그리고 잘 포장해서 이름표를 달아 전 세계 실험실의 저온실로 옮긴다. 실험실에서는 각각의 코어 샘플을 표준규격에 따라 길이로 여섯 조각을 낸 다음, 그중 하나는 다른 샘플이 모두 소실되었을 경우를 대비해 영구 보관한다.

멀베이니는 그린란드에서 북그린란드 에미안 빙하 코어 프로젝트North Greenland Eemian Ice Drilling Project, 줄여서 님NEEM 프로젝트에 참여했다. 님 프로젝트의 목적은 마지막 간빙기인 에미안 간빙기(13만 년 전에서 11만 5,000년 전까지의 기간)의 빙하 코어를 채취해 분석하는 것이다. 과학자들이 에미안 간빙기에 큰 관심을 갖는 이유는 21세기 말에 예상되는 기후변화와 그로 인한 결과에 가장 가깝다고 여겨지기 때문이다. 멀베이니에 따르면 에미안 간빙기가 '미래 예측 연구의 핫스팟'이다. 총 14개국이 이 프로젝트에 관여한다.

그린란드 북서부에 있는 님 프로젝트 대상 지역에서는 전기톱으로 약 8미터 깊이의 얼음을 파내고 덮개를 덮어 '얼음 동굴'을 만들었다. 얼음 동굴 아래에서는 주변 온도가 영하 20도로 훈훈하기 때문에 현장조사철이면 과학자들이 하루에 24시간씩 그 안에 들어가 코어를 채취하고 분석할 수 있다. 이들은 2년에 걸쳐 기반암에 부딪힐 때까지 총 2.5킬로미터 깊이의 빙하 코어를 채취했다. 이들이 추출한 빙하 코어는 최초로 완전한 에미안 기록이 되었다.

코어가 드러낸 것은 에미안 시기의 온난화로 인해 그린란드 빙모의 표면이 상당히 많이 녹았다는 사실이다. 녹은 물은 아래에 깔린 눈으로 젖어 들어가 다시 얼었고 얼음층에 숨길 수 없는 장기적인 흔적을 남겼다. 신기하게도 비슷한 환경이 2012년 여름 코어 작업 기간에 반복되었다. 기온이 올라가고 비가 오고 녹은 물이 다시 얼어붙은 층을 만들었다. 에미안이 인류세에서 메아리친다.

멀베이니는 컴퓨터 뒤로 가더니 작은 물체 두 개를 들고 왔다.

"손에 들어봐요."

그는 물체 중 하나를 내 손바닥에 떨어뜨렸다. 작고 무거운 회색 송곳니였다. 보자마자 드릴비트의 톱니임을 알 수 있었다. 발사된 총탄처럼 가장자리가 우그러져 있었다.

"남극에서 기반암에 부딪힌 드릴 톱니 중 하나예요." 멀베이니가 자랑스럽게 말했다. "버크너 섬Berkner Island 950미터 아래에서 말이죠."

이제는 버터를 바르는 용도 외에는 아무짝에도 쓸모없어 보인다.

"기반암에 부딪히는 것이 빙하 코어 과학자들에게는 할렐루야를 외칠 만한 순간인가요?" 내가 물었다. "석유 재벌이 원유를 발견했을 때처럼?"

"오, 물론이죠. 더 바랄 게 없죠. 여기, 이것도 보시죠."

그가 다른 물체를 건넸다. 작고 투명한 플라스틱병이다. 나는 높이 들어 빛에 비춰보았다. 금색 모래 알갱이가 조금 들어 있었다.

그가 말했다. "버크너 섬에서 기반암에 닿기 직전에 마지막 코어에서 나온 알갱이예요. 이건 밑바닥 침전물입니다. 확대경으로 보면 모양이 둥글둥글해요. 풍성암이라고, 바람이 깎아서 만든 석영 조각인데 직경이 0.2밀리미터에 매끄럽고 반투명합니다. 이걸 아무 지질학자나 붙잡고 보여줘봐요. 하나같이 사막 환경에서 만들어져 바람에 의해 둥글둥글해졌다고 말할 겁니다. 다시 말해 이 얼음 1킬로미터 아래에 누워 있는 땅이 한때 사하라였다는 뜻이지요.”

내가 말했다. “정말 아름답네요. 세상의 밑바닥에서 나온 사막의 다이아몬드라니.”

“확실히 과학을 하는 사람은 아니군요.” 그가 말했다.

멀베이니는 나를 저온실로 데려갔다. 육중한 문을 열고 무거운 플라스틱들이 고깃덩어리처럼 매달린 정육점 같은 내부로 들어갔다.

저온실의 추위는 상상을 초월했다. 살을 저미고 눈을 찌르는 추위였다. 너무 추워서 들고 있던 펜의 잉크가 1분 만에 얼어버렸다. 멀베이니는 별로 추운 것 같지 않았다. 심지어 그는 셔츠의 소매를 걷어붙이고 있었다. 옷을 세 겹이나 껴입은 나는 과연 몇 분이나 버틸 수 있을지 궁금했다.

멀베이니는 삐걱거리는 흰색 폴리스티렌 상자 뚜껑을 열었다. 거기에는 투명한 비닐 안에 빙하 코어들이 들어 있었다. 그가 뒤적거리더니 비닐 하나를 꺼냈다. 옆에 검은 매직으로 ‘14만 년 전’이라고 쓰여 있다.

“이건 마지막 간빙기보다 한참 전에 나온 것이에요.” 그가 내게 건네며 말했다. 사실은 나이가 아주아주 많은 것이지만 나는 마치 갓 태어난 아기를 안듯 조심스럽게 받았다. 그리고 작업 선반에 살살 내려놓았다. 되도록 가장자리에서 멀찍이.

그는 플라스틱 원통에서 무언가를 밀어서는 내게 건넸다. 코어의 제일 끝부분에서 잘라낸 몇 밀리미터 두께의 얼음 디스크였다.

“이건 어린 얼음이죠. 아기 얼음이에요. 한 1만 년쯤, 그보다 오래되진 않았어요. 빛에 한번 비춰봐요.” 멀베이니가 말했다.

나는 디스크를 높이 올려 조명에 비춰보았다. 매우 아름다웠다. 은색, 그리고 반투명, 그 안에서 반짝이는 얼음 방울들이 별처럼 끓어올랐다.

"거기에 진짜 금이 저장되었죠. 각 거품은 박물관이에요." 멀베이니가 말했다.

나는 토머스 브라운이『호장론』에서 무언가를 보존하는 장소를 나타내기 위해 '온실'이라는 단어를 사용한 것이 기억났다. 얼음은 오랫동안 가장 놀라운 '온실'이었다. 얼음집은 냉장고가 발명되기 한참 전부터 복숭아와 딸기를 신선하게 보관했고, 냉각된 수송 컨테이너는 썩기 쉬운 값비싼 물품들을 전 세계로 운반하고, 빙하는 오래전에 죽은 자의 시체를 보관·전시하고, 라자로의 망상을 가진 억만장자들은 사후에 자신의 뇌를 냉동하는 데 필요한 기술을 극저온 시설에서 준비 중이다. 이 모든 시나리오에서 얼음은 변화를 늦추고 먼 미래와 과거를 연결하는 역할을 한다.

멀베이니가 말했다. "이제 가장 오래된 얼음에 대한 탐색이 진행 중입니다. 적어도 100만 년 전 얼음층까지 뚫고 싶어요. 어쩌면 150만 년까지도 가능할지 모르겠군요. 남극에서요."

그가 계속해서 설명했다. "적어도 10년짜리 프로젝트가 될 겁니다. 우선 아주 깊이 뚫을 수 있는 완벽한 시추 지점을 찾아야 하는데, 거기에 대해서는 엄청난 논쟁이 있어요. 신기하게도 일본인들은 그 지점이 자기네 영역 가까이에 있다고 생각하고, 러시아인들은 자신들의 기지가 있는 남극 보스토크 호Lake Vostock 주변에 있다고 생각하고, 영국과 미국인들은 자신들이 작업 중인 돔Dome C 근처라고 생각하죠!"

그는 빙하 코어 과학이 이룩한 업적에 자부심을 갖고 말했다.

"우리는 휘발유에서 납을 제거하는 데 일조했어요. 그리고 기후변화에 경종을 울린 이산화탄소/기온 그래프를 작성했죠. 몇 년 전만 해도 저는 제가 하는 과학의 끝이 보인다고 생각했어요. 무슨 일이 더 남아 있겠어요? 지구온난화를 외치고 자동차를 없애는 일? 하지만 이제 저는 가장 오래된 얼음을 찾는 일에 완전히 새로운 미래가 열려 있다고 생각해요. 아직 누구도 풀지 못한 기후 퍼즐이 있어요. 100만 년 전쯤에 기후의 주기가 4만 년에서 10만 년 주기로 바뀌었어요. 이유가 뭘까요? 아직 누구도 알지 못합니다. 그 사실을 설명하지 못한다면 과연 우리가 무엇을 안다고 주장할 수 있겠습니까? 하지만 가장 오래된 얼음을 찾아 확보한다면 퍼즐을 풀 수 있을지도 모르지요. 비밀은 깊은 곳에 있으니까요."

나는 멀베이니에게 마지막 질문을 했다. 예전에 불비의 깊은 땅속에서 암흑물질 물리학자 크리스토퍼에게 물었던 것과 비슷한 종류의 질문이다.

"당신이 살고 있는 시간에서 10만 년, 100만 년 떨어진 방대한 범위의 시간을 다루는 것이 인간의 현재 시각을 더 밝고 진실되게 보이게 합니까, 아니면 의미 없는 것으로 전락시킵니까?"

그는 잠시 생각하더니 이렇게 말했다.

"때로 저는 양손에 돌조각과 얼음 조각을 들고 생각합니다. 둘 다 지표에서 깊은 곳으로부터 왔고, 둘 다 인류 이전의 역사가 보낸 메시지를 전달합니다. 하지만 10분 만에 얼음은 사라지고 돌은 남아 있지요."

그는 잠시 말을 멈추었다.

"얼음이 저를 흥분시키고 바위는 그렇지 않은 이유가 바로 거기에 있습니다. 제가 빙하학자이지 지질학자가 아닌 이유이기도 하지요. 오랫동안 이 많은 코어 작업을 했는데도 여전히 얼음의 내구성과 소멸성이 저를 짜릿하게 합니다."

깨진 유리를 밟은 것처럼 발아래에서 얼음이 부러진다. 뜨겁고 높은 그린란드의 태양. 그 빛은 노랗기보다 하얗다. 만에는 빙산이 있지만, 하늘에는 구름이 없다. 우리는 밧줄을 묶어 서로 연결된 채 열을 지어 움직였다.

그날 아침 우리는 만에서 야영지 위로 올라가는 개울을 따라가 봉우리 사이에 늘어진 넓은 골짜기로 들어갔다. 거기에서 우연히 얕은 호숫가에 이르렀다. 호수 반대편은 동쪽으로 봉우리 그늘에 바싹 붙어 있었다. 물이 언 것처럼 보였는데 가까이 다가가니 얼음처럼 보인 것이 실은 충적토였다. 융빙수로 호수를 채우며 빙하가 바위를 쓸어내려 윤이 나는 알갱이들이 쌓였다. 우리가 다가가자 갈매기 무리가 날개로 물을 쳐내며 날아올랐다.

우리는 호수의 서쪽 가장자리를 따라 바위에서 바위로 껑충 뛰고, 발을 감싸는 이끼를 밟으며 이동했다. 낮게 깔린 식물들이 활기 넘친다. 분홍바늘꽃, 보랏빛 지의류, 노란 북극버들.

한 시간을 걸어 호수 위의 낮은 고개까지 왔다. 큰 바위 사이의 협곡에 깔린 작은 자갈 위를 지날 때부터 발소리가 달라졌다. 잠시 쉬었다. 매트가 항상 등에 가로로 지고 다니는 총을 내려놓고 팔을 돌려 어깨를 풀어주었다. 기러기 울음소리가 또렷이 들린다. 가까워질수록 소리가 더 커지면서 동쪽 산의 권곡에 울려 퍼졌다.

"저건 완전 4도야!" 빌이 신나서 말했다. 그는 내가 함께 여행했던 누구와도 다르다. 그는 풍경을 듣는다. 경치를 보기만 하는 게 아니라 듣기도 한다.

기러기 10여 마리가 좁은 V자를 그리며 머리 위로 높이 지나간다.

나는 새들의 발이 분홍색인 것을 보고 남쪽으로 가을 이동을 시작했다고 추측했다. 아마도 저 새들의 다음 경유지는 아이슬란드가 될 것이다. 그리고 거기에서 영국까지 날아가 컴브리아Cumbria에 있는 우리 부모님 집 근처의 밭에 경적을 울리며 착륙할 것이다.

"이 골짜기는 이 지역에서 가장 큰 고속도로예요." 매트가 말했다. "동물이나 사람 모두에게 말이죠. 쿨루수크에서 북쪽의 피오르까지 가는 주요 개썰매 루트예요. 마을에서부터 해빙 위로 만을 건너 – 얼음이 충분히 두껍다면 – 우리 야영지에서 멀지 않은 곳에서 뭍에 오른 다음 위로 올라가 이 낮은 고개를 건너 아래로 이그테라지피마Igterajipima와, 이어서 세르밀리가크Sermiligaq를 향합니다. 지오와 헬렌과 저는 수십 번도 넘게 다녔죠. 개를 꼭 데리고 가야 하는 경우가 아니라면 항상 스키를 타요. 저희가 제일 자주 이용하는 큰 도로입니다."

나는 전날 밤에 보았던 오로라를 생각했다. 같은 골짜기에 세로로 내려앉은 긴 녹색 스카프. 미국 작가 배리 로페즈Barry Lopez가 이 풍경 속 오래된 이동로를 뭐라고 불렀더라? *숨결의 통로Corridors of breath.*[11] 바로 그것이다. 오로라의 빛이 다른 세계의 생생한 호흡처럼 느껴진다.

자갈 협곡은 마른 빙하 하천의 경로이고 우리를 직접 빙하의 맨 끝까지 이끌었다. 이곳은 아푸시아지크의 뒤쪽이자 육지 쪽이며, 여기에서부터 빙하를 만든 산의 동쪽으로 흐른다. 빙하의 혀ice tongue(바다를 향해 뻗어가는 길고 좁은 얼음판 – 옮긴이)가 아래로 내려가 바다와 만나는 곳은 먼지와 찌꺼기 등으로 지저분하다. 그 혀는 빙하 밑에서 녹은 물이 흘러나와 속이 비면서, 빙하 아래의 훨씬 뒤쪽으로 얼음이 녹아 생긴 터널 입구 위에 단단한 얼음 아치의 갈색 등딱지를 남긴다.

우리는 이 등딱지 위에서 발을 굴러 강도를 테스트하면서 차례차례 밟아나갔다. 매 발걸음이 빙하 아래 매달린 것에 메아리치며 울린다.

빙하 위를 이동할 때, 우리는 곧 *그것의* 공간 안에 들어간다. 소리가 변하고 기온이 떨어지고 위험이 커진다. 추위는 탐색하는 손가락의 형태가 아닌 구름, 즉 우리를 둘러싸고 우리의 코어에 내려앉는 오로라 형태로 덤벼든다. *너는 이제 내 영역 안에 있다.*

빙산의 대부분은 수면 아래에 있다. 빙하의 대부분도 얼음의 표면 아래에 있다. 강이 부드러운 땅 위를 잔잔히 흐르는 것처럼 빙하도 그렇다. 빙하가 가파른 땅, 즉 '롤오버roll-over'를 넘거나 모퉁이를 돌 때면 얼음이 부서지고 금이 간다. 크레바스는 강의 여울에 해당하는 빙하 지형이다. 흐름이 격해지는 곳을 말한다.

산악인들은 빙하를 '마른' 지역과 '젖은' 지역으로 구분한다. 젖은 빙하는 얼음 위를 눈이 한 겹 덮고 있다. 마른 빙하에는 그런 덮개가 없다. 젖은 빙하는 이동하기에는 더 쉬울지 모르지만 위험하다. 어디서나 크레바스와 베르크슈룬트bergschrund(빙하와 암벽 사이의 거대한 균열 - 옮긴이)가 도사리고 있고, 눈의 무게로 인한 현상을 예측하기 어렵기 때문이다. 젖은 빙하에서의 이동은 위협의 연속이다. 발밑에 있는 무엇, 깔려 있는 눈 아래의 거대한 푸른 깊이, 언제나 존재하는 얼음의 언더랜드에 감각이 축적되고 머문다. 매 발걸음이 신중해진다.

우리가 걷고 있는 빙하의 하층부는 마른 빙하여서 그 아래를 깊이 볼 수 있다. 얼음이 녹아 코발트색 물이 어른거리는 작은 눈目 모양의 돌리네가 있다. 손가락이나 손바닥, 또는 팔뚝 너비의 미세한 균열이 우리 아래에서 푸른색으로 좁아진다. 크레바스는 입을 크게 벌려 자동차와 집을 집어삼킬 정도로 큰 골을 만들었다. 수직으로 하강하는 둥근 관이 너무 곧고 진짜 같아 그 안에 화살을 쏘면 곧장 기반암에 부딪힐 것만 같다.

빙하의 언더랜드는 균열과 수직굴에서 빛나는 푸른빛을 통해 구조물임과 동시에 색채로 존재한다. 스칸디나비아에서는 이 푸른빛을 빙하의 '피'라고도 부른다. 불가사의한 현상에 대한 불가사의한 이미지다.

나는 웅덩이 앞에 잠시 멈춰 빙하가 녹은 물을 마시고 얼굴을 담갔다. 푸른 핏빛이 눈과 머리에 스며들었다.

이날의 목적지는 이름 없는 산봉우리다. 이 봉우리의 상층부 권곡이 아푸시아지크가 된 빙하를 만들어냈다. 그 지역의 유일한 지도는 신뢰가 가지 않는 축적 1:250,000짜리뿐인데, 지도상으로는 이 봉우리가 잘 보이지도 않았다. 봉우리의 정상은 빙하가 된 권곡에서 올라온 황갈색 바위가 우아한 곡선을 그리는데, 정말로 대단히 매력적이었다. 하지만 이 해안을 오르내리는 얼음과 피오르가 생산한 수천 개의 봉우리 중 하나에 불과하다.

빙하의 훨씬 위쪽에서 우리는 물랭moulin(빙하의 싱크홀 - 옮긴이)을 발견했다. 이 물랭은 우리가 처음 발견한 것이고, 그 이후로는 며칠 뒤 여기에서 훨씬 북쪽에 있는 크누드 라스무센 빙하Knud Rasmussen glacier에서 발견해 그 아래로 하강할 때까지 다른 물랭을 보지 못했다. 물랭은 프랑스어로 '방앗간'이라는 뜻인데, 전형적으로 빙하의 내리막길에서 만들어지기 시작한다. 융빙수가 내리막길에 모이면 그곳의 온도는 어는점보다 살짝 높아지는데, 그러면서 그곳에 고인 얼음을 데운다. 그러면 내리막의 경사가 급해지고, 그래서 더 많은 물을 끌어오고, 이어서 물살과 중력으로 더 깊게 구멍을 뚫기 시작한다. 어떤 경우에는 융빙수가 빙하를 갈아내고 구멍을 파내어 수직굴을 내린다. 직경이 겨우 몇 센티미터인 물랭이 있는가 하면, 수백 미터에 이르는 것도 있다. 어떤 물랭은 얼음 속으로 불과 10여 미터 아래에 도달한 후 옆으로 확장되거나 완전히 폐쇄되지만, 어떤 물랭은 수직으로 1.5킬로미터 이상 들어가 기반암에 닿기도 한다.

물랭은 두 가지 이유로 빙하학자와 기상학자의 관심을 받게 되었다. 첫째, 물랭은 빙하와 빙모에서 표면이 녹는 속도가 높아진다는 징후다. 둘째, 제일 깊은 곳에 있는 물랭은 빙하의 바닥까지 물을 직접 운반하는데, 녹은 물은 얼음보다 따뜻하므로 빙하 깊숙이 열에너지를 전달해 더 많은 얼음을 녹인다. 이른바 극저온 온난화cryo-hydrologic warming 현상이다. 또한 물이 윤활유 역할을 해 얼음이 바위를 타고 빠르게 움직이게 함으로써 빙하가 자신이 녹은 물을 타고 움직인다는 사실도 이제는 밝혀졌다.

빙하가 미끄러지는 속도가 증가하면 빙하의 분리 속도가 올라갈 수 있다. 그리고 그것은 해수면의 상승 속도를 높인다. 남극에서처럼 그린란드에서도 빙하는 수축하는 동시에 움직이는 속도가 빨라지고 있다. 동그린란드 빙하는 현재 지구에서 가장 빠른 퇴각 속도와 가장 빠른 유속을 보이고 있다. 기온이 더 따뜻해지면 융빙수가 생성한 호수가 시간이 지나면서 빙상ice sheet 위에서 점차 커지다가, 스스로 형성한 물랭을 통해 몇 시간 만에 갑자기 물이 빠져나갈 수 있다.

동굴빙하학speleo-glaciology이라는 하위 과학이 출현했는데, 동굴빙하학 전문가들은 밧줄을 타고 물랭 아래로 하강하거나 데이터 모니터 장치를 물랭 깊숙이 내려보낸다. 북그린란드에서 알베르토 베하르Alberto Behar라는 미 항공우주국NASA 과학자가 1.6킬로미터 깊이의 물랭 아래로 노란 고무 오리 소함대를 보낸 다음, 빙하의 주둥이로 흘러나오는지 확인했다. 이것은 얼음 내부의 지도를 그리는 간단한 방식으로, 그리스와 이탈리아의 카르스트 지대에서 지하로 흐르는 강의 경로를 파악하기 위해 강물에 솔방울을 띄운 것을 떠올리게 한다.

그날 우리가 발견한 물랭은 너비가 대략 1.2미터이고, 지표에서는 완벽한 원형으로 보이는 파란 수직굴이 얼음을 파고 대각선으로 들어간다. 그리고 노래를 한다. 물랭이 노래를 한다. 목을 콕콕 찌르는 듯한 높고 일정한 울림이다. 공기가 물랭의 내부와 물랭이 연결하는 보이지 않는 얼음 터널 시스템 안에서 움직인다.

빌이 물랭을 향해 머리를 기울이더니 경이로운 표정으로 위를 바라보았다.

"저건, 가 음, 라 음, 올림다 음이다." 그가 말했다. "라의 배음렬이야!"

물랭은 빙하라는 거대한 에올리안 파이프오르간의 파이프 역할을 한다. 이 악기가 연주하는 음을 맞추고 소리를 녹음해 빙하가 무엇을 노래하는지 알 수 있다면 얼마나 좋을까.

"바다얼음도 음악성이 뛰어나요." 헬렌이 말했다. "겨울에는 진짜로 쉬익쉬익 소리를 내거나 휘파람을 불어요. 특히 바닷물과 만나는 주변에서는 콧노래를 부르는 것 같죠." 나는 얼음이 *살아 있다*는 생각에 다시 한 번 오싹했다. 얼음이 내는 소리의 종류와 형태의 다양성, 그리고 이 경관 안에서 형성되는 광대한 존재까지.

빙하의 위쪽 권곡에 도착하자 얼음은 더욱 뒤틀리고 크레바스는 거의 완전히 덮였다. 우리는 엄청나게 깊은 곳 위를 걷는다는 사실을 인식하며 부드럽고 하얀 설원 위를 이동했다. 모두 갑작스러운 추락에 대비해 밧줄을 단단히 붙잡고 경계했다. 나는 이번에도 우리 뒤로 문이 닫히는 기분이 들었다. 내가 거쳐온 다른 위협적인 미로들을 생각했다. 멘딥힐스의 바위 러클, 파리의 카타콤, 트레비치아노 심연으로의 하강. 여기에서는 우리 자신의 발자국이 아리아드네의 실타래다. 하루를 마감할 때 우리에게 안전한 경로를 보여주는 가늘고 구불거리는 선.

매트는 눈앞의 베르크슈룬트가 통과할 수 없는 것인지, 아니면 그 안으로 밧줄을 타고 들어갔다가 반대편으로 다시 올라와야 할지 궁금해했다. 그렇다면 그것은 대단히 힘들고 시간 소모적인 이동이 될 것이다. 그런데 막상 도착해보니 딱 한 군데에서 베르크슈룬트를 건널 수 있었다. 양쪽이 서로 1~2미터 이내로 가깝게 붙어 있는 병목구간으로, 그 사이에 눈이 만든 다리가 걸쳐져 있었다.

우리는 한 사람씩 발을 살살 디디며 건넜다. 다리가 무너지면 추락할 것을 대비해 양쪽에서 사람들이 밧줄을 팽팽히 붙잡았다.

드디어 내 차례가 되었다. 나는 서둘러 건너려고 했으나 설명할 수 없는 이유로 다리 중간에 멈추고 말았다. 오른쪽으로 베르크슈룬트의 깊이를 본 순간 물속에 퍼지는 잉크 방울처럼 가슴에서 공포가 피어올랐다. 눈이 만든 다리 양쪽의 베르크슈룬트는 트럭과 트레일러를 삼킬 정도로 크고 깊이가 50미터 이상인 깊고 푸른 협곡이었다. 위쪽에는 절벽이 걸려 있고 진정한 깊이는 그림자 속에서 보이지 않았다.

"롭, 계속 움직여요." 뒤에서 헬렌이 다급하게 말했다. "여기선 멈추면 안 돼요."

그제야 내가 멈추었다는 사실을 깨달았다. 공동과 공동의 깊이가 나를 멈춰 세웠다.

반시간 후 우리는 높은 얼음에서 내려와 정상 능선의 사자 빛깔의 바위로 갔다. 아이젠을 벗고 장비를 한곳에 모은 뒤 밧줄로 묶었다. 매트는 여전히 등에 총을 메고 있었다.

"여기에 두고, 오는 길에 들고 가면 안 돼요?" 내가 물었다. "저 위에서 곰을 만날 일은 없지 않을까요?"

"1913년, 사람들이 이 지역 최고봉을 등정하는 길에 고도 2,000미터에서 북극곰을 만난 적이 있답니다." 매트가 대답했다.

"아, 그렇군요." 내가 말했다.

우리는 함께 능선을 올라갔다.

나는 정상 바위에 붙어 자라는 지의류에 갈까마귀의 연한 깃털과 새

하얗게 표백된 비현실적인 조개껍질 하나가 박혀 있는 것을 발견했다.

나는 햇살 아래 따뜻한 바위에 조용히 앉아 지금까지 본 중에 가장 야생적인 땅을 내려다보았다. 남북으로 바위 첨탑 능선 위에 능선, 정상의 산맥 위의 산맥이 시선이 닿는 데까지 뻗어 있었다.

피오르를 지나 피오르, 후미를 지나 후미, 섬들의 사슬, 봉우리들.

동쪽으로 끝없는 푸른 바다. 빙산이 그 위에서 반짝거린다.

해안선은 어슴푸레한 흰색으로 눈이 부시다. 뭍에 상륙한 수천 개의 빙산.

초록색 물 어귀에는 융빙수가 남긴 갈색 충적퇴적물이 꽃 모양으로 얼룩진다.

골짜기 위로 우리와 같은 고도에 높은 원형 권곡이 있다. 그 안에 원형의 초록색 호수가 있는데, 세락serac(탑 모양의 얼음덩어리 - 옮긴이)이 주위를 컵처럼 둘러 앞에서 보면 교회 같다. 잔잔한 수면에 그 위를 지나는 구름과 햇빛이 비친다.

"뒤를 봐요." 헬렌 엠이 가리키며 말했다.

서쪽 멀리 가장 높은 봉우리의 능선 사이에 빙모가 좌우로 흐른다.

진주처럼 하얗고 희미한 띠가 불가능할 정도로 높이 솟아 떠 있는 것 같다. 그곳의 이름은 '이너 아이스Inner ice'로 왼쪽으로는 북극해까지, 그리고 북쪽으로는 수천수만 제곱킬로미터를 끊어진 곳 하나 없이 확장된다. 수조 톤의 얼음이 최대 3,400미터 두께로 존재하는데, 질량이 너무 커서 얼음 아래의 기반암을 해수면에서 지각 아래로 360미터까지 휘어놓았다. 이 얼음이 모두 한번에 녹는다면 섬의 중심을 차지하는 엄청나게 큰 공동과 납작해진 산, 그리고 뭉개진 골짜기가 드러날 것이다.

이너 아이스는 세상을 초월한 것처럼 보인다. 그 위에 올라가 한

30일간 횡단하며 둥둥 떠 있는 흰색의 바다에서 지내고 싶다는 생각이 든다.

"다들 저기 좀 봐요! 만 아래 물속에 검은 물체가 있어요! 고래 같아요!" 매트의 눈도 예리하지만, 공기도 날카롭긴 마찬가지다. 먼지 하나 없이 선명한 공기가 거리 감각을 망가뜨리는 렌즈 효과를 일으킨다. 만에서 3킬로미터나 떨어진 장소인데도 여전히 맨눈으로 고래가 보였다.

그냥 고래 한 마리가 아니라 모두 세 마리였다. 만의 초록빛 물속에 비친 그림자 세 개. 두 개는 크고 한 개는 작다. 부모와 새끼다. 빙하가 녹아서 흘러내린 강이 바다로 먹잇감을 쓸어 내려보낸 지역에서 식사 중이다.

우리는 쌍안경으로 고래가 왔다가 사라지는 것을 보았다. 어두운 형체로 모습을 드러냈다가 보이지 않는 곳으로 가라앉아버렸다.

갈매기 무리, 은색의 떨림, 움직임을 따라간다.

한참 발아래 반나절 거리만큼 떨어진 곳에 우리가 설치한 텐트가 주황색 점처럼 보인다. 또 이쯤 올라오니 예전에 골짜기 아래로 쏟아졌던 얼음의 규모를 표시하는 종퇴석과 측퇴석도 명확히 눈에 들어왔다. 과거엔 우리 야영지가 새하얗게 묻혀 있었을 것이다.

매트가 말했다. "이누이트들은 정상까지 올라오지 않는데, 왜 그러는지 모르겠어요. 가끔 지오는 빙하를 보고 이누이트 말로 '아름답다'고 해요. 하지만 이 경관 대부분이 그에게는 일터이자 위험이자 생명의 터전이죠. 그는 이 땅을 사랑하기도 해요. 한번은 지오와 분리빙하 외벽 가까이에서 배를 타고 있었는데, 저를 돌아보며 고개를 끄덕이고 미소를 짓더니 이렇게 말하더라고요. '나는 10월에 여기에 사냥하러 오는 게 좋다.'"

빙산이 수평선을 따라 미끄러진다. 빙하가 쪼개지는 우지끈하는 소리가 몇 분 후에 우리에게 들린다. 흰멧새 한 마리가 북쪽을 향해 깜짝 놀랄 만큼 빠른 속도로 바위 사이를 휙 지난다.

우리는 이 경이로운 정상의 햇빛 속에 한 시간, 한 시대를 머물렀다. 우리는 말을 많이 하지 않았다. 이런 경관에서 언어는 빙하를 타고 바보처럼 미끄러져 불가능하고 부적절해진다. 이런 규모 앞에서는 은유와 직유조차 쓸모없다. 이곳은 내가 지금까지 가보았던 그 어디와도 다르다. 이야기의 껍질을 벗기고 의미를 만드는 그 어떤 형태도 소용없게 만든다.

번쩍거리는 빙모, 고래의 점프, 융빙수에 섞인 실트의 소용돌이, 크레바스의 사파이어 혈관.

강한 불협화음이 나를 사로잡는다. 모든 것이 멀고도 동시에 가깝게 보인다. 이 정상에서 살짝 몸을 기울이기만 하면 손가락으로 크레바스를 꾹 누르고, 세락 웅덩이의 물방울을 튕기고, 손가락을 밀어 빙산을 조금씩 조금씩 움직일 수 있을 것 같다. 나는 모든 것이 손닿는 거리에 있지만 아무것도 만질 수 없는 인터넷 속에 오래 살면서 어떻게 거리감이 형성되었는지 알 수 있었다.

얼음의 거대함과 활기는 내가 전에 만나본 그 무엇에도 비할 수 없다. 심원의 시간에서 보면 – 마지막 빙하기 이후라는 상대적으로 얇은 시간에서 보더라도 – 인간이 지구를 지배한다는 생각은 탐욕이자 망상으로 느껴진다.

여기 정상에 서서, 이너 아이스에서부터 빙산으로 가득 찬 바다를 바라보는 이 순간에 인류세라는 발상은 좋게 보아야 자만이고, 실은 위험한 허영심일 뿐이다. 나는 캐나다 북부에서 처음 들었던 '일리라 *ilira*'라는 이누이트 단어를 떠올렸다. 뜻은 '공포와 경외감'이다. 이 단어는 또한 경관의 감응력을 함축한다. 그렇다, 그것이 내가 여기에서 느끼는 것이다. *일리라.* 위로가 된다.

그러나 그 순간 나는 얼음이 녹았고, 녹고 있고, 더 빨리 녹을 거라는 사실에 생각이 미쳤다. 이산화탄소 수치가 올라가고 날씨가 더워지면서 전역에서 지구 빙권이 움직이고 있다. 울부짖는 물랭, 땀 흘리는 빙산, 무너진 영구동토층이 토해내는 우울한 내용물. 빙하가 퇴각하면서 달라진 마을의 소리에 대한 지오의 증언. 우리가 유령 빙하에 설치한 야영지. 줄어드는 해빙. 멀베이니가 미래의 기후를 예측하는 수단으로 킬로미터 깊이에서 끌어올린 빙하 코어…… 그리고 나는 크리스티나의 아들이 학교에서 만든 노아의 카약을 생각한다. 녹아내리는 이 세계에서 탈출하기 위한 방주다. 그곳에 인간이 탈 자리는 없다.

이렇게 정상에서 내려다보니 경외나 흥분이 아닌 약간의 멀미가 났다. 그린란드의 규모에, 또 그것을 아우르는 인간의 능력에 멀미가 났다.[12] 빙하와 융빙, 그리고 그 방대함과 취약성은 어떤 당치않은 측면이 있다. 얼음은 우리의 이해를 넘어서는 '사물'인 것처럼 보이지만 우리는 그것을 무너뜨릴 수 있다.

수평선에서 커다란 빙산 세 개가 시야에 들어온다. 흰 돛단배들이 지구의 곡선을 따라 조금씩 움직인다. 태양이 첫 번째 빙산의 가장자리를 비출 때 은색의 불꽃이 일고 정상에서 불타올라 마치 화염에 휩싸인 것처럼 보인다.

아이스킬로스의 『아가멤논Agamemnon』에는 '미케네의 망루'로 알려진 부분이 있다. 먼 지평선을 지켜보다가 트로이가 함락되었음을 알리

는 화롯불이 보이는 즉시 고함을 지르는 일을 맡은 망루지기에 관한 이야기다. 오랜 감시 끝에 마침내 망루지기는 지평선 멀리 불이 타오르는 것을 보았다. 그러나 그 순간 그는 소리를 지를 수 없었다. 말문이 막혀 버려 소리를 내지 못하게 된 것이다. 아이스킬로스의 유명한 이미지에서, 망루지기는 'βοῦς ἐπὶ γλώσσῃ μέγας βέβηκεν', 즉 '커다란 황소가 혓바닥 위에 서 있는' 것처럼 느꼈다. 아일랜드 시인 셰이머스 히니 Seamus Heaney의 표현에서 보자면 '망루지기는 자신의 혀가 소를 실은 트럭에서 떨어진 건널판자처럼⋯⋯ 죽었다'[13]고 느꼈다.

인류세를 표현할 때 나는 마치 혀에 황소가 서 있어 경고를 외치지 못하고 위험을 더욱 가까이 끌어들인 망루지기가 된 기분이 든다. 인류세라는 발상이 반복적으로 공격을 가해 우리를 벙어리로 만든다. 나노미터에서 천체까지, 1조 분의 1초에서 억겁의 세월까지의 시간과 공간 속에서 인류세의 구조와 척도의 범위가 갖는 복잡성을 통해 인류세는 우리에게 대단히 큰 도전을 한다. 그것을 어떻게 해석하고, 아니 심지어 뭐라고 불러야 할까? 인류세의 에너지는 상호 작용하고 그 특질들은 창발적이며 그것의 구조는 쉽게 파악되지 않는다. 인류세에 관해 말하는 것이, 아니 심지어 인류세에 살면서 말하는 것이 어렵다. 아마도 인류세는 상실의 시대로 가장 잘 표현될 것이다. 종의 상실, 장소의 상실, 사람의 상실. 우리는 이 시대를 위해 슬픔의 언어, 그리고 더욱더 찾기 어려운 희망의 언어를 찾는다.

문화이론가 시앤 응가이Sianne Ngai는 우리가 충격을 받았거나 슬플 때 그 경험을 '두꺼운 언어thick speech'[14]로만 말할 수 있다는 걸 발견했다. 응가이에 따르면 두껍게 말할 때는 '해석하거나 반응하는'[15] 일상적인 능력이 어려움을 겪는다. 언어의 급격한 둔화와 반복이 일어난다. 피로와 혼란이 수사적 행동으로 나온다. 시제는 서로에게 역으로 작용한다.

'역주하는 것',[16]인과 드라이브의 상실, 망설임과 말더듬이 늘어난다. 우리는 엉기는 순간까지 진이 빠져서 뱅뱅 맴을 돌며 말한다.

그린란드에서 보낸 몇 주 동안 얇아지는 얼음 위에서 나는 이 '두꺼운 언어'를 인지했다. 나는 종종 내 목에서 튀어나오는 언어를 막기 위해 애를 썼다. 내 공책에 검은 잉크로 쓴 단어들은 타르처럼 느리다. 쓰기는 뜻을 잃고 목적 상실로 엉기고, 갈 곳 없이 때 이른 얼음의 세계에서는 종종 아무것도 하지 않는 편이, 혹은 관찰은 하되 이해하지 않으려 하는 편이 쉽다. 나는 내 홀로세 혀에 인류세의 황소를 갖고 있다.

정상의 차가운 그림자 안에서 남서쪽 능선을 내려가고 있을 때 헬렌 엠이 소리쳤다.

"저기 봐요, 위를 봐요! 별똥별이에요!"

대낮에 어떻게 별똥별이 있을 수 있지? 나는 산 정상을 돌아보고는 놀라서 멈추었다. 태양이 산봉우리의 실루엣을 만들고, 꼭대기의 푸른 공기는 은색의 작은 점으로 가득했다. 점들은 생물체 같은 에너지와 의지를 가지고 소용돌이치고 내달렸다. 이처럼 반짝이는 요정 수백 마리가 그림자 속으로 들어가 빛에서 벗어나는 순간 온데간데없이 사라졌다. 우리 모두 1~2분 동안 넋을 잃고 지켜보았다. 내가 산에서 본 것들 중에서 가장 아름답고도 으스스한 광경이었다. 끓어오르는 은색 불꽃, 흩날리는 별의 파편들.

나중에야 그것이 아마도 버들이 흩뿌린 눈이었음을 깨달았다. 북극버들이 떨어낸 종자가 동풍에 날려 골짜기에서 600미터 위로 휩쓸려 올라가 정상을 넘어선 곳에서 거친 북극의 태양이 뒤를 비추고 차가운 북극의 바람이 그것들을 춤추게 했다.

우리는 빙하 아래로 자신의 발자국을 따라 내려가면서 올라올 때 지나왔던 문들을 반대쪽으로 열었다. 베르크슈룬트, 크레바스, 롤오버…… 하나씩 차례차례, 마침내 우리는 얼음의 끝에 풀쩍 뛰어내린 다음, 고운 빙하 자갈 위를 걸었다.

바위 사이의 계곡을 지나 다시 호숫가로 내려오면서 우리는 시끄러운 갈매기들을 부추겼다.

그날 저녁 야영지에서 평원을 가르는 낮고 하얗고 밝은 태양이 경관에 불을 질렀다. 북극황새풀 머리가 전구처럼 빛난다. 이끼는 초록색으로 타오른다. 버들잎 하나하나, 조약돌 하나하나, 해안으로 밀려온 빙산 하나하나 모두 그날 늦은 태양의 섬광을 지닌다.

그날 밤 오로라는 초록색 안개구름처럼 휘감고 합치고 사그라들었다. 첫 번째 별이 빙하 위로 나타나고, 그러다 사라지고, 그다음엔 빨리, 더 빨리 나타났다.

우리는 다시 침묵 속에 함께 앉아 있었다.

한 시간쯤 지나자 야영지 위의 봉우리 어깨 위로 보름달에 오로라가 불타 사라진다. 보름달이 야영지 위의 봉우리 어깨 위로 빠르게 솟아오른다. 마치 우리가 등반했던 빙하를 들어올리기라도 하듯이. 우리는 쌍안경을 주고받았다. 렌즈를 통해 보는 달은 정말 눈부시다. 분화구의 둥근 테두리, 충돌 지점, 달의 바다와 산맥이 보인다. 태양에서 빌려온 노란빛이 돌과 텐트와 우리에게 그림자를 빌려준다. 나는 달빛이 끌어낸 강렬한 외로움에 놀랐다.

새벽 2시경, 빙하의 천둥소리에 잠이 깼다. 텐트 밖으로 나왔다.

어둠 속에 세가락도요의 날카로운 울음소리가 들린다. 달은 여전히 크고 노랗다. 빙모 위의 초록색 커튼처럼 북극광이 깜빡거린다. 우리가 올라갔던 봉우리의 정상과 그 너머로 띠를 두른다.

빙하는 다시 한 번 이해할 수 없이 울부짖고, 그 반향이 사라지는 데 20초가 걸린다.

다음 날 아침, 잠에서 깼을 때 야영지는 두꺼운 안개 속에 갇혔다. 마치 밤새 얼음이 돌아와 우리를 깊이 묻은 것처럼. 인계철선에 이슬이 맺혔다. 보이지 않는 갈까마귀가 우리 위에서 깍깍대며 맴돈다.

이틀 동안 두 개의 봉우리에 더 오르고 난 뒤 우리는 캠프를 철거하고 푸른 심연으로 파고든 물랭을 찾아 크누드 라스무센 빙하로 떠났다.

제11장

———

융빙수

물랭을 보기 전에 소리부터 들린다. 가까워질수록 낮은 포효 소리가 점점 커진다. 물랭은 우리가 온종일 빙하를 이동해 도착한 얕은 구덩이에 자리잡았다. 로포텐의 말스트룀에서 해류가 물보라를 일으키며 회전하듯, 세 개의 융빙수 천이 물랭을 향해 흐른다.

나는 적당한 거리를 유지하면서 물랭 주위를 돌아보다가 가장 안전하고 가깝게 아래를 관찰할 수 있는 지점을 찾았다. 진실로 내가 지금껏 본 것들 중에 가장 아름답고도 두려운 공간이었다. 물랭의 입구는 타원형이고 너비가 가장 넓은 지점이 3.6미터 정도 되었다. 옆면은 유리처럼 매끈한 푸른색 얼음이고 군데군데 울퉁불퉁했다. 물랭은 마치 우물처럼 지상에서 수직으로 빙하를 파고들었다. 약 6미터 아래에서 모든 빛이 사라져 하나도 보이지 않았다. 겉만 보아서는 빙하를 뚫고 수백 미터 아래의 암반까지 한없이 이어질 것 같다. 빙하가 녹아서 생긴 급류가 물랭의 서쪽 가장자리에서 안쪽의 공동으로 쏟아져 내렸다.

우리 모두 그날 어떤 식으로든 물랭에 끌렸다. 바다 한복판의 소용돌이처럼 경관 전체가 그리로 향하는 것처럼 보였다. 그 존재를 향해 몸이 기울고, 가장자리를 향해 한 걸음 더 가까이 다가가고 싶은 충동을 느꼈다. 물랭은 확실하고 강하다. 그리고 얼음의 푸른 언더랜드에 접근하는 진입로를 제공한다.

━━━►)-◦◦━◦━◄━━━

우리가 물랭을 찾아낸 건 크누드 라스무센 빙하에 도착한 지 7일 만이었다. 이 빙하는 규모가 매우 커서 스스로 날씨를 형성할 정도다.

크누드 라스무센 빙하는 우리가 도착한 오후에 피오르 전역을 흐르는 짙은 안개에 가려 보이지 않았다. 안개 위에는 푸른 하늘이, 아래에는 푸른 물이, 뒤에는 푸른 얼음이 있었다. 보이지 않는 얼음의 냉기가 공기 중의 수분을 응결시켜 공중에 정지한 엷은 안개가 되었다.

비록 빙하를 볼 수는 없었지만 들을 수는 있었다. 크누드 라스무센에 견주면 아푸시아지크는 매우 소심하고 내성적인 빙하였다. 첫 번째 포효는 가을까지 우리가 머물게 될 편마암 바위에 짐을 내려놓자마자 몇 분 만에 들렸다. 소리는 안개구름 속에서 예고 없이 들렸고, 몸을 젤리 주머니처럼 흔들어놓았다.

"붐!" 헬렌이 말했다. "크누드 라스무센에 오신 것을 환영합니다. 얼음이 말을 거네요!"

하늘 높이 무지개가 희미한 무늬를 그렸다. 이것은 6~8킬로미터 상공의 상층 대류권에 떠 있는 얼음결정에 햇빛이 굴절해서 생긴 색깔이다.

또 다른 폭발음이 안개구름 뒤에서 들려왔다.

비록 빙하를 볼 수는 없지만 느낄 수는 있었다. 빙하가 주위에 냉기를 확산해 기온을 섭씨 5도 이상 떨어뜨린다. 우리가 야영지로 선택한 장소는 빙하 외벽에서 1.5킬로미터 이상 떨어졌지만 여전히 빙하의 기운 안에 있는 거나 다름없었다. 크누드 라스무센에서 보낸 시간 동안 우리는 얼음이 되었다. 얼음을 마시고 얼음으로 씻고 얼음 곁에서, 얼음 위에서 잤다. 얼음이 우리의 귀와 꿈과 이야기를 채우고, 물과 공기와 바위에 들어찼다. 우리는 얼음 속에 들어갔고 얼음은 우리 속에 들어왔다.

크누드 라스무센에 가기 위해 아푸시아지크에서 북쪽으로 한참을 올라왔다. 이곳은 또 다른 차원의 오지였다. 우리는 수백 미터 높이로 편마암을 두르고 위에 첨탑 모양의 봉우리를 얹은 협곡 같은 피오르를 거쳐 그곳에 도달했다. 이 지역에는 내가 알지 못하는 종류의 바위가 있었다. 초콜릿색에 잘 바스러지고 결이 거칠며 크게는 너비가 100미터에 이르는 넓은 광맥이 편마암을 쪼개면서 봉우리와 계곡을 거쳐 수 킬로미터나 이어졌다. 이 경관에서 그 광맥을 따라가면 한쪽 해안에 있는 피오르의 물 아래로 사라졌다가 반대편에서 다시 나타나는 것을 볼 수 있을 것이다.

이처럼 인간이 살지 않는 환경에서조차 인간은 충돌의 흔적을 남겼다. 지류 계곡에서 좌우로 갈라진 정상으로 올라가는 도중에 우리는 약 반세기 전에 폐쇄된 냉전 시대 미군 기지의 잔해를 지나갔다. 격납고의 녹슨 뼈대, 반복된 겨울 눈사태에 구부러진 철제 대들보, 제설 장치를 장착한 트랙터가 얕은 툰드라 아래로 가라앉았다. 수천 개의 녹슨 드럼통이 모여 있거나 삐뚤빼뚤 열을 지어 마치 양어장 같은 분위기였다. 로포텐의 모스케네스 해안에서 발견한 녹슨 부표들이 생각났다. 이 기지의 모든 인공적인 것은 회갈색빛의 주황색, 갈색, 초록색으로 툰드라의 색깔을 입었다. 지의류와 이끼는 폐허가 된 기반 시설에서도 잘 자랐다. 훌륭한 극지 위장술이다.

같은 피오르 아래로 담수천에서 물을 받는 만에는 괴물처럼 아름다운 빙산이 있다. 햇빛을 받아 하얗게 광채가 나고, 길고 낮게 늘어져 그것을 휘감은 어두운 물 위로 4.5미터 이상은 결코 떠오르지 않았다. 이 빙산의 능선도 우아하지만, 그보다 눈길을 끄는 것은 옆구리에 일부러 그런 것처럼 직선으로 평행하게 이어지는 깊숙한 홈 자국이다. 홈마다 제각각 조금씩 다른 푸른 색조로 빛났다. 홈이 얕은 곳에서는 얼음이 보조개처럼 파였고, 파인 곳과 솟은 곳은 상처 입은 후의 살갗처럼 번들거렸다.

피오르는 Y자로 갈라져 한쪽 팔은 동북쪽을 가르고, 다른 쪽은 거의 정북향을 가리킨다. 북쪽 분기점을 지날 때 멀리서 수면으로 굽어내려오는 카레일 빙하Karale Glacier를 보았다. 카레일 빙하 왼쪽에는 더 작은 빙하가 보였다. 그것은 수면 위에서 뒤로 퇴각해 수백 미터쯤을 가로지르는 얼음의 아치에서 끝났다. 아치는 오래 묵은 얼음의 푸른빛으로 빛나고 거기에서 바다로 세게 쏟아지는 융빙수 하천이 흐른다.

"한번은 지오와 제가 개썰매로 이틀 동안 쿨루수크에서 카레일까지 가본 적이 있어요." 매트가 말했다. "쉽지 않은 상황에서 매일 80킬로미터씩 달렸죠. 날씨는 끔찍했고 바다얼음은 엉망이었어요. 지오와 저는 얼음의 탄성을 시험하기 위해 여러 번 작살로 썰매 앞을 확인해야 했어요."

우리는 피오르의 동북쪽을 따라갔다. 끄트머리의 안개구름에 다가갔을 때, 얼음 파편과 조류에 밀려나온 독특한 빙산들 때문에 물이 두꺼워졌다. 안개구름에서 1.5킬로미터 정도 못 미쳐 가까운 물가에서 위로 올라가는 봉우리 아래로 연한 표석의 돌밭 한가운데에 텐트를 칠

만한 평지를 찾았다. 주위에 담수를 제공하는 설원의 개천이 있다. 오르막 비탈에 빌베리 열매가 익고 있었다. 피오르 바로 너머에 깎아지른 듯한 빙벽이 뾰족한 봉우리로 올라오다가 초콜릿색 바위에 부딪혔다.

우리는 피오르 가장자리에서 불과 몇 미터 안쪽에 있었다. 그 바위는 피오르 해안을 따라 수백 미터를 이어지며 규암과 흑운모의 띠가 반짝이는 기울어진 편마암이었다.

작고 푸른 빙산이 연안을 떠다닌다.

"죽으면 이곳의 바위로 다시 태어나고 싶군요." 내가 말했다. "지금까지 와본 곳 중 가장 특별한 곳이에요."

"아마 그렇게 될 거예요." 매트가 말했다.

크누드 라스무센에 도착한 저녁, 황혼 직전에 안개구름이 흩어지면서 갈라진 빙벽을 드러냈다. 빙하의 외벽은 피오르 너비로 동쪽 해안에서 날카롭게 이어지다가 서쪽으로 시야에서 사라졌다.

빙하가 붕괴된 주변 바다는 토사로 인해 갈색으로 물들었는데, 멀리 있는 우윳빛 초록색 바다와 대조를 이루었다. 쏟아져 나온 융빙수가 퍼 올린 토사 때문에 피오르 수면 아래가 보이지 않는다. 새들이 토사 주변에 모여 실컷 배를 채운다. 이 새들은 이 멀고먼 오지에서 유일하게 빙하의 크기를 가늠하는 척도가 되었다. 새들이 파리만큼 작다. 이따금씩 빙하 외벽에서 새들이 갑자기 몰려나와 원을 그리며 뒤섞인 다음 다시 물 위에 내려앉는다. 10~12초 뒤에 작은 빙하가 분리되는 소리가 우리한테까지 들렸다.

분리된 빙하의 외벽은 깊이의 절단면을 보여준다. 크레바스는 얼음을 수십에서 수백 미터 아래로 쪼갠다. 둥근 수직굴도 있는데, 물랭의 융빙 시스템이 확장된 것이다. 나는 심지어 이 거리에서도 얼음의 지층, 즉 퇴적층을 볼 수 있었다. 희고 넓은 띠가 훨씬 아래쪽의 푸르고 층이 없는 얼음으로 퍼지며 사라졌다.

빙하 외벽은 바다로 밀려온 고딕 도시다. 탑, 교회 종탑, 굴뚝, 성당, 피니얼finial(지붕, 담 등의 꼭대기 장식 - 옮긴이)이 가장자리를 넘어선다. 터널, 지하실, 공동묘지도 산산이 흩어져 빙산이 될 것이다. 나는 파리의 성 이노센트 묘지에서 시체들을 매장지 주변 땅으로 쏟아지게 만든 무게가 생각났다.

"빙하의 외벽은 수만 년 전 대빙하 때 눈의 형태로 떨어진 얼음의 종착역이죠." 헬렌이 말했다.

최근에 빙하가 분리된 곳일수록 얼음의 색이 푸르다. 이 균열의 흔적은 흉터가 아닌 표출이다. 수만 년 만에 얼음이 처음으로 햇빛을 보았다.

고리무늬물범이 해안의 수면 위로 올라와 우리를 지켜보다가 탁한 초록색 물속으로 사라졌다. 물범에게는 쪼개진 빙하가 어떻게 보일까? 어떤 식으로 들릴까?

"이 주변에 나쁜 빙하가 있어요." 매트가 말했다. "심술궂기로 유명해서 쿨루수크 사람들이 가까이 가지 않아요. 그 근처를 지날 때는 말하거나 먹지 않고, 심지어 그 빙하를 쳐다보지도 않는답니다. 수면 아래 아주 깊은 곳에서 쪼개지기 때문에 경고 없이 사람을 죽일 수 있거든요. 쿨루수크 사람들은 이것을 '푸이트소크puitsoq', 즉 '아래에서 오는 얼음'이라고 부릅니다."

야영지 위쪽으로 바람이 불지 않는 바위 옆에 수천 개의 북극버들 이파리가 모여 있다. 연약한 흑갈색 잎이 10~12센티미터 깊이로 쌓였다. 바람에 날려 한곳에 모인 뒤 겨울이면 얼었다가 여름이면 녹기를 몇 해 동안 반복하면서 쌓여갔을 것이다. 여전히 잎에서 잎맥이 보인다. 한 움큼 집어보았다. 무게가 느껴지지 않고 날카로웠다. 이렇게 공기가 메마르고 겉흙이 부족한 곳에서는 유기물질의 분해 속도가 느리다. 이 경관에서 시간은 빙하가 쪼개지는 급작스러운 변화에서부터 잎더미의 느린 분해 과정까지 다양한 속도로 움직인다.

지붕의 처마처럼 생긴 빙하가 우리 옆을 스윽 지나간다. 그 위에 갈매기 열일곱 마리가 하나같이 바람이 불어오는 쪽으로 몸을 틀고 앉아 있다.

———

크누드 라스무센 가까이 사는 것은 천둥 번개가 치는 폭풍 옆으로 이사한 것이나 매한가지일 것이다. 매일 낮 우리는 주변의 경관을 오르고 더 멀리 탐험했다. 그리고 매일 밤 빙하 옆 텐트로 돌아왔다. 얼음은 밤낮을 가리지 않고 큰 소리를 내며 울고 메아리쳤다. 공기의 온도와 빙벽의 활동 사이에는 뚜렷한 연관이 없는 것 같다. 어떤 때에는 가장 큰 소리가 기온이 가장 낮은 한밤에 들리기도 했다. 북극곰인가 싶어 잠에서 깼다.

"이곳이 역동적이라고 생각하시나요?" 어느 날 아침 매트가 물었다. "세르메르소크Sermersooq 근처의 헬하임Helheim 빙하는 이제 바다를 향해 하루에 약 35미터씩 흘러들고 있어요. 세계에서 가장 빠르게 움직이는 빙하 중 하나예요."

헬하임은 노르웨이 신화에 나오는 망자의 세계를 말한다. '지옥 왕국', '숨겨진 장소'라는 뜻으로 세계수 이그드라실Yggdrasil 뿌리 아래에 묻혀 있다. 우리가 사용하는 '지옥hell'이란 단어는 아이슬란드어 'helvíti'와 마찬가지로 그 연원의 역사가 깊다. 재구성된 게르만 조어 祖語의 명사 *xaljo 또는 *haljo에서 유래했는데 '지하 세계', '감춰진 장소'라는 뜻이고, 그 자체도 '덮다', '감추다', '모으다'라는 뜻을 동시에 가진 '*kel-' 또는 '*kol-'이라는 인도유럽어족 조어의 어근에서 파생되었다.

그린란드 주변의 어떤 빙하는 녹으면서 퇴각하고, 또 어떤 빙하는 유속이 증가해 상층 얼음이 감소하는 경우도 있다. 빙모가 녹아 부드러워지면서 최근 4년간 약 1조 톤의 얼음이 사라진 것으로 추정된다. 물랭의 기름칠로 수 톤의 얼음과 융빙수가 피오르와 외해로 빠져나가 지구의 해수면을 조금씩 상승시킨다.

어느 쉬는 날 더운 아침, 나는 물가의 평평한 편마암에 누워 눈을 가늘게 뜨고 빙하가 쪼개진 후의 소리만 듣는 게 아니라 실제로 분리되는 장면을 볼 수 있지 않을까 기대하며 지켜보고 있었다. 그런데 그날 아침에는 아무것도 움직이지 않았다. 나는 눈을 감고 평소와 다른 방식으로 주위 풍경에 귀를 기울였다. 직물처럼 짜인 온갖 소리에서 밝은 실을 한 가닥씩 뽑아내어 소리만으로 그 출처를 유추하는 것이다. 이런 식으로 이 경관의 언더송undersong, 그러니까 평소에 들리지 않거나 적어도 내가 귀여겨듣지 않았던 배경소리를 들어보려고 했다.

우리는 자신의 뒤를 보지 못해도 들을 수는 있다. 소리는 사방에서 흘러 들어오기 때문이다.

반짝이는 갈매기 소리가 들린다.

근처 물가에 있는 빙하에서 금이 가는 소리가 들린다. 태양의 온기가 태곳적 공기 방울을 터뜨릴 때 나는 소리다.

물속에서 얼음 조각이 부딪히는 소리, 밀물에 슬러시 상태의 얼음이 조금씩 움직이며 찰랑대는 소리, 융빙수와 해류가 묵직한 대형 빙하를 움직이며 철벅대는 소리.

피오르 반대편 폭포가 높은 권곡에서 마치 호퍼에서 옥수수 알갱이 쏟아지듯 떨어지는 소리.

그 모든 것 아래에, 심지어 이 언더송 아래에 내 인간의 귀로는 구분하지 못하는 어떤 백색소음의 기반이 있다. 먼 곳에서 '스~' 혹은 '웅~' 하며 더욱 희미한 소리를 들리게 하는.

빵! 총소리가 연약한 직물을 찢고 피오르의 벽과 물에 울려 퍼졌다. 나는 벌떡 몸을 일으켰다. 매트가 물가의 바위에 서 있다. 피오르를 향해 연이어 두 번씩 총을 발사해 총알을 없애고 있다. *빵! 빵!* 반동에 어깨가 뒤로 밀린다. 큰 물고기가 튀어오르는 듯 바닷물이 치솟아 흩뿌려진다. 총소리가 엄청나게 크다. 총성이 사라지는 데 15~20초씩 걸렸다.

───※───

그것은 그날 오후, 우리가 모두 함께 모여 있을 때 일어났다. 다들 텐트 근처에서 휴일의 나른함을 즐기며 잡담을 하고 있었다.

부러지는 듯한 총성으로 시작했다. 피오르와 산들을 가로질러 채찍을 휘두르는 소리.

"사냥꾼인가?" 내가 물었다.

그러나 그것은 사냥꾼이 아닌 빙하였다. 빙하 외벽 높은 곳에서 버스 크기의 얼음덩어리가 떨어지면서 나는 소리였다. 떨어지는 장면은 못 보았지만, 물속에 빠져 출렁이는 것은 보았다.

그런데 이 사건이 아니었다면 우리는 다음 장면을 놓쳤을 것이다. 나중에 헬렌의 표현에 따르면 '보고 있을 때는 거의 일어나지 않는' 사건 말이다.

"저기 봐요!" 빌이 소리쳤지만, 그때는 우리 모두 이미 보고 있었다. 우르릉 소리와 함께 방금 얼음덩어리가 떨어진 곳에서 빙하 외벽을 뚫고 흰색의 화물열차 같은 것이 돌진하더니 물속으로 곤두박질쳤다. 흰색 열차를 따라 불가해한 마술사의 속임수처럼 하얀 마차가 빙하 안에서 끌려 나왔고, 그 뒤로 탑과 부벽을 제대로 갖춘 푸른색 얼음 성당이 나왔고, 마침내 하얗고 파란 도시 전체가 우르르 쏟아졌다. 1킬로미터 이상 떨어져 있는데도 우리는 소리를 지르며 본능적으로 뒤로 물러났다. 그리고 서로 불과 몇 미터밖에 떨어지지 않았지만, 그 거대한 소음이 우리에게 닿기 전 찰나의 고요 속에 서로를 큰 소리로 불렀다. 수십만 톤의 얼음 도시가 피오르의 물속으로 붕괴되어 12~15미터 높이의 충격파를 발생시켰다.

그다음 끔찍한 일이 일어났다. 도시가 추락한 곳에서 물이 솟구치더니 빙하의 꼭대기까지 검게 빛나는 뾰족한 피라미드가 솟아올랐다. 분명 얼음이어야 함에도, 우리가 지금껏 보았던 얼음이 아니었다. 내가 운석을 만드는 금속은 이렇게 생겼겠다고 상상했던 것과 비슷한, 심연에서부터 올라와 모든 색깔을 잃은 얼음이었다. 우리는 수면 밖으로 나와서는 안 되는 이 혐오스럽고도 아름다운 것이 올라오는 장면을 보고 춤추고 감탄하고 소름 끼치게 흥분했다. 추락한 별이 빙산이 되어 올라오는 데 3분, 그리고 10만 년이 걸렸다.

20분 뒤 피오르는 다시 고요해졌다.

조류가 부드럽게 바위를 씻어낸다. 물이 편마암에 부딪혀 찰싹대는 소리, 얼음이 녹아 터지는 소리, 물가에 햇빛이 반짝거리고, 바람에 사초가 흔들린다.

이 터무니없는 일은 결코 일어나지 않았을지도 모른다.

빙산은 수십 제곱미터의 물속에 기울어진 푸른 탁자처럼 자리잡았다. 갈매기 수십 마리가 이 새로운 서식처에 착륙해 날개를 털고 한쪽 다리는 접어서 가슴에 품은 채 쭈그리고 앉아 있다.

나는 청동색 편마암층에 앉은 세가락도요 한 마리를 깜짝 놀라게 했다.

다음 날 나는 물가에서 짙푸른 색의 작고 둥근 빙산 하나가 바위 사이의 작은 웅덩이에 발이 묶인 걸 보았다. 이 작은 빙산은 검은 별의 유물이다. 잘하면 들 수도 있을 것 같다. 나는 양팔로 빙산을 들고 가면서 사람들을 불러모았다. 손과 가슴이 마비되는 것 같았다. 그래서 그런지 더 무겁게 느껴진다. 야영지를 향해 비틀거리며 올라가 텐트 옆 바위 꼭대기에 올려놓았다. 해가 비친다. 빙하 속 공기 방울이 은색이다. 벌레 구멍, 직각의 굴곡부, 엄청난 지그재그와 선명한 얼음층.

그날 밤 북극여우가 장난기 많은 푸른 그림자의 모습으로 야영지에 들렀다.

작은 빙산이 녹는 데 이틀이 걸렸다. 짙은 바위에 지워지지 않을 얼룩을 남겼다.

◆━◆◆◆━◆

얼음은 석유처럼 오랫동안 인간의 범주를 거역해왔다. 얼음은 흘러내리고 미끄러지고 제자리에 가만히 있지 않는다. 관념에 혼동을 주고, 의미를 부여하는 시도를 혼란하게 한다. 1860년대에 빙하학이 과학으로 부상하던 시기에 빙하의 담론은 얼음을 과연 액체로 볼 것인가, 고체로 볼 것인가, 또는 전반적으로 성질이 전혀 다른 콜로이드 물질로 분류해야 할 것인가에 대한 논쟁으로 분열되었다.

의미를 만들려는 인간의 습성에 얼음이 들어맞지 않는 것은 놀랍지 않다. 얼음은 애초에 모양과 상태가 변하는 물질이기 때문이다. 얼음은 날고 헤엄치고 흐른다. 카멜레온처럼 색깔이 변한다. 얼음결정은 9,000미터 상공에서 해와 달 주위에 빛나는 무리halo와 환일현상을 일으킨다. 얼음은 눈이 되고 우박이 되고 진눈깨비가 되어 내린다. 깃털 같은 결정을 만들고 거울처럼 비친다. 얼음은 산맥을 쓸어내고 지워버릴 정도로 가차 없지만, 공기 방울을 수천 년 동안 곱게 간직하고 수백 년간 인간의 몸을 썩지 않게 보존할 만큼 다정하다. 조용할 때도, 삐걱거릴 때도, 우레와 같은 소리를 낼 때도 있다. 인간의 시력을 향상시키면서도 신기루를 낳는다.

우리는 이제 얼음을 새롭게 살아 있는 물질로 경험한다. 전통적으로 극지는 불활성 지역으로 여겨졌다. 지구의 북쪽과 남쪽 끝에 있는 '얼어붙은 불모지'였다. 이제 점차 지구가 따뜻해지는 상황에서 얼음은 우리의 상상과 경관에서 다시 활동하기 시작한다. '얼어붙은' 극지방이 녹고 있으며, 얼음이 녹은 결과는 지구 차원으로 확산된다. '영구동토층'에 대한 러시아식 표현은 'вечная мерзлота'인데, '영원히 얼어 있는 땅'이라고 번역된다. 이제 곧 이 단어는 부적절해질 것이다. 그린란드, 남극, 북극은 얼음의 운명이 지구의 미래를 결정하는 최전방이다.

'빙하처럼 움직이는glacial pace'이라는 관용어는 대단히 느리다는 뜻으로 흔히 사용된다. 그러나 오늘날 빙하는 빠른 속도로 쇄도하고 퇴각하고 사라진다. 히말라야 빙하의 감소는 이 얼음 강이 계절에 따라 저장하고 방출하는 물에 의존하여 살아가는 아시아 10억 인구의 생계와 삶을 위협한다. 서남극 대륙의 빙하는 쪼개지면서 제멋대로 표류하는 빙산과 빙판으로 분해된다. 지도는 해빙의 감소를 제때 업데이트하지 못한다. 지구본 제작자들은 자신 있게 흰색을 칠하지 못한다. 영국의 인류학자 메리 더글러스Mary Douglas의 유명한 정의에 따르면 때dirt는 '제 자리를 벗어난'[1] 것이다. 그런 맥락에서 얼음은 *더러워지고* 있다.

얼음에 적응하여 밀접하게 접촉하며 살아가는 토착 문화에서 얼음은 언제나 애매한 실체이며 빙하 이야기에서 인간과 비인간적 활동 사이의 경계는 종종 모호하다. 이야기 속에서 빙하는 지각하고 의지가 있고, 때로는 온순한, 때로는 사악한 배우로 등장한다. 예를 들면 인류학자 줄리 크루이크생크Julie Cruikshank가 기록한 것처럼 알래스카 남서부 지역의 아타파스칸Athapaskan과 틀링깃Tlingit 구전설화에서 빙하는 주위 경관으로부터 '생명력을 부여받는 동시에 생명력을 준다'.[2] 이 지방 언어의 특별한 동사가, 영어에서라면 수동적 경관의 존재로 분류될 것의 살아 있는 힘을 나타낸다. 이 동사들은 얼음의 행동과 행동력을 모두 인지한다. 언어인류학자들은 '생명력을 불어넣는' 그러한 동사의 영향력을 언급한다. 듣고 말하고 지각력이 있는 환경에 대한 수준 높은 인지는 앞서 식물의 자율성을 인정하는 '생물성의 문법'[3]을 말한 로빈 월 킴머러의 소망을 상기한다.

빙하를 여행하는 몇 년 동안 나는 북방 토착 문화에서 전해 내려오는 빙하와 얼음에 관한 수십 가지의 이야기를 읽었다. 그중 다수가 사람이 추락해 죽는 위험한 얼음 속 언더랜드에 관한 것이다. 지역별로 차이가 있긴 하지만, '얼음 속으로 추락해(얇은 해빙을 통해서든 크레바스를 통해서든)' 죽었다고 생각된 여행자가 망자의 세계에서 살아 돌아오는 고난, 생존 등에 관한 이야기는 어디에나 있다. 그런 이야기들은 가장 유명한 현대판 서구의 빙하 언더랜드 이야기인 조 심슨Joe Simpson의 『친구의 자일을 끊어라Touching the Void』에서 거의 동일하게 반복되고 있다. 이야기들은 모두 저 깊은 곳으로부터의 기적적인 부활과 관련되어 있다. 우리는 빙하가 분리되는 장면을 본 그날, 사람이 아닌 얼음이 주체였다는 점을 제외하면 그것이 깊이 내려갔다가 빛으로 다시 돌아오는 순간을 목격한 것이다.

빙하의 분리를 목격한 이후 나는 종종 그날 우리의 반응을 곱씹는다. 빛나는 검은 피라미드가 물 밖으로 휘청대며 솟아오르고 그 아래로 바닷물이 줄줄 흐르는 장면을 볼 때, 우리의 외침은 경외에서 어떤 형언할 수 없는 공포로 바뀌었다. 나는 얼음이 올라올 때 속이 울렁거렸다. 이 생경한 장면에 대한 장엄한 느낌이 보다 본능적인 반응에 의해 대체되었다. 나는 산을 다니며 종종 물질의 무심함을 느낄 때면 왠지 흥분되었다. 그러나 검은 얼음은 메스꺼울 정도로 극단적인 또 다른 차원의 내향성withdrawnness을 보여주었다. 카뮈는 이러한 물질의 성질을 '두꺼움denseness'이라고 불렀다. 날것의 형태로 물질과 마주했을 때, '낯섦이 스며든다'고 그는 썼다.

세계가 '두껍다'는 것을 깨닫게 되고, 돌 하나가 얼마나 낯선 것이며 얼마나 우리에게 완강하게 닫혀 있는가를, 그리고 자연이, 하나의 풍경이 얼마만큼 고집스럽게 우리를 부정할 수 있는가를 알아차리게 되는 것이다. 모든 아름다움의 밑바닥에는 비인간적인 무엇이 가로놓여 있다. …… 세계의 원초적인 적의가 수천 년의 세월을 거슬러 우리에게 밀어닥친다. …… 세계의 두꺼움과 낯섦, 그것이 부조리다.[4]

나는 그린란드에서 그 '두꺼움', 그리고 그 '부조리함'의 일부를 새롭게 깨달았다. 이곳은 물질이 언어를 옆으로 치워버리는 곳이다. 얼음이 언어를 해변으로 쓸려 보내고, 사물은 설명을 거부한다. 얼음은 아무것도 의미하지 않고, 그건 바위와 빛도 마찬가지다. 그래서 이곳은 이상한 영역이다. 오래되고 강한 의미에서의 이상한, 그리고 인간의 용어나 형식으로는 소통할 수 없는 지형이다. 나는 멀린과 곰팡이, 그리고 땅에 묻힌 곰팡이의 잿빛 왕국, 그리고 그가 내게 보여주려 했던 그 언더랜드를 떠올렸다.

그린란드는 물질이 일상적인 장면에서 누수되는 장소였다. 검은 별의 분리가 일어났을 때, 그 누수는 급류로 돌변했다. 나는 나중에 물랭의 푸른빛 아래에서 그 급류를 한 번 더 보게 될 것이다.

━━◆━━

빙하와 봉우리들을 본격적으로 등반한 며칠이 지나갔다. 버들잎이 노란색에서 주황색으로 변했다. 어느 날 아침, 텐트에서 나오며 처음으로 땅에 별을 수놓은 서리를 보았다.

우리는 야영지 뒤에 솟은 이름 없는 산을 올랐다. 아래에서부터 높이가 수백 미터에 이르는 하나의 판으로 이루어진 것처럼 보였으나 그 아래 숨겨진 여러 지형적 특징이 있었다. 산의 심장에는 빙하 권곡이 있고, 산의 어깨에는 작은 호수와 설원이 펼쳐졌다.

우리는 일곱 시간 동안 일곱 개의 봉우리를 올랐다. 헬렌 엠의 주도 아래 봉우리 사이의 부드러운 땅에서는 속도를 올렸다. 산중턱의 폐쇄된 협곡이나 판상 지역에서는 문제없었으나 능선에서는 공포가 심장을 쥐어짰다.

봉우리의 정상 능선은 깨끗한 황금색 바위로 이루어졌고, 거기에서부터 동쪽으로 거대한 말발굽 형상의 권곡이 보였다. 권곡은 뾰족한 산들로 둥글게 둘러싸였고 한복판에는 붕괴 중인 세락, 설원 아래로 무너지며 얼음을 흘리는 민트블루색의 180미터 정도 되는 얼음벽이 있었다. 권곡에서 불어오는 차가운 바람에 자신감이 꺾였다.

매트가 마지막 오르막을 이끌었다. 차가운 경암硬岩 굴뚝 위를 한 사람씩 다리를 놓아 레이백 등반으로 올랐다. 등반 도중 세락의 외벽이 세 차례 무너졌고, 권곡에 부딪혀 우지끈하는 소리가 울려 퍼졌다. 그 봉우리에서부터 우리는 멀리 크누드 라스무센을 볼 수 있었다. 이제는 얼음 바다가 아닌 주위의 봉우리를 물에 담그는 얼음 강으로 보였다.

우리는 시린 손으로 정상에서 돌아왔다. 카레일 빙하 봉우리 위로 렌즈구름이 떠 있다. 늦은 오후, 기울어진 황금 햇살이 아래쪽 피오르의 커다란 빙산에 역광을 비춰 마치 오팔처럼 빛났다.

그날 저녁, 지친 우리는 다정하게 함께 앉았다. 지금은 변화의 시간이다. 동그린란드 바닷가 빙하 옆, 북극권 바로 아래, 이른 9월의 황혼이다. 계절이 달라지는 시점이자, 지구가 달라지는 시점이자, 땅이 달라지는 시점이다. 북극여우가 푸른 은색 그림자 그대로 다시 야영지를 찾아왔다.

우리는 늦게까지 잠자리에 들지 않았다. 마지막 빛이 피오르의 수면 위에, 빙산의 둘레와 가장자리에, 편마암의 석영층 위에 모였다. 석양은 이처럼 세세한 것까지 일일이 비추어 선명한 경치를 보여주지만 또한 흩트려놓기도 한다. 물체 사이의 관계가 느슨해지고 형체가 달라진다. 어둠이 내려앉기 직전에 나는 강력한 환시를 경험했다. 피로에 지친 눈으로 주위를 보니 텐트 주변의 모든 흐린 색 바위가 봄을 기다리며 웅크리고 있는 흰 북극곰 같았다.

빙하가 쪼개지는 큰 소리에 잠에서 깼다. 몇 분 뒤에 파도가 해안가 바위를 덮쳤다.

다음 날, 사람 크기만 한 아홉 개의 빙산이 밤새 만에서 헤매다 해변까지 왔다. 빙산이 녹으며 똑딱똑딱한다. 아홉 개의 얼음 시계.

우리는 다음 날 아침 일찍 며칠 분량의 장비를 실은 무거운 짐을 지고 떠났다. 우리는 빙하를 따라 내륙을 향해 크누드 라스무센까지 가는 어드밴스 캠프를 설치할 것이다. 그리고 그곳을 기지로 삼아 더 안쪽에 있는 봉우리와 고개를 탐험할 예정이다.

또한 우리는 하강이 가능할 정도로 넓은 물랭을 찾고 싶었다.

우리는 빙퇴석을 거쳐서 빙하에 올라 외벽의 얼음을 지난 다음, 빙하 한복판에서 우리가 쉽게 이동할 수 있는 판판한 얼음을 고를 것이다. 적어도 그게 계획이었다. 하지만 나중에 매트는 우리가 크누드 라스무센에서 만난 것을 '대규모 폭발이 일어난 지형'으로 묘사할 것이다. 그리고 나는 미노스의 미궁으로 기억할 것이다. 아푸시아지크의 크레바스 미로는 애들 퍼즐에 불과하다. 미노스의 미궁 끝에는 미노타우로스가 기다리고 있다.

우리는 피오르 해안을 따라 분리된 빙하의 외벽까지 간 다음, 빌베리와 북극버들의 비탈길을 헤치고 측면의 빙퇴석 경사를 만났다. 빙하가 바다를 향하며 돌무더기를 골짜기 쪽으로 불도저처럼 밀어버리면서 생긴 지형이다.

경사가 가파른 곳에 있는 돌밭은 어떤 것이든 대단히 위험하다. 나는 미국 남서부의 어느 바위 경사 지대에서 2면각 꼭대기에 접근하다 죽은 사람을 알고 있다. 그는 심지어 예정된 경로에서 제대로 시작조차 못했다. 돌밭을 올라가면서 큰 바위를 건드렸는데, 그것이 허리까지 미끄러져 들어와 골반을 으스러뜨리고 몸을 단단히 가둔 것이다.

그래서 이 빙퇴석 경사에서 우리는 고양이처럼 걸어야 한다. 아무것도, 심지어 석영 알갱이 하나도 제자리에서 벗어나지 않게 하는 것이

관건이다. 그러려면 아주 살살 움직여야 한다. 뻣뻣한 다리로 발뒤꿈치를 찍으면서 오르면 안 되고 한 발짝 한 발짝 발의 앞부분으로 부드럽게 디뎌야 한다. 절대 손으로 바위를 끄집어내거나 잡아당기면 안 되고 대신 손바닥이나 손가락으로 눌러 그 자리에서 벗어나지 않게 한다. 시험하기 전에는 발에 무게를 온전히 실으면 안 된다. 누구든 자기 아래로 낙석이 떨어질 위치에 있을 경우 절대로 움직이지 않는다. 낙석이 떨어지는 경우를 대비해 절대 발이나 팔을 돌 틈에 끼워 넣지 않는다. 정강이와 팔뚝은 쉽게 부러지니까.

고양이 네 마리와 고양이의 꽁무니를 어설프게 쫓아가는 황소 한 마리―그건 바로 나―모두 안전하게 빙퇴석 경사를 올랐다. 이 높이에 오르니 외벽을 포함해 빙하를 제대로 볼 수 있다. 이만큼 가까이 와서야 빙벽의 규모가 감이 잡힌다. 이것은 바다의 절벽이다. 갈매기들이 소금쟁이처럼 보인다.

우리는 조심스럽게 빙퇴석의 반대편으로 내려왔다. 무게를 실을 때마다 발아래에서 책상 크기의 바위가 흔들리고 굴러 내려갔다. 마침내 우리는 빙하와 빙퇴석이 만나는 검은색 유리 가장자리에 도달했고, 거기에서부터 진짜 크누드 라스무센의 낮은 소용돌이를 향해 올라갔다.

밤은 웅덩이에 고여 있는 물에 얼음 막을 남긴다. 이 연약한 얼음은 깨질 때 쨍그랑 소리가 난다. 빙하는 얼어붙은 바다. 밧줄이나 아이젠이 필요 없을 만큼 잔잔하다.

하지만 1킬로미터쯤 들어가자 바다가 더 거칠어졌다. 얼음의 소용돌이가 상승하고 윤곽이 선명해지고 소용돌이라기보다는 돼지의 등 hog's back(가파른 산등성이) 같고, 어느새 돼지의 등보다는 상어의 지느러미처럼 변했다. 우리는 밧줄을 타고 얼음도끼를 찍고 아이젠을 끼고 오른다. 이제부터는 미끄러지거나 발을 헛디디면 결과가 심각해진다. 매트가 크레바스 미로를 빠져나가는 길을 찾느라 속도가 느려졌다. 우리는 말수가 줄어들었다.

크레바스가 열렸다. 처음엔 1~2미터 깊이였는데 6미터, 9미터, 15미터로 한없이 깊어진다. 색깔이 변한다. 표면의 얼음은 말단에서보다 하얗다. 아푸시아지크에서 보았던 저세상의 푸른빛으로 크레바스가 빛난다. 여기에서는 푸른색이 더 강렬하고 더 환하고 더 *오래되었다.*

얼음은 푸른색이다. 빛이 얼음을 통과할 때 얼음결정을 때리면서 꺾이고 튕겨 나가 다른 얼음결정에 부딪히면 거기에서 다시 꺾이고 튕겨 나가 또 다른 얼음결정에 부딪히는 방식으로 여러 차례 헤매다 눈에 들어오는데, 그러다 보니 얼음을 거쳐 눈에 들어오는 빛은 직선보다 훨씬 긴 거리를 이동한다. 그사이에 빛스펙트럼의 붉은색은 흡수되고 푸른색만 남는 것이다.

이렇게 만만찮은 빙하 지형에서 우리는 얼음을 통해 빛처럼 움직였다. 시간은 회전하고 공간은 제멋대로 행동한다. 원하는 방향으로 800미터를 이동하는 데 한 시간이 걸린다. 목적지까지의 직선거리는 무의미하다. 얼음 때문에 경로가 꺾이고 튕겨 나가기 때문이다. 직선도로가 아니라 엉클어진 푸른 실타래를 따라간다.

우리는 네 시간 동안 미궁 속에 있었다. 마침내 매트가 좀 더 평평한 얼음으로 가는 길을 찾았다. 우리는 밧줄을 푼 다음 안전하게 서서 목을 축이고 배를 채웠다. 긴장이 좀 풀렸다. 우리 중 한 사람은 잠깐 울었다. 모두 얼음에 추적당하는 기분이 든다. 귀신이 아니라 얼음이 씌는 것 같다.

여기서도 길이 쉽지는 않다. 내륙으로 가는 오르막길이지만 그래도 얼음이 좀 더 차분하고 진행 속도도 괜찮다. 이동하다 보니 새로운 지류 빙하가 새로운 경치를 선보인다. 처음 보는 봉우리가 수평선에 나타났다. 아무도 올라간 적 없는 봉우리가 우리를 유인한다. 되도록 높은 곳에서 야영하는 게 좋다. 그리고 다음 날 거기에서부터 봉우리까지 갈 것이다. 그야말로 산악 탐험이다. 지도도 없고 지형에 대한 지식도 없다.

이제는 해가 뜨겁다. 빙하 표면이 너무 빨리 녹아 눈으로 보고 귀로 들을 수 있을 정도다. 서리 낀 숲에서 매일 새벽에 1센티미터씩 쌓였다가 물이 되면서 사라지는 작은 얼음판이다. 빙하가 스스 소리를 낸다. 또 탁탁거린다. 가끔씩 슬러시 같은 얼음 둑이 붕괴되어 융빙수가 흐르는 개천이 된 다음, 지글지글 끓는 기름처럼 얼음결정이 해협 아래로 쏟아진다.

"이 녹은 물이 다 어디로 가죠?" 내가 매트에게 물었다.

"물랭 아래로요. 곧 찾을 거예요. 직접 보게 되실 겁니다."

매트의 말이 맞았다. 마침내 물랭을 보았다. 작은 물랭 두 개를 먼저 보았다. 아푸시아지크에서 찾은 것보다 조금 더 큰 것이다. 그런 다음 측면의 빙퇴석 근처에서 진정한 구멍이 벌어졌다. 세 줄기의 융빙수 하천이 물랭을 향해 굽이쳐 들어가서는 몇 미터를 지나 하나의 물살로 꼬아진 다음 아래로 쏟아진다.

우리는 마치 야생 짐승에게 다가가듯 조심스럽게 물랭 주변을 돌아보았다. 내가 밧줄을 걸쳤고 매트가 붙잡아주었다. 나는 가장자리에서 몸을 조금 기울여 깊은 푸른색 아래로 빙하의 핏속을 내려다보았다. 몸과 뼈가 그 색깔 속으로 빨려 들어가는 기분에 재빨리 물러섰다. 공동이 지상으로 이동한다…….

"찾았네요. 바로 여기예요." 매트가 말했다. "이 아래로 내려갈 수 있을 것 같아요. 하지만 새벽 일찍 와야 해요. 빙하가 녹지 않고 융빙수가 흐르기 전에 말이죠. 그리고 지금은 당장 오늘밤에 잘 곳부터 찾는

게 좋겠어요. 얼음보다 바위 위에서 자는 편이 훨씬 낫겠죠."

지류 빙하가 땅을 휩쓸고 크누드 라스무센으로 쏟아져 내려간 곳에 작은 바위섬이 드러났다. 그곳은 최근에 빨라진 융빙 속도가 만든 지형으로 현존하는 어떤 지도, 심지어 구글어스에도 존재하지 않는 인류세의 랜드마크다. 이 섬은 얼음이 크누드 라스무센에 수직으로 120미터 아래로 떨어지는 곳에서 마치 강의 여울에 서 있는 바위처럼 눈에 띈다. 우리는 3.5킬로미터쯤 떨어진 곳에서 그 지역을 보았는데, 야영지를 설치할 만큼 평평한지는 알 수 없었다.

황혼 무렵, 우리는 회색 얼음 비탈길을 올라 그곳까지 갔다. 분명 우리는 이 신세계에 처음으로 발을 디딘 사람들이다. 얼음의 언더랜드에 드러난 신세계. 넓이는 테니스 코트 절반쯤이다.

"꼭 달 위를 걷는 것 같네요." 헬렌 엠이 감탄하며 말했다. 정말 그랬다. 바위는 얼음이 남기고 간 그대로였다. 회색의 두꺼운 돌먼지가 모든 것을 덮었다. 암반은 얼음이 지나가며 매끄러워졌지만 군데군데 우리를 술 취한 사람처럼 걷게 만드는 둥근 돌이 흩어져 있었다.

섬 바로 위에 커다란 얼음 돔이 올라와 있었다. 감사하게도 이곳에서 물병에 융빙수를 채울 수 있었다. 긴 하루의 목마름이 가셨다.

주변을 치우는 데 30분이 걸렸다. 돌을 나르고 삽질을 했다. 빌과 헬렌 엠과 나는 작업하면서 노래를 불렀다. 빌의 풍성한 목소리가 지는 태양 아래 빙하 위로 흘러넘쳐 기운을 북돋아주었다.

"저기 봐요, 산불이 났어요!" 헬렌이 가리키며 소리쳤다.

그렇다, 서쪽에서 강렬한 빛이 산 정상 위로 흘렀다. 가장 높은 봉우리의 바위를 뜨겁고 빨갛게 달구어 용암처럼 흐른다.

다음 날 새벽, 낮은 구름이 대지에 띠를 이루고 줄무늬를 그렸다. 돌풍이 불던 밤을 보내고 고요 속에 잠이 깼다. 하늘은 고요하다. 빙하는 밤새 불어닥친 한파에 화석이 되었다.

그날 우리는 멀리 있는 봉우리를 향해 긴 오르막길을 올라 우리가 닿지 못한 정상으로 긴 등반을 했다.

그리고 그다음 날 새벽 5시, 우리는 희부연 어스름 속에 잠에서 깼다. 긴장된 상태로 재빨리 바위섬 야영지를 철수했다. 하늘은 잠잠하다. 우리는 크누드 라스무센의 경사 아래로 내려가 줄지어 서 있는 빙퇴석 잔해를 따라 물랭까지 갔다.

물랭을 보기도 전에 이 추운 시간에도 물랭이 끓어오르고 얼음을 가는 소리가 들렸다. 물랭의 서쪽 입술에서 물이 꾸준히 아래로 흘러내렸다.

"해가 벌써부터 얼음을 데우기 시작했어요. 시시각각 물의 양이 늘어날 거예요." 헬렌이 말했다.

우리는 서둘러 작업했다. 매트가 장비를 설치했다. 밧줄 두 꾸러미, 네 개의 빌레이 지점, 각각 두 개씩. 상태가 좋지 않은 얼음은 걷어내고 스크루를 잘 붙들고 있어줄 착하고 단단한 얼음을 찾았다. 그리고 나서 아이스 스크루의 톱니가 물릴 때까지 누르고 표면에서 직각으로 똑바로 세운 다음, 한 손으로 나사 바깥을 고정하고 다른 손으로 운전대를 돌렸다. 얼음에 닿는 어떤 외부 물질도 열을 흡수해 얼음을 녹일 것이므로 우리는 나사와 카라비너 주위에 얼음을 쌓아 다졌다.

매트의 마음에 들게 장비를 설치하는 데 30분이 걸렸다. 떨어지는 물의 힘과 소리가 제법 거세졌다. 이쯤 되면 물랭 안에서는 음성에 의

한 소통이 거의 불가능하다는 뜻이다. 우리는 간단한 신호를 정했다. 위로, 아래로, 멈춤. 그리고 팔을 X자로 겹쳐 들면, '얼어죽을, 여기에서 *빨리 좀 꺼내달란 말이야*'라는 뜻이다.

하강 밧줄에 몸을 묶고, 밧줄이 튼튼한지 당겨보고, 매듭을 확인, 또 확인한다. 발을 탁탁 구르고 후드를 위로 올리고 마지막으로 다시 한 번 장비를 점검했다. 물랭이 아래로 떨어진다. 빛나는 푸른색 공상 과학 튜브가 나를 비칠 준비를 마쳤다. 가장자리로 내려갈 때 나는 무섭지 않았고, 그래서도 안 된다.

물랭 속 공간은 처음부터 강렬하게 아름다웠다. 공기에는 푸른 기운이 있고 주위의 얼음을 만지면 매끄럽다. 나는 한 발 한 발 하강했고 머리 위는 물랭이 하얀 타원형 입구를 조여갔다. 아래를 봐도 바닥이 보이지 않는다. 생각지도 않게 어려서 지중해에 갔던 기억이 떠올랐다. 배에서 물속에 상팀(프랑스 동전 - 옮긴이)을 던졌던 기억이다. 깨끗한 하늘색 물에 들어간 동전이 30초, 40초, 50초 동안 은색으로 뱅글뱅글 돌고 번쩍이며 물속 깊이 내려갔다.

아래로 깊이 내려갈수록 물랭 아래로 떨어지는 융빙수 하천에 가까워졌다. 아이젠이 미끄러지는 바람에 얼굴이 급류 쪽으로 돌아갔다. 물이 차가운 주먹으로 머리를 강타하고 그 힘으로 급류 뒤로 물러났다. 하지만 거기에서는 물랭의 유리면을 볼 수 없었으므로 다시 급류를 향해 멀리 돌아갔지만 또다시 밀려나고 말았다. 그렇게 나는 급류 안팎으로 몇 번을 왔다갔다했고, 차가운 물에 맞을 때마다 조금씩 힘을 잃어 마치 기능을 멈춘 뒤에도 무한히 돌아가는 영구기관 속에 갇힌 기분이 들었다.

물랭 속에서 진자운동을 하며 위를 보았더니 기울어진 매트의 얼굴이 나를 내려다보며 입으로 단어를 말하는 게 보였다. 하지만 그는 지상에 있고 나는 그곳과 매우 다른 아래에 있다. 그는 하얗고 금색 테두리가 진 하늘의 둥근 창 밖에 있지만, 이 아래에서는 파란색 말고는 색깔도 시간도 없다. 저 위에서 빌과 헬렌 엠과 헬렌은 자유롭게 빙하 위를 돌아다니지만, 이 아래에서는 오직 얼음 유리와 급류, 그리고 그것들이 강요하는 의무뿐이다.

그렇다고 굳이 도로 올라가기엔 너무나 묘한 장소였다. 그래서 나는 매트에게 밧줄을 더 내려달라는 몸짓을 했다. 아래로 더 내려가면 급류에서 벗어날 수 있을지도 모른다는 생각에 밑으로 내려가 주위를 돌아보았다. 약 18미터 아래에 수천 년 이상 묵은 일종의 테라스가 있는데 거기에서 물이 나선형으로 더 깊이 움직이며 내가 들어가기엔 너무 좁은 뒤틀린 구멍으로 들어갔다. 하지만 옆으로 푸른 통로가 있었다. 나는 진자의 움직임을 이용해 손으로 측면 통로의 가장자리를 잡고 끌어당겨 겨우 물살에서 벗어났다. 아래에 길이가 3.5미터 정도의 날카로운 얼음 창날이 있었다. 테라스에서 *위쪽으로 자라*고 있었고 나는 거기에 다리 하나를 걸고 꼭대기를 끌어안았다. 한 손은 통로의 가장자리를 붙잡고 한 발은 창날에 고정하고 나니 그제야 안정된 자세가 되었다. 나는 잠시 숨을 고르고 고개를 들어 매트를 향해 엄지손가락을 치켜들었다. 그리고 거기에 버티고 서서 공간을 살폈다.

6미터 아래에서 융빙수 급류는 내가 쫓아갈 수 없는 빙하의 언더랜드를 뚫고 내려가지만 옆쪽에도 통로가 이어진다. 나는 그 통로로 들어가고 싶었지만, 수직굴에서 옆으로 이동하자마자 밧줄이 나를 잡아당겨 앞으로 나아가지 못하고 오히려 그 반동으로 수직굴 쪽으로 세게 끌어당겨질 것이다. 아이스 스크루가 있으면 밧줄을 설치해 통로를 횡단할 수 있겠지만, 가져오지 않았으므로 선택의 여지가 없이 그저 저세상의 얼음 칼날 위에 잠시 머물렀다 가는 수밖에 없다. 그래서 마지못해, 또 감사히 매트에게 신호를 보냈다. *나 좀 꺼내줘!*

매트가 장치를 바꾸고 헬렌, 헬렌 엠, 빌, 그리고 매트가 모두 함께 Z-도르래 장치에 실린 내 무게를 들어올렸다. 나는 땅굴에서 나오는 밭쥐처럼 물랭에서 올라왔다. 웃음과 '거기 어땠어'의 궁금증 가득한 눈빛, 그리고 떡 벌어진 입들이 기다리는 위쪽 세계로. 마지막에 헬렌이 손을 내밀어 안전하게 끌어올려주었다. 황금빛 태양이 은색 얼음 위에 흐른다. 그 심원의 시간에 잠수한 이후 며칠 동안 내 뼈는 푸른색이었다.

나 다음으로 우리는 빌을 아래로 내려보냈다. 9미터 아래에서 그는 오페라 「토스카」의 아리아를 불렀다. 노랫소리가 푸른색 대형 파이프오르간을 통해 쏟아져 나왔고 고요한 공중에서 유쾌하게 날아다녔다.

―――※―――

우리가 마지막으로 크누드 라스무센에서 발을 떼고 가까운 피오르로 돌아간 것은 오후였다. 툰드라의 화려한 색깔이 눈에 들어왔다. 얼음과 바위에서 며칠을 보낸 후 달라진 밝기에 놀랐다. 회색 잎 북극버들의 유황색 광휘가 변하고 있다. 지의류의 불쏘시개 같은 초록색, 바위에는 검은색 운모 조각.

우리가 다녀온 사이 북극버들잎 끝이 붉어졌다.

빌베리 사이에서 북극뇌조 여섯 마리가 운다. 그들의 날개는 겨울의 순백색으로 바뀌기 직전이다. 얼음이 아닌 생물을 보니 기쁘다. 그들은 우리를 무서워하지 않는다. 빌은 그 새들을 오선지의 여섯 개 음표로 보고 악보처럼 읽었다.

베이스캠프로 돌아오자마자 우리는 짐을 내려놓고 빙산 사이에서 비명과 함성을 지르며 피오르의 얼음장 같은 물에 목욕을 하고 며칠 동안 쌓인 때와 고생을 문질러냈다.

그날 밤 그곳에는 가장 강렬한 오로라가 보였다. 우리는 침낭 위에 앉아 오로라를 보았다. 초록색 커튼이 크누드 라스무센 위로, 바위 내륙 위로, 물랭 위로 화려하게 내려앉았다. 처음으로 오로라에 분홍바늘꽃의 분홍기가 돌았다. 초록색 탐조등이 정상에서 서쪽을 쏘아댔다. 이 전시 작품은 하늘 수천 킬로미터 위에서 넉넉하고 사치스럽게 회전했다. *땅에서 완전히 독립된 자연의 분주한 작업, 인간의 계산을 따르지 않는 날과 해의 시간계에서 이루어진다……*[5]

헬렌 엠이 물었다. "오로라가 떠 있을 때 별이 더 많이 보이는 거 알고 있었어요?"

그녀의 말이 맞다. 나는 북극광이 별빛을 상쇄해 별이 덜 보일 거라고 생각했다. 그런데 오히려 별이 더 많이 보이게 하는 의외의 효과가 있었다. 별이 무리를 짓고 있다가 오로라가 깜빡거리다 사라지면 함께 암흑 속으로 사라졌다. 우리 중 누구도 어떻게 오로라의 초록빛이 별빛과 경쟁이 아닌 협력을 하는지 설명하지 못했다.

그날 밤 나는 곱고 푸른 이끼가 피부 밑에서 자라 오른쪽 팔뚝에서 시작해 어깨와 가슴으로 퍼지는 꿈을 꾸었다. 아프지 않고 편안했다.

───※───

우리는 쿨루수크로 돌아와 마지막 며칠을 보냈다. 이 마을에서의 마지막 저녁에 헬렌과 매트와 나는 누카Nuka라는 마을의 젊은이와 함께 카약을 타러 나갔다. 누카는 검은색 사각 야구모자를 쓰고 금목걸이를 하고 금니를 했다. 누카는 열여덟 살이다. 그는 스웨덴의 가수 호세

424

곤잘레스^{José González}처럼 기타를 부드럽고 열정적으로 친다. 그는 카약을 사랑한다.

구름이 아푸시아지크 주위로 끓어오른다. 늦은 태양이 밝고 단단하다. 폭풍이 오고 있다. 갈매기가 물에 내려앉는다. 낮은 빙산 하나가 만에서 떠돌아다닌다. 남자 둘과 여자 하나가 만 가까운 집의 바람 없는 곳에서 하이네켄을 마신다.

우리는 바위들 사이로 카약을 젓기 시작했다. 대구 머리와 바다표범 꼬리 위로 노를 저었다. 누카가 짧고 빠른 노 젓기로 선두를 달렸고, 매트가 뒤를 바삐 쫓았다. 두 사람 모두 물 위를 헤치며 활짝 웃었다.

"카약이 바로 이곳에서 *발명되었어요!*" 매트가 소리쳤다.

그는 곧장 작은 빙산으로 노를 저었다. 가장 낮은 지점에 빠르게 부딪쳐 카약 앞쪽 절반이 빙산을 타고 들어올려졌다. 그는 쾌활하게 웃으며 배를 조금씩 움직여 다시 물속으로 첨벙 들어갔다.

"이거 봐요!" 누카가 물이 뚝뚝 떨어지는 물체를 손에 들고 소리쳤다. 길고 가느다랗고 나무 손잡이가 있고 한쪽에 창끝이 있었다.

"누카가 작살을 찾았어요!" 매트가 말했다. 누카가 매트를 조준하더니 그의 카약으로 작살을 던졌다. 아슬아슬하게 매트 바로 옆에 떨어졌다. 매트가 노를 저어 물에 뜬 작살을 집어 들고는 내게 던졌다.

나는 직살로 히는 수중 폴로를 해본 적이 없다. 이게 그린란드의 전통 스포츠인지 아닌지도 모르겠지만 규칙은 아주 간단했다. 겨냥하되 맞히지 않기.

우리는 서로에게 작살을 던지고 쫓고 쫓기며 노를 저었다. 마을 소년들이 소형 모터보트를 타고 나와 우리 주위에서 맴돌았다. 그들은 카약의 뱃머리를 가로질러 보트를 전속력으로 몰았다. 북쪽에는 아푸시아지크 빙하가 물과 만나는 지점에서 빛나고 있다. 얼마 후 우리는 암반 위에 올라앉은 쿨루수크 마을을 돌아보며 노를 저었다. 태양 아래에서 선명한 해안가 공동묘지의 흰색 십자가를 보면서.

해안으로 돌아왔을 때, 누카는 지오에게 작살을 자랑스럽게 보여주었다.

지오가 머리를 가로저었다.

"이건 작살이 아니야." 그가 누카에게 그린란드어로 말했다.

그는 우리를 보더니 작살을 들고 창끝이 아래로 향하게 나무 손잡이를 붙잡고는 아래로 내리꽂는 시늉을 했다. 조심스럽게 걸어가며 궁금한 눈으로 앞쪽의 땅을 지그시 눌렀다.

그것은 작살이 아니다. 무기가 아니다. 눈앞에 있는 해빙의 깊이를 탐사하는 데 쓰이는 도구다. 앞으로 나아가도 좋은지 안전을 확인하는 도구다. 가까운 미래를 시험하면서.

영국에 돌아왔을 때, 우리가 빙하에 머무는 동안 인류세 실무 그룹이 인류세를 현재의 지질시대로 정식 채택하도록 권고했다는 소식을 들었다. 그 시작점은 핵 시대가 도래한 1950년이다.

제12장

은닉처

자작나무, 자작나무, 소나무, 자작나무, 개간지, 푸른색 농가. 강이
흐르는 얕은 계곡, 나무다리. 강, 나무, 잔디, 벌판 할 것 없이 모두 얼어
붙었다. 분홍빛 화강암 암괴, 거기서 흐르는 폭포도 노랗게 얼었다. 자
작나무와 소나무 사이로 집채만 한 바위들. 검은 까마귀가 죽은 여우의
하얀 갈빗대에서 붉은 살점을 뜯고 있다. 갈까마귀, 갈까마귀.

여기는 당신이 있을 곳이 아닙니다.

해적방송에서 블론디Blondie의「아토믹Atomic」이 흘러나온다.

아스팔트 위에서 물안개가 뱀처럼 경주한다. 전조등 불빛에 눈발
이 소용돌이친다. 밝아지지 않을 회색 하늘. 싯업백 손잡이 자전거(손잡
이가 안쪽으로 굽이 탑승자가 허리를 세우고 타는 자전거 - 옮긴이)를 탄 소년이 허리를
곧게 세우고 기둥이 하얀 파란색 우편함을 쌩하니 지나간다. 은회색 편
마암, 운모와 얼음.

이곳은 명예로운 곳이 아닙니다.

섬으로 들어가는 다리를 건넌다. 다리 양쪽으로 소금 습지가 있다.
바다 위에는 얼음판이 여기저기 흩어져 있다. 바람이 뻣뻣한 갈대를 스
치고 찌르레기가 갈대 위로 검게 움직인다. 바다는 800미터가량 얼었

다. 시야 너머로 만을 건너면 어스름 속에 서쪽으로 9미터가 넘는 높은 파도가 친다.

이곳은 훌륭한 행위로 기려질 만한 것이 없습니다.

바람이 잦아들 때는 정지된 것처럼, 바람이 불 때는 어마어마한 속도로 눈이 내린다.

이중 철조망 담장. 만을 가로질러 섬의 끝자락에 눈보라 사이로 세 개의 거대한 건축물이 보인다. 돔, 타워, 직사각형의 담장. 거대한 회색 윤곽이 나타났다 사라진다. 그 주위로 바다는 투명하게 녹아 있다. 그럴 리가 없는데. 스노타이어를 장착한 트럭 두 대가 눈을 밟으며 지나간다.

이곳에는 가치 있는 것이 없습니다. 이곳에 있는 것은 위험하고 혐오스럽습니다.

해적 라디오방송이 트램스Trammps의 「디스코 인페르노Disco Inferno」를 틀어주었다.

전조등 불빛에 눈이 휘날린다. 나는 매장지를 보고, 내가 가진 무엇을 묻기 위해 이곳에 왔다. 내가 세상의 끝에 도달할 때쯤이면 날이 어두울 것이다. 내가 지상으로 돌아올 때에도 날은 어두울 것이다.

잘 새겨들으십시오. 진지하게 말씀드리는 겁니다. 이 메시지를 보내는 일이 우리에게는 대단히 중요합니다. 이 메시지는 대단히 중요합니다.

여러분에게 이 아래 땅속에 무엇이 묻혀 있는지 말씀드리겠습니다, 왜 여러분이 이곳을 파헤치면 안 되는지, 그렇게 하면 무슨 일이 일어나는지.

───※───

핀란드 남서부 올킬루오토 섬Olkiluoto Island의 암반 깊숙한 곳에 무덤이 건설 중이다.[1] 이 무덤은 설계자가 죽을 때까지는 물론이고 무덤을 지은 생물종보다도 오래 버티는 것이 목적이다. 따라서 앞으로 10만 년 동안 따로 관리하지 않아도 온전성을 유지하고 미래의 빙하기를 견디도록 만들어졌다. 지금으로부터 10만 년 전에는 사하라 사막에 세 개의 큰 강이 흘렀다. 또한 해부학적으로 우리와 동일한 현생인류가 아프리카를 벗어났다. 현존하는 가장 오래된 피라미드는 4,600년 전에 만들어졌다. 지금까지 살아남은 가장 오래된 교회 건물은 2,000년이 채 되지 않았다.

이 핀란드 무덤은 지금까지 제작된 것들 중에서 가장 철저한 격납 방식을 채택했다. 파라오의 지하 묘지보다, 그 어떤 감옥보다 안전하다. 이 무덤 속에 들어갈 것은 지질학적 요인을 제외한 어떤 주체에 의해서도 그곳을 떠나지 않을 것이다.

이 무덤은 인류 이후 시대의 건축을 실험한 것으로, 명칭은 온칼로 Onkalo, 핀란드어로 '동굴' 또는 '숨겨진 장소'라는 뜻이다. 온칼로에 숨겨질 것은 아마 인간이 만든 가장 어두운 물질인 고준위 핵폐기물이다.

인간은 핵폐기물을 배출하면서 그것을 어떻게 폐기할 것인지는 미처 결정하지 못했다. 우라늄은 약 66억 년 전에 초신성 폭발로 생성되었고, 지구를 형성한 우주먼지의 일부였다. 지구의 지각에 주석이나 텅스텐 수준으로 흔히며 우리가 그 위에 살고 있는 바위 안에 분산되었다. 인간은 천천히, 값비싸게, 기적적으로, 그리고 유해한 방식으로 우라늄을 힘power과 동력force으로 전환하는 법을 배웠다. 우리는 이제 우라늄으로 전기를 만드는 법도, 죽음을 만드는 법도 알지만 제 일을 마친 우라늄을 어떻게 처리해야 할지는 알지 못한다. 현재 전 세계적으로 24만 톤 이상의 핵폐기물이 처분을 기다리고 있고 매년 1만 2,000톤이 추가된다.

우라늄 광물은 캐나다, 러시아, 오스트레일리아, 카자흐스탄에서 채굴되고 아마 곧 그린란드 남부에서도 캐내질 것이다. 이 광물을 부수고 파쇄한 다음, 산성 화학물질을 이용해 추출하고 가스로 변환한 뒤 농축하여 펠릿으로 만든다. 지름과 길이가 각각 1센티미터인 농축우라늄 펠릿 하나가 석탄 1톤에 맞먹는 에너지를 방출한다. 우라늄 펠릿은 지르코늄 합금으로 만든 연료봉 안에 밀봉되고, 연료봉 수천 개를 하나로 묶어 원자로 노심에 넣은 뒤 핵분열을 일으킨다. 핵분열로 발생하는 열을 이용해 증기를 만들고, 증기가 터빈으로 연결되어 날개를 돌리고 전기를 생산한다.

핵분열 반응의 효율성이 떨어지면 연료봉을 교체해야 한다. 그러나 연료봉은 여전히 매우 뜨겁고 방사능도 치명적인 수준이다. 불안정한 우라늄 산화물은 계속해서 알파와 베타 입자와 감마파를 방출한다. 만약 원자로에서 방금 나온 연료봉 옆에 무방비 상태로 있으면 방사선이 몸속을 파고들어 세포를 파괴하고 DNA를 손상시켜 구토와 출혈로 몇 시간 안에 사망할 것이다.

따라서 사용한 연료봉은 원자로에서 꺼내 반드시 물 또는 그 밖의 차폐성 액체 안에 보관해야 한다. 대개 몇 년 동안 사용 후 핵연료 저장조에 보관했다가 재처리되거나 건식 용기에 보관된다. 저장조 안의 물은 연료봉에서 나오는 입자를 꾸준히 흡수하면서 점점 뜨거워지기 때문에 끓어 넘치거나 연료봉의 차폐에 손상이 가지 않도록 지속해서 물을 순환시키고 식혀야 한다.

그러나 저장고 안에서 몇십 년이 지나도 연료봉은 여전히 뜨겁고 유독하고 방사능을 띤다. 연료봉은 장기적인 자연붕괴를 통해서만 생물권에 무해한 상태가 되는데, 고준위 핵폐기물의 경우 수만 년까지 걸리며 그동안 사용 후 연료봉은 공기, 태양, 물, 그리고 생물로부터 격리되어야 한다.

이 폐기물을 안전하게 보관하기 위해 고안한 최선의 해결책이 매장이다. 이것들을 처리하기 위해 땅속에 지은 무덤이 지층 처분장 geological repository이다. 지층 처분장은 우리 종의 클로아카 맥시마Cloaca Maxima(고대 로마의 대규모 하수 시스템)이다. 중·저준위 폐기물 처분장에는 원자력발전과 핵무기 개발 과정에서 나오는 방사능 수치가 높지 않은 부산물이 보내진다. 옷가지, 도구, 필터 패드, 지퍼, 단추 등은 수십 년이 지나면 유해성이 사라질 것들이다. 이것들은 모두 통에 넣어져 지하에 묻힌 대형 창고로 내려간다. 각 층은 콘크리트로 포장되어 대체품을 기다린다. 미국 뉴멕시코 주의 암염층을 파서 만든 중준위 처분장인 방사성폐기물격리시범시설은 핵탄두 제조 과정에서 나온 방사성물질을 처리하기 위해 지어졌으며, 초우라늄 폐기물이 들어 있는 55갤런들이 연강 드럼통 80만 개를 저장할 수 있게 제작된 심층 처분장이다. 방사성폐기물격리시범시설에 보관되는 드럼통은 시간이 지나면서 지층을 형성하고, 고도로 조직화된 암반 기록물로서 미래에 또 하나의 인류세 화석이 될 것이다.

그런데 가장 위험한 폐기물 – 원자로에서 나온 유독하고 방사능 수치가 대단히 높은, 사용 후 연료봉 – 은 특별한 장례식과 무덤이 있는 훨씬 안전한 매장 절차를 거쳐야 한다. 지금까지 건설된 고준위 핵폐기물 처분장은 소수에 불과하다. 벨기에는 미래의 심층 보관 가능성을 연구하기 위해 시험 지역의 땅을 파고 그 시설에 '하데스HADES'라는 이름을 붙였다. 미국에서는 네바다 사막의 유카 산이라는 대형 사화산에 고준위 처분장을 건설했지만, 수십 년간의 논쟁과 항의 끝에 공사가 중단되었고, 응회암 속에 파 들어간 터널은 현재 비어 있는 상태다.

프로젝트가 보류된 이유 중에는 유카 산이 270미터 너비의 지진대인 선댄스 단층Sundance Fault에 가깝다는 사실이 있다. 선댄스 단층은 '고스트 댄스'라고 부르는 더 깊은 단층과 교차한다. 미국의 저술가 존 다가타John D'Agata는 만약 유카 산이 최대 수용량을 모두 채우면 '약 7조 회의 피폭에 해당하는 치명적인 방사선, 핵폭탄 200만 개가 폭발하는 수준의 방사선으로 지구 전체 인구를 350번 이상 죽일 수 있다'[2]고 말했다.

이 모든 심층 처분장 중에서 가장 발전한 것이 핀란드의 온칼로다. 온칼로는 보트니아 만 450미터 아래의 19억 년 된 바위에 건설되었다. 온칼로의 매장실이 올킬루오토의 세 개 발전소에서 나온 폐기물로 가득 차면 6,500톤의 사용 후 우라늄을 보관하게 된다.

여기가 세상의 끝으로 가는 길이다, 여기가 세상의 끝으로 가는 길이다, 여기가 세상의 끝으로 가는 길이다. 폭발에 의해서가 아니라 방문객 센터와 함께.

"올킬루오토 섬에 오신 것을 환영합니다." 파시 투오히마아Pasi Tuohimaa가 말했다. "오셨군요!"

나는 그린란드에서 엄청난 융빙의 여름과 물랭에서의 가을을 보내고 겨울에 온칼로에 왔다.

로비는 깨끗하고 돈을 많이 들인 것 같았다. 탈의실이 따로 있는데, 벽에 고화질의 숲 사진이 걸려 있었다. 화장실에는 음악이 아닌 녹음된 새소리가 들렸다. 사람들은 동고비의 노랫소리를 들으며 일을 본다. 나무발바리인지도 모르겠다.

파시가 나를 밖으로 데려갔다. 로비 뒤쪽의 계단으로 된 산책로가 바다 습지까지 이어진다. 바람에 갈대 소리가 난다. 바다는 꽁꽁 얼었고 부들 사이에 노란 빙판이 쌓여 있다. 만을 가로질러 눈보라가 움직일 때마다 원자력발전소 세 동의 윤곽이 보였다 안 보였다 한다. 가장 멀리 있는 제3동은 모스크처럼 생겼다. 미나레트minaret 탑이 올라오는 테라코타 돔이다.

"제3동은 아직 건설 중입니다만, 조만간 준공됩니다." 파시가 말했다.

바람이 매우 차다. 조망 창으로 경치를 보기로 하고 건물 안으로 들어갔다. 넓은 조망 창에는 새들이 부딪히는 것을 방지하기 위해 회색의 맹금류 스티커를 붙여놓았다. 나무 창틀이 만의 경치를 아름답게 보여주었다. 눈보라가 발전소 건물을 완전히 가려준다면 20세기 초의 핀란드 화가 악셀리 갈렌 칼렐라Akseli Gallen-Kallela의 그림을 보는 것 같을 것이다.

파시는 원자력이 광산에서 소비자에게 공급되는 과정을 설명하고, 방사능이 부적절하게 다뤄질 때만 위험하다는 것을 증명하는 상설 전시관을 보여주었다.

파시가 말했다. "사람들은 핵폐기물이 영구적으로 해롭다고 생각합니다만, 그렇지 않아요. 사용한 우라늄이라도 500년이 지나면 집으로 가져가도 됩니다."

파시가 나를 향해 팔을 벌렸다. "아마 끌어안아도 될 겁니다!"

그는 잠시 멈춰서 다시 생각했다.

"침대 밑에 두는 건 좀 그렇지만, 거실이라면 문제없습니다."

그는 다시 이야기를 멈추었다.

"뽀뽀까지는 아니더라도 끌어안는 건 괜찮습니다."

그는 마치 딸의 첫 데이트를 앞두고 잔소리를 늘어놓는 아버지처럼 말했다.

"이것이 저희가 장기 보관을 위해 연료봉을 포장하는 방식입니다." 그는 지름 1미터, 길이 2.5미터짜리 구리 실린더를 가리키며 말했다. 손가락 마디로 두드리자 텅텅 소리가 났다.

"모형이 아니라 진짜입니다. 여기에 킬로그램당 얼마나 많은 구리가 들어가는지 아십니까? 최고의 보관 용기입니다. 비활성이죠."

구리로 된 캐니스터(용기) 안에는 주철 캐니스터가 들어 있는데, 그 내부는 정사각형으로 구멍이 뚫린 바둑판처럼 분할되었다. 이 정사각형의 구멍에 다 쓴 우라늄 펠릿이 들어 있는 지르코늄 합금 연료봉이 들어간다. 캐니스터가 모두 채워지면 무게가 25톤 정도 된다. 각 캐니스터는 물을 흡수하는 벤토나이트 점토로 완충되어, 안을 파낸 편마암 튜브 안에, 그리고 다시 450미터 아래에 있는 편마암과 화강암 암반 안에 들어갈 것이다.('https://bit.ly/3eo7eYF' 참조 – 옮긴이)

나는 그것이 몇 겹이나 되는지 혼자 중얼거리며 세어보았다. 안쪽에서부터 우라늄, 지르코늄, 철, 구리, 벤토나이트, 편마암, 화강암…… 내 언더랜드 여행의 시작점을 떠올렸다. 그리고 불비 광산의 암흑물질 실험실에서 이야기를 나누었던 시간의 시작을 생각했다. 불비에서 과학자들은 우주의 탄생을 보기 위해 크세논을 납에, 그리고 다시 구리에, 철에, 그리고 수백 미터 아래의 바위에 겹겹이 둘러쌌다. 온칼로에서는 현재로부터 미래를 안전하게 지키기 위해 우라늄을 지르코늄에, 그리고 다시 철에, 구리에, 벤토나이트에, 그리고 수백 미터 아래 바위에 겹겹이 둘러싼다.

전시품들 중에는 책상 뒤에 앉아 책상 위에는 종이를 놓고 손에는 펜을 들고 있는 알베르트 아인슈타인의 실물 크기 모형이 있었다.

"자, 여기 누가 있는지 보시죠!" 파시가 나를 아인슈타인에게 이끌며 말했다.

아인슈타인은 상당히 낡아 보였다. 도저히 닮았다고는 볼 수 없는 고무 얼굴이 목에서 간당간당 떨어져 목구멍 속으로 금속 막대와 경첩이 보였다.

"버튼을 눌러보세요." 파시가 책상 위의 빨간 버튼을 가리키며 다그쳤다.

버튼을 눌렀다.

아인슈타인의 상체가 우리 쪽으로 기울더니 회색 콧수염의 오른쪽 절반이 툭 떨어지며 윗입술로 천천히 늘어졌다. 아인슈타인으로는 들리지 않는 녹음된 목소리가 핀란드어로 우리에게 말하기 시작했다. 파시가 난감한 듯 눈살을 찌푸리면서 아인슈타인의 콧수염을 제자리에 올리고 엄지손가락으로 꾹 눌렀다.

올킬루오토 섬에 도착해 온칼로로 내려가기 전날, 나는 라우마 Rauma의 작은 마을에서 핀란드의 위대한 국민 서사시 「칼레발라Kalevala」를 읽으면서 기다렸다.

「칼레발라」는 다양한 목소리와 이야기가 담긴 장편 서사시로, 「일리아드」와 「오디세이」처럼 발트 해의 노래에서 러시아의 옛이야기까지 다양하고 뿌리 깊은 전통에서 탄생했다. 1,000년 이상 구전으로 전해지다가 19세기가 되어서야 핀란드 학자 엘리아스 뢴로트Elias Lönnrot가 수집하고 편집해 오늘날의 『칼레발라』로 출간되었다. 뢴로트의 「칼레발라」는 세속적이고 행동적인 요소에 신화적이고 서정적인 요소를 결합해 많은 얽히고설킨 이야기를 구성했고, 북부인들이 그곳의 숲, 섬, 호수 등 척박하면서도 아름다운 환경에서 살아가는 모습을 극적으로 묘사했다. 핀란드 학자 마티 쿠시Matti Kuusi는 이 시 자체가 만들어진 역사를 '수많은 세대와 그들의 유물이 묻힌 무덤이 층층이 쌓인 복합적 단층'[3]에 비유했다.

「칼레발라」는 몇 년간 내 머릿속에서 떠나지 않은 서사시다. 나는 그 언어, 주문, 그리고 그들이 내뱉은 말대로 세상을 변화시키는 이야기에 사로잡혔다. 이야기 속 영웅들은 언어의 대가이자 경이로운 일꾼인데, 그중 가장 위대한 이는 배이내뫼이넨Väinämöinen으로, 번역하면 '느리게 움직이는 강의 영웅'이다.

그날 내가 이 책을 읽은 방에는 19세기 후반의 어느 장날에 찍은 라우마의 사진이 걸려 있었는데, 크게 확대되어 해상도가 좋지 않았다. 남성들은 장날에 맞춰 검은 정장을 입었고 신발과 모자도 검은색이며 형상이 또렷하다. 여성들은 눈부시게 하얀 드레스를 입고 모자를 썼는데, 구식 카메라로 오래 노출하는 바람에 유령처럼 하얗게 타버렸다. 나는 여성의 수를 87명까지 셌다. 여성들은 말이 끄는 마차 밖으로 몸을 기울인 채, 한 손으로 머릿수건을 목 언저리에서 움켜잡고 다른 손에는 장 본 물건을 들었다. 치마는 발목 길이까지 오고 모자는 띠를 두번 두른 높은 밀짚모자다. 이들은 여기저기서 매우 빠르게 움직이는데, 촬영 때 터진 섬광으로 그 모습이 보이지 않을 정도로 흐릿하다.

나는 그 사진이 보이는 곳에서 두 시간 동안 『칼레발라』를 읽었고, 읽는 내내 목덜미가 따끔거릴 정도의 불안함을 느꼈다. 오래전의 이야기인데도 이 시는 현재 올킬루오토 섬에서 행해지는 일에 대한 선견지명을 드러낸다.

시의 중반에 들어서면 배이내뫼이넨에게 언더랜드로 하강하는 임무가 주어진다. 그는 핀란드 숲속에 지하 동굴로 내려가는 입구가 있다는 이야기를 듣는다. 그 동굴에는 엄청난 에너지를 품은 물질이 있는데, 주문을 외우면 그 힘이 방출된다. 그 힘에 다치지 않고 지하공간까지 안전하게 다다르기 위해 배이내뫼이넨은 구리 신발을 신고 쇠로 된 셔츠를 입어야 했다. 일마리넨Ilmarinen이 금속을 단조해 그에게 만들어주었다. 배이내뫼이넨은 금속으로 된 안전복을 입고 굴의 입구에 도착했다. 입구는 사시나무, 오리나무, 버드나무와 가문비나무로 위장되었다. 나무를 베어 입구를 드러내고 굴속에 들어서는 순간 그는 그곳이 깊은 '무덤'이자 '악마의…… 은신처'[4]임을 알게 된다. 그는 자신이 발을 들인 곳이 비푸넨Vipunen이라는 거인의 목구멍이고, 그의 몸은 대지 그 자체로 땅속에 묻혀 있다는 것을 알게 된다.

비푸넨은 배이내뫼이넨에게 동굴 속에 묻혀 있는 것을 지상으로 가지고 올라가지 말라고 경고한다. 비푸넨은 그것을 드러냈을 때 겪게 될 '뼈를 깎는 고통'[5]에 대해 말하며, 왜 '나의 죄 없는 심장과 흠 없는 배 속'에 들어왔느냐? '먹으려고? 갉아먹고 물어뜯고 게걸스럽게 삼키려고 그러느냐?'[6]라고 묻는다. 그러고는 배이내뫼이넨에게 지금 멈추지 않는다면 결국 그가 인간에게 끔찍한 폭력을 가하고 '바람이 만들고 물이 옮기는 / 돌풍이 퍼뜨리고 / 차가운 공기가 운반하는'[7] 질병이 될 거라고 말한다. 그리고 절대로 깰 수 없는 강력한 봉쇄 주문으로 배이내뫼이넨을 가둘 것이며, 주문에서 빠져나오려면 한 마리 양에서 태어난 숫양 아홉 마리와, 한 마리 암소에서 태어난 수소 아홉 마리, 그리고 한 마리 암말에서 태어난 종마 아홉 마리가 필요할 것이라고 위협한다.

그러나 배이내뫼이넨은 비푸넨의 말을 듣지 않았다. 그는 지하에 묻힌 힘이 지상으로 돌아와야 한다는 확신을 노래했다.

말words을 숨겨서는 안 되고,

주문을 묻어두어서도 안 되느니,

강한 힘은 세상 밖으로 나와야지

지하로 가라앉아서는 안 되는 법이다.[8]

「칼레발라」는 위험한 물질을 안전하게 보관하고 귀중한 물질을 안
전하게 회수하는 장소로서 언더랜드에 매혹되었다. 이 시의 핵심에는
'삼포Sampo' 또는 '삼마스Sammas'라는 마법의 물건이 있는데, 또 한 사람
의 초자연적 영웅인 대장장이 일마리넨이 제작한 것으로, 열 개의 자물
쇠가 달린 관문이 지키는 '바위 언덕'의 '구리 비탈길'[9] 내부에 보관되
어 있다. 흔히 맷돌로 묘사되는 이 마법의 물건은 그것을 제어하는 자
에게 힘과 부와 행운을 가져다준다. 현대적 의미에서 삼포는 무기 시스
템, 풍부한 원자재, 조직적인 국가 산업, 또는 원자력발전소에 해당한
다. 삼포는 밀가루를 빻고 돈을 빻고 시간을 빻는다. 삼포에 주어진 임
무 중 하나는 세상의 나이를 빻아 거대한 전진의 순환 속에 시대가 서
로를 대체하게 한다. *세상은 너무나 많이 변했다. …… 우리는 인류세*
를 살고 있다.

━━◆━━

우리는 평평하고 간벌된 대지를 통해 온칼로 입구에 접근했다. 자
작나무, 소나무, 사시나무를 베어내고 그루터기를 뽑아내어 도로 가까
운 숲에 정사각형의 빈터를 만들었다. 그리고 말코손바닥사슴과 무단
침입자와 테러리스트들이 접근하지 못하도록 이중으로 철조망을 둘렀
다. 회색 자갈 위에 눈이 내렸다. 눈보라가 잠잠해졌다. 노란색 파형 강
판으로 된 가운데 빌딩에는 자판기에서 '배터리'라는 에너지 드링크를
팔았다.

440

온칼로가 묻혀 있는 지상의 경관은 지난 200만 년 동안 그 위를 계속해서 굴러 지나간 빙하 때문에 평평해졌다. 마지막 빙하가 지나간 곳에 빙하가 남긴 건물만큼이나 큰 표석들이 나무들 사이에 놓여 있다. 빙하는 아주 오래전에 사라졌지만 금세 돌아올 것 같다.

온칼로 입구는 편마암을 폭파해서 만든 경사로다. 입구 주변에 드러난 바위에는 이미 지의류가 살기 시작했다. 키산토리아가 주황색으로 키스한다. 사고가 발생할 경우 덧문이 내려와 경사로를 차단할 것이다. 게이트가 올라가면서 어둠으로 기울어가는 터널이 나왔다.

숏크리트 벽이 부자연스럽게 매끄럽다. 옆에 달린 초록색 불빛이 점점 작아진다. 세상의 끝에서는 제한속도가 시속 20킬로미터라고 알려주는 표지판이 있다. 유틸리티 전선이 벽을 따라 늘어진다. 배수관을 타고 물이 꾸르륵거리며 내려간다. 공기가 아래에서 위로 차갑게 움직이며 돌가루를 휘젓는다. *땅은 우리의 예배당이며, 모든 분해와 부패를 담는 그릇이다······*[10] 문턱에서 아래로 이어진 터널이 4.8킬로미터를 나선형으로 굽어 내려가다가 매장실에서 평평해진다.

마치 주위를 감싸는 암반이 존재하지 않는 것처럼 비현실적으로 보이는 온칼로에는 우아한 단순함이 있다. 지면에서 수직으로 뚫고 내려가는 세 개의 통로가 있는데, 공기가 각각 들어오고 나가는 환기용 통로와 승강 장치다. 이 수직 통로 주위로 수송용 경사로가 나선형 미끄럼틀처럼 크게 돌아 지하 450미터 깊이의 복잡한 공간까지 내려온다. 중앙 공간에서 바깥쪽으로 각 수직굴의 바닥까지 연료봉 캐니스터를 보관할 저장 터널망이 확장된다. 온칼로가 맨 처음 폐기물을 받을 준비가 완료되면, 200개 이상의 저장 터널이 총 3,250개의 캐니스터를 저장하게 될 것이다. 터널망의 형태가 내게는 마치 나무좀들이 나무껍질 밑에 알을 낳고 유충을 기르기 위해 나무를 파서 만든 방과 통로 같다. 이 나무좀들은 그들을 먹이고 키운 나무를 죽일 것이다.('https://bit.
ly/3fjpbct' 참조 – 옮긴이)

우리는 미래를 위해 보존하려고 묻는다. 때로는 어떤 물질들로부
터 미래를 보존하기 위해 그것들을 묻는다. 물려주길(보관) 바라며 묻기
도 하고, 망각하길(폐기)을 바라며 묻기도 한다. 독일의 프라이부르크 임
브라이스가우Freiburg im Breisgau 근처에 있는 바르바라스톨렌 지하 보관소
Barbarastollen underground archive에는 사용하지 않는 광산을 개조해 독일의 문
화유산을 보관하기 위한 안전가옥을 만들었다. 지하 400미터, 캐스킷
에 넣은 마이크로필름에 9억 개 이상의 이미지가 저장되었다. 이 기록
보관소는 핵전쟁에서도 살아남고 그 소장품들이 최소 500년 동안 보존
되도록 설계되었다. 스피츠베르겐Spitsbergen의 스발바르 국제종자저장
고는 지구의 식물상과 생물다양성을 보충해야 할 재앙 이후의 시기에
대비해 엄청난 양과 종류의 종자와 식물을 냉동 보관했다. 두 금고 모두
미래의 희소성을 예상하고, 암묵적으로 현재를 풍요의 시대로 읽는다.

이와 달리 온칼로는 묻어둔 내용물을 다시 회수하지 않고자 하는
바람으로 지어졌다. 우리의 일상적인 조치를 비웃는 범위의 시간과 대
치하는 장소다. 방사성물질의 시간이 영원한 것은 아니지만, 적어도 그
앞에서 인간의 평범한 상상력과 의사소통이 맥없이 무너지는 시간의
범위 안에서 기능한다. 수십 년, 수 세기는 콧방귀 수준이고, 온칼로라
는 석조 공간과 그것이 보유할 것의 심원의 시간에 견주면 언어조차 무
의미해 보인다. 우라늄 235의 반감기는 44억 6,000만 년이다. 이 시간
은 인간을 무대에서 끌어내리고 최초의 인간을 의미 없는 존재로 뭉개
놓는다.

그럼에도 우리는 방사능의 시간 안에서 생각함으로써 우리가 미
래를 무엇으로 만들 것인가가 아니라 미래가 우리를 무엇으로 만들 것

인가를 묻게 된다. 우리의 뒤를 바로 이을 세대만이 아니라 인류 이후에 올 시대와 종에게 어떤 유산을 남길 것인가? 우리는 좋은 조상이 되고 있는가……?

터널이 굽이돌아 내려간다. 공기가 묘하게 웅웅댄다. 보이지 않는 기계가 알 수 없는 작업을 수행한다. 우리는 300미터쯤 내려가 일련의 커다란 측면 방들로 들어갔다. 첫 번째 방에는 노란 시추 엔진이 여전히 팔에서 물을 뚝뚝 흘리며 서 있다. 무인이지만 시동이 켜져 있고 여덟 개의 할로겐 눈이 노려본다. 콘크리트 벽의 지붕에 은색과 붉은색 판이 볼트로 고정되었다. 지붕에 새로 뚫은 구멍이 우리를 향해 눈물을 흘린다. 할로겐램프가 단단한 그림자를 드리운다. 나는 불비 광산의 드리프트 미로에서 할라이트 장막이 뒤덮길 기다리는 도마뱀 굴착기가 떠올랐다.

방의 맨 벽은 파랑, 빨강, 초록, 노랑의 스프레이 페인트로 칠한 동굴 예술이 가득하다. 바위에는 내가 해독할 수 없는 숫자, 그림문자, 선, 화살표, 그 밖의 코드들로 장식되었다. 레프스비카의 춤추는 청동기시대 댄서 그림처럼 내게는 그 의미가 아득하다.

———◆———

그리스어로 '신호'를 의미하는 'sema'는 '무덤'을 나타내는 단어이기도 하다.[11] 1990년경에 원자기호학nuclear semiotics이라는 학문이 탄생했다. 방사성폐기물을 매장한다는 계획이 세워지면서 미국에서는 어떻게 미래 세대에 이 엄청나고 지속적인 위험을 경고할 것인지에 대한 문제가 함께 등장했다. 미국 에너지부는 '향후 1만 년 동안' 처분장에 침입을 막는 '표지 체계'[12]를 개발하는 것이 중요하다고 보았다. 미국 환경보호청은 유카 산과 뉴멕시코 사막에 건설 중인 매장지에 적용할 시스템을 책임지고 개발할 전담반[13]을 설립했다. 전문가로 구성된 패널을 소집해 '표지 체계'의 쟁점을 논의했다. 초빙된 패널에는 인류학자, 건축가, 고고학자, 역사학자, 지질학자, 천문학자, 생물학자 등이 있었다.

패널들이 직면한 과제는 만만치 않았다. 어떻게 구조적·의미적으로 미래의 재앙에서조차 살아남을 수 있는 경고 체계를 개발할 것인가? 어떻게 시간의 간극을 넘어 미지의 존재들에게 이 매장된 방으로 들어가 격리된 폐기물을 침범하면 안 된다는 취지를 전달할 것인가?

패널들이 제안한 것들 중에는 오늘날 '적대적 건축hostile architecture'이라고 알려졌지만 그들이 '수동적 기관 통제'[14]라고 본 것이 있다. 그 중에는 매장지 위에 건설하는 '가시 경관[15](사람들의 접근을 막고 '인체에 위험함[16]'을 알리는 날카로운 스파이크를 가진 15미터 높이의 콘크리트 기둥)', '블랙홀[17](사람들이 쉽게 통과하지 못하도록 뜨겁게 태양에너지를 흡수하는 검은 화강암이나 콘크리트 덩어리)', '금지된 블록[18](방문자를 위협해 돌아가게 만드는 커다란 바윗덩어리들)' 등이 있다.

그러나 패널들은 그처럼 공격적인 건축물이 되레 유혹으로 작용할 수 있음을 깨달았다. '여기 사나운 용이 잠들어 있음'이 아니라 '여기 보물이 있음'으로 보일 수 있다는 것이다. 백마 탄 왕자는 잠자는 숲속의 공주를 구하기 위해 가시덩굴을 헤치고 나아갔다. 고고학자 하워드 카터Howard Carter는 여러 장애물과 다른 세계의 언어로 쓰여 있는 경고를 아랑곳하지 않고 끝내 투탕카멘의 무덤을 발굴했다.

전문가들은 초월적 표기법을 제안하기도 했다. 뭉크의 「절규The Scream」를 모델로 두려움에 사로잡힌 인간의 얼굴 등 공포를 나타내는 그림문자나 암각화를 설치하면, 먼 미래에 이곳에 접근하는 누군가에게 어떤 식으로든 공포를 전달할 수 있을 거라고 주장했다. 또는 바람이 연주하는 악기를 설치해 먼 미래에 사막에 부는 바람이, 슬픔을 가장 효과적으로 전달한다고 여겨지는 라단조의 음을 내도록 만들자는 의견도 있었다.

　기호학자이자 언어학자인 토머스 세벅Thomas Sebeok은 미래에 가도 그 의미가 혼란스러워지거나 변동되지 않는 초월적 기호를 찾는 것이 무의미하다고 주장했다. 그에 따르면 그런 표식은 존재하지 않는다. 대신 그는 장기적이고 '능동적인 의사소통 체계'[19]를 제안했다. 즉 이야기, 민화, 신화 등을 이용해 해당 장소의 성격을 전달하는 것이다. 선별된 '원자 사제단atomic priesthood'[20]에 의해 영속되는 이 수단은 세대와 세대를 거쳐 이야기를 재구성하고 수정할 수 있으므로 매우 유연하다. 이런 방식을 통해 단순한 경고의 말로 시작된 것이 경고가 필요한 사회를 위해 새롭게 탄생한 서사시나 민속설화 등으로 재구성될 수 있다. 성직자로 임명된 이들은 '사람들이 다가오지 못하게 매장지에 대한 신화가 계속될 수 있도록 길을 닦는'[21] 책임을 지게 될 것이다.

　뉴멕시코 사막의 방사성폐기물격리시범시설은 현재 2038년에 봉인될 예정이다. 이 장소를 표시하는 계획은 아직 개발 중이다. 이제 이 프로젝트에는 사회과학자와 공상과학소설 작가들도 참여하여 자문한다. 그레고리 벤퍼드Gregory Benford가 '우리 사회에서 심원의 시간이라는 심연을 가로질러 시도되는 가장 큰 의식적 의사소통'[22]이라고 부른 것에 대한 현재까지의 계획은 다음과 같다.

　먼저 보관실과 진입 통로를 메운다. 그리고 9미터 높이의 바위로 된 제방berm과 소금 코어가 있는 흙을 다져 지상에 있는 처분장의 흔적을 둘러싼다. 거기에는 반사 레이더와 자석, 그리고 세라믹, 점토, 유리, 금속으로 만든 디스크에 다음과 같은 경고문을 새긴다. '파거나 구멍을 뚫지 말 것.' 바위 제방 자체도 7.5미터 높이의 화강암 기둥으로 외부를 둘러싸고 경고문을 붙인다.

제방 가까이에 가로 670미터, 세로 180미터의 지도를 설치한다. 이 지도는 바람이 불면 모래를 떨어낼 수 있게 낮은 반구형이고[23] 땅에 묻혀 있지 않을 것이다. 대륙은 화강암으로 윤곽이 표시되고 바다는 칼리치caliche 암석 돌무더기로 나타내진다. 그리고 지도에는 세계의 주요 방사성폐기물 매장 장소가 표시될 것이다. 오벨리스크는 방사성폐기물격리시범시설의 장소, 즉 현재 위치를 표시한다. '당신은 여기에 있습니다.'

지구의 끝에 있는 이 지도는 호르헤 루이스 보르헤스Jorge Luis Borges의 교훈적인 단편 「과학의 정확성에 관하여On Exactitude in Science」의 메아리를 담고 있다. 이 이야기는 제국의 지도 제작자가 완벽을 추구한 나머지 결국 '제국의 땅덩어리와 똑같은 크기의 지도'를 만들고 마는 세계를 상상한다. 그러나 이 일대일 비율의 지도는 너무나 엄청나고 사용할 수 없다. 이 지도의 위험성을 지각한 '다음 세대'는 지도가 부식되도록 놔둔다. 보르헤스의 이야기는 '서쪽의 사막'에서 '오늘날에도 아직까지 짐승과 거지가 살고 있는 너덜너덜한 지도의 폐허가 있다'[24]는 말로 끝난다.

방사성폐기물격리시범시설의 지도 가까이 '핫셀Hot Cell'[25]이 건설될 것이다. 핫셀은 지상 위로 18미터, 지하로 9미터 확장된 강화철근콘크리트 구조물이다. 여기서 '핫Hot'이란 방사능을 말한다. 훨씬 아래에 방사성물질이 묻혀 있음을 알려주기 위해 매장된 핵폐기물의 표본을 소량 보관할 것이다.

제방에 딸린 땅에는 화강암과 철근콘크리트로 적어도 1만 년 동안 지속될 정보실을 지을 계획이다. 이 방에는 더 많은 지도, 연대기, 그곳에 폐기된 물질 및 그 위험을 과학적으로 상세히 새긴 석판을 보관한다. 모든 유엔 공용어와 나바호어로 쓰일 것이다.

정보실 바로 아래에 '저장실'이 있다. 이 방은 네 개의 작은 출입구가 있고 각각 미닫이 돌문으로 보호된다. 방에는 경고문이 돌에 새겨져 있다. 간단히 표현하면 다음과 같다.

우리는 여러분에게 이 땅속에 무엇이 묻혀 있는지, 왜 이곳을 건드리면 안 되는지, 그러면 어떤 일이 일어나는지 말해드리겠습니다.

이 장소는 WIPP(방사성폐기물격리시범시설)라고 하며 서기 2038년에 폐쇄되었습니다.

핵무기 또는 핵폭탄을 제작하는 동안 생성된 폐기물을 보관합니다.

우리는 우리가 만들어낸 위험물질로부터 미래 세대를 보호할 의무가 있다고 믿습니다.

이 메시지는 위험에 대한 경고입니다.

우리는 여러분이 이곳을 땅속에서 온전하게 유지하기를 강력히 권합니다.[26]

제방, 지도, 핫셀, 정보실, 땅속의 저장실 – 모두 페름기 지층 깊이 파묻은 활성 방사성물질 저장 용기 위에 지어진 – 은 내게 가장 인류세다운 건축물이자 우리가 지금까지 언더랜드에 묻은 가장 거대한 무덤 같았다. 고백과 경고 사이의 어디쯤에 있는 저 반복적인 주문은 내게 가장 완벽한 인류세의 텍스트이자 가장 어두운 장례 미사문이다.

그러나 심원의 시간 속에서는 저 말들조차 붕괴될 것이다. 사막의 바람에, 대기의 습기에, 그리고 번역되는 과정에서. 언어 자체도 붕괴의 사슬 속에 반감기가 있다. 인류가 글을 쓰기 시작한 역사는 설형문자가 등장한 이래 고작 5,000년이다. 우리의 언어 체계는 동적이고 표기체계는 파괴, 왜곡되기 쉽다. 잉크는 태양 광선 아래서 몇 달이면 바래져 사라진다. 내구성 있는 물질에 새겨진 문자조차 미래 청중에게 읽힐 거라는 보장이 없다. 오늘날 세계에서 수메르인의 설형문자를 이해하는 사람은 1,000명이 채 되지 않는다.

온칼로의 매장실을 관리하는 사람들은 후대에 어떻게 경고를 전달할지에 대해 대체로 무관심하다. 이 위도에서는 버려진 땅 위로 곧 숲이 자라기 시작하고, 그래서 지상의 존재를 감추게 될 것임을 안다. 그리고 일단 숲이 자라기 시작하면 지구의 시간으로 볼 때 머지않아 빙하가 이곳으로 돌아올 것임을 안다. 얼음이 지나가면서 이곳에서 일어난 모든 일을 싹 밀어버려 지형 전체를 지워버릴 것임을 안다.

우리는 온칼로의 제일 밑바닥에 도달했다. 아치 형태의 측면 터널이 제일 끝 방으로 이어졌다. 이곳에서 터널의 바닥은 평평하고 바닥재가 깔렸다. 그 층 아래에 내부가 제거된 두 개의 원통형 공간이 있다. 빈 곳을 채워줄 몸을 기다리는 구멍들이다. 각 구멍은 깊이가 2.5미터, 둘레가 1.5미터이고 원형의 노란 난간에 의해 보호된다.

터널 입구에 회색 멜라민 탁자와 갈색 플라스틱 의자가 있다. 치명적인 내용물이 도착할 때까지 이곳은 작업장이고, 모든 작업장이 그렇듯이 채워 적어야 하는 양식들이 있고 휴식이 필요한 다리들이 있다.

갈색 플라스틱 패널이 터널 양쪽에 볼트로 고정되어 있고, 그 위에는 미상의 화가들이 플라스틱 패널에 붙은 돌가루에 손가락으로 그림을 그렸다. 패널 세 개 중 왼쪽에는 폭풍·나무·집이 있는 풍경을, 가운데 패널에는 구름 속에 앉아 있는 토끼를, 오른쪽 패널에는 주름진 미소를 띠고 있는 사람의 얼굴을 그렸다.

온칼로의 내부는 언더랜드 여행 중에 가보았던 가장 깊은 곳은 아니지만, 가장 어둡게 느껴졌다. 나는 위에서, 그리고 나의 주위에서 핏줄과 세포조직까지 돌진하는 강한 시간의 무게감을 느꼈다.

우리가 있는 곳으로부터 한참 위에서는 파도가 보트니아 만을 거쳐 동쪽으로 부딪치고, 바다는 금이 간 얼음 재킷 밑에서 이동하고, 다국적 노동력이 지금까지 원자력발전소에 장착된 가장 큰 날개를 돌릴 터빈을 준비하고, 태양은 산산조각 난 시리아를 비추고, 대기의 이산화탄소 농도는 증가하고, 크누드 라스무센 빙하는 서둘러 피오르로 분리된다.

모두 멀게만 느껴지는 다른 행성의 분주함이다.

"건설 초기에 온칼로에서 작업하던 설계자와 기술자 사이에 이런 농담이 오갔어요." 손가락 마디로 돌을 툭툭 치면서 갑자기 파시가 말했다. "시추와 폭파를 시작하면 아마 땅속에서 사용 후 연료봉이 들어 있는 구리 캐니스터를 제일 먼저 발견하게 될 거라고 말이죠."

나는 시대의 변화를 갈아내는 「칼레발라」의 강력한 맷돌, 삼포를 떠올렸다. 지하에서 캐내게 될 것에 대한 수백 년 전의 경고, 그리고 위험을 차단하기 위해 구리가 필요하다는 사실, 공기를 황폐화시킬 끔찍한 질병과 때 이른 방식으로 지상까지 올라올 모든 생물체에 대해.

나는 토머스 세벅의 '원자 사제단', 민속과 신화의 형태로 세대와 세대를 거쳐 경고를 전달하는 임무를 맡은 이들을 생각한다. 슬로베니아의 너도밤나무 숲에서 몽둥이로 맞고 총검에 찔린 사람들을 밀어 넣었던 싱크홀 위 양철판에 적힌 시의 마지막 행이 떠올랐다. *이 기록을 지우려는 자에게 저주가 내리길……*. 나는 우리가 주의를 기울이기는커녕 들으려고도 하지 않은 경고로서 「칼레발라」를 차갑게 느낀다.

　주위에서 돌의 고요함이 짓누른다. 션과 함께 들어갔던 멘딥힐스의 층리면이 기억났다. 움직이지 않는 검은 돌이 가하는 압력. 더 먼 과거에서 출발해 마음속에 숨지 않고 떠오르는 기억들도 있다. 아버지와 함께 있었다. 어려서 내가 자란 집에서 망치로 마룻바닥을 들어올리고 있다. 잼 병으로 만든 타임캡슐을 넣기 위해서다. 병 안에 뭘 넣었더라? 작은 주물로 만든 비행기, 아니 전투기? 맞다. 그리고 누군지는 모르지만 미래의 수신자에게 보내는 편지를 넣었다. 습기를 흡수하고 종이의 잉크가 상하는 걸 막기 위해 넣은 쌀. 나와 형을 찍은 폴라로이드 사진. 그게 다인가? 멀리 와버린 미래에 과거의 자세한 내용은 모두 흐릿하다. 나는 병 - 뚱뚱한 병, 좁은 입구, 청동 뚜껑 - 을 마룻바닥 밑에 넣고 마루를 덮은 다음 못질을 했다는 사실만 또렷이 기억난다. 사라졌다. 안전하다. 미래에 보내는 메시지.

　시간이 중첩되는 그림자의 시간으로 쪼개지기 시작한다. 언더랜드에서 있었던 매장에 대한 생각들이 밀려들었다. 닐 모스의 몸은 다른 이들에게 해가 되지 않기 위해 콘크리트에 묻힌 채 여전히 피크 디스트릭트의 수직굴에 있다. 방해석에 의해 번데기가 되고 *거의 돌이 된* 멘딥힐스의 중석기시대 시신들. 자신의 재가 세 군데에서 바람에 흩어지길 원했던 내 아버지의 소망. 그리하여 그의 죽음 이후 우리를 묶어놓을 무덤은 없고, 대기가 연상의 타래가 되어 그를 기억하게 할 것이다.

　지친 나는 세상의 끝에 있는 갈색 플라스틱 의자에 앉았다. 파시는 작업하는 사람들과 여전히 옆 터널에서 이야기를 나누고 있다. 나는 파시 몰래 메인 터널의 모퉁이를 걸어 내려가 돌아다니는 상상을 했다. 터널의 오른쪽 벽에 구멍이 세 개 뚫려 있는데 직경이 내 어깨너비쯤 된다. 나는 가운데 시추공에 손을 끝까지 뻗는 상상을 한다. 그리고 팔을 다시 끌어올 때 어깨의 짐을 벗고 약속을 지켰다고 상상한다.

폐기물 캐니스터가 온칼로에 매장되고 모든 실린더가 채워지면 나선형의 진입로가 메워지고 환기용 수직 통로가 메워지고 승강기 통로가 메워지고 마지막으로 터널 진입로의 입구가 메워져 200만 톤의 암반과 벤토나이트가 캐니스터를 그 자리에 밀봉하고 미래를 현재로부터 안전하게 지켜낼 것이다.

나는 벽에 고정된 또 다른 플라스틱 패널의 먼지 위에 찍힌 손도장을 보았다. 손가락을 펴고 엄지손가락을 확실히 눌렀다. 오른손이다. 균형을 잡으려다, 아니면 휴식을 취하다가, 그것도 아니면 단지 자국을 남기기 위해.

나는 쇼베 동굴의 벽에 남겨진 검붉은 손자국과 바깥으로 팔을 뻗은 댄서들의 붉은 형상이 생각났다. 파리의 카타콤 벽에 스프레이로 뿌린 손바닥 스텐실과, 물랭에서 나를 꺼내주려고 헬렌이 뻗은 손이 생각났다. 나는 내가 언더랜드에서 만났던 많은 사람들을 생각했다. 그들은 뒤로 물러서거나 스스로 고립되기보다 앞으로 나서서 모두를 위한 일에 헌신한 사람들이었다. 그들 중 여럿은 실제로 지도 제작자였다. 낯선 범위의 시공간에 그들의 생각을 새겨넣으려고 애쓰며 그 둘 사이에 상호적인 관계망의 지도를 만든 사람들이었다. 그들은 개인적 깨달음이라는 흩어진 보석을 찾기보다 심원의 과거와 심원의 미래, 그리고 인간이 없는 지구에 대한 책임 있는 앎 속에서 사람들이 함께 영역을 가로질러 움직이고 생각할 수 있는 방법을 확장하고자 했다.

놀랍게도 지극히 세속적으로 기능적인 이 공간에 대해 갑자기 희망적인 - 아니, 가슴 뭉클한 - 무언가가 느껴졌다. 멜라민 책상과 싸구려 의자, 손가락 그림이 그려진 플라스틱 패널, 온칼로에 대한 파시의 열정, 구리 캐니스터, 방문자 센터, 아인슈타인의 늘어진 수염까지도 말이다. 우리가 당면한 커다란 문제는 최선을 다해 애쓰는 사람들에 의해 점진적으로, 그리고 실질적으로 해결되고 있다. 집단 의사 결정과 세상을 만드는 힘겨운 일들이 불완전하지만 확실히, 수십 년 또는 한 세대에 머물지 않고 인류 이후의 시대까지 염두에 두고 실천되고 있다.

삼포가 세계의 나이를 갈아내는 것처럼, 아마도 이것은 우리가 할 수 있는 가장 좋은 일들 중 하나일 것이다. 좋은 조상이 되려고 애쓰는 것. 나는 제데디아 퍼디Jedediah Purdy의 『애프터 네이처After Nature』에서 베낀 한 단락을 기억한다.

사람들은 자연에서 이 두 가지를 한꺼번에 발견했을 때 자신의 방식을 가장 잘 바꿀 수 있다. 두려운 것이자 꼭 피해야 하는 위협. 그리고 사랑하는 것이자 지켜내기 위해 최선을 다할 미덕. 두 충동 모두 인간의 손에 머물 수 있지만, 첫 번째 것은 태워지거나 부서지지 않는 한 그 손을 멈추게 한다. 두 번째 것은 인사를 하거나 평화를 제안하기 위해 그 손을 뻗은 채로 있게 한다. 이 몸짓은 우리의 다음 집을 짓는 데 있어 사람들 사이의, 그러나 우리를 초월하는, 협업의 시작이다.[27]

◆━━◆◆◆━━◆

지상으로 올라왔을 때 바람은 잦아졌지만 눈발은 세졌다. 해가 지고 있다. 모든 것이 회색 필터를 거쳐서 보인다. 오후의 절반이 지나갔다. 이미 하루가 끝났다.

다리를 건너 섬에서 돌아간다. 다리 양쪽으로 소금 습지, 바다에는 흩어진 빙판들. 기둥이 하얀 파란색 우편함. 소나무와 자작나무 사이로 집채만 한 바위들. 전조등이 황혼에 터널을 만든다. 자작나무, 소나무, 자작나무, 자작나무, 모든 것이 얼어붙었다.

라우마로 돌아오는 길에 노란색 계기판에 경고등이 켜졌다. 오른쪽 뒷바퀴의 공기가 빠지고 있다. 빙판길에서 차를 제어하기가 힘들어진다. 나는 차를 세우고 밖으로 나가서 확인했다. 타이어 바람이 거의 빠졌다. 도로 양쪽으로 숲이 깊다. 차의 온도계가 영하 12도를 가리킨다. 금세 추워진다. 따뜻한 옷을 챙겨오지 않았다. 트렁크를 보았다. 스페어타이어가 있긴 한데 바퀴를 들어올릴 잭이 없다. 상황이 좋지 않다. 난감했다.

5분 뒤에 이쪽으로 오는 차의 전조등이 보였다. 지나가는 첫 번째 차다. 나는 도로 옆에서 도움을 청하며 손을 흔들었지만 기대는 하지 않았다. 그런데 차가 멈추더니 한 남자가 나왔다. 나는 상황을 설명했다. 섬에서 돌아가는 길인데 이렇게 되었다고. 그는 올킬루오토에서 일하는데 교대근무를 마치고 집으로 돌아가는 길이라고 했다.

내가 말했다. "미안합니다. 피곤하실 텐데. 도와주셔서 고맙습니다."

그가 말했디. "괜찮습니다." 마침 잭을 갖고 있어서 10분 만에 타이어를 갈아 끼우고 바람 빠진 타이어를 트렁크에 넣었다.

그는 천으로 손에 묻은 기름을 닦은 다음 손을 내밀었다. 나는 고마움을 담아 악수를 했다. 그리고 우리는 차례로 차를 몰아 어둠 속으로 들어갔다.

제13장
———
지상을 향해

언더랜드에서 나오는 길은 암반에서 아홉 개의 맑은 샘이 흘러나오는 곳에 있다.

온칼로에서 돌아온 지 몇 개월이 지나 날씨가 따뜻해졌을 때, 나는 막내아들을 데리고 집에서 1.5킬로미터 정도 떨어진 수석 고지대에 갔다. 아들은 네 살이고 나는 마흔한 살이다. 우리는 자전거를 타고 가서 풀밭에 내려놓고는, 손을 잡고 나인 웰스 우드라는 넓이가 2,000제곱미터 정도 되는 너도밤나무와 물푸레나무 잡목림에서 몇백 미터를 걸었다. 나인 웰스는 병원 근처의 철로 가까이에 있는데, 다른 많은 작은 숲처럼 겉에서 보는 것보다 안에 들어가면 훨씬 커 보인다.

숲에서 한 시간 남짓 아들과 내가 보낸 시간은 행복하고 고요하다. 거기에서 나는 아이에게만 집중하고 아이의 걸음걸이에 맞춰서 걷고 네 살배기의 눈에 보이는 세상을 생각한다. 태양은 높고 뜨겁다. 빛은 숲 지붕을 뚫고 쪼개지듯 떨어진다.

우리는 숲의 끝, 샘이 솟는 곳까지 갔다. 샘들은 수석의 빈 공간 주위로 원형으로 배열되어 깊이 30센티미터, 너비 1.8미터의 웅덩이를 채운다. 웅덩이의 물이 너무 맑아서 물에 비친 나뭇가지가 나무뿌리처럼 보이는 것을 제외하면 있는 줄도 모르겠다.

구덩이 옆면이 미끄러워 한 손으로 딱총나무 줄기를 붙잡고 다른 손으로 아이의 팔을 붙잡고 샘의 가장자리로 내려와 웅크리고 앉았다.

샘에 관해 얘기해주니 아이가 놀란다. 물이 땅속에서 스며 나온다는 것도, 돌이 이런 식으로 흐른다는 것도 이해하지 못했다.

우리는 샘을 하나씩 하나씩 셌다. 샘은 수면을 휘젓는 잔물결로만 자신을 드러낸다.

"물이 검은색이야." 아이가 말했다. 무슨 말인가 어리둥절했지만 이내 알았다. 물이 너무 맑아 웅덩이 바닥에 깔린 어두운 낙엽과 잔가지를 물이라고 생각한 것이다.

물이 있다는 걸 확인하기 위해 손을 담그고 물을 마셨다. 수석에서 곧장 나온 물은 내가 아는 다른 물과는 맛이 다르다. 입속에서 물맛은 둥글둥글하다. 그리고 차갑다. 돌처럼 차갑다. 나는 손으로 물을 떠서 아이에게도 주었다. 아이는 처음에 주저하더니 내 손목을 끌어당겨 물을 마시고 더운 날씨 가운데 시원함을 즐겼다.

아홉 개의 샘 중에서 아들은 물이 가장 세게 흐르는 샘을 제일 좋아하고, 나는 수면 바로 아래에 우리가 다가갈 수 없는 반대쪽에 있는 제일 작은 샘을 좋아한다. 거기에서 수석이 가장 하얗고, 샘은 가장 미미한 잔물결로만, 그리고 검은 잉크색으로 변하는 수석의 삼각형 균열로만 자신을 드러낸다.

무릎 위에 아이를 앉히고 샘 가장자리에 앉아 있었다. 나는 마음이 물의 흐름을 거슬러 수석의 균열 속으로 들어가 바위의 간극을 통해 아래로 내려가게 두었다. 나는 수천 년에 걸쳐 이곳에서 발굴되고 매장된 것을 생각했다. 신석기시대의 환호環濠, 청동기시대의 고분, 철기시대의 움푹 들어간 원형 요새, 중세 시대의 공동묘지, 제2차 세계대전 때의

대전차 방호벽. 그리고 몇백 미터 떨어진 냉전 시대의 지하 관측소는 핵전쟁 발발 시 지정된 관찰자가 정부의 명령에 의해 아내와 아이들을 버리고 퇴각해야 하는 장소였다.

나는 아이를 껴안았다. 웅덩이 위쪽 오솔길에서 젊은 여성이 나타나 샘을 들여다보더니 우리를 보고 웃는다. 그녀는 콜리를 산책시키고 있었다. 개가 짖으며 뛰어다닌다. 우리는 잠시 서서 봄과 숲과 날씨에 관해 이야기를 나누었다. 그녀는 종아리에 마치 북극 상공에서 내려다본 것 같은 캐나다와 그린란드 주위의 북극권 지도를 그린 원형의 문신을 새겼다.

아이비 사이로 흰 수석 덩어리가 숲속 한낮의 그늘 속에 빛난다. 잠자리는 멀리 흘러가는 샘물에서 사냥을 한다. 우리가 서 있는 땅 아래와 주위로 보이지 않게 균류 네트워크가 나무와 나무를 연결한다.

젊은 여성은 사라진 개를 부르며 걸어간다. 나는 아들과 소소한 이야기를 조용히 나누었다. 우리는 이 우주에서 작게, 그리고 함께 있음을 느낀다.

돌아갈 때 아이가 들장미와 자두나무 터널 아래로 먼저 뛰어갔다. 터널의 앞부분은 그늘져 있지만 내가 보았을 때 아이는 햇살이 타는 듯이 밝은 곳을 지나 시야에서 사라졌다. 순간 아이가 죽을지도 모른다는 생각에 모든 이파리가 나무에서 떨어지고 공기는 회색에서 잿빛으로, 색깔도 완전히 사라졌다. 그리고 이내 생명과 색채가 빠져나가는 순간 다시 세계로 쏟아져 나뭇잎들도 다시 초록색으로 빛났다.

나는 아이의 이름을 크게 부르며 뛰어가 따라잡았다. 아이가 숲 가장자리에서 뒤돌아 나를 보았다. 내가 아이 앞에 무릎을 꿇고 멈추자 아이가 공중에 손을 들고 손가락을 활짝 펼쳤고, 나는 아이의 손을 향해 내 손을 뻗어 손바닥과 손바닥이 만나고, 손가락과 손가락이 만났다. 아이의 피부가 묘하게도 동굴 속 바위 같았다.

'주'에 나오는 약어

ALDP : *Arts of Living on a Damaged Planet*, ed. Anna Tsing, Heather Swanson, Elaine Gan and Nils Bubandt(Minneapolis: University of Minnesota Press, 2017)

ANP : Richard Bradley, *An Archaeology of Natural Places*(London: Routledge, 2006)

TAP : Walter Benjamin, *The Arcades Project*, trans. Howard Eiland and Kevin Mc-Laughlin(London: Harvard University Press, 1999)

TK : *The Kalevala*, trans. Keith Bosley(Oxford: Oxford University Press, 2008)

본문 5쪽

1　Helen Adam, 'Down There in the Dark', in *A Helen Adam Reader*, ed. Kristin Prevallet(Orono, ME: National Poetry Foundation, 2007), p. 34.

2　*Advances in Geophysics*, ed. Lars Nielsen, vol. 57(Cambridge, MA: Academic Press, 2016), p. 99.

제1장 하강

1　Elaine Scarry, *The Body in Pain: The Making and Unmaking of the World*(Oxford: Oxford University Press, 1985), p. 3.

2　Cormac McCarthy, *Blood Meridian*(1985; New York: Vintage, 1992), p. 117.

3　Alan Garner, *The Weirdstone of Brisingamen*(1960; London: HarperCollins, 2014), pp. 177-8.

4　Stephen Graham, *Vertical: The City from Satellites to Bunkers*(London: Verso, 2016), pp. 4-7.

5　Georges Perec, *Species of Spaces and Other Pieces*, trans. John Sturrock(1974; Harmondsworth: Penguin, 1997), p. 51.

6   Sophia Roosth's fine essay 'Virus, Coal, and Seed: Subcutaneous Life in the Polar North', *Los Angeles Review of Books*, 21 December 2016 〈https://lareviewofbooks.org/article/virus-coal-seed-subcutaneous-life-polar-north/〉.

7   Melissa Hogenboom, 'In Siberia There is a Huge Crater and It is Getting Bigger', BBC, 24 February 2017.

8   see R. Brázdil, P. Dobrovolny et al., 'Droughts in the Czech Lands, 1090-2012 AD', *Climate of the Past* 9(August 2013), 1985-2002.

9   Þóra Pétursdóttir, 'Drift', in *Multispecies Archaeology*, ed. Suzanne E. Pilaar Birch(London: Routledge, 2018), pp. 85-102, p. 98; see also Þóra Pétursdóttir, 'Climate Change? Archaeology and Anthropocene', *Archaeological Dialogues* 24:2(2017), 182-93; '*sleeping giants*' is quoted from Graham Harman, *Immaterialism*(Cambridge: Polity Press, 2016), p. 7.

10   '심원의 시간deep time'이라는 구절은 John McPhee in *Basin and Range*(New York: FSG, 1981)에서 왔다. 존 플레이페어John Playfair는 1788년 6월에 제임스 허튼James Hutton과 시카포인트Siccar Point의 불편함을 조사하면서 '시간의 심연the abyss of time'이라는 말을 썼다.

11   'Gilgamesh, Enkidu and the Nether World', Version A, in J. A. Black, G. Cunningham, E. Fluckiger-Hawker, E. Robson and G. Zólyomi, *The Electronic Text Corpus of Sumerian Literature*(Oxford: 1998-) 〈http://etcsl.orinst.ox.ac.uk/section1/tr1814.htm〉.

12   Alistair Pike, 엠마 마리스Emma Marris의 'Neanderthal Artists Made Oldest-Known Cave Paintings', *Nature*, 22 February 2018에서 인용되었다.

13   William Carlos Williams, 'The Descent', in *The Collected Poems of William Carlos Williams, Volume II 1939-1962*, ed. Christopher MacGowan(New York: New Directions, 1988), p. 245.

14   Richard Bradley, 팀 잉골드Tim Ingold의 *ANP*, p. 12를 참조했다. 팀 잉골드의 *The Appropriation of Nature*(Manchester: Manchester University Press, 1986), p. 246를 참조하라.

15   고래뼈 올빼미와 악마의 청동함은 아우터 헤브리디스의 해리스 섬Isle of Harris에서 조각가 스티브 딜워스Steve Dilworth가 만들어 내게 주었다. 그의 놀라운 삶과 작품에 대해서는 내 책 *The Old Ways: A Journey on Foot*(London: Hamish Hamilton, 2012)의 '편마암' 장에서 자세히 살펴볼 수 있다. 그의 작품은 〈http://www.gallery-pangolin.com/artists/steve-dilworth〉에서 볼 수 있다.

제2장 동굴과 매장

1   *Bristol Mercury & Universal Advertiser*, 16 January 1797. 이 출처는 A. Boycott and L. J. Wilson, 'Contemporary Accounts of the Discovery of Aveline's

Hole, Burrington Combe, North Somerset', *Proceedings of the University of Bristol Spelaeological Society* 25:1(2010), 11-25에서 전체가 인용되었다. 나는 또한 여기에서 R. J. Schulting, '"…Pursuing a Rabbit in Burrington Combe": New Research on the Early Mesolithic Burial Cave of Aveline's Hole', *Proceedings of the University of Bristol Spelaeological Society* 23:3(2005), 171-265를 참조했다.

2 Arthur Conan Doyle, 'The Terror of Blue John Gap', in Arthur Conan Doyle, *Tales of Terror and Mystery*(1902; Cornwall: House of Stratus, 2009), p. 58.

3 Tim Robinson, *My Time in Space*(Dublin: Lilliput, 2001), p. 114.

4 Robert Pogue Harrison, *The Dominion of the Dead*(Chicago: University of Chicago Press, 2003), p. xi. See also Rebecca Altman's fine essay 'On What We Bury', *ISLE* 21:1(Winter 2014), 85-95.

5 John Hawks et al., 'New Fossil Remains of Homo Naledi from the Lesedi Chamber, South Africa', *eLife* 6(2017).

6 Thomas Browne, *Religio Medici and Urne-Buriall*, ed. Stephen Greenblatt and Ramie Targoff(1658; New York: NYRB Classics, 2012), pp. 103, 114-15, 112.

7 Leore Grossman et al., 'A 12,000-Year-Old Shaman Burial from the Southern Levant(Israel)', *PNAS* 105:46(2008), 17665-9.

8 나는 다음의 주요 문헌을 포함한 여러 문헌을 참조해 이 부분을 썼다. James Lovelock, *Life and Death Underground*(London: G. Bell and Sons, 1963), pp. 11-27; Dave Webb and Judy Whiteside, 'Fight for Life: The Neil Moss Story' ⟨www.mountain.rescue.org.uk/assets/files/The Oracle/history and people/NeilMossStory.pdf⟩; and *Fight for Life: The Neil Moss Story*, dir. Dave Webb(2006).

9 Harrison, *The Dominion of the Dead*, p. 31.

제3장 암흑물질

1 불비의 지층 순서에 대해서는 'Lithological Log of Cleveland Potash Ltd', Borehole Staithes No. 20, drilled September-December 1968 to a depth of c.3500 feet(BGS ID borehole 620319, BGS Reference NZ71NE14)를 참조하라.

2 Kent Meyers, 'Chasing Dark Matter in America's Deepest Gold Mine', *Harper's Magazine*(May 2015), 27-37: 28.

3 Rebecca Elson, 'Explaining Dark Matter', in *A Responsibility to Awe*(Manchester: Carcanet, 2001), p. 71.

4 Paul Crutzen, quoted in Howard Falcon-Lang, 'Anthropocene: Have Humans Created a New Geological Age?', BBC, 11 May 2011 ⟨http://www.bbc.co.uk/news/mobile/science-environment-13335683⟩.

5   Paul Crutzen and Eugene Stoermer, 'The Anthropocene', *International Geosphere-Biosphere Newsletter* 41(May 2000) 〈https://www.mpic.de/mitarbeiter/auszeichnungen-crutzen/the-anthropocene.html〉.

6   여러 해 동안 나는 케임브리지 대학에서 '인류세의 문화Cultures of the Anthropocene'라는 제목의 대학원 과정을 가르쳤다. 인류세라는 개념에 대한 문헌은 다양한 논쟁의 여지가 있으며 그 수가 증가하고 있다. 내가 가장 흥미롭게 여기는 몇몇 텍스트는 참고문헌에 자세히 나와 있다. 심원의 시간, 정치, 윤리에 대한 개념과 영향력에 대한 짧은 논의는 그 책들을 참조했다.

7   Anthropocene Working Group of the Subcommission on Quaternary Stratigraphy, 'When Did the Anthropocene Begin? A Mid-Twentieth-Century Limit is Stratigraphically Optimal', *Quaternary International* 383(2015), 204-7.

8   Jonas Salk, 'Are We Being Good Ancestors?', *World Affairs* 1:2(1992), 16-18.

9   W. J. T. Mitchell, *What Do Pictures Want? The Lives and Loves of Images*(Chicago: University of Chicago Press, 2005), p. 325.

10   Ilana Halperin, 'Autobiographical Trace Fossils', in *Making the Geologic Now: Responses to Material Conditions of Contemporary Life*, ed. Elizabeth Ellsworth and Jamie Kruse(New York: Punctum, 2013), pp. 154-8.

11   Bede, *The Reckoning of Time*, trans. Faith Wallis(725; Liverpool: Liverpool University Press, 1999), p. 97.

12   페나인의 채굴 문화에 관해서는 피터 데이비슨Peter Davison의 글 'Spar Boxes: Northern England', in his *Distance and Memory*(Manchester: Carcanet, 2013), pp. 42-58를 참조하라.

제4장 언더스토리

1   Suzanne Simard, 'Notes from a Forest Scientist', afterword to Peter Wohlleben, *The Hidden Life of Trees*, trans. Jane Billinghurst(Vancouver/Berkeley: Greystone Press, 2016), p. 247.

2   Simard, in Wohlleben, *Hidden Life of Trees*, p. 249.

3   Suzanne Simard, 'Exploring How and Why Trees "Talk" to Each Other', *Yale Environment* 360, 1 September 2016 〈https://e360.yale.edu/features/exploring_how_and_why_trees_talk_to_each_other〉.

4   Suzanne Simard et al., 'Net Transfer of Carbon between Ectomycorrhizal Tree Species in the Field', *Nature* 388:6642(1997), 579-82.

5   Simard, in Wohlleben, *Hidden Life of Trees*, p. 249.

6   E. I. Newman, 'Mycorrhizal Links between Plants: Their Functioning and Ecological Significance', *Advances in Ecological Research* 18(1988), 243-70: 244.

7   Anna Tsing and Rosetta S. Elkin, 'The Politics of the Rhizosphere', *Harvard*

Design Magazine 45(Spring/Summer 2018) 〈http://www.harvarddesign magazine.org/issues/45/the-politics-of-the-rhizosphere〉.

8   Anna Tsing, 'Arts of Inclusion, or How to Love a Mushroom', *Manoa* 22:2(2010), 191-203: 191.

9   Louis De Bernières, *Captain Corelli's Mandolin*(Reading: Secker and War-burg, 1996), p. 281.

10   기니 뱃슨 Ginny Battson 은 또한 짧은 온라인 에세이 'Mycelium of the Forest Floor. And Love', 12 October 2015 〈https://seasonalight.wordpress.com/2015/10/12/mycelium-of-the-forest-floor-and-love/〉에서 균사와 사랑에 관해 아름답게 써놓았다.

11   Richard Powers, *The Overstory*(New York: W. W. Norton, 2018), p. 4.

12   N. N. Zhdanova et al., 'Ionizing Radiation Attracts Soil Fungi', *Mycological Research* 108:9(2004), 1089-96; and E. Dadachova and A. Casadevall, 'Ionizing Radiation: How Fungi Cope, Adapt, and Exploit with the Help of Melanin', *Current Opinion in Microbiology* 11:6(2008), 525-31.

13   곰팡이의 문화적·정치적 역사와, 그들이 인간의 문화 및 정치와 얽힌 자세한 내용은 Anna Tsing, *The Mushroom at the End of the World: On the Possibility of Life in Capitalist Ruins*(Princeton: Princeton University Press, 2017)를 참조하라. 나는 또한 캐런 바래드 Karen Barad 의 'No Small Matter: Mushroom Clouds, Ecologies of Nothingness, and Strange Topologies of Spacetimemattering', in *ALDP*, pp. G103-G120를 참조했다.

14   Robin Wall Kimmerer, *Gathering Moss: A Natural and Cultural History of Mosses*(Corvallis: Oregon State University Press, 2003), p. 11.

15   Kimmerer, *Gathering Moss*, p. 10.

16   Lynn Margulis, 'Symbiogenesis and Symbionticism', in *Symbiosis as a Source of Evolutionary Innovation: Speciation and Morphogenesis*, ed. Lynn Mar-gulis(Boston: MIT Press, 1991), pp. 1-14: p. 3.

17   Glenn Albrecht, 'Exiting the Anthropocene and Entering the Symbiocene', *PYSCHOTERRATICA*, 17 December 2015 〈https://glennaalbrecht.com/2015/12/17/exiting-the-anthropocene-and-entering-the-symbiocene/〉.

18   Thomas Hardy, *Under the Greenwood Tree*(1872; London: Penguin, 2012), p. 3.

19   Richard Nelson, *Make Prayers to the Raven: A Koyukon View of the Northern Forest*(Chicago: University of Chicago Press, 1986), p. 14.

20   Ursula K. Le Guin, *The Word for World is Forest*(1972; London: Orion Books, 2015).

21   Robin Wall Kimmerer, *Braiding Sweetgrass: Indigenous Wisdom, Scientific Knowledge, and the Teachings of Plants*(Minneapolis: Milkweed, 2013), p. 49.

22   Kimmerer, *Braiding Sweetgrass*, pp. 48-9.

23   Kimmerer, *Braiding Sweetgrass*, p. 55.

24 Robin Wall Kimmerer, 'Speaking of Nature', *Orion Magazine*, 14 June 2017, *passim*.

25 J. H. Prynne, 'On the Poetry of Peter Larkin', *No Prizes* 2(2013), 43-5: 43.

26 Cybernetic Culture Research Unit, 'Barker Speaks', in *CCRU: Writings 1997-2003*(Falmouth: Time Spiral Press, 2015), p. 155.

27 Emily Apter, 'Planetary Dysphoria', *Third Text* 27:1(2017), 131-40.

28 aliciaescott, 'Field Study #007, The Extinction Event', *Bureau of Linguistical Reality*, 1 September 2015 ⟨https://bureauoflinguisticalreality.com/2015/09/01/field-study-007-the-extinction-event/⟩.

29 Kimmerer, *Braiding Sweetgrass*, p. 208.

30 Albrecht, 'Exiting the Anthropocene and Entering the Symbiocene'.

두 번째 방

1 British Pathé, 'Caveman 105 Days Below', *YouTube*, 13 April 2014 ⟨https://www.youtube.com/watch?v=YSdBBv5LY84⟩.

2 Ludwig Wittgenstein, 팀 로빈슨Tim Robinson의 *Connemara: The Last Pool of Darkness*(London and Dublin: Penguin, 2009), p. 1에서 인용되었다. 같은 책에서 로빈슨은 항구의 바다에 있는 붕장어를 먹이기 위해 잠수하는 예술가 도로시 크로스Dorothy Cross의 습관에 대해 이야기한다.

제5장 보이지 않는 도시

1 'Translators' Foreword', in *TAP*, p. xiv.

2 *TAP*, p. 152.

3 벤야민의 『역사철학 테제』의 준비 노트에 적힌 이 단어들은 포르부에 있는 다니 카라반Dani Karavan의 벤야민 기념비의 유리에 새겨져 있다.

4 *TAP*, pp. 85-98.

5 *TAP*, p. 84.

6 *TAP*, p. 403, p. 84.

7 *TAP*, p. 88.

8 *TAP*, p. 98.

9 *TAP*, p. 214.

10 *TAP*, p. 88.

11 *TAP*, pp. 84-5.

12 Victor Hugo, *The Essential Victor Hugo*, trans. E. H. and A. M. Blackmore(1862; Oxford: Oxford University Press, 2004), p. 395.

13 파리의 묘지를 파헤치던 시기는 그레이엄 롭Graham Robb의 *Parisians: An Adventure History of Paris*(London: Picador, 2010); and Andrew Hussey, *Paris: The*

Secret History(London: Penguin, 2007)에서 생생하게 그려진다.

14   Hakim Bey, *T. A. Z.: The Temporary Autonomous Zone, Ontological Anarchy, Poetic Terrorism*(Brooklyn: Autonomedia, 2003).

15   최근 카타필 문화의 다양한 부호에 대한 놀라운 이야기는 션 마이클스Sean Michaels의 'Unlocking the Mystery of Paris' Most Secret Underground Society', Gizmodo, 21 April 2011 〈https://gizmodo.com/5794199/unlocking-the-mystery-of-paris-most-secret-underground-society-combined〉를 참조하라.

16   Samuel Taylor Coleridge, *The Notebooks of Samuel Taylor Coleridge*, ed. Kathleen Coburn, vol. 1(London: Routledge and Kegan Paul, 1957), entry 949.

17   Italo Calvino, *Invisible Cities*, trans. William Weaver(1972; London: Vintage, 1997), pp. 98-9.

18   Wayne Chambliss, personal communication, May 2018.

19   Pierre Bélanger, 'Altitudes of Urbanisation', *Tunnelling and Underground Space Technology* 55(January 2016), 5-7: 5.

20   Graham, *Vertical*, p. 5.

21   *TAP*, p. 89.

22   Lewis Mumford, *The City in History: Its Origins, Its Transformations, and Its Prospects*(New York: Harcourt & Brace, 1961), p. 7.

23   Don DeLillo, *White Noise*(London: Penguin, 1986), p. 128.

24   Al Alvarez, *Feeding the Rat: A Climber's Life on the Edge*(London: Bloomsbury, 2013).

25   Bradley Garrett, *Explore Everything: Place-Hacking the City*(London: Verso, 2014), p. 6.

26   현대 인프라 지도 제작자들의 연결-망상에 관해서는 새넌 매턴Shannon Mattern의 현혹적인 에세이 'Cloud and Field', *Places Journal*(August 2016) 〈https://placesjournal.org/article/cloud-and-field〉에서 자세히 다루고 있다.

27   Edward Thomas, 'Chalk Pits', in *Selected Poems and Prose*(1981; London: Penguin, 2012), pp. 77-8.

28   앤드루 럭 베이커Andrew Luck-Baker와의 인터뷰를 포함해 도시와 암석 기록에 관한 얀 칼라시에위츠Jan Zalasiewicz의 작품 'Leaving our Mark: What Will Be Left of Our Cities', 1 November 2012 〈https://www.bbc.co.uk/news/science-environment-20154030〉를 참조했다.

제6장 별이 뜨지 않는 강

1   이와 관련해 지질학과 신화에 대한 자세한 조사는 Julie Baleriaux, 'Diving Underground: Giving Meaning to Subterranean Rivers', in *Valuing Landscape in Classical Antiquity*, ed. Jeremy McInerney and Ineke Sluiter(Leiden: Brill, 2016), pp. 103-21; Salomon Kroonenberg, *Why Hell Stinks of Sulfur: Mytholo-*

gy and Geology of the Underworld(London: Reaktion, 2013)를 참조하라.

2   Virgil, *The Aeneid*, trans. Peter Davidson(personal communication).

3   Johann von Valvasor, 'An Extract of a Letter Written to the Royal Society out of Carniola, by Mr John Weichard Valvasor, R. Soc. S. Being a Full and Accurate Description of the Wonderful Lake of Zirknitz in that Country', in *Philosophical Transactions, Giving Some Accompt of the Present Undertakings, Studies, and Labours, of the Ingenious in Many Considerable Parts of the World*, ed. Henry Oldenburg and Francis Roper, vol. 16(London: Printed for T. N. by John Martyn, 1687). Trevor Shaw, *Foreign Travellers in the Slovene Karst: 1486-1900*(Ljubljana, Založba ZRC, 2008); and Trevor Shaw and Alenka Čuk, *Slovene Caves & Karst Pictured 1545-1914*(Ljubljana: Založba ZRC, 2012).

4   Rainer Maria Rilke, letter to Lou Andreas-Salomé, 11 February 1922, in *Rainer Maria Rilke, Lou Andreas-Salome: Briefwechsel*(Zurich: M. Niehans, 1952), p. 464(translation mine).

5   Rainer Maria Rilke, 'Sonnet 17', in *Sonnets to Orpheus*, trans. Martyn Crucefix(London: Enitharmon Press, 2012), p. 47.

6   Rainer Maria Rilke, '106. To Witold von Hulewicz, Postmark: Sierre, 13.11.25', in Rilke, *Selected Letters 1902-1926*, trans. R. F. C. Hull(London: Quartet Encounters, 1988), p. 394.

7   Posidonius, *Posidonius*, ed. Ludwig Edelstein and I. G. Kidd, trans. I. G. Kidd(Cambridge: Cambridge University Press, 1988), p. 46.

8   나는 여기에서 2014년 8월 2일에서 23일까지 〈일 피콜로 Il Piccolo〉에 피에트로 스피리토가 'Alla scoperta del Timavo'라는 제목으로 쓴 레카/티마보의 행적과 역사를 추적한 이탈리아 기사를 부분적으로 참조했다.

9   Marco Restiano, 피에트로 스피리토 Pietro Spirito의 'Nei cantieri sottoterra dà anni si dà la caccia al fiume che non c'è', *Il Piccolo*, 23 August 2014(translation mine)에서 인용되었다.

10   Hazel Barton, 'This Woman is Exploring Deep Caves to Find Ancient Antibiotic Resistance', interview with Shayla Love, *Vice*, 20 April 2018 〈https://www.vice.com/en_id/article/j5an54/hazel-barton-is-exploring-deep-caves-to-find-ancient-antibiotic-resistance-v25n1〉.

11   Théophile Gautier, trans. Claire Elaine Engel, originally in *Les Vacances du Lundi*(1869; Paris: G. Charpentier et E. Fasquelle, 1907), p. 13.

12   Lovelock, *Life and Death Underground*, p. 66.

13   Jacques Attout, *Men of Pierre Saint-Martin*(London: Werner Laurie, 1956), p. 96.

14   Attout, *Men of Pierre Saint-Martin*, p. 102.

15   Attout, *Men of Pierre Saint-Martin*, pp. 38-9.

16   George Mallory, quoted in 'Climbing Mount Everest is Work for Supermen', *New York Times*, 18 March 1923.

17   Martyn Farr, *The Darkness Beckons*(1980; Sheffield: Vertebrate Press, 2017); 'Dead Man's Handshake: The Linking of Kingsdale Master Cave and Keld Head, 1975–9', in Chris Bonington, *Quest for Adventure*(London: Hodder and Stoughton, 1990).

18   Don Shirley, 세바스티안 버거Sebastian Berger의 'Ghosts of the Abyss: The Story of Don Shirley and Dave Shaw', *Telegraph*, 6 March 2008을 인용했다.

19   Natalia Molchanova, 'The Depth', trans. Victor Hilkevich 〈http://molchano va.ru/en/verse/depth〉.

20   나는 동굴 잠수에 대해 Farr, *The Darkness Beckons*; and Antti Apunen, *Divers of the Dark: Exploring Budapest's Underground Caves*, trans. Marju Galit-sos(Helsinki: Tammi, 2015)를 참조했다.

21   Lionel Terray, *Conquistadors of the Useless: From the Alps to Annapurna*, trans. Geoffrey Sutton(1963; Sheffield: Bâton Wicks, 2000).

제7장 할로우랜드

1   Ballinger, *History in Exile*, p. 15.

2   Ballinger, *History in Exile*, p. 252.

3   Pierre Nora and Charles-Robert Ageron, *Les Lieux de Mémoire*, 3 vols.(Paris: Éditions Gallimard, 1993).

4   나는 다음 문헌을 주로 참조해 이 페이지를 썼다. Pamela Ballinger, *History in Ex-ile: Memory and Identity at the Borders of the Balkans*(Princeton: Princeton University Press, 2002); John Earle, *The Price of Patriotism*(London: Book Guild, 2005); Pavel Stranj, *The Submerged Community*, trans. Mark Brady(Tri-este: Editoriale Stampa, 1992); Jan Morris, *Trieste and the Meaning of No-where*(London: Faber and Faber, 2001); Maja Haderlap, *Angel of Oblivion*, trans. Tess Lewis(New York: Archipelago, 2016). 또한 루시안 코모이Lucian Comoy, 존 스텁스John Stubbs, 스티븐 왓츠Stephen Watts가 너그럽게 자신이 알고 있는 정보를 나누어주었다.

5   Anne Michaels, *Fugitive Pieces*(London: Bloomsbury, 1997), p. 17.

6   Anselm Kiefer, 짐 큐노Jim Cuno와의 인터뷰, 'Interviewing Anselm Kiefer', 13 December 2017 〈http://blogs.getty.edu/iris/audio-interviewing-anselm-kiefer/〉.

7   나는 크리스토프 보사트카Kryštof Vosatka와 키퍼Kiefer, 죄의식과 용서에 관해 나눈 이 야기를 참조했다. 또한 이 장에서 '오컬팅 경관'에 관한 논의는 사진작가 다라 맥그 래스Dara McGrath가 영국에서 난민 폭력 현장을 기록한 'Project Cleansweep'와, 롭 뉴턴Rob Newton과의 대화를 참조했다.

8   W. G. Sebald, *The Rings of Saturn*, trans. Michael Hulse(1995; London: Vin-tage, 2002), p. 3.

9   E. Valentine Daniel, 'Crushed Glass, or, Is There a Counterpoint to Culture?', in *Culture/Contexture: Explorations in Anthropology and Literary Studies*, ed. E. Valentine Daniel and Jeffrey M. Peck(Berkeley: University of California Press, 1996), p. 370.

10 Nan Shepherd, *The Living Mountain*(1977; Edinburgh: Canongate, 2011), p. 16.

11 여기와 책의 다른 곳에서 마크 톰슨Mark Thompson의 *The White War: Life and Death on the Italian Front*(New York: Basic Books, 2009); and John Schindler, *Isonzo*(London: Praeger, 2001)를 참조했다.

12 Eyal Weizman, *Hollow Land: Israel's Architecture of Occupation*(London: Verso, 2007), pp. 6-7.

13 Weizman, *Hollow Land*, p. 15.

14 Weizman, *Hollow Land*, p. 9.

15 W. H. Murray, *Mountaineering in Scotland and Undiscovered Scotland*(London: Diadem Books, 1979), p. 4.

세 번째 방

1   R. Janko, 'Forgetfulness in the Golden Tablets of Memory', *Classical Quarterly* 34:1(1984), 89-100: 96. More on the *Totenpässe* can be found in Fritz Graf and Sarah Iles Johnston's *Ritual Texts for the Afterlife: Orpheus and the Bacchic Gold Tablets*(London: Routledge, 2007).

2   J. M. Peebles, *The Practical of Spiritualism. Biographical Sketch of Abraham James. Historic Description of his Oil-Well Discoveries in Pleasantville, P. A., through Spirit Direction*(Chicago: Horton and Leonard Printers, 1868), p. 77.

3   '진흙 화산'의 지질학 및 해석에 대한 더 자세한 내용은 Nils Bubandt, 'Haunted Geologies: Spirits, Stones, and the Necropolitics of the Anthropocene', in *ALDP*, G121-G142를 참조하라.

4   Kate Brown, 'Marie Curie's Fingerprint: Nuclear Spelunking in the Chernobyl Zone', in *ALDP*, G33-G50: G34. 이 장면에 대한 자신의 훌륭한 연구를 참조하게 해준 케이트 브라운Kate Brown에게 감사한다.

제8장 붉은 댄서

1   Hein Bjerck, 'On the Outer Fringe of the Human World: Phenomenological Perspectives on Anthropomorphic Cave Paintings in Norway', in *Caves in Context: The Cultural Significance of Caves and Rockshelters in Europe*, ed. Knut Andreas Bergsvik and Robin Skeates(Oxford: Oxbow Books, 2012), p. 60. 또한 Anders Hesjedal, 'The Hunters' Rock Art in Northern Norway: Problems of Chronology and Interpretation', *Norwegian Archaeological Re-*

view 27:1(1994), 1-28도 참조하라.

2   Bjerck, 'On the Outer Fringe', p. 55.

3   *ANP*, pp. 13 and 29.

4   *ANP*, p. 145.

5   Terje Norsted, 'The Cave Paintings of Norway', *Adoranten*(2013), pp. 5-24.

6   the phrase is attributed to George MacLeod, founder of the Iona Community.

7   Þóra Pétursdóttir, in conversation with me, Oslo, April 2017.

8   Bjerck, 'On the Outer Fringe', p. 49.

9   Bjerck, 'On the Outer Fringe', p. 58.

10   John Berger, 'Past Present', *Guardian*, 12 October 2002.

11   Jean-Marie Chauvet, *The Vertical Line: Can You Hear Me, in the Darkness?*, Artangel Arts(Strand Tube Station, 1999). 〈https://www.artangel.org.uk/the-vertical-line/can-you-hear-me-in-darkness/〉에서 존 버거John Berger와 사이먼 맥버니Simon McBurney가 인용했다.

12   Simon McBurney, 'Herzog's Cave of Forgotten Dreams: The Real Art Underground', *Guardian*, 17 March 2011.

13   Jean-Marie Chauvet, *World Rock Art*(Michigan: Getty Conservation Institute, 2002), p. 44에서 장 클로트Jean Clottes가 인용했다. 이 문장은 *Cave of Forgotten Dreams*(2010), dir. Werner Herzog에서도 나온다.

14   Kathryn Yusoff, 'Geologic Subjects: Nonhuman Origins, Geomorphic Aesthetics, and the Art of Becoming *In*human', *cultural geographies* 22:3(2015), 383-407: 391.

15   Georges Bataille, *The Cradle of Humanity: Prehistoric Art and Culture*, ed. and trans. Stuart Kendall and Michelle Kendall(New York: Zone Books, 2005), p. 85. Quoted by Yusoff in 'Geologic Subjects', 392.

제9장 가장자리

1   Richard Milne, 'Oil and the Battle for Norway's Soul', *Financial Times*, 27 July 2017; and also *Atlantic*(2016), dir. Risteard O'Domhnaill and featuring Bjørnar Nicolaisen.

2   노르웨이 헌법은 1814년 5월 17일에 에이츠볼Eidsvoll에서 제헌국회에 의해 규정되었고, 이후 가장 최근에는 2018년 5월에 개정되었다. 〈https://www.stortinget.no/globalassets/pdf/english/constitutionenglish.pdf〉.

3   Edgar Allan Poe, 'A Descent into the Maelstrom', in *The Fall of the House of Usher and Other Writings*, ed. David Galloway(1841; London: Penguin, 2003), p. 177.

4   Poe, 'A Descent into the Maelstrom', pp. 178-82.

5   Poe, 'A Descent into the Maelstrom', pp. 188-9.

6   Duane A. Griffin, 'Hollow and Habitable within: Symmes' Theory of Earth's Internal Structure and Polar Geography', *Physical Geography* 25:5(2004), 382–97.

7   Jamie L. Jones, 'Oil: Viscous Time in the Anthropocene', *Los Angeles Review of Books*, 22 March 2016 〈https://lareviewofbooks.org/article/oil-viscous-time-in-the-anthropocene〉.

8   Mayliss Hauknes, Statoil spokesperson, quoted in 'Statoil Seeking New Acreage', Rigzone, 1 October 2016 〈https://www.rigzone.com/news/oil_gas/a/16859/statoil_seeking_new_acreage/〉.

9   'Ceduna Sub-Basin', Karoon Gas Australia Ltd 〈http://www.karoongas.com.au/projects/ceduna-sub-basin〉.

10 Bjørn Gjevig, quoted in Malcolm W. Browne, 'Deadly Maelstrom's Secrets Unveiled', *New York Times*, 2 September 1997.

11 Reza Negarastani's extraordinary theory-fiction, *Cyclonopaedia: Complicity with Anonymous Materials*(Melbourne: re.press, 2008).

12 Glenn Albrecht, 'Solastalgia, a New Concept in Human Health and Identity', *Philosophy Activism Nature* 3(2005), 41–4: 43.

13 Glenn Albrecht et al., 'Solastalgia: The Distress Caused by Environmental Change', *Australian Psychiatry* 15:1(2007), 95–7: 95.

14 Graeme Macdonald, '"Monstrous Transformer": Petrofiction and World Literature', *Journal of Postcolonial Writing* 53(2017), 289–302.

15 D. K. A. Barnes, 'Remote Islands Reveal Rapid Rise of Southern Hemisphere Sea Debris', *Scientific World Journal* 5(2005), 915–21.

16 Frank Trentmann, *Empire of Things: How We Became a World of Consumers, from the Fifteenth Century to the Twenty-First*(New York: HarperCollins, 2016).

17 Þóra Pétursdóttir and Bjørnar Olsen, 'Unruly Heritage: An Archaeology of the Anthropocene'(Tromsø: UiT The Arctic University of Norway, 2017), p. 2 〈https://www.sv.uio.no/sai/forskning/grupper/Temporalitet%20-%20materialitet/lesegruppe/olsen-unruly-heritage.pdf〉.

18 Don DeLillo, *Underworld*(New York: Scribner, 1997), p. 791.

19 Timothy Morton, *Hyperobjects: Philosophy and Ecology after the End of the World*(Minneapolis: University of Minnesota Press, 2013).

20 Morton, *Hyperobjects*, p. 27.

21 Patricia L. Corcoran et al., 'An Anthropogenic Marker Horizon in the Future Rock Record', *GSA Today* 24.6(June 2014), 4–8.

22 John Wyndham, *The Chrysalids*(1955; London: Penguin, 2018), p. 158.

1 노아 스나이더Noah Sneider의 훌륭한 에세이 'Cursed Fields', *Harper's Maga-zine*(April 2018), 40-51을 참조하라.

2 see Rob Nixon, quoting Arundhati Roy, in 'The Swiftness of Glaciers: Language in a Time of Climate Change', *Aeon Magazine*, 19 March 2018 〈https://aeon.co/ideas/the-swiftness-of-glaciers-language-in-a-time-of-climate-change〉.

3 L. K. Clark et al., 'Sanitary Waste Disposal for Navy Camps in Polar Regions', *Journal of the Water Pollution Control Federation* 34:12(1962), 1229.

4 기후변화와 '부적절한 시기'에 대해 Cymene Howe, '"Timely": Theorizing the Contemporary', 21 January 2016 〈https://culanth.org/fieldsights/800-timely〉를 좀 더 참조하라.

5 시멘느 호웨Cymene Howe의 진행 중인 프로젝트 *Melt: The Social Life of Ice at the Top of the World*를 참조하라. 이 프로젝트는 북극과 그 밖의 지역에서 극저온 인간의 상호 관계와 날씨 변화로 인한 수리지구환경 변화의 영향을 조사한다.

6 Andrew Solomon, *Far and Away: How Travel Can Change the World*(London: Scribner, 2016), p. 259.

7 S. Gearheard, 'When the Weather is Uggianaqtuq: Inuit Observations of Environmental Changes, Version 1'(Boulder, Colorado: NSIDC-National Snow and Ice Data Center, 2004) 〈http://nsidc.org/data/NSIDC-0650〉.

8 나는 여러 문헌들 중에서도 다음 문헌에서 논의를 참조했다. Richard B. Alley, *The Two-Mile Time Machine*(Princeton: Princeton University Press, 2000), p. 50.

9 Alley, *The Two-Mile Time Machine*, pp. 41-58.

10 Plato, *Timaeus and Critias*, trans. Robin Waterfield(Oxford: Oxford University Press, 2008), p. 65.

11 Barry Lopez, *Arctic Dreams: Imagination and Desire in a Northern Land-scape*(1986; New York: Bantam, 1987), p. 152.

12 엘리자베스 콜버트Elizabeth Kolbert는 내가 그린란드 동쪽에 있었던 같은 주에 이 나라의 서쪽에 있으면서 동일한 멀미를 경험했다. 자신의 훌륭한 에세이「그린란드가 녹고 있다Greenland is Melting」에서 그녀는 '또다시, 나는 그린란드의 인간의 것이 아닌 스케일과 마주해 알 수 없는 멀미를 느꼈다'라고 썼다. *New Yorker*, 24 October 2016 〈https://www.newyorker.com/magazine/2016/10/24/green land-is-melting〉.

13 Seamus Heaney, 'Mycenae Lookout', in *The Spirit Level*(London: Faber and Faber, 1996), p. 29.

14 Sianne Ngai, *Ugly Feelings*(Cambridge, MA: Harvard University Press, 2005), p. 252.

15 Ngai, *Ugly Feelings*, p. 250.

16   Ngai, *Ugly Feelings*, p. 249.

제11장 융빙수

1   Mary Douglas, *Purity and Danger: An Analysis of Concepts of Purity and Taboo*(1966; London: Routledge, 2002), p. 44.
2   Julie Cruikshank, *Do Glaciers Listen? Local Knowledge, Colonial Encounters, and Social Imagination*(Vancouver: University of British Columbia Press, 2005), p. 3.
3   Kimmerer, 'Speaking of Nature'.
4   Albert Camus, 'Absurd Walls', in *The Myth of Sisyphus*, trans. Justin O'Brien(London: Hamish Hamilton, 1973), p. 19.
5   Gerard Manley Hopkins, 'Sept. 24 1870', in *The Journals and Papers of Gerard Manley Hopkins*, ed. Humphry House and Graham Storey(Oxford: Oxford University Press, 1959), p. 200.

제12장 은닉처

1   나는 내 첫 번째 책 『마음의 산Mountains of the Mind』(Granta, 2003) 때부터 '심원의 시간'에 대해 써왔다. 지질학적 시간뿐 아니라 방사능의 시간에 관해 나는 이 장을 비롯한 책 전반에 걸쳐 다음 문헌을 참고했다. John McPhee, *Annals of the Former World*(New York: FSG, 1998); Stephen Jay Gould, *Time's Arrow, Time's Cycle*(Cambridge, MA: Harvard University Press, 1987); Andy Weir, 'Deep Decay: Into Diachronic Polychromatic Material Fictions', PARSE 4(2017) ⟨http://parsejournal.com/article/deep-decay-into-diachronic-polychromatic-material-fictions/⟩; Vincent Ialenti, 'Adjudicating Deep Time: Revisiting the United States' High-Level Nuclear Waste Repository Project at Yucca Mountain', *Science & Technology Studies* 27:2(2014), 27–48, and 'Death and Succession among Finland's Nuclear Waste Experts', *Physics Today* 70:10(2017), 48–53. 온칼로를 다녀와 이 장의 초안을 완성한 다음, 나는 마이클 매드슨Michael Madsen의 다큐멘터리 「영원한 봉인Into Eternity」(2010)을 보았다. 이 영상 역시 WIPP 지역을 표시하는 계획을 검토하고, 마지막 장면에서 2011년 온칼로에서 상상 속의 먼 미래의 발굴을 무너뜨린다.
2   John D'Agata, *About a Mountain*(New York: W. W. Norton, 2011), p. 35.
3   Matti Kuusi quoted in Keith Bosley, 'Introduction', *TK*, p. xxi. 보슬리Bosley의 소개와 번역 모두 훌륭하다. 그리고 나는 특히 서문에서 「칼레발라」를 문맥화하는 문단을 참조했다.
4   *TK*, p. 202.
5   *TK*, p. 206.

6   *TK*, p. 205.

7   *TK*, p. 208.

8   *TK*, p. 213.

9   *TK*, p. 548.

10   Michael Serres, *Statues: The Second Book of Foundations*, trans. Randolph Burks(London: Bloomsbury, 2015), p. 17.

11   see Harrison, *The Dominion of the Dead*, p. 20.

12   Kathleen M. Trauth et al., 'Expert Judgment on Markers to Deter Inadvertent Intrusion into the Waste Isolation Pilot Plant', *Sandia National Laboratories*, SAND92-1382. UC-721(1993) 〈https://prod.sandia.gov/techlib-noauth/access-control.cgi/1992/921382.pdf〉, pp. 1-8.

13   Thomas Sebeok, 'Communication Measures to Bridge Ten Millennia(Technical Report)', *Research Centre for Language and Semiotic Studies, for Office of Nuclear Waste Isolation*, BMI/ONWI-532(1984), p. iii.

14   Trauth et al., 'Expert Judgment on Markers', pp. 1-12.

15   Trauth et al., 'Expert Judgment on Markers', pp. F-61-F-62.

16   Trauth et al., 'Expert Judgment on Markers', p. F-42.

17   Trauth et al., 'Expert Judgment on Markers', pp. F-70-F-71.

18   Trauth et al., 'Expert Judgment on Markers', pp. F-74-F-75.

19   D'Agata, *About a Mountain*, p. 93.

20   Sebeok, 'Communication Measures to Bridge Ten Millennia', p. 24.

21   D'Agata, *About a Mountain*, p. 93.

22   Gregory Benford, *Deep Time: How Humanity Communicates across Millennia*(New York: Avon Books, 1999), p. 85.

23   자세한 내용과 다이어그램은 다음 문헌을 참고하라. Trauth et al., 'Expert Judgment on Markers', p. F-76.

24   Jorge Luis Borges, 'On Exactitude in Science', in Borges, *Jorge Luis Borges: Collected Fictions*, trans. Andrew Hurley(London: Penguin, 1998), p. 325.

25   Trauth et al., 'Expert Judgment on Markers', pp. 3-7.

26   Trauth et al., 'Expert Judgment on Markers', Appendix F.

27   Jedediah Purdy, *After Nature: A Politics for the Anthropocene*(Cambridge, MA: Harvard University Press, 2015), p. 288.

'장소는 계속해서 움직인다. 잠든 고양이처럼'이라고 쓰노다 토시야가 아름답게 관찰했다. 때로 그 미묘한 움직임, 꿈속의 떨림을 보려면 아주 가만히 있어야 한다. 언더랜드에 대한 연구와 생각의 대부분은 지하가 아닌 도서관과 책에서 일어났다. 이 목록은 내가 수년간 참고한 많은 문헌 중에서 일부를 실은 것이다. 이 문헌들은 언더랜드와 관련된 언어와 형식 – 때로 쉽게 표현하고 설명할 수 없었던 – 을 찾는 데 많은 도움을 주었다. 특별히 흥미롭거나 영향을 준, 또는 정보를 빚진 문헌은 별표(*)로 표시했다. 언더랜드의 내레이터 부분에 주장된 사실, 제안된 세부 사항, 생각의 단편들은 여기와 '주'에 인용된 문헌을 참고해 확인할 수 있다. 나보다 먼저 어둠 속으로 내려간 많은 탐험가, 예술가, 작가, 학자에게 깊이 감사한다.

Adam, Helen, *A Helen Adam Reader*, ed. Kristin Prevallet(Orono, Maine: National Poetry Foundation, 2007)

Adorno, Theodor, and Horkheimer, Max, *Dialectic of Enlightenment*, trans. John Cumming(1944; London: Verso, 1997)

Albrecht, Glenn, 'Solastalgia, a New Concept in Human Health and Identity', *Philosophy Activism Nature* 3(2005)

———, 'Exiting the Anthropocene and Entering the Symbiocene', *PSYCHOTERRATICA*, 17 December 2015 〈https://glennaalbrecht.com/2015/12/17/exiting-the-anthropocene-and-entering-the-symbiocene/〉

*———, et al., 'Solastalgia: The Distress Caused by Environmental Change', *Australian Psychiatry* 15:1(2007)

aliciaescott, 'Field Study #007, The Extinction Event', *Bureau of Linguistical Reality*, 1 September 2015 〈https://bureauoflinguisticalreality.com/2015/09/01/field-study-007-the-extinction-event/〉

*Alley, Richard B., *The Two-Mile Time Machine*(Princeton: Princeton University Press, 2000)

Altman, Rebecca, 'On What We Bury', *ISLE* 21:1(Winter 2014)

Alvarez, Al, *Feeding the Rat: A Climber's Life on the Edge*(London: Bloomsbury, 2013)

Anon., 'Russia's Melting Ice Could Release More Threats to Humanity', *National*, 11 August 2016 〈https://www.thenational.ae/world/russia-s-melting-ice-could-release-more-threats-to-humanity-1.159511〉

Anthropocene Working Group of the Subcommission on Quaternary Stratigraphy, 'When Did the Anthropocene Begin? A Mid-Twentieth-Century Limit is Stratigraphically Optimal', *Quaternary International* 383(2015)

Apter, Emily, 'Planetary Dysphoria', *Third Text* 27:1(2017)

*Apunen, Antti, *Divers of the Dark: Exploring Budapest's Underground Caves*, trans. Marju Galitsos(Helsinki: Tammi, 2015)

Art Map, 'Beneath the Ground: From Kafka to Kippenberger' 〈https://artmap.com/k20/exhibition/beneath-the-ground-from-kafka-to-kippenberger-2014〉

Attout, Jacques, *Men of Pierre Saint-Martin*(London: Werner Laurie, 1956)

*Ballinger, Pamela, *History in Exile: Memory and Identity at the Borders of the Balkans*(Princeton: Princeton University Press, 2002)

Barnes, D. K. A., 'Remote Islands Reveal Rapid Rise of Southern Hemisphere Sea Debris', *Scientific World Journal* 5(2005)

Barton, Hazel, 'This Woman is Exploring Deep Caves to Find Ancient Antibiotic Resistance', interview with Shayla Love, *Vice*, 20 April 2018 〈https://www.vice.com/en_id/article/j5an54/hazel-barton-is-exploring-deep-caves-to-find-ancient-antibiotic-resistance-v25n1〉

Bataille, Georges, *The Cradle of Humanity: Prehistoric Art and Culture*, ed. and trans. John S. Kendall and Leslie M. Kendall(New York: Zone Books, 2005)

Battson, Ginny, 'Mycelium of the Forest Floor. And Love', 12 October 2015 〈https://seasonalight.wordpress.com/2015/10/12/mycelium-of-the-forest-floor-and-love/〉

Bede, *The Reckoning of Time*, trans. Faith Wallis(725; Liverpool: Liverpool University Press, 1999)

Bélanger, Pierre, 'Altitudes of Urbanisation', *Tunnelling and Underground Space Technology* 55(2016)

*Benford, Gregory, *Deep Time: How Humanity Communicates across Millennia*(New York: Avon Books, 1999)

*Benjamin, Walter, *The Arcades Project*, trans. Howard Eiland and Kevin McLaughlin(London: Harvard University Press, 1999)

Bennett, Jane, *The Enchantment of Modern Life: Attachments, Crossings, and Ethics*(Princeton: Princeton University Press, 2011)

Berger, John, 'Past Present', *Guardian*, 12 October 2002

———— and McBurney, Simon, *The Vertical Line: Can You Hear Me, in the Darkness?*, Artangel Arts(Strand Tube Station, 1999) ⟨https://www.artangel.org.uk/the-vertical-line/can-you-hear-me-in-darkness/⟩

Berger, Sebastian, 'Ghosts of the Abyss: The Story of Don Shirley and Dave Shaw', *Telegraph*, 6 March 2008

Bergsvik, Knut Andreas, and Skeates, Robin, *Caves in Context: The Cultural Significance of Caves and Rockshelters in Europe*(Oxford: Oxbow Books, 2012)

Bernstein, J. M., 'Re-Enchanting Nature', *Journal of the British Society for Phenomenology* 31:3(2000)

Bey, Hakim, *T. A. Z.: The Temporary Autonomous Zone, Ontological Anarchy, Poetic Terrorism*(Brooklyn: Autonomedia, 2003)

Black, J. A., Cunningham, G., Fluckiger-Hawker, E., Robson, E., and Zólyomi, G., *The Electronic Text Corpus of Sumerian Literature*(Oxford: 1998–) ⟨http://etcsl.orinst.ox.ac.uk/section1/tr1814.htm⟩

Blum, Hester, 'Speaking Substance: Ice', *Los Angeles Review of Books*, 21 March 2016 ⟨https://lareviewofbooks.org/article/speaking-substances-ice/⟩

Bögli, Alfred, and Franke, Herbert W., *Luminous Darkness: The Wonderful World of Caves*(Chicago: Rand McNally, 1966)

Bonington, Chris, *Quest for Adventure*(London: Hodder and Stoughton, 1990)

Bonnefoy, Yves, *The Arrière-Pays*, trans. Stephen Romer(London: Seagull Books, 2012)

Borges, Jorge Luis, *Jorge Luis Borges: Collected Fictions*, trans. Andrew Hurley(London: Penguin, 1998)

Borodale, Sean, *Bee Journal*(London: Cape, 2012)

*————, *Asylum*(London: Cape, 2018)

Boycott, A., and Wilson, L. J., 'Contemporary Accounts of the Discovery of Aveline's Hole, Burrington Combe, North Somerset', *Proceedings of the University of Bristol Spelaeological Society* 25:1(2010)

*Bradley, Richard, *An Archaeology of Natural Places*(London: Routledge, 2006)

Braje, Todd, et al., 'Evaluating the Anthropocene: Is There Something Useful about a Geological Epoch of Humans?', *Antiquity* 90(2016)

Brázdil, R., Dobrovolny, P., et al., 'Droughts in the Czech Lands, 1090–2012 AD', *Climate of the Past* 9(August 2013)

British Pathé, 'Caveman 105 Days Below', *YouTube*, 13 April 2014 ⟨https://www.youtube.com/watch?v=YSdBBv5LY84⟩

Browne, Malcolm W., 'Deadly Maelstrom's Secrets Unveiled', *New York Times*, 2 September 1997

*Browne, Thomas, *Religio Medici and Urne-Buriall*, ed. Stephen Greenblatt and

Ramie Targoff(1658; New York: NYRB Classics, 2012)

Byrne, Denis, *Surface Collection: Archaeological Travels in Southeast Asia*(Plymouth: AltaMira Press, 2007)

Cadoux, Jean, et al., *One Thousand Metres Down: A Journey to the Starless River*, trans. R. L. G. Irving(London: Allen and Unwin, 1957)

*Calvino, Italo, *Invisible Cities*, trans. William Weaver(1972; London: Vintage, 1997)

Camus, Albert, *The Myth of Sisyphus*, trans. Justin O'Brien(London: Hamish Hamilton, 1973)

Carroll, Lewis, *Alice's Adventures in Wonderland, and Through the Looking-Glass and What Alice Found There; with ninety-two illustrations by John Tenniel*(1865; London: Macmillan and Co, 1902)

Casselman, Anne, 'Strange but True: The Largest Organism on Earth is a Fungus', *Scientific American*, 4 October 2007 〈https://www.scientificamerican.com/article/strange-but-true-largest-organism-is-fungus/〉

Casteret, Norbert, *The Descent of Pierre Saint-Martin*, trans. John Warrington(London: Dent, 1955)

'Ceduna Sub-Basin', Karoon Gas Australia Ltd 〈http://www.karoongas.com.au/projects/ceduna-sub-basin〉

Chakrabarthy, Dipesh, 'The Climate of History: Four Theses', *Critical Inquiry* 35:2(2009)

Cilek, Václav, 'Bees of the Invisible: Awakening of a Place(part 2)', trans. Teresa Stehlikova, *Cinesthetic Feasts*, 5 July 2015 〈https://cinestheticfeasts.wordpress.com/2013/07/05/genius-loci-cilek-p-2/〉

————, *To Breathe with Birds: A Book of Landscapes*, trans. Evan W. Mellander(Philadelphia: University of Pennsylvania Press, 2015)

Clark, L. K., et al., 'Sanitary Waste Disposal for Navy Camps in Polar Regions', *Journal of Water Pollution Control Federation* 34:12(1962)

Clark, Timothy, *Ecocriticism on the Edge: The Anthropocene as a Threshold Concept*(London: Bloomsbury, 2015)

'Climbing Mount Everest is Work for Supermen', *New York Times*, 18 March 1923

Clottes, Jean, *World Rock Art*(Michigan: Getty Conservation Institute, 2002)

*Cohen, Jeffrey Jerome, *Stone: An Ecology of the Inhuman*(Minneapolis: University of Minnesota Press, 2015)

Coleridge, Samuel Taylor, *The Notebooks of Samuel Taylor Coleridge*, ed. Kathleen Coburn, vol. 1(London: Routledge and Kegan Paul, 1957)

Constitution of Norway, as laid down on 17 May 1814 by the Constituent Assembly at Eidsvoll and subsequently amended, most recently in May 2018 〈https://www.stortinget.no/globalassets/pdf/english/constitutionenglish.pdf〉

Cook, Jill, *Ice Age Art: Arrival of the Modern Mind* (London: The British Museum Press, 2013)

Corcoran, Patricia L., et al., 'An Anthropogenic Marker Horizon in the Future Rock Record', *GSA Today* 24:6 (June 2014)

*Cruikshank, Julie, *Do Glaciers Listen? Local Knowledge, Colonial Encounters, and Social Imagination* (Vancouver: University of British Columbia Press, 2005)

Crutzen, Paul, and Stoermer, Eugene, 'The Anthropocene', *International Geosphere-Biosphere Newsletter* 41 (2000) ⟨https://www.mpic.de/mitarbeiter/auszeichnungen-crutzen/the-anthropocene.html⟩

Cybernetic Culture Research Unit, *CCRU: Writings 1997-2003* (Falmouth: Time Spiral Press, 2015)

Dadachova, E., and Casadevall, A., 'Ionizing Radiation: How Fungi Cope, Adapt, and Exploit with the Help of Melanin', *Current Opinion in Microbiology* 11:6 (2008)

D'Agata, John, *About a Mountain* (New York: W. W. Norton, 2011)

Daniel, E. Valentine, and Peck, Jeffrey M. (eds.), *Culture/Contexture: Explorations in Anthropology and Literary Studies* (Berkeley: University of California Press, 1996)

Davies, Jeremy, *The Birth of the Anthropocene* (Berkeley: University of California Press, 2016)

Dawdy, Shannon Lee, *Patina: A Profane Archaeology* (Chicago: University of Chicago Press, 2016)

De Bernières, Louis, *Captain Corelli's Mandolin* (Reading: Secker and Warburg, 1996)

Debord, Guy, *Theory of the Dérive* (1956; London: Atlantic Books, 1997)

Dee, Tim, 'Naming Names', Caught by the River, 25 June 2014 ⟨https://www.caughtbytheriver.net/2014/06/naming-names-tim-dee-robert-macfarlane/⟩

Deleuze, Gilles, *The Fold: Leibniz and the Baroque*, trans. Tom Conley (London: Continuum, 2006)

——, and Guattari, Felix, *Nomadology: The War Machine*, trans. Brian Massumi (New York: Semiotext(e), 1986)

DeLillo, Don, *White Noise* (London: Penguin, 1986)

*——, *Underworld* (New York: Scribner, 1997)

Douglas, Mary, *Purity and Danger: An Analysis of Concepts of Purity and Taboo* (1966; London: Routledge, 2002)

Doyle, Arthur Conan, *Tales of Terror and Mystery* (1902; Cornwall: House of Stratus, 2009)

Dufresne, David(dir.), *Fort McMoney*(i-doc)(2013)

Earle, John, *The Price of Patriotism*(London: Book Guild, 2005)

Edgeworth, Matt, et al., 'Diachronous Beginnings of the Anthropocene: The Lower Bounding Surface of Anthropogenic Deposits', *Anthropocene Review* 2:1(2015)

Ehrlich, Gretel, *This Cold Heaven: Seven Seasons in Greenland*(New York: Pantheon Books, 2001)

Ellsworth, Elizabeth, and Kruse, Jamie(eds.), *Making the Geologic Now: Responses to Material Conditions of Contemporary Life*(New York: Punctum, 2013)

Elson, Rebecca, *A Responsibility to Awe*(Manchester: Carcanet, 2001)

Engel, Claire Elaine, *Mountaineering in the Alps: An Historical Survey*(1950; London: George Allen and Unwin, 1971)

Falcon-Lang, Howard, 'Anthropocene: Have Humans Created a New Geological Age?', BBC, 11 May 2011 ⟨http://www.bbc.co.uk/news/mobile/science-environment-13335683⟩

Farr, Martyn, *Darkworld: The Secrets of Llangattock Mountain*(Llandysul: Gomer Press, 1997)

―――, *The Darkness Beckons*(1980; Sheffield: Vertebrate Press, 2017)

Farrier, David, '"Like a Stone": Ecology, Enargeia, and Ethical Time in Alice Oswald's Memorial', *Environmental Humanities* 4(2014)

―――, 'Reading Edward Thomas in the Anthropocene', *Green Letters* 18:2(2014)

Finer, Jem, 'Score for a Hole in the Ground' ⟨http://www.scoreforaholeintheground.org/⟩

Fittko, Lisa, *Escape through the Pyrenees*(Evanston, IL: Northwestern University Press, 1991)

Franke, Herbert W., *Wilderness under the Earth*, trans. Mervyn Savill(London: Lutterworth Press, 1958)

Freud, Sigmund, *The Interpretation of Dreams*, ed. and trans. James Strachey(1899; London: George Allen and Unwin, 1954)

Frost, Robert, *Mountain Interval*(New York: H. Holt and Company, 1916)

Gardam, Jane, *The Hollow Land*(London: Julia MacRae Books, 1990)

Garner, Alan, *The Weirdstone of Brisingamen*(1960; London: HarperCollins Children's Books, 2014)

Garrett, Bradley, *Explore Everything: Place-Hacking the City*(London: Verso, 2014)

―――, et al., *Subterranean London: Cracking the Capital*(London: Prestel, 2015)

*―――, et al.(eds.), *Global Undergrounds: Exploring Cities Within*(London:

Reaktion Books, 2016)

Gautier, Théophile, *Les Vacances du Lundi*(1869; Paris: G. Charpentier et E. Fasquelle, 1907)

Gearheard, S., 'When the Weather is Uggianaqtuq: Inuit Observations of Environmental Changes, Version 1'(Boulder, Colorado: NSIDC-National Snow and Ice Data Center, 2004) ⟨http://nsidc.org/data/NSIDC-0650⟩

Ghosh, Amitav, 'Petrofiction', *New Republic*, 2 March 1992

Gibbard, P. L., and Walker, M. J. C., 'The Term "Anthropocene" in the Context of Formal Geological Classifications', *Geological Society of London, Special Publications*(2013)

Gould, Stephen Jay, *Time's Arrow, Time's Cycle*(Cambridge, MA: Harvard University Press, 1987)

Graf, Fritz, and Johnston, Sarah Iles, *Ritual Texts for the Afterlife: Orpheus and the Bacchic Gold Tablets*(London: Routledge, 2007)

*Graham, Stephen, *Vertical: The City from Satellites to Bunkers*(London: Verso, 2016)

Griffin, Duane A., 'Hollow and Habitable within: Symmes' Theory of Earth's Internal Structure and Polar Geography', *Physical Geography* 25:5(2004)

Grossman, Leore, et al., 'A 12,000-Year-Old Shaman Burial from the Southern Levant(Israel)', *PNAS* 105:46(2008)

Grusin, Richard(ed.), *The Nonhuman Turn*(London: University of Minnesota Press, 2015)

Haderlap, Maja, *Angel of Oblivion*, trans. Tess Lewis(New York: Archipelago, 2016)

Haraway, Donna, 'Anthropocene, Capitalocene, Plantationocene, Chthulucene: Making Kin', *Environmental Humanities* 6(2015)

———, *Staying with the Trouble: Making Kin in the Chthulucene*(Durham, N. C.: Duke University Press, 2016)

Hardy, Thomas, *Under the Greenwood Tree*(1872; London: Penguin, 2012)

Harman, Graham, *Immaterialism*(Cambridge: Polity Press, 2016)

*Harrison, Robert Pogue, *The Dominion of the Dead*(Chicago: University of Chicago Press, 2003)

Hawks, John, et al., 'New Fossil Remains of Homo Naledi from the Lesedi Chamber, South Africa', *eLife* 6(2017)

Heaney, Seamus, *The Spirit Level*(London: Faber and Faber, 1996)

Herzog, Werner(dir.), *Cave of Forgotten Dreams*(2010)

Hesjedal, Anders, 'The Hunters' Rock Art in Northern Norway: Problems of Chronology and Interpretation', *Norwegian Archaeological Review* 27:1(1994)

Hoffmann, D. L. et al., 'U-Th Dating of Carbonate Crusts Reveals Neandertal Origin of Iberian Cave Art', *Science* 359:6378(February 2018)

Hogenboom, Melissa, 'In Siberia There is a Huge Crater and It is Getting Bigger', BBC, 24 February 2017 〈http://www.bbc.com/earth/story/20170223-in-siberia-there-is-a-huge-crater-and-it-is-getting-bigger〉

Hopkins, Gerard Manley, *The Journals and Papers of Gerard Manley Hopkins*, ed. Humphry House and Graham Storey(Oxford: Oxford University Press, 1959)

Household, Geoffrey, *The Courtesy of Death*(London: Michael Joseph, 1967)

*————, *Rogue Male*(1939; London: Chatto and Windus, 2002)

Howe, Cymene, '"Timely": Theorizing the Contemporary', *Cultural Anthropology* 〈https://culanth.org/fieldsights/800-timely〉

Hugo, Victor, *The Essential Victor Hugo*, trans. E. H. and A. M. Blackmore(1862; Oxford: Oxford University Press, 2004)

Hussey, Andrew, *Paris: The Secret History*(London: Penguin, 2007)

Hutton, Noah(dir.), *Deep Time*(2015)

Ialenti, Vincent, 'Adjudicating Deep Time: Revisiting the United States' High-Level Nuclear Waste Repository Project at Yucca Mountain', *Science & Technology Studies* 27:2(2014)

————, 'Death and Succession among Finland's Nuclear Waste Experts', *Physics Today* 70:10(2017)

Ingold, Tim, *The Appropriation of Nature*(Manchester: Manchester University Press, 1986)

*International Commission on Stratigraphy, 'International Chronostratigraphic Chart'(v2016/04) 〈http://www.stratigraphy.org/ICSchart/ChronostratChart2016-04.pdf〉

Janko, R., 'Forgetfulness in the Golden Tablets of Memory', *Classical Quarterly* 34:1(1984)

Jones, Jamie L., 'Oil: Viscous Time in the Anthropocene', *Los Angeles Review of Books*, 22 March 2016 〈https://lareviewofbooks.org/article/oil-viscous-time-in-the-anthropocene〉

Kafka, Franz, *The Complete Stories*, trans. Willa and Edwin Muir(New York: Schocken, 1971)

————, *Metamorphosis and Other Stories*, trans. Willa and Edwin Muir(Aylesbury: Penguin, 1977)

The Kalevala, trans. Keith Bosley(Oxford: Oxford University Press, 2008)

*Kimmerer, Robin Wall, *Gathering Moss: A Natural and Cultural History of*

Mosses (Corvallis: Oregon State University Press, 2003)

*——, *Braiding Sweetgrass: Indigenous Wisdom, Scientific Knowledge, and the Teachings of Plants* (Minneapolis: Milkweed, 2013)

——, 'Learning the Grammar of Animacy', *Anthropology of Consciousness* 28:2 (2017)

——, 'Speaking of Nature', *Orion Magazine*, 14 June 2017.

Kircher, Athanasius, *Mundus Subterraneus, in XII Libros Digestus* (Amsterdam, 1678)

*Klingan, Katrin, et al., *Textures of the Anthropocene: Grain, Vapor, Ray*, 3 vols. (Cambridge, MA: MIT Press, 2015)

*Kolbert, Elizabeth, *The Sixth Extinction: An Unnatural History* (New York: Henry Holt, 2014)

——, 'Greenland is Melting', *New Yorker*, 24 October 2016 ⟨https://www. newyorker.com/magazine/2016/10/24/greenland-is-melting⟩

Kpomassie, Tété-Michel, *An African in Greenland* (London: Secker and Warburg, 1983)

Kroonenberg, Salomon, *Why Hell Stinks of Sulfur: Mythology and Geology of the Underworld* (London: Reaktion, 2013)

Larkin, Philip, *The Whitsun Weddings* (London: Faber and Faber, 1964)

Latour, Bruno, 'Agency at the Time of the Anthropocene', *New Literary History* 45:1 (2014)

Le Guin, Ursula K., *The Word for World is Forest* (1972; London: Orion Books, 2015)

'Lithological Log of Cleveland Potash Ltd', Borehole Staithes No. 20, drilled September–December 1968 to a depth of c.3500 feet (BGS ID borehole 620319, BGS Reference NZ71NE14)

*Lopez, Barry, *Arctic Dreams: Imagination and Desire in a Northern Landscape* (1986; New York: Bantam, 1987)

Lovelock, James, *Life and Death Underground* (London: G. Bell and Sons, 1963)

Lowenstein, Tom, 'Excavation and Contemplation: Peter Riley's Distant Points', in *The Gig: The Poetry of Peter Riley* 4/5 (2000)

Luciano, Dana, 'Speaking Substances: Rock', *Los Angeles Review of Books*, 12 April 2016 ⟨https://lareviewofbooks.org/article/speaking-substances-rock/⟩

Luther, Kem, *Boundary Layer: Exploring the Genius Between Worlds* (Corvallis: Oregon State University Press, 2016)

Macaulay, Thomas Babington, *Ranke's History of the Popes* (London: Longman, Brown, Green, and Longmans, 1851)

McBurney, Simon, 'Herzog's Cave of Forgotten Dreams: The Real Art Underground', *Guardian*, 17 March 2011

McCarthy, Cormac, *Blood Meridian*(1985; New York: Vintage, 1992)

McCarthy, Tom, *Satin Island*(London: Cape, 2014)

Macdonald, Graeme, 'Oil and World Literature', *American Book Review* 33:3(2012)

———, '"Monstrous Transformer": Petrofiction and World Literature', *Journal of Postcolonial Writing* 53(2017)

McGrath, Dara, 'Project Cleansweep' ⟨http://daramcgrath.com/Project_Clean sweep_Cover_Page.html⟩

McInerney, Jeremy, and Sluiter, Ineke(eds.), *Valuing Landscape in Classical Antiquity*(Leiden: Brill, 2016)

Maclean, FitzRoy, *Eastern Approaches*(London: Jonathan Cape, 1949)

MacNeice, Louis, *Collected Poems*(London: Faber and Faber, 2007)

McPhee, John, *Basin and Range*(New York: FSG, 1981)

*———, *Annals of the Former World*(New York: FSG, 1998)

Madsen, Michael(dir.), *Into Eternity*(2010)

*Manaugh, Geoff, *The BLDG BLOG Book: Architectural Conjecture, Urban Speculation, Landscape Futures*(San Francisco: Chronicle, 2009)

Margulis, Lynn(ed.), *Symbiosis as a Source of Evolutionary Innovation: Speciation and Morphogenesis*(Boston: MIT Press, 1991)

Marris, Emma, 'Neanderthal Artists Made Oldest-Known Cave Paintings', *Nature*, 22 February 2018

Mattern, Shannon, 'Cloud and Field', *Places Journal*(August 2016) ⟨https://placesjournal.org/article/cloud-and-field⟩

Meyers, Kent, 'Chasing Dark Matter in America's Deepest Gold Mine', *Harper's Magazine*(May 2015)

Michaels, Anne, *Fugitive Pieces*(London: Bloomsbury, 1997)

Michaels, Sean, 'Unlocking the Mystery of Paris' Most Secret Underground Society', Gizmodo, 21 April 2011 ⟨https://gizmodo.com/5794199/unlocking-the-mystery-of-paris-most-secret-underground-society-combined⟩

Miéville, China, *The City and the City*(London: Pan Books, 2009)

——, *Three Moments of an Explosion*(London: Macmillan, 2015)

Milne, Richard, 'Oil and the Battle for Norway's Soul', *Financial Times*, 27 July 2017

Mitchell, W. J. T., *What Do Pictures Want? The Lives and Loves of Images*(Chicago: University of Chicago Press, 2005)

Molchanova, Natalia, 'The Depth', trans. Victor Hilkevich ⟨http://molchanova.ru/en/verse/depth⟩

Moore, Jason W., *Capitalism in the Web of Life*(London: Verso, 2015)

Morris, Jan, *Trieste and the Meaning of Nowhere*(London: Faber and Faber, 2001)

Mortimer, John Robert, *Forty Years' Researches in British and Saxon Burial Mounds of East Yorkshire. Including Romano-British discoveries, and a description of the ancient entrenchments on a section of the Yorkshire Wolds… With over 1000 illustrations from drawings by Agnes Mortimer*(London: A. Brown and Sons, 1905)

Morton, Timothy, *Hyperobjects: Philosophy and Ecology after the End of the World*(Minneapolis: University of Minnesota Press, 2013)

———, 'Poisoned Ground: Art and Philosophy in the Time of Hyper-Objects', *Symploke* 21: 1–2(2013)

Muecke, Stephen, 'Global Warming and Other Hyperobjects', *Los Angeles Review of Books*, 20 February 2014 ⟨https://lareviewofbooks.org/article/hyperobjects⟩

Mumford, Lewis, *The City in History: Its Origins, Its Transformations, and Its Prospects*(New York: Harcourt & Brace, 1961)

Murray, W. H., *Mountaineering in Scotland and Undiscovered Scotland*(London: Diadem Books, 1979)

Negarastani, Reza, *Cyclonopedia: Complicity with Anonymous Materials*(Melbourne: re.press, 2008)

Nelson, Richard, *Make Prayers to the Raven: A Koyukon View of the Northern Forest*(Chicago: University of Chicago Press, 1986)

Nelson, Victoria, *The Secret Life of Puppets*(Cambridge, MA: Harvard University Press, 2001)

Newman, E. I., 'Mycorrhizal Links between Plants: Their Functioning and Ecological Significance', *Advances in Ecological Research* 18(1988)

*Ngai, Sianne, *Ugly Feelings*(Cambridge, MA: Harvard University Press, 2005)

Nielsen, Lars(ed.), *Advances in Geophysics*, vol. 57(Cambridge, MA: Academic Press, 2016)

Nixon, Rob, 'The Swiftness of Glaciers: Language in a Time of Climate Change', *Aeon Magazine*, 19 March 2018 ⟨https://aeon.co/ideas/the-swiftness-of-glaciers-language-in-a-time-of-climate-change⟩

Nora, Pierre and Ageron, Charles-Robert, *Les Lieux de Mémoire*, 3 vols.(Paris: Editions Gallimard, 1993)

Norsted, Terje, 'The Cave Paintings of Norway', *Adoranten*(2013)

O'Domhnaill, Risteard(dir.), *Atlantic*(2016)

O'Neill, Joseph, *Land under England*(London: New English Library, 1978)

Oldenburg, Henry, and Roper, Francis, *Philosophical Transactions, Giving Some Accompt of the Present Undertakings, Studies, and Labours, of the Ingenious in Many Considerable Parts of the World*, vol. 16(London: Printed for T. N. by John Martyn, 1687)

Olsen, Bjørnar, *In Defense of Things: Archaeology and the Ontology of Objects*(Plymouth: AltaMira Press, 2017)

Peebles, J. M., *The Practical of Spiritualism. Biographical Sketch of Abraham James. Historic Description of His Oil-Well Discoveries in Pleasantville, P. A., through Spirit Direction*(Chicago: Horton and Leonard Printers, 1868)

Perec, Georges, *Species of Spaces and Other Pieces*, trans. John Sturrock(1974; Harmondsworth: Penguin, 1997)

Pétursdóttir, Þóra, 'Climate Change? Archaeology and Anthropocene', *Archaeological Dialogues* 24:2(2017)

*———, 'Drift', in *Multispecies Archaeology*, ed. Suzanne E. Pilaar Birch,(London: Routledge, 2018)

———, and Olsen, Bjørnar, 'Unruly Heritage: An Archaeology of the Anthropocene',(Tromsø: UiT The Arctic University of Norway, 2017) ⟨https://www.sv.uio.no/sai/forskning/grupper/Temporalitet%-20-%20materialitet/leseg ruppe/olsen-unruly-heritage.pdf⟩

Plato, *Timaeus and Critias*, trans. Robin Waterfield(Oxford: Oxford University Press, 2008)

Playfair, John, 'Biographical Account of the Late Dr James Hutton, F.R.S. Edin.', *Transactions of the Royal Society of Edinburgh* 5(1805)

Poe, Edgar Allan, *The Fall of the House of Usher and Other Writings*, ed. David Galloway(London: Penguin, 2003)

Posidonius, *Posidonius*, ed. Ludwig Edelstein and I. G. Kidd(Cambridge: Cambridge University Press, 1988)

Postlethwaite, John, *Mines and Mining in the(English) Lake District*(Whitehaven: W. H. Moss and Sons, 1913)

Powers, Richard, *The Overstory*(New York: W. W. Norton, 2018)

Prynne, J. H., *The White Stones*(Lincoln: Grosseteste, 1969)

———, 'On the Poetry of Peter Larkin', *No Prizes* 2(2013)

*Purdy, Jedediah, *After Nature: A Politics for the Anthropocene*(Cambridge, MA: Harvard University Press, 2015)

Rigzone, 'Statoil Seeking New Acreage', 1 October 2016 ⟨https://www.rigzone.com/news/oil_gas/a/16859/statoil_seeking_new_acreage/⟩

Riley, Peter, *The Derbyshire Poems*(Exeter: Shearsman Books, 2012)

Rilke, Rainer Maria, *Rainer Maria Rilke, Lou Andreas-Salome: Briefwechsel*(Zurich: M. Niehans, 1952)

————, *Selected Letters 1902-1926*, trans. R. F. C. Hull(London: Quartet Encounters, 1988)

————, *Sonnets to Orpheus*, trans. Martyn Crucefix(London: Enitharmon Press, 2012)

Robb, Graham, *Parisians: An Adventure History of Paris*(London: Picador, 2010)

*Robinson, Tim, *My Time in Space*(Dublin: Lilliput, 2001)

————, *Connemara: The Last Pool of Darkness*(London: Penguin, 2009)

Roosth, Sophia, 'Virus, Coal, and Seed: Subcutaneous Life in the Polar North', *Los Angeles Review of Books*, 21 December 2016 ⟨https://lareviewofbooks.org/article/virus-coal-seed-subcutaneous-life-polar-north/⟩

Salk, Jonas, 'Are We Being Good Ancestors?', *World Affairs* 1:2(1992)

Sanderson, John, *The Travels of John Sanderson in the Levant, 1584-1602: With His Autobiography and Selections from His Correspondence*, ed. William Foster(Abingdon: Routledge, 2016)

*Savoy, Lauret, *Trace: Memory, History, Race and the American Landscape*(Berkeley: Counterpoint, 2015)

Scarry, Elaine, *The Body in Pain: The Making and Unmaking of the World*(Oxford: Oxford University Press, 1985)

Scheurmann, Ingrid, and Scheurmann, Konrad, *For Walter Benjamin*, 3 vols. (Bonn: AsKI e.v. and Inter Nationes, 1994)

Schindler, John, *Isonzo*(London: Praeger, 2001)

Schuller, Kyla, 'Speaking Substances: Bodies', *Los Angeles Review of Books*, 23 March 2013 ⟨https://lareviewofbooks.org/article/bodies/⟩

Schulting, R. J., '"…Pursuing a Rabbit in Burrington Combe": New Research on the Early Mesolithic Burial Cave of Aveline's Hole', *Proceedings of the University of Bristol Spelaeological Society* 23:3(2005)

Seaborn, Adam, *Symzonia: A Voyage of Discovery*(New York: J. Seymour, 1820)

Sebald, W. G., *The Rings of Saturn*, trans. Michael Hulse(1995; London: Vintage, 2002)

*Sebeok, Thomas, 'Communication Measures to Bridge Ten Millennia(Technical Report)', *Research Centre for Language and Semiotic Studies, for Office of Nuclear Waste Isolation*, BMI/ONWI-532(1984)

Serres, Michael, *Statues: The Second Book of Foundations*, trans. Randolph Burks(London: Bloomsbury, 2015)

Shaw, Trevor, *Foreign Travellers in the Slovene Karst: 1486-1900*(Ljubljana: Založba ZRC, 2008)

————, and Čuk, Alenka, *Slovene Caves & Karst Pictured 1545-1914*(Ljubljana: Založba ZRC, 2012)

Shellenberger, Michael, and Nordhaus, Ted(eds.), *Love Your Monsters: Postenvironmentalism and the Anthropocene*(Oakland: The Breakthrough Institute, 2011)

Shepherd, Nan, *The Living Mountain*(1977; Edinburgh: Canongate, 2011)

Simard, Suzanne(interview with Diane Toomey), 'Exploring How and Why Trees "Talk" to Each Other', *Yale Environment 360*, 1 September 2016 〈https://e360.yale.edu/features/exploring_how_and_why_trees_talk_to_each_other〉

————, et al., 'Net Transfer of Carbon between Ectomycorrhizal Tree Species in the Field', *Nature* 388:6642(1997)

Simpson, Joe, *Touching the Void*(1988; London: Vintage Classic, 2008)

Sleigh-Johnson, Sophie, 'Performance Waves', *Performance Research* 21:2(2016)

*Smithson, Robert, *The Collected Writings*, ed. Jack Flam(Berkeley: University of California Press, 1996)

Sneider, Noah, 'Cursed Fields: What the Tundra Has in Store for Russia's Reindeer Herders', *Harper's Magazine*(April 2018)

Solnit, Rebecca, *Savage Dreams: A Journey into the Hidden Wars of the American West*(Berkeley: University of California Press, 2014)

Solomon, Andrew, *Far and Away: How Travel Can Change the World*(London: Scribner, 2016)

Sophocles, *Antigone*, ed. and trans. Diane J. Rayor(Cambridge: Cambridge University Press, 2011)

Spirito, Pietro, 'Alla scoperta del Timavo', *Il Piccolo*, 2-23 August 2014

————, 'Nei cantieri sottoterra da anni si dà la caccia al fiume che non c'è', *Il Piccolo*, 23 August 2014

Stokes, Adrian, *Stones of Rimini*(New York: Schocken Books, 1969)

Stone, Alison, 'Adorno and the Disenchantment of Nature', *Philosophy and Social Criticism* 32:2(2006)

Stranj, Pavel, *The Submerged Community*, trans. Mark Brady(Trieste: Editoriale Stampa, 1992)

Strugatsky, Arkady, and Strugatsky, Boris, *Roadside Picnic*(London: Gollancz, 2012)

Sullivan, John Jeremiah, *Pulphead: Notes from the Other Side of America*(New York: FSG, 2011)

Terray, Lionel, *Conquistadors of the Useless: From the Alps to Annapurna*, trans. Geoffrey Sutton(1963; Sheffield: Baton Wicks, 2000)

Thacker, Eugene, *In the Dust of This Planet*(Alresford: Zero Books, 2011)

Thomas, Edward, 'Chalk Pits', in *Selected Poems and Prose*(1981; London: Penguin, 2012)

Thompson, Mark, *The White War: Life and Death on the Italian Front* (New York: Basic Books, 2009)

Toshihisa, Okamura, *The Cultural History of Matsutake*, trans. Fusako Shimura and Miyaki Inoue (Tokyo: Yama to Keikokusha, 2005)

Trauth, Kathleen M., et al., 'Expert Judgment on Markers to Deter Inadvertent Intrusion into the Waste Isolation Pilot Plant', *Sandia National Laboratories*, SAND 92-1382. UC-721 (1993)

Trentmann, Frank, *Empire of Things: How We Became a World of Consumers, from the Fifteenth Century to the Twenty-First* (New York: HarperCollins, 2016)

Tsing, Anna, 'Arts of Inclusion, or How to Love a Mushroom', *Manoa* 22:2 (2010)

*———, *The Mushroom at the End of the World: On the Possibility of Life in Capitalist Ruins* (Princeton: Princeton University Press, 2017)

———, 'The Politics of the Rhizosphere' (interviewed by Rosetta S. Elkin), *Harvard Design Magazine* 45 (Spring/Summer 2018) ⟨http://www.harvarddesignmagazine.org/issues/45/the-politics-of-the-rhizosphere⟩

*———, Swanson, Heather, Gan, Elaine, and Buband, Nils, (eds.), *Arts of Living on a Damaged Planet* (Minneapolis: University of Minnesota Press, 2017)

Valvasor, Johann von, 'An Extract of a Letter Written to the Royal Society out of Carniola, by Mr John Weichard Valvasor, R. Soc. S. Being a Full and Accurate Description of the Wonderful Lake of Zirknitz in that Country', in *Philosophical Transactions, Giving Some Accompt of the Present Undertakings, Studies, and Labours, of the Ingenious in Many Considerable Parts of the World*, eds. Henry Oldenburg and Francis Roper, vol. 16 (London: Printed for T. N. by John Martyn, 1687)

Verne, Jules, *Journey to the Centre of the Earth*, trans. Robert Baldick (1864; Harmondsworth: Puffin Books, 1965)

Wark, Mackenzie, *Molecular Red: Theory for the Anthropocene* (London: Verso, 2015)

Webb, Dave (dir.), *Fight for Life: The Neil Moss Story* (2006)

Webb, Dave, and Whiteside, Judy, 'Fight for Life: The Neil Moss Story' ⟨www.mountain.rescue.org.uk/assets/files/TheOracle/historyandpeople/NeilMossStory.pdf⟩

Weir, Andy, 'Deep Decay: Into Diachronic Polychromatic Material Fictions', *PARSE* 4 (2017) ⟨http://parsejournal.com/article/deep-decay-into-diachronic-polychromatic-material-fictions/⟩

*Weizman, Eyal, *Hollow Land: Israel's Architecture of Occupation* (London: Verso, 2007)

Wells, H. G., *The Time Machine*(1895; Richmond: Alma Classics, 2017)

Williams, Rosalind, *Notes on the Underground: An Essay on Technology, Society, and the Imagination*(London: MIT Press, 2008)

Williams, William Carlos, *The Collected Poems of William Carlos Williams, Volume II 1939-1962*, ed. Christopher MacGowan(New York: New Directions, 1988)

Wilson, Louise K.(ed.), *A Record of Fear*(Salisbury: B. A. S. Printers Ltd, 2005)

Wohlleben, Peter, *The Hidden Life of Trees*, trans. Jane Billinghurst(Vancouver/Berkeley: Greystone Press, 2016)

Wulf, Andrea, *The Invention of Nature: Alexander von Humboldt's New World*(New York: Knopf, 2015)

Wylie, John, 'The Spectral Geographies of W. G. Sebald', *Cultural Geographies* 14(2007)

Wyndham, John, *The Chrysalids*(1955; London: Penguin, 2018)

*Yusoff, Kathryn, 'Geologic Subjects: Nonhuman Origins, Geomorphic Aesthetics, and the Art of Becoming *In*human', *cultural geographies* 22:3(2015)

Zalasiewicz, Jan, et al., 'The Anthropocene: A New Epoch of Geological Time?', *Philosophical Transactions. Series A, Mathematical, Physical, and Engineering Sciences* 369(2011)

Zhdanova, N. N., et al., 'Ionizing Radiation Attracts Soil Fungi', *Mycological Research* 108:9(2004)

Zola, Emile, *Germinal*, trans. Havelock Ellis(London: Dent, 1970)

| 감사의 말 |

이 책의 큰 틀을 잡을 수 있도록 동료이자 안내자이자 스승으로서 내게 어둠 속을 보는 법을 가르쳐준 분들께 제일 먼저 감사 인사를 드리고 싶다. 존 비티, 헤인 비예르크, 션과 제인 보로데일 부부, 빌 칼스레이크, 루시안과 마리아 카르멘 코모이 부부, 세르지오 담브로시, 스티브 딜워스, 브래들리 개럿, 메리엘 해리슨, 리나와 제이, 헬렌 모트, 로버트 멀베이니, 비요나르 니콜라이센, 소라 페투르스도티르, 닐 로울리, 멀린 셸드레이크, 리처드 스켈튼, 헬렌과 매트 스펜슬리, 크리스토퍼 토스, 파시 투오히마아.

가넷 캐도건, 월터 도노휴, 헨리 히칭스, 줄리스 제다무스, 사이먼 맥버니, 개리 마틴, 롭 뉴턴, 제디디아 퍼디는 이 책을 쓰는 동안 원고를 읽고 소중한 의견을 나누어주었다. 한 사람, 한 사람에게 깊은 감사를 표하고 싶다. 이 책은 각 분야의 전문가들이 오류를 바로잡고 문장을 명확히 고쳐주었다. 특히 캐롤린 크로포드(별), 존 맥레넌(바위), 루스 모트램(얼음)에게 감사한다. 친절하고 용감하게 포이베의 시를 번역해준 타냐 트렉에게 감사한다. 롭 뉴턴은 매 페이지마다 담백한 조언과 날카로운 눈으로 이 책을 마무리하는 몇 달간 최고의 연구 보조원이 되어주었다.

편집자 사이먼 프로서와 에이전트 제시카 울라드는 내가 이 책을 쓰는 6년 반 동안 훌륭한 독자이자 친구였다. 해미시 해밀턴/펭귄 출판사의 리처드 브레이버리, 데이브 크래딕, 캐롤라인 프리티, 애나 리들리, 엘리 스미스,

허마이온 톰슨과 함께 일할 수 있어서 정말 운이 좋았다. W. W. 노튼 출판사에서 나는 편집자 매트 웨일랜드의 명민함, 응원, 인내, 그리고 짐 루트만의 격려로 말할 수 없이 큰 도움을 받았다.

나는 내 학생들, 특히 지이 데겐하르트, 루이스 클리, 애런 펜크주, 크리스토프 보사카, 루이스 윈에게서 아주 많은 것을 배웠고 또 이들과 함께 생각했다. 내 절친한 친구인 줄리 브룩, 피터 데이비슨, 가렛 에번스, 닉 헤이즈, 마이클 흐레비니악, 마이클 헐리, 라파엘 린, 핀레이 맥레오드, 레오 멜러, 재키 모리스, 클레어 쿠엔틴, 코리나 러셀, 얀과 크리스 스람 부부, 데이비드 트로터, 제임스 웨이드, 사이먼 윌리엄스가 나와 이 책을 위해 해준 모든 것에 감사한다. 그 누구보다 줄리아, 릴리, 톰, 월, 그리고 나의 부모님 로자문드와 존에게 사랑과 감사를 전한다.

여러 해 동안 도와주고 정보와 영감을 준 많은 분들께 감사 인사를 하고 싶다. 글렌 알브레히트, 앨리스와 크리스 알란 부부, 팀 앨런, 앤티 아푸넨, 마리나 발라드, 아리안 뱅케스, 마티아스 바라만, 기니 뱃슨, 샤론 블래키, 미구엘 앙헬 블랑코, 애덤 보베트, 에드워드 존 보텀리, 제임스 브래들리, 마이클 브라보, 줄리아 브리그데일, 줄리 브룩, 롭 부시비, 조나단과 케기 카레우 부부, 스티브 카시미로, 실비아 세라미콜라, 크리스토퍼 치펀데일, 바츨라프 칠레크, 호라티오 클레어, 어렌드 클라우스턴, 미켈라 콜레타,

레이 콜린스, 아드리안 쿠퍼, 홀리 코필드 카, 니콜라 다렌도르프, 존 데일, 윌리엄 달림플, 제인 데이비슨, 제레미 데이비스, 팀 디, 토머스 데마르치, 알리 더비, 힐데가르트 딤베르거, 헌터 듀크스, 코디 던컨, 미나 무어 에드, 크리스 에반스, 게리 파비안 밀러, 데이비드 파리어, 키티 페도렉, 로즈 페라비, 토비 페리스, 조니 플린, 세수스 프라가, 로빈 프렌드, 레베카 긱스, 안토니 고믈리, 사이먼 그랜트, 수잔 그리니, 피노 가이디, 베아트리체 하딩, 카테리나 하블리코바, M. 존 해리슨, 해리엇 호킨스, 캐스퍼 헨더슨, 줄리아 호프만, 시멘느 호웨, 로버트 하이드, 밥 젤리코, 마틴 존슨, 스튜어트 켈리, 마이클 커, 패트릭 킹슬리, 앤드루 코팅, 폴 라이티, 스자볼크스 릴 외시, 안젤라 라이턴, 에밀리 레스브리지, 휴 루이스 존스, 팀 드 리즐, 텔마와 빌 로벨, 보럿 로제즈, 리처드 마비, 헬렌 맥도널드, 짐 맥팔레인, 던컨 맥케이, 핀레이 맥레오드, 앤드루 맥닐리, 제프 마노, 케반 만워링, 필립 마스덴, 제나 마틴치치, 로드 멍엄, 차이나 미에빌, 알렉스 모스, 헬렌 머피, 빅토리아 넬슨, 케이트 노버리, 애니 오가라 워슬리, 비요나르 올슨, 제이 오웬스, 프란체스코 파네타, 파비오 파시니, 도널드와 루시 펙 부부, 시빌 페인, 보루트 페릭, 퍼훅, 조나단 파워, 앤드루 레이, 라라 레이드, 피오나 레이놀즈, 댄 리처드, 어텀 리처드슨, 다몬 리처, 팀 로빈슨, 데이비드 로즈, 길리아나 로시, 코리나 러셀, 스탠리 시틴터, 애덤 스코벨, 지오프 십, 로비 숀, 필립 시드니,

이아인 싱클레어, 잉그리드 숄드베르, 폴 슬로바크, 조스 스미스, 레베카 솔닛, 에밀리 스토크스, 존과 카샤 스텁스, 키에르 스와필드, 새라 토머스, 루이스 토렐리, 미하엘라 피저, 마리나 워너, 짐 워렌, 줄리안느 워렌, 길스 왓슨, 스티븐 왓츠, 사만사 와인버그, 앤디 위어, 뎁 윌렌스키, 크리스토퍼 우드워드, 지오프 이든, 벤자민 지다리크, 그리고 수많은 트위터 친구들.

이 책에 이미지를 사용할 수 있도록 너그럽게 허락한 사진작가와 저작권자에게 감사한다. 첫 번째 방을 시작하는 사진은 스페인 북부 엘 카스티요 동굴에서 만들어진 핸드 스텐실이다. 가장 오래된 엘 카스티요 스텐실은 적어도 3만 7,300년 전으로 거슬러 올라가므로 네안데르탈인 예술가에 의해 만들어졌을 가능성이 높다. 이것은 'La Sociedad Regional de Educación, Cultura y Deporte of Cantabria(SRECD)'의 허락을 받아 복제되었다. 제1장 「하강」을 시작하면서 나오는 사진은 이바나 카지나Ivana Cajina(@von_co)가 찍었고 '@unsplash' 라이선스에 따라 무료로 사용할 수 있다. 제2장 「동굴과 매장」을 시작하면서 나오는 프리디 나인 고분의 사진은 리처드 스코트 로빈슨Richard Scott-Robinson에게 저작권이 있다. 제3장 「암흑물질」을 시작하면서 나오는 사진은 알렉산더 앤드루스Alexander Andrews(@alex_andrews)가 찍었고 '@unsplash' 라이선스에 따라 무료로 사용할 수 있다. 4장 「언더스토리」를 시작하면서 나오는 사진은 요하네스 플레니오Johannes Plenio(@jplenio)가 찍었고 '@pixabay/CC0 Creative Commons' 라이선스에 따라 무료로 사용할 수 있다. 제5장 「보이지 않는 도시」를 시작하면서 나오는 사진은 「르 파스 뮈라유Le Passe-Muraille(벽을 뚫고 지나가는 사나이)」라는 조각품으로, 'Laura Brown(fuschiaphoto.com)'에 저작권이 있다. 제6장 「별이 뜨지 않는 강」을 시작하면서 나오는 그림은 티마보 강이 흐르는 트레비치아노 심연의 바닥에 있는 동굴로, 19세기 중엽 주세페 라이거Giuseppe Rieger가 새긴 것이다. 여기에서 이 그림을 사용하게 허락한 트리에스테의 공립도서관Biblioteca Civica Attilio Hortis, Trieste, E. Hapulca에 감사한다. 제9장 「가장자리」를 시작하면서 나오는 그림은 1919년 에드거 앨런 포의 단편소설 「말스트룀으로의 하강A Descent into the Maelstrom」이 『미스터리와 상상의 이야기Tales of Mystery and Imagination』에 포함되어 재인쇄되었을 때 함께 실린 해리 클라크Harry Clarke의 삽화다. 이 그림은 저작권 보호 기한이 지났다. 제10장 「시간의 푸른빛」과 제11장 「융빙수」을 시작하면서 나오는 사진은 동그린란드에서 우리가 직접 찍었고 저작권은 헬렌 스펜슬리Helen Spenceley에게 있다. 제12장 「은닉처」를 시작하면서 나오는 사진은 온칼로Onkalo를 찍은 것이고 저작권은 포시바Posiva에 있다. 제13장 「지상을 향해」를 시작하면서 나오는 이미지는 2005년 파타고니아에서 찍은 리오 핀투라스 암각화Cueva de las Manos, Rio Pinturas 「손의 동굴」이다. 이 핸드 스텐실은 뼈로 만든 관으로, 오커 가루를 불어서 만들었고 약 9,300년 전으로 거슬러 올라간다. 이 이미지는 마리아노 세코프스키Mariano Cecowski에게 저작권이 있고, 그가 너그러이 사용 허락을 해주었다. 책 표지에서 동그린란드의 크누드 라스무센 빙하의 크레바스 미로로 다가가는 내 사진은 헬렌 스펜슬리Helen Spenceley에게 저작권이 있다. 나머지는 모두 내가 찍은 것들이다.

텍스트 사용을 허락해준 분들께도 감사한다. 제명으로 「어둠 아래로Down There in the Dark」를 인용할 수 있게 허락해준 제임스 메이나드James Maynard와 헬렌 애덤Helen Adam의 재산 권리자에게 감사한다. 그것은 'the Poetry Collection of the University Libraries, University at Buffalo, The State University of New York'에 저작권이 있다. 어머니 나탈리아 몰차노바Natalia Molchanova의 시 「깊이The Depth」를 사용할 수 있게 허락한 알렉세이 몰차노바Alexey Molchanov에게 감사한다. 유일하게 이 책의 내용 중 일부가 춘간되기 진에 등상한 것은 에밀리 스토크스Emily Stokes가 편집한 〈뉴요커〉의 「우드 와이드 웹의 비밀Secrets of the Wood Wide Web」이다. 이 에세이에서 사용했던 문장을 이 책에서 다시 사용할 수 있게 해준 에밀리와 〈뉴요커〉에 감사한다.

영국 아카데미가 미드 커리어 펠로십Mid-Career Fellowship으로 지원해주지 않았다면 『언더랜드』를 끝낼 수 없었을 것이다. 뭐라 말할 수 없이 감사한다. 나는 수많은 다른 기관과 동료들에게 빚을 졌다. 무엇보다 지금까지 나에게 17년 동안 학생들을 가르칠 특권을 준 케임브리지 대학교 엠마누엘 칼리지에 감사한다. 또한 케임브리지의 영문학과와 영문학과 도서관(바벨을 넘어서는 최고의 도서관이다)에도 감사한다.

지상과 지하에서 나의 벗이 되어준 음악과 음악가들 중에서도 *AR, 본 이베어, 듀크 스피리트, 엘보우, 자니 플린, 그래스컷, 윌리 메이슨, 픽시스, 캐린 폴워트, 프란츠 슈베르트, 코스모 셸드레이크, 르 티그레가 없었다면 끝까지 해낼 수 없었을 것이다.

『언더랜드』의 표지 이미지는 내 오랜 친구이자 공동 작업자인 스탠리 돈우드Stanley Donwood의 작품이다. 내가 『언더랜드』를 쓰기 시작한 다음 해인 2013년에 이 야광 그림 「네더Nether」를 처음 보았다. 나는 섬뜩한 태양빛, 나무들의 구부러진 총천연색 손가락들, 빛나고 위험한 지하 세계를 내려다보는 감각에 놀랐고, 이내 이 그림을 내 책의 표지로 사용하고 싶다고 생각했다. 이 그림은 또한 1.5제곱미터로, 고개를 위에서 아래로 내려야 할 만큼 크다. 실제로 'nether'라는 단어는 '아래', '아래로 향하는'이라는 뜻이다. 옥스퍼드 영어사전에 나오는 정의는 '땅 밑에 있는 것 또는 땅 밑에 있는 것으로 상상되는 것, 지옥 또는 지하 세계에 속해 있거나 그곳에서 발생한 것'이다. 『언더랜드』 작업으로 지치거나 불안해질 때마다 – 자주 그랬지만 –

나는 「네더」를 떠올렸다. 그것은 길을 비춰주었다.

「네더」는 마치 가라앉은 차선 끝에서 떠오르는 거대한 태양처럼 보이지만 사실은 그렇지 않다는 점만 빼고 말이다. 한번은 우리가 오포드네스에 함께 있을 때 이 그림에 대해 물어본 적이 있다. 그곳은 제2차 세계대전이 일어나고 10년 후에 핵무기를 시험한 서쪽 해안의 조약돌로 된 모래톱이다. 그때 스탠리가 이렇게 말했다. "네더는 태양이 아니야. 그건 네가 마지막으로 볼지도 모르는 것이지. 그건 막 폭발해서 홀로웨이 아래로 보이는 핵폭탄의 빛이야. 네가 네더를 보았다면, 네 뼈에서 살점이 녹을 때까지 너에게는 0.001초의 생명이 남아 있어." 아. 광채가 나지만 치명적이고, 치명적이지만 아름답고, 원자핵을 말하지만 자연을 말하는 이 이미지는 보는 이의 눈을 지하 세계 아래로, 원자로의 중심으로 이끈다. 그렇다면 이 이미지는 『언더랜드』의 분위기에 이보다 더 잘 어울릴 수는 없을 것이다.

이 책을 다 읽고 「옮긴이의 말」에 들어온 독자라면 한 가지 묻겠다. 이 책의 장르가 뭐라고 생각하는가? 자연과학? 철학? 역사? 탐험? 여행? 환경? 에세이? 아니면 장르 불문의 '언더랜드' 장르?

나는 번역하는 내내 이 책이 스릴러물 같다고 생각했다. 이건 내가 번역자라는 특수한 상황에서 지극히 주관적으로 느낀 바이므로 공감하는 사람이 많지 않겠지만, 지금까지 자연과학책을 주로 번역해온 나로서는 무척이나 참신한 경험이 아닐 수 없었다.

하지만 내 등골 서늘한 경험에 대해 말하기 전에 먼저 이 책의 완벽한 틀을 살펴봐야 할 것 같다. 『언더랜드』는 분석할 거리가 많은 책이다. 눈에 보이지 않는 발밑의 세상을 주제로 저자는 촘촘하게도 틀을 짰다. 우선 이 책에는 시공간의 틀이 있다. 『언더랜드』의 시간적 배경은 '심원의 시간deep time'이다. 심원의 시간이란 인간의 능력으로 가늠할 수 없는 아득한 지질학적 시간을 말한다. 이 책은 과거 우주의 탄생과 동시에 생성된 암흑물질에서부터 홍적세에서 인류세로 전환한 현재, 그리고 미래 지질학자가 인류세를 연구하는 인류 이후의 먼 미래까지 다룬다. 한 권에 지구 역사의 연대기를 모두 넣겠다는, 일면 무모해 보이는 도전에도 그 깊이가 얕지 않다.

공간의 측면에서도 이 책은 지하 세계라는 한정된 공간이 도시(파리의 카타콤), 숲(에핑 포레스트의 곰팡이 네트워크), 빙하(그린란드의 물랭), 동굴(멘딥힐스의 매장지, 로포텐 동굴), 석회암(카루소의 '별이 뜨지 않는 강'과 트레비치아노 심연), 황야(불비의 지하 광산), 바다(노르웨이의 석유층), 암반(불비의 암흑물질 연구소, 온칼로 핵폐기물 저장소) 등 어느 땅 밑에 있느냐에 따라 지상 세계 못지않게 다양한 형태로 존재한다는 것을 보여준다. 이는 '인간 세계의 완전한 역전으로서 지평선을 사이에 두고 거꾸로 걸어 다니는 망자의 발이 똑바로 다니는 산 자의 발과 언제나 맞닿는 사미족의 거울상 환영'을 그대로 반영한다. 또한 선물로 받은 고래뼈 올빼미 덕분일까, 로버트 맥팔레인은 암흑의 언더랜드에서도 다채로운 색을 보고 경험한다. 수십만 년 묵은 빙하의 푸른빛과 해안 동굴 속 바래져가는 붉은 댄서는 칙칙할 것만 같은 무채색의 지하 탐험기를 지상에 존재하지 않는 빛깔로 장식한다.

저자는 언더랜드를 크게 세 가지 기능을 가진 공간으로 정의한다. '사랑하기에 지키고 싶은 것'을 가지고 내려가는 것은 은신처, 보관소로서의 기능이다. '언더랜드에서는 시간이 다르게 행동한다. 이곳에서는 시간이 느리게 가거나 제자리에 머물러 있다.' 따라서 '기억과 물질'을 보존하기에 딱 알맞은 장소다. '땅에 묻는 자들'이었던 인류는 30만 년 전, 호모 날레디 시절부터 죽은 자를 의도적으로 땅에 묻어 '산 자가 돌아오고 떠난 이가 안식을 취할' 곳을 마련했다. 언더랜드의 두 번째 기능은 생산지로서의 기능이다. 영국의 불비 광산에서는 탄산칼륨을 캐고, 같은 지하 광산의 다른 한쪽에서는 우주 탄생의 비밀을 캔다. 노르웨이 안되야에서는 해저의 석유를 꺼내려는 이들과 해저의 언더랜드를 함부로 열지 못하게 하려는 이들이 맞선다. 북극의 빙하는 수만 년어치의 날씨 정보가 저장된 하드 드라이브다. 언더랜드의 마지막 역할은 두렵기에 버리고 싶은 것들을 처분하는 일이다. 사람들은 버려진 광산에 폐차를 버리고, 석회암 갱도에 600만 구의 유해를 쏟아부어 '누군가의 죽음이 순서도, 이름도, 추모도 없이 감금되었다'. 올킬루오토 섬의 암반 깊숙한 곳에는 10만 년간 보관해야 할 핵폐기물 저장고를 짓는다. 슬로베니아의 포이바에는 정치적 신념이 다른 사람들을 '산 채로, 다친 채로, 또는 죽은 채로 밀어 넣어졌다'. 그런데 이것들은 모두 인간과의 관계로 정의된 언더랜드다. 이를 보완하기 위해 저자는 인간과 독립되어 존재하는 언더랜드 본연의 모습을 함께 보여준다. 그것은 숲속 지하에서 나무와 나무가 균사로 배선된 우드 와이드 웹이고, 지하 동굴을 흐르는 별이 뜨지 않는 강이고, 빙하가 녹아서 생성된 물랭이다.

　이 책의 완성도를 한층 높여주는 마지막 틀은 시점視點이다. 언더랜드는 어느 늙은 물푸레나무의 갈라진 줄기로 들어간다. 그 안에는 세 개의 동굴방이 있는데, 그 벽에 그려진 역사 속 언더랜드 에피소드가 3인칭 시점으로 이야기된다. 틀림없이 과거에 일어난 이 이야기들을 저자는 의도적으로 현재형 동사를 사용해 서술한다. 그리고 각 장으로 들어가 본격적으로 언더랜드를 탐험하며 자신이 보고 느끼고 경험한 바를 1인칭 시점에서 말한다. 사실 여기까지로 충분했을 것이다. 그런데 시점이 하나 더 추가된다. 내가 저자를 영리한 작가라고 생각하게 된 이유이기도 하다. 저자는 언더랜드를 혼자 탐험하지 않았다. 콜헬라렌의 동굴을 제외하고 그는 언제나 안내자와 동행했다. 그런데 이 사람들은 단순한 여행 가이드가 아니다. 언더랜드의 현지 전문가이자 언더랜드에 인생과 영혼을 바친 사람들이다. 저자는 이들을 인터뷰하며 이들의 관점에서 – 편의상 2인칭이라고 하자 – 이들이 온몸으로 겪어온 언더랜드를 보여준다. 이들은 이 책이 아니라면 알지 못했을 삶을 살아왔고 모두 자기의 언더랜드에 미쳐 있는 멀쩡한 사람이다. 나는 어느 하나에 미쳐 있는 사람을 아주 좋아하므로 이들의 이야기가 너무 즐거웠고, 저자가 슬며시 한 발 뒤로 물러나 내레이터 역할을 자처하고 이들을 이 책의 또 다른 주인공으로 돋보이게 한 점이 참 좋았다.

이들이 재밌고 매력적인 사람이었다면 저자 맥팔레인은 비요나르의 말대로 '좋은 사람'이다. 여기에 수식어를 하나 더 붙일 수 있다면, 나는 그가 섬세한 사람이라고 하겠다. 여담이지만 난 이 책을 번역한 후 저자의 원문 수정 사항을 받았는데, 요청대로 고치면서 나도 모르게 피식 웃음이 나왔다. 파리 카타콤에 함께 들어간 리나를 처음보다 조금 더 부드러운 여성으로 표현하려는 의도가 엿보였기 때문이다. 처음에 내가 이해한 리나는 강단 있고 주도적인 살짝 센 언니였는데, 어떤 이유에선지 저자가 그보다는 부드럽고 친절한 이미지를 부각시키고 싶은 것 같았다. 예를 들어 제이가 한참 신나게 자신의 무용담을 얘기하고 있을 때 리나가 "Enough of this" 라면서 조금 야박하게 말을 끊고 다시 출발하는 장면이 나오는데, 저 표현을 삭제해달라고 했다. 사실 나는 전반적인 리나의 말투를 저 표현의 뉘앙스에 맞추었는데, 막상 삭제하고 나니 리나의 매력이 사라진 것 같아 개인적으로는 조금 아쉬웠다. 리나가 내가 언제 저렇게 말했냐고 항의했기 때문인지는 모르겠지만, 아무튼 그런 이유로 번거로움을 무릅쓰고 최종 원고를 수정할 만큼 내가 본 저자 맥팔레인은 상대를 배려할 줄 아는 좋은 사람 같았고, 이 책은 1인칭·2인칭·3인칭 시점의 언더랜드가 조화를 이루어 하나의 언더랜드 와이드 웹이 되었다.

이 책은 언더랜드 탐험기다. 저자는 일반인이 감히 엄두도 내지 못하는 곳에서 모험을 한다. 자일을 타고 싱크홀의 심연으로 내려가고, 기차가 지나가는 땅 밑에서 붕괴 위험을 무릅쓰고 좁은 갱도를 통과한다. 눈사태가 일어날 수 있는 오지의 장벽을 오로지 촉과 감으로 넘고, 산맥의 능선에서 번개 구름과 달리기 경주를 한다. 도시의 지하 출입 금지 지역에서 밤새수영을 하고 빙하가 녹아내리는 물랭 속으로 들어간다. 그때마다 그는 자기 뒤로 문이 닫히면서 철컥하고 잠기는 기분이 들었다고 한다.

이 책에는 때로 죽음에까지 이르는 아찔한 탐험의 순간이 곳곳에 실려 있다. 그 장면들을 옮기면서 나는 강도 높은 스릴러를 보는 듯한 기분이 들었다. 아마 독자들은 이 책을 읽으면서 그렇게까지 느끼지는 않을 것이다. 내가 독자라도 그러할 것이다. 추리물 마니아라 웬만한 수사물이나 추리소설은 두루 섭렵한 편인데, 이렇게 공포스러운 느낌은 처음이었다. 무서운 장면이 나올 때, 책이라면 읽다가 몇 줄 훌쩍 건너뛰면 되고, 화면이라면 보다가 눈을 감으면 그만이다. 하지만 번역을 할 때는 한 문장을 읽고 옮기는 10여 초 동안 머리는 문장을 전환하느라 바쁘고 손가락은 타이핑하느라 바쁠지 몰라도 심장은 긴장한 채 강제로 대기해야 한다. 다음 내용을 알지 못한 채 현재의 공포가 심장에 쏴악 스며드는 느낌이라니! 그리고 그렇게 공포가 잔뜩 장착된 채 다음 줄로 넘어가는 순간…… 더구나 눈으로 읽고 마는 것이 아니라 이 손가락으로 그 장면을 한 글자 한 글자 쳐야 하지 않는가. 특히 보스만스가트 농굴에서 사망한 젊은 잠수부 드레이어의 시신을 수습하는 장면과 동굴 탐험가 루벤스가 생마르탱 동굴에서 윈치를 타고 올라오는 장면에서는 나도 모르게 소리를 질렀다.

이야기를 하자면 끝이 없지만, 이러다가는 '제국의 땅덩어리와 똑같은 크기의 지도'처럼 원문과 페이지 수가 같은 「옮긴이의 말」이 될지도 모르겠다. 편집자가 "Enough of this!"라고 외치기 전에 『언더랜드』를 읽은 독자의 입장에서 특히 감명 깊었던 한 구절을 언급하고 마칠까 한다.

플라스틱 쓰레기, 핵폐기물, 지구온난화. 이 단어들은 인류세를 살고 있는 현대인이 수도 없이 들어온 경고의 메시지라 이제는 그 칼끝이 많이 무뎌졌다. 귀에 못이 박이도록 잔소리를 들어온 아이에게 뼈가 되고 살이 되는 엄마의 말씀이 귀에 들어오지 않는 것처럼. 그런데 이 책은 귀에 대고 직접 잔소리를 하는 대신 탐험기를 가장해 우아하게 경종을 울린다. 책을 읽다 보면 아름다운 종소리가 사실은 경보음이었음을 깨닫게 된다.

'우리에게서 살아남을 것은 사랑이 아니라 플라스틱, 돼지 뼈, 납 207 이다.'

2020년 7월
조은영

언더랜드

초판 1쇄 인쇄 ｜ 2020년 7월 22일
초판 1쇄 발행 ｜ 2020년 7월 29일

지은이 ｜ 로버트 맥팔레인
옮긴이 ｜ 조은영
펴낸이 ｜ 박남숙

펴낸곳 ｜ 소소의책
출판등록 ｜ 2017년 5월 10일 제2017 000117호
주소 ｜ 03961 서울특별시 마포구 방울내로9길 24 301호(망원동)
전화 ｜ 02-324-7488
팩스 ｜ 02-324-7489
이메일 ｜ sosopub@sosokorea.com

ISBN 979-11-88941-48-3 03400
책값은 뒤표지에 있습니다.

이 도서의 국립중앙도서관 출판예정도서목록(CIP)은 서지정보유통지원시스템 홈페이지(http://seoji.nl.go.kr)와
국가자료공동목록시스템(http://www.nl.go.kr/kolisnet)에서 이용하실 수 있습니다. (CIP제어번호 : CIP2020027862)